U0218496

智能交通研究与开发丛书
INTELLIGENT TRANSPORTATION

智慧城市 与智能网联汽车

融合创新发展之路

主　编　吴冬升　李大成

副主编　王　旭　古永承　张　峰

参　编　王传奇　李凤娜　开　山　陈朝晖　饶玲娜
　　　　刘　斌　黄样胜　廖作裕　夏宁馨　包　颖
　　　　邝文华　郑廷钊　倪泓鑫　曾少旭

SMART CITY AND
INTELLIGENT CONNECTED VEHICLES

机械工业出版社
CHINA MACHINE PRESS

本书在分析智慧城市与智能网联汽车现状和发展趋势基础上，深入探讨二者融合创新发展之路，并给出经典案例。本书共分为 5 章。第 1 章为智慧城市与智能网联汽车融合创新发展概述，第 2 章介绍智慧城市创新发展之路，第 3 章介绍智能网联汽车创新发展之路，第 4 章介绍智慧城市与智能网联汽车融合创新发展建设内容，第 5 章介绍智慧城市与智能网联汽车融合创新发展案例。

本书可以提供给相关产业界和学术界人士参考，也可以供汽车行业、交通行业、信息通信行业、电子行业、互联网行业等众多行业人士参考阅读。同时，本书还可以供资本金融从业者参考。本书适合在校本科和研究生使用，也适合相关学历的从业者使用。本书也可供相关信息技术、金融类培训班使用。

图书在版编目（CIP）数据

智慧城市与智能网联汽车：融合创新发展之路／吴冬升，李大成主编. -- 北京：机械工业出版社，2024.7. --（智能交通研究与开发丛书）. -- ISBN 978 - 7 - 111 - 76474 - 8

Ⅰ. TU984；U463. 67

中国国家版本馆 CIP 数据核字第 2024D78F83 号

机械工业出版社（北京市百万庄大街 22 号　邮政编码 100037）
策划编辑：李　军　　　　　责任编辑：李　军　丁　锋
责任校对：李小宝　梁　静　　责任印制：刘　媛
北京中科印刷有限公司印刷
2024 年 11 月第 1 版第 1 次印刷
169mm×239mm · 23. 25 印张 · 2 插页 · 379 千字
标准书号：ISBN 978 - 7 - 111 - 76474 - 8
定价：129. 00 元

电话服务　　　　　　　　　　网络服务
客服电话：010 - 88361066　　机　工　官　网：www. cmpbook. com
　　　　　010 - 88379833　　机　工　官　博：weibo. com/cmp1952
　　　　　010 - 68326294　　金　书　网：www. golden-book. com
封底无防伪标均为盗版　机工教育服务网：www. cmpedu. com

　　智慧城市是新时代贯彻新发展理念，全面推动新一代信息技术与城市发展深度融合，引领和驱动城市创新发展的新路径，致力于形成智慧高效、充满活力、精准治理、安全有序、人与自然和谐相处的城市发展形态和模式。

　　智能网联汽车作为我国战略性新兴产业，是继新能源汽车后，我国汽车产业发展的又一制高点，产业潜力巨大。智能网联汽车浪潮已来，智能座舱、智能驾驶、智能网联成为被广泛认同的未来发展趋势。

　　智慧城市与智能网联汽车二者之间协同发展，成为必然趋势。智慧城市是智能网联汽车发展的基础之一，而智能网联汽车则是智慧城市发展的切入点之一。经过这几年各方的持续推进和探索，智慧城市与智能网联汽车加速融合发展，在全国各地做了大量技术验证和示范应用。车联网是实现智慧城市与智能网联汽车融合发展的最主要建设内容。

　　本书在分析智慧城市重点建设内容和智能网联汽车重点发展内容基础上，进一步探讨智慧城市与智能网联汽车融合发展带来的车联网智能道路基础设施、新型能源基础设施、地理位置网、现代信息通信网、车城网平台建设和发展情况。并且介绍智慧城市与智能网联汽车融合创新发展的相关案例。

　　本书第 1 章探讨智慧城市与智能网联汽车技术、场景、运营融合发展，以及相关的标准进展情况和未来发展趋势，并且详细介绍了 16 个 "双智试点城市" 建设内容。

　　本书第 2 章介绍智慧城市与新城建整体发展情况，进一步探讨与 "善政" 相关的智慧政务、与 "兴业" 相关的智慧园区、与 "惠民" 相关的智慧社区，以及与 "善政" "兴业" "惠民" 均相关的智慧交通发展情况。

　　本书第 3 章在介绍智能网联汽车域控、芯片、车载以太网和操作系统基础上，详细介绍智能座舱、智能驾驶和智能网联的相关技术和应用场景。

本书第 4 章探讨车联网智能道路基础设施、新型能源基础设施、地理位置网、现代信息通信网、车城网平台的建设和发展情况。

本书第 5 章具体介绍智能网联公交、电动自行车管理、重点车辆监管、非现场执法治超管理、停车管理、城市智能巡检的建设内容和发展趋势。

本书由吴冬升、李大成担任主编，王旭、古永承、张峰担任副主编，参与编写的还有王传奇、李凤娜、开山、陈朝晖、饶玲娜、刘斌、黄样胜、廖作裕、夏宁馨、包颖、邝文华、郑廷钊、倪泓鑫、曾少旭，编者均在汽车、交通和信息通信技术领域有多年从业经验。其中，吴冬升、李大成、王旭、古永承、张峰负责全书整体审核校对，吴冬升、曾少旭撰写第 1 章，张峰、开山、李凤娜、陈朝晖、黄样胜、李大成撰写第 2 章，王旭、古永承、廖作裕、夏宁馨、饶玲娜、郑廷钊、倪泓鑫撰写第 3 章，吴冬升、王旭、古永承、开山、陈朝晖、邝文华、李大成撰写第 4 章，包颖、李大成、王传奇、李凤娜、黄样胜、刘斌撰写第 5 章。

期待本书能对汽车行业、交通行业、信息通信行业、电子行业、互联网行业等从业者有所裨益，并对相关产业发展起到绵薄之力。囿于作者水平和编写时间的限制，本书难免有错误和不足之处，恳请广大读者谅解。

吴冬升　李大成

目录
CONTENTS

第2章 智慧城市创新发展之路

第3章　智能网联汽车创新发展之路

第4章　智慧城市与智能网联汽车融合创新发展建设内容

第 5 章　智慧城市与智能网联汽车融合创新发展案例

第1章

智慧城市与智能网联汽车融合创新发展概述

1.1 智慧城市与智能网联汽车融合发展概述

智慧城市是智能网联汽车发展的基础之一，而智能网联汽车则是智慧城市发展的切入点之一。智慧城市与智能网联汽车融合发展经过这几年各方的持续推进和探索，在全国各地做了大量技术验证和示范应用。车联网是实现智慧城市与智能网联汽车融合发展的最主要建设内容，当下如何开展车联网运营服务，已经成为产业可持续性发展的重要一环。展望未来，智慧城市与智能网联汽车融合发展将从"技术、场景、运营"分层次持续迭代演进，通过"可信数据"和"普惠服务"实现商业运营闭环。

技术发展方面：①车路云一体化系统架构下的内涵和外延拓展；②多模网络支持高可靠、低时延和大连接车联网服务；③车联网计算、感知和人工智能深度融合；④车联网数字孪生底座和仿真测试应用加速技术突破进程。

场景发展方面：①车联网的车端应用场景体现在赋能 L2/L2＋、赋能 L3/L4、车路云一体化三个方向；②车联网的交通和城市端场景体现在赋能交通管理、赋能交通出行和物流运输、赋能智慧城市三个方向。

运营发展方面：①"可信数据"是未来车联网运营的核心内容；②单项车联网业务做到极致体验，实现规模应用，提供"普惠服务"。

其他发展方面：①车路云一体化安全体系保障车联网应用；②车联网产业发展需要科学的顶层设计和评价体系。

1.1.1 技术发展概述

1. 车路云一体化系统架构下的内涵和外延拓展

车路云一体化指的是通过新一代信息与通信技术将人、车、路、云的物理空间、信息空间融合为一体，基于系统协同感知、决策与控制，实现智能网联汽车交通系统安全、节能、舒适及高效运行的信息物理系统[1]。

在车路云一体化整体架构下，包括的内涵和外延都在拓展：

（1）分层建设逻辑协同的云控基础平台

云控平台是车路云一体化系统各组成部分的核心要素。云控基础平台与云控应用平台分层解耦，从而保证云控基础平台的开放性，对支撑充分竞争性、差异性的云控应用至关重要。

云控基础平台通常由边缘云、区域云与中心云三级云组成，形成逻辑协同、物理分散的架构。其中边缘云位于车辆附近的边缘计算节点上，负责处理实时的车载数据和边缘计算任务；区域云位于边缘云的上一层，收集来自多个边缘云的数据，并进行更复杂的数据处理和分析；中心云位于整个智能网联汽车云控平台的核心和最高层的云计算资源集中地，负责收集来自各个区域云和边缘云的数据，并进行全局的数据分析、建模和决策。

云控基础平台本身也将分层建设，即"国家级—区域级—城市级—区县级"。要充分考虑：①云控基础平台和云控应用平台之间的信息交互标准；②各级云控基础平台之间的信息交互标准；③云控基础平台和多接入边缘计算（Multi-Access Edge Computing，MEC）、路侧单元（Roadside Unit，RSU）、车载单元（On-Board Unit，OBU）等设备信息交互标准；④云控基础平台和第三方平台（交管平台、交运平台、车企云平台、出行平台、物流运输平台、停车平台等）之间信息交互标准。

（2）统筹布局车联网算力网络，实现算网一体共生发展

推进车联网的网络和计算两大方向融合，最终实现算网一体共生发展。端边侧算力既包括智能网联汽车上的算力资源，也包括路端/基站端的算力资源，加上各级云侧算力，形成一张车联网算力网络。车联网算力网络在计算效率、可靠性、时延、安全性、隔离度上都将深度耦合，因此未来承载车联网业务的主体由"云网融合"向"算网一体"演变[2]。

如何设计和建设这张算力网络至关重要。需要统筹布局端边侧算力和各

级云侧算力，综合考虑算力资源大小、异构算力需求（CPU + GPU + DPU 等混合）、算力跨域协同调度等，构建多级协同算力，提供可信开放的算力业务服务。一方面能满足车和交通/城市的特定算力要求，另一方面避免算力资源浪费。

（3）"人/货 – 车 – 路 – 网 – 云 – 图/定位 – 安全"提供广义车联网服务

车路云一体化的外延非常宽泛，"人/货 – 车 – 路 – 网 – 云 – 图/定位 – 安全"等都是在广义车联网范畴，可以提供信息娱乐服务、安全服务、效率服务和自动驾驶服务等多种业务服务。以车联网安全服务为例，涉及的不仅仅是车本身，还可以包括路面上其他交通参与者，例如行人、非机动车等。

2. 多模网络支持高可靠、低时延和大连接车联网服务

ITS America 提出推动在全美 33 万个信号交叉口，5 年内实现 10 万个交叉口安装 RSU 以及配套基础设施和系统，10 年内实现 25 万个交叉口安装 RSU 以及配套基础设施和系统，8 ~ 13 年全部车辆装配 C-V2X 设备。建设规模化 C-V2X 网络，甚至是一张全国性的 C-V2X 网络，是非常有价值的。

车联网需要的是一张能提供高可靠、低时延、大连接的网络，这与 5G 网络的三大性能高度重叠。但 5G 网络三大特性并不是同时满足的，因此车联网网络在实际组网过程中，会是多模网络形态，如图 1 – 1 所示。

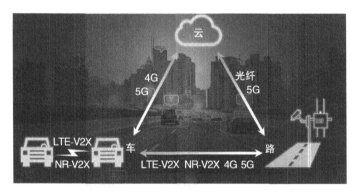

图 1-1　车联网多模网络

（1）多模网络提供"车 – 车 – 路 – 云"互相之间的有效连接

车与车之间主要通过 LTE-V2X 通信，未来还可以通过 NR-V2X 通信，二者是延续而非替代关系；车与路之间可以通过 LTE-V2X/NR-V2X/4G/5G，甚至是 ETC2.0、射频等各种通信方式；车与云，可以通过 4G 和 5G 通信，未来

还可以是 6G 和卫星通信等；路与云，可以通过光纤和 5G 等通信。

以高可靠性为例，LTE-V2X 直连通信，NR-V2X 的单播、组播、HARQ 等特性，以及 5G 的 uRLLC、切片、QoS 等技术，都可以保证车联网业务的高可靠性。

（2）多模网络提供各种类型业务场景的可靠保障

针对不同类型的业务场景，可以采用不同的通信方式予以保障，例如 5G 大网可以支持信息娱乐服务、车内标牌、浮动车数据采集等业务（500ms）；5G 专网可以支持远程遥控驾驶（上行 200ms，下行 50ms）；LTE-V2X 可以支持一阶段（100ms）和二阶段（50ms）各类业务场景。网络性能将持续优化和提升。

（3）多模网络向一网多能方向发展

以 5G-A 通信感知融合为例，向行业一网多能方向发展。通信网络在满足通信业务要求的前提下将使能感知业务，一方面支持更丰富应用业务提高网络资源的利用效率，另一方面可以通过感知为业务智能和网络智能提供基础支撑能力。

通信感知一体化通过空口及协议联合设计、软硬件设备共享，使用相同频谱资源实现通信功能与感知功能的融合共生，使得无线网络在进行数据通信的同时，还能通过分析无线通信信号的直射、反射、散射，获得对目标对象或环境信息的感知，实现定位、测距、测速、成像、检测、识别、环境重构等功能，为提升频谱利用率和设备复用率、提升通信网络价值带来一个全新的维度。

3. 车联网计算、感知和人工智能深度融合

车联网要发挥价值，除了提供可靠网络外，还应能提供丰富的应用场景。每个应用场景的背后，人工智能算法是最重要的支撑工具，例如交通安全预警算法、路侧融合感知算法、车路云协作算法、交通指标算法、交通事件检测算法等。

（1）大模型时代下，构建车联网行业大模型和车联网细分场景模型

人工智能技术进入第三波浪潮，AI 大模型驱动算力、数据和网络流量爆发式增长。未来十年将有 100 倍算力需求，2030 年将出现百万亿参数大模型，AI 集群进入 100E 时代；未来十年将有 23 倍数据增长，2028 年将有超 50% 内容由 AI 创造；未来十年将有 100 倍网络带宽增长。

车联网 AIGC 大模型将基于公开数据集数据，到行业通用数据，再到行业核心数据进行训练和推理，从而基于基础模型（自然语言处理、视觉、多模态等）进一步构建出车联网行业大模型，再进一步构建车联网细分场景模型。

（2）车联网融合感知算法从后融合向特征级融合和前融合演进

车联网路侧传感器是信息收集和获取的最前端，是整个车联网系统的基石。在硬件设备方面，多传感器一体化设备越来越普遍，同时开始采用功能和性能更强大的单一传感器，例如 4D 毫米波雷达等。

在软件方面，车联网融合感知算法从后融合向特征级融合和前融合演进。感知可粗略分为获取数据、提取特征、完成感知任务三个环节，按照信息融合发生的环节，感知技术可以分为前融合、特征级融合以及后融合。后融合即目标级融合，指单个传感器分别完成感知任务后再进行融合，可理解为有多少个传感器即需要几套感知算法；特征级融合是指对传感器采集的原始数据分别进行特征提取，再进行融合，进而实现对应的感知任务；前融合即数据级融合，指对不同传感器的原始数据进行空间和时间上的对齐，再从融合数据中提取特征向量进行识别，整套系统仅需要一套感知算法。

（3）跨域融合感知算法提升感知性能

车联网路侧传感器在满足单点位感知性能后，继续攻关车 - 路数据融合感知、路端跨域感知共享等感知融合问题。当前车端感知算法的迭代升级，例如 BEV + Transformer，也给路侧感知带来了新思路，将路侧感知系统算法与车侧感知协同算法架构趋同融合。

以路侧 BEV 实时建图算法为例，可通过安装在道路两侧的摄像头等传感器来实时构建所覆盖道路的地图，从而为车端提供更新更及时、更轻量化的路口地图。路侧 BEV 实时建图可以在复杂路口场景，通过长期定点观察，多轮检测来理解交通道路场景，及时发现路口内要素变化，提高建图置信度，构建更安全可靠的地图；相比车端感知设备，路侧摄像头等传感器挂在高杆上，视野好、遮挡少，覆盖范围更全、更广；用路侧设备及边缘计算可代替部分车端算力，从而大幅降低车载算力消耗，车端 AI 算力成本也能大幅下降。

4．车联网数字孪生底座和仿真测试应用加速技术突破进程

数字孪生也称数字映射、数字镜像，即以数字化的方式建立物理实体的虚拟模型，借助历史数据、实时数据和算法模型，实现对物理实体的分析预测和改善优化，具有实时性和闭环性。

数字孪生目前已成为数字化浪潮的重要趋势之一，并在城市交通规划、设计、建设、管理、服务闭环过程，以及车辆仿真测试过程中得到应用。

（1）"道路基础数据+业务数据+实时动态数据"构建交通和车联网数字孪生底座

道路基础数据包括道路基础设施、养护基础设施、收费基础设施、交安设施（信号灯、交通标志、路面标线、护栏、隔离栅、照明设备、视线诱导标、防眩设施等）、机电系统设备（监控系统、通信系统、收费系统等）、服务区、停车区等数据。

业务数据包括车流统计数据、收费业务数据、收费稽核数据、道路技术状况评定结果、养护病害统计、巡检养护信息、交通事件、交通违法、救援进展、应急调度信息、网安事件、路政案件、出行服务信息等。

实时动态数据包括车流数据、车辆轨迹数据、车道开关信息、收费设备状态、实时视频、骨干网链路状态、交通事故、救援车位置、告警数据、交通气象等。

基于以上数据，构建交通和车联网数字孪生底座。交通和车联网数字孪生底座不仅仅注重视觉上的真实，也注重空间数据和时序数据上的真实。不仅仅是道路基础设施的数字化建模与三维可视化展示，更是道路数据结构的属性化，将交通结构化数据通过参数化建模方式来解析，并且叠加真实的业务数据和实时动态数据，从而满足设备管理、轨迹融合、信控同步、道路养护、事件预警等实时业务需求，支撑交通服务管理决策，实现交通控制优化。

（2）构建"仿真测试+封闭道路测试+真实道路测试"体系，加速网联自动驾驶技术突破

智能网联汽车的商业化落地有百亿千米的路测数据需求，算法和数据成为自动驾驶技术发展的制约。在现阶段的智能网联汽车测试体系中，90%通过仿真测试，9%通过封闭道路测试，1%通过真实道路测试，如图1-2所示，因此仿真测试是解决自动驾驶技术突破瓶颈的重要切入点。

仿真测试利用模拟真实道路和交通场景，对智能网联汽车进行各种性能测试和验证，可帮助智能网联汽车制造商和自动驾驶技术公司在实际生产之前，对汽车的各种功能进行全面测试。因此，要构建"仿真测试+封闭道路测试+真实道路测试"体系，加速网联自动驾驶技术突破。

智能网联汽车测试场景库是智能网联汽车研发与测试的基础数据资源，

是评价智能网联汽车功能安全的重要数据库，是定义自动驾驶汽车等级的关键数据依据。场景库的场景数据来源主要包括三个：模拟数据、真实采集数据和根据真实场景数据合成的仿真数据。

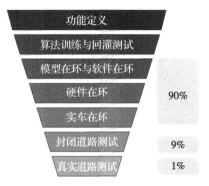

图1-2 智能网联汽车测试资源需求

（3）"算力资源 + 硬件在环测试资源"是支撑智能网联汽车仿真测试的硬件基础

智能网联汽车算法验证基础，模型在环测试（Model in the Loop，MIL）、软件在环测试（Software in the Loop，SIL）等需要各种算力中心的 GPU 算力资源支撑。

而与 MIL 和 SIL 不同的是，硬件在环测试（Hardware in the Loop，HIL）测试环境的仿真时间永远是实时的，需要基于真实的硬件运行。在 HIL 测试环境中运行测试时，不可以暂停或者停止。因此，HIL 测试环境含有一台能够完成所有任务的实时硬件设备，以便及时记录和操作所有的相关信号。在大数据量情况下，如果只使用单台数据回灌系统，需要长测试周期。而采用"矩阵式"测试架构，进行大规模并行测试，可大幅缩短产品迭代周期。

构建更大的算力资源 + 硬件在环测试资源，可以更好地支撑智能网联汽车仿真测试进程。

1.1.2 场景发展概述

1. 车联网的车端应用场景体现在赋能 L2/L2 +、赋能 L3/L4、车路云一体化三个方向

2023 年 9 月，《中国新车评价规程（C-NCAP）2024 版（征求意见稿）》

发布，首次将 C-V2X 支持应用功能纳入测评范围，在高速度差且存在遮挡情况下的前向车辆避撞、交叉路口有遮挡情况下的车辆避撞、闯红灯预警三项功能测试中，基于 C-V2X 车与车、车与路直连通信的解决方案，有望弥补基于单车传感器在遮挡情况下无法及时识别和采取制动的不足，助力车辆取得更高分数评价。

在车联网规模化部署和推广的背景下，车联网场景探索是当下和未来的重点工作，各类新场景、新应用在不断成熟。从车端应用场景看，主要体现在赋能 L2/L2＋、赋能 L3/L4、车路云一体化三个发展方向。

（1）赋能 L2/L2＋智能网联汽车的应用场景

丰富和完善一阶段辅助驾驶场景整车量产功能。全国汽车标准化技术委员会智能网联分委会组织基于网联技术的辅助驾驶标准研究，确定了 3 类应用场景，并从整车角度规定哪些应用功能是用网联技术实现的，车辆应该何时预警才能在准确的时间起到关键的作用。这 3 类应用场景包括路口碰撞预警系统（交叉路口碰撞预警、左转辅助、车辆汇入等）、车辆状态安全提醒系统（异常车辆提醒、车辆失控提醒、紧急制动提醒等）、路侧信息提醒系统（闯红灯预警、限速预警、道路施工提醒、急转弯提醒、道路危险状况提醒、天气提醒等）。

持续深化二阶段协同驾驶场景研究和落地。在 T/CSAE 157—2020、YD/T 3977—2020 等 DayII 标准基础上，中国汽车工程学会及 IMT2020 C-V2X 工作组组织对各类协同驾驶场景进行更细致的研究，从信息交互角度通过总结归类和拆分等方式划分为 5 大类应用场景并进行深化。第 1 部分为意图共享与协作［协作式变道、协作式汇入、协作式交叉口通行、协作式优先车辆通行（协作式信号灯优先）等］，第 2 部分为感知数据共享，第 3 部分为管理与优先［动态车道管理、协作式优先车辆通行（车道预留、封闭车道）等］，第 4 部分为高级信息服务（差分数据服务、浮动车数据采集等），第 5 部分为弱势交通参与者。

探索 C-V2X 与自动驾驶辅助系统（Advanced Driver Assistance System，ADAS）融合场景。IMT2020 C-V2X 工作组开展 C-V2X 与 ADAS 融合场景，识别并分析了 7 类融合应用场景下 C-V2X 的价值与面临的技术挑战，其中 6 类是 L0 协同交通信号识别、L0 协同前向碰撞预警、L1 协同自动紧急制动、L1 协同自适应巡航控制、L2 协同高速公路辅助和 L2 协同交通拥堵辅助场景。

（2）赋能 L3/L4 智能网联汽车的应用场景

赋能高等级自动驾驶车辆，解决自动驾驶安全性问题与运行设计域（Operational Design Domain，ODD）扩展，支撑开放 + 混行环境下的无人自动驾驶提前商业落地。车联网通过信号灯信息推送、超视距信息推送、"鬼探头"识别、右转"僵尸车"识别、无保护左转、远程遥控驾驶等典型场景，赋能 L3/L4 智能网联汽车，从而降低自动驾驶车辆感知及计算成本、对自动驾驶的 ODD 扩展、相较单车智能事故发生率大幅下降。

赋能特定场景下的高等级自动驾驶，例如赋能港口自动驾驶、矿山自动驾驶、无人环卫清扫、无人物流运输和配送等。

赋能特定工况下的高等级自动驾驶，例如赋能 AVP、自动驾驶编队行驶等。

（3）车路云一体化的应用场景

车路云一体化架构下推进智能网联汽车与智慧交通、智慧城市融合发展。存在智能网联汽车赋能智慧交通和智慧城市，以及智慧交通和智慧城市赋能智能网联汽车双向应用。

以智能网联汽车赋能智慧交通和智慧城市为例，智能网联汽车可以依托于自身的感知及计算能力，加强交通违法立体监测，推动新技术智能辅助民警执法（违反禁止标线、变道/转弯不打灯、不按规定车道行驶、非机动车道行驶、连续变道、逆行、红灯越线停车、违法停车、占用公交车道、占用对面车道、边黄线停车、单侧灯不亮、斑马线停车等）；进行全天候交通异常事件检测，帮助交通管理部门及时发现和处理各种交通事件（施工、交通事故、行人跨护栏、行人/非机动车在机动车道、行人上高速、急加速、急转弯、车距过近、本车压线、拥堵、急减速、本车碰撞等）；助力城市道路管养模式从响应式向主动式升级，利用视觉识别等技术，判断出当前路段市政设施以及道路资产的健康情况，帮助管理单位及时掌握道路病害信息，并定期评估养护质量及效果等。

2. 车联网的交通和城市端场景体现在赋能交通管理、赋能交通出行和物流运输、赋能智慧城市三个方向

车联网在交通和城市端应用场景，主要体现在赋能交通管理、赋能交通出行和物流运输、赋能智慧城市三个发展方向[3]。

（1）赋能交通管理的应用场景

例如城市智慧交通管控场景，可对城市路口进行数字化、智慧化、网联化升级改造，并采集车道、车辆、行人等的状态信息，推送至平台进行统计、分析，从而实现道路交通数字孪生。智慧路口的发力点之一是信控，即如何提升通行效率。除此之外，还需要对交通态势进行掌控，并对路口违法行为进行监控识别等。基于车联网的智慧交通管控应用主要包含交通信号精确控制、特殊车辆优先通行、弱势交通参与者管控等各种服务。相关服务会从路口级向路段级及路网级拓展。

例如高速公路智慧交通管控场景，可通过在传统高速公路机电系统基础上融合车联网系统，增强路侧的感知能力、动态管控能力、服务通行车辆能力，实现道路状况的可视、可测、可控，从而有效降低交通事故频率、减小经济损失、提升物流运输效率，最终提升路方综合竞争力以及路网整体服务水平。基于车联网的高速公路智慧交通管控应用可在匝道汇入汇出口、隧道出入口等路段支持安全驾驶和效率提升的智能辅助驾驶服务，还可实现公路异常感知、重点车辆监控等各种服务。

（2）赋能交通出行和物流运输的应用场景

以城市公交系统为例，可通过智能化和网联化改造，发展"精准公交""安全公交""科学公交"。针对不同层次的"精准公交"业务，车联网可以提供丰富的应用场景，例如公交优先、绿波车速引导、智慧站台（BRT 站台）及移动端应用信息服务、微循环自动接驳巴士等；针对不同对象的"安全公交"业务，车联网可以提供公交车辆状态数据实时上传、驾驶人驾驶智能监测、弱势行人与非机动车检测、交叉路口防碰撞、桥隧水浸监测、L3 级自动驾驶公交改造等应用场景；针对不同维度的"科学公交"业务，车联网可以提供互联网大数据应用、公交线网优化、一体化出行服务等应用场景。

以城际物流运输为例，车联网将有效赋能自动驾驶重卡。自动驾驶云平台通过架设在路端的 RSU 和差分基站，建立与车辆的实时通信，并利用路端传感器监控车辆的运行状态，获取交通信号等辅助信息，云平台可实现车辆定位、车辆调度、故障监测等任务，并在监测到车辆异常时实现对车辆的远程接管；借助云平台、高精度地图和车联网等技术，综合车端、路端、云端信息，自动驾驶重卡可提前确定最佳行车路径，并且可以根据实际情况对线控执行机构下达指令，完成转向、加速、减速、停车等操作；自动驾驶与编队行驶相结合将最大程度提升道路通行效率与车辆燃油经济性。

（3）赋能智慧城市的应用场景

依托城市智能基础设施，将智能网联汽车作为移动智能终端，支撑实现面向智慧城市管理、服务、产业的各类应用。路侧设施可采集大量的城市交通、车辆运行等数据，这些静态和动态数据可以支撑城市开展精细化管理，如实现对公共设施的远程监测、改善城市停车难等问题、以及服务城市安防和灾害预警等。

新城建中的智慧城市基础设施与智能网联汽车协同发展试点工作重点关注智慧灯杆网联化系统、充电设施网联化应用、自主代客泊车停车场建设、智慧公交智能网联基础设施建设、智能网联汽车运行安全公共道路测试场景等。

1.1.3　运营发展概述

1. "可信数据"是未来车联网运营的核心内容

车联网实现商业运营的两个重要途径是"服务运营"和"数据运营"。继劳动、资本、土地、技术后，数据已成为第五大生产要素。数据的要素化应当包含数据资源化、资源资产化和资产资本化三个阶段。

（1）车联网数据产生价值，实现数据资产化

围绕如何让数据产生价值，即数据资产化，继商品市场、股票市场、债券市场、外汇市场、期货市场后，国家建设了数据交易所和数据要素市场。数据资产化，顾名思义，就是将数据作为一项资产纳入企业的财务报表。

2023年8月21日，财政部发布《企业数据资源相关会计处理暂行规定》，明确数据资源将根据用途不同作为无形资产或存货被纳入财务报表中的"资产"项。

2023年9月8日，在财政部指导下，中国资产评估协会印发《数据资产评估指导意见》，自2023年10月1日起施行。

2023年11月10日，衡阳市政务数据资源和智慧城市特许经营权出让公告发布，该数据特许经营权起始价约为18亿元，这是全国首次公开交易数据经营，数据要素交易序幕从此揭开。

车联网将产生大量原始数据，即用来描述智能网联汽车和智慧交通业务事实，未经过深加工的素材；进一步产生车联网数据资源，即进行标准化加工处理，形成可控、有序、可利用的数据，并且具有潜在的经济价值；再进

一步产生车联网数据资产，即实现价值释放和经济利益；最后产生车联网数据资本，即使数据如同金融资本、实物资本一样，成为可用于企业经营和投资的生产性资本[4]。

例如，基于路侧感知数据和车端感知数据可以构建出车路协同数据集，为自动驾驶和车路协同解决方案商提供车路协同模型的研发和训练，从而实现"智能化基础设施投入—路侧感知数据采集治理—仿真场景库开发—仿真测试认证及训练—自动驾驶和车路协同算法迭代升级"的数据资产化商业全流程运作和服务。

（2）"可信数据"是未来车联网运营的核心内容

可信数据可以定义为来自特定和受信任来源并根据其预期用途使用的数据。可信数据目前最广泛使用的判定标准之一是使用数据质量维度，它主要包括8大内容：准确性、一致性、完整性、安全性、有用性、隐私性、可靠性、可解释性。

在车路云一体化架构下，海量的车端、路端和云端数据，通过车－车、车－路、车－云、路－云、云－云之间的业务交互和数据贯通，实现各类车联网应用。在此过程中，必须要确保相关数据是可信的，这对企业的数据采集和筛选、数据挖掘和处理、模型分析等能力提出了更高的要求。例如车联网安全类、效率类业务应用场景对数据的准确性、有用性、可靠性等提出明确要求，而车联网自动驾驶类业务应用场景则进一步对数据提出更高的可信要求。

不断提高的数据采集精度和效率要求，促进数据采集技术向更加智能化、动态化的方向发展。针对具体需求选择更有价值的数据，将数据筛选流程部署到车/路的边缘侧，进一步提高数据采集效率，并通过自动化标注、交通大数据模型等技术持续提升数据挖掘和处理分析效率，最终形成"可信数据"。

只有保证路侧数据采集和算法质量形成"可信数据"，才有可能被车企接受用于其智能网联汽车 L2/L2＋，甚至是 L3/L4 级功能应用；才有可能被图商接受，在导航地图上进行展示和呈现；才有可能被高精度地图厂商接受，用于其地图持续更新；才有可能被城市和交通管理者用于其业务系统；才有可能被交通出行服务商和物流运输企业采用。当然不同用户的不同业务对于"可信数据"会提出不同的要求。

（3）构建以可信数据空间为代表的车联网数据流通基础设施

更进一步，车联网要构建以可信数据空间为代表的数据流通基础设施。可信数据空间是数据要素流通体系的技术保障，通过在现有信息网络上搭建数据集聚、共享、流通和应用的分布式关键数据基础设施，以体系化的技术安排确保所签订的数据流通协议能够履行和维护，解决数据要素提供方、使用方、服务方、监管方等主体间的安全与信任问题。

数据流通有 3 种渠道：开放、共享、交易。数据开放是无偿的，范围最广，指的是数据无偿提供给所有者使用；数据共享是无偿的，范围较小，指的是数据在有限范围内与其他人互换；数据交易是有偿的，范围较广，只要支付费用，就可以获取数据。

快速推进公共数据授权运营。公共数据包含交通路网数据、公共交通数据、交通管理数据等，可与汽车导航、车联网信息服务及智慧交通数据结合应用。相较企业和个人数据，公共数据具有更为明晰的权属结构，通过确权、授权、运营、经营等方式实现流通。

2. 单项车联网业务做到极致体验，实现规模应用，提供"普惠服务"

车联网能提供"服务运营"的关键是具备提供"普惠服务"的能力。普惠服务，是指立足机会平等要求和商业可持续原则，以可负担的成本为有服务需求的社会各阶层和群体提供适当、有效的服务。

（1）单项车联网业务做到极致体验，实现规模应用，提供"普惠服务"

各地开展车联网试点示范过程中，容易陷入求全责备的误区，各种车联网应用场景都要做，或者追求大而全，或者追求一定要有特色。

从车联网全局发展来看，有足够规模的车联网应用才是真正有价值的，哪怕这种应用只有 1 种或者 2 种。"足够规模"一方面指的是车端要有足够的渗透率，足够的车可以通过多种触达方式享受到该种车联网业务；另一方面指的是路端要有足够的覆盖率，例如全国覆盖了多少比例的城市交叉路口，多少千米的高速里程等，这样车辆行驶到哪里都可以享受到该种车联网业务。

以美国交通运输部发布的加速部署 C-V2X 计划为例，美国交通运输部致力于减少国家道路上的死亡和重伤，采取综合措施将道路死亡人数降至唯一可接受的数字：零。实现这一雄心勃勃长期目标的强大工具是 C-V2X 技术，其认为现在加速部署 V2X 是拯救生命的关键一步。

因此，美国交通运输部提出，短期（2024—2026 年）：20% 的国家公路系统部署 C-V2X 技术用于高速公路应用，75 个大都市地区中有 25% 的信号交叉口支持 C-V2X；中期（2027—2029 年）：50% 的国家公路系统部署 C-V2X 技术用于高速公路应用，75 个大都市地区中有 50% 的信号交叉口支持 C-V2X；长期（2030—2034 年）：国家公路系统完全部署用于高速公路应用，75 个大都市地区中有 85% 的信号交叉口支持 C-V2X。

美国国家公路交通安全管理局（National Highway Traffic Safety Administration，NHTSA）已注意到，仅实施两个 V2X 安全应用，即十字路口移动辅助（Intersection Movement Assist，IMA）和左转弯辅助（Left Turn Assist，LTA），将防止 439000～615000 起碰撞事故，占总数的 13%～18%，并挽救 987～1366 人的生命。这些碰撞事故的减少将带来 550 亿～740 亿美元节省。V2X 还可将二氧化碳排放量减少 16%，而车队行驶可将排放量减少 33%。对于单辆汽车，绿色驾驶应用程序可减少近 10% 的排放量。

（2）"泛 V2X 平台 + 多种触达方式"支撑车联网"普惠服务"

车联网服务对象既包括政府交通管理者等（G 端）用户，也包括交通出行和物流运输等企业（B 端）用户，更包括广大消费者（C 端）用户。

基于"泛 V2X 平台 + 多种触达方式"，可以提供车联网"普惠服务"。其中，泛 V2X 平台支持云端决策 V2X 技术，即可以允许将 V2X 算法放在平台端执行，云端计算完成后将计算的结果发给端侧，端侧根据计算结果向驾驶人进行安全预警或信息提醒等。

多种触达方式，可以通过各等级智能网联车辆（装配前装或后装 OBU 产品，如智能后视镜）、各类信息终端（如智能手机）、专用 V2X App、通用 App（如导航地图 App）、小程序、车载特色触达等，来满足服务需求。

例如高速公路准全天候通行，通过行业版导航地图，物流驾驶人可以获得真正的车路协同能力，享受到车道级导航、周车环绕呈现、超视距事件预警等服务，在雨雾天气实现安全通行，最大限度地兼顾高速通行的效率与安全。

又例如 MaaS 一体化出行服务系统，通过 MaaS App 和小程序整合各种智能网联车辆数据，如智能网联公交、Robotaxi、无人环卫车、无人物流配送车等，接入互联网大数据、第三方业务平台数据、车路协同等多源数据，为用户提供出行行程预定、路径一键规划、泛 V2X 精准导航、费用一键支付等服务[5]。

（3）跨行业拓展更多可能性，使车联网"普惠服务"产生最大价值

车联网产业是典型的跨行业融合的新兴产业之一，除了汽车、交通、信

息通信、互联网等，将有更多的行业融入车联网产业发展中。车联网产业链除了上游通信芯片、通信模组，中游终端与设备、整车制造，下游测试验证以及运营与服务等环节外，还将有更多的跨行业企业参与进来。

车联网为车辆提供更高的安全性，例如 C-V2X 与 ADAS 融合，可以和保险业务合作。

车联网提升交通通行效率，可以和碳排放业务结合，挖掘出精细化的车速、车型、道路流量等排放相关数据，并结合出行区域数据转化为碳排放数据，形成碳中和系列服务，打造绿色交易服务场景。

车联网可以赋能具备商业闭环能力的自动驾驶业务场景，比如矿卡、环卫车，还可以赋能自动驾驶真正实现无人化的商业运营，比如实现 Robotaxi 全无人化。

车联网除了应用在动态交通领域，也可以应用在静态交通领域，例如助力 AVP 解决极端工况；通过支付功能实现停车无感支付等。

车联网应用在能源领域，融入"车能路云"大生态。充电桩具备数据采集和数据缓存功能，可将充电站桩的工作状态、电流电压、充电时间等数据实时上传云端，支持调度中心平台软件对充电站桩的遥测遥控。充电桩也可以将故障信息、安全警报及时反馈给维护人员。另外，充电桩是充电变现的重要载体，扩展虚拟支付场景，成为车联网的新入口。

1.1.4 其他发展概述

1. 车路云一体化安全体系保障车联网应用

智能网联汽车新型安全体系包括四个方面：功能安全，确保电子电气系统故障时，车辆安全运行；预期功能安全，规避设计不足、性能局限及人为误用导致的风险；网络安全，网络安全保障与安全技术标准；数据安全，确保数据处于有效保护和合法利用的状态，并具备保障持续安全状态的能力。

（1）车联网网络安全和数据安全是下一阶段标准研究的重点方向之一

工业和信息化部在 2022 年 3 月印发《车联网网络安全和数据安全标准体系建设指南》，包括总体与基础共性、终端与设施网络安全、网联通信安全、数据安全、应用服务安全、安全保障与支撑共 6 个部分。其中终端与设施网络安全主要包括车载设备网络安全、车端网络安全、路侧通信设备网络安全、网络设施与系统安全；网联通信安全主要包括通信安全、身份认证；数据安全主要包括分类分级、出境安全、个人信息保护、应用数据安全；应用服务安全主要包括平台安全、应用程序安全、服务安全；安全保障与支撑主要包括风险评估、安全监测与应急管理、安全能力评估。

围绕车联网网络安全和数据安全，全国汽标委智能网联分标委（TC114/SC34）、中国通信标准化协会（CCSA）等已发布相关标准12项。除此之外，国家工业信息安全发展研究中心等牵头在车联网数据安全、关键设备安全防护检测等重点方向，已推进近20项行业标准。具体见表1-1。

表1-1 车联网网络安全和数据安全相关标准项目明细表

类别	标准名称	标准号/计划号	状态
车载设备网络安全	汽车网关信息安全技术要求及试验方法	GB/T 40857—2021	已发布
	车载信息交互系统信息安全技术要求及试验方法	GB/T 40856—2021	已发布
车端网络安全	信息安全技术 汽车电子系统网络安全指南	GB/T 38628—2020	已发布
	汽车信息安全通用技术要求	GB/T 40861—2021	已发布
	电动汽车充电系统信息安全技术要求及试验方法	GB/T 41578—2022	已发布
	汽车软件升级 通用技术要求	20214423－Q－339	制定中
	汽车整车信息安全技术要求	20214422－Q－339	制定中
	汽车诊断接口信息安全技术要求及试验方法	20211169－T－339	制定中
通信安全	车联网无线通信安全技术指南	YD/T 3750—2020	已发布
	基于公众电信网的联网汽车安全技术要求	YD/T 3737—2020	已发布
	基于LTE的车联网通信安全技术要求	YD/T 3594—2019	已发布
身份认证	交通运输 数字证书格式	GB/T 37376—2019	已发布
	基于LTE的车联网无线通信技术 安全认证技术要求	2019－0021T－YD	制定中
	基于LTE的车联网无线通信技术 安全证书管理系统技术要求	2020－CCSA－36	制定中
	基于LTE的车联网无线通信技术 安全认证测试方法	2019－0022T－YD	制定中
通用要求	汽车数据通用要求	20213606－T－339	制定中
分类分级	车联网信息服务 数据安全技术要求	YD/T 3751—2020	已发布
个人信息保护	车联网信息服务 用户个人信息保护要求	YD/T 3746—2020	已发布
	基于移动互联网的汽车用户数据应用与保护技术要求	2018－0182T－YD	制定中
	基于移动互联网的汽车用户数据应用与保护评估方法	2018－0183T－YD	制定中

（续）

类别	标准名称	标准号/计划号	状态
应用数据安全	信息安全技术 网络预约汽车服务数据安全要求	GB/T 42017—2022	已发布
	网络预约出租汽车服务平台数据安全防护要求	2017－0938T－YD	制定中
	车联网信息服务 数据安全保护能力评估规范	2020－1317T－YD	制定中
平台安全	车联网信息服务平台安全防护技术要求	YD/T 3752—2020	已发布
	电动汽车远程服务与管理系统信息安全技术要求及试验方法	GB/T 40855—2021	已发布
	车联网信息服务平台安全防护检测要求	2021－0192T－YD	制定中
安全监测与应急管理	汽车信息安全应急响应管理规范	20213611－T－339	制定中

（2）车路云一体化安全体系保障车联网应用

构建车路云一体化主动安全防护体系，实现各业务系统的全生命周期安全防护与统一安全管理。

终端（车端/路侧）安全防护系统具备车端与路侧设备的安全威胁监测与主动防御能力，并实时反馈安全风险数据，与云端联动进行及时的安全响应处置，形成全生命周期安全防护闭环。

云端安全防护系统以网络安全等级保护标准（第三级）为依据，进行安全合规性研发实践，形成一套完整的云端安全防护系统架构，落实物理环境安全、区域边界安全、通信网络安全、计算环境安全。

V2X通信安全防护系统具备基于国产商用密码算法的车与车、车与路通信身份认证能力，满足跨域身份认证要求，保障不同品牌车辆、不同路侧设备间的安全通信；具备基于国产商用密码算法的车与云、路与云通信身份认证、数据加密能力，保障示范区内车辆、路侧设备与云控基础平台、高精度地图平台等安全通信。

（3）数据安全是实现车联网"数据运营"的前提保障

数据分级分类是数据安全保障的重要基础，也是数据治理的第一步。数据分类上，面向自身业务，聚焦对象主体进行划分，包括车辆运行数据、环境数据、个人数据等，或聚焦业务流程进行划分，包括车辆数据、研发数据、运维数据等，在大类划分下，继续向下细分类别；数据分级上，分级明确、就高从严进行数据级别确定；数据安全保障方面，各类型企业均面向自身业务构建形成一套较为完善的数据安全保障体系，基本围绕组织建设、制度流程规范和技术支撑体系等方面展开[6]。

隐私保护、数据脱敏、数据溯源多方面保障数据安全合规。隐私保护方面，利用同态加密、联邦学习、安全多方计算等技术，探索大模型联合训练，为车联网数据流通过程中隐私保护提供新思路；数据脱敏方面，利用人工智能等技术对车外人脸、车牌数据进行脱敏处理，防止敏感信息泄露；数据溯源方面，基于区块链、数字水印等技术保障数据不可篡改、可溯源。

2. 车联网产业发展需要科学的顶层设计和评价体系

车联网产业发展需要科学的顶层设计。同时对车联网建设成果要有科学的评价体系，具体涉及要素指标和价值指标。

（1）车联网产业发展需要科学的顶层设计

车联网产业发展需要运用系统论的方法，从全局的角度，对某项任务或者某个项目的各方面、各层次、各要素进行统筹规划，以集中有效资源，高效快捷地实现目标。

顶层设计的主要特征，一是顶层决定性，顶层设计是自高端向低端展开的设计方法，核心理念与目标都源自顶层，因此顶层决定底层；二是整体关联性，顶层设计强调设计对象内部要素之间围绕核心理念和顶层目标所形成的关联、匹配与有机衔接；三是可操作性，设计的基本要求表述简洁明确，设计成果具备实践可行性，因此顶层设计成果应是可实施、可操作的。

车联网是典型的跨行业融合新兴产业，需要统筹规划汽车行业、交通行业、信息通信行业、互联网行业，以及其他相关行业协同发展。

小到区县，再到城市，再到区域，甚至大到国家级，车联网部署涉及范围越广，越要有顶层设计的思维。

车联网产业发展还要做好政策、标准、技术、建设、应用、运营等全方位产业思考。

（2）车联网产业发展评价需要考虑要素指标：相关政策、基础设施、产业情况（图1-3）

政策主要包括法律法规政策支持、顶层设计、专项行动计划（含投融资计划和补贴政策等）、支撑机构计划、科研创新计划、专项人才计划等。

基础设施主要包括标准和规范、频段资源、互联互通等测试、"仿真试验＋封闭测试场＋半开放道路＋开放道路建设"、商用车和乘用车前装及后装、运营等。

产业主要包括 OEM（整车厂）、造车新势力、零部件企业（传统和新兴汽车电子零部件）、自动驾驶和智能网联解决方案企业、交通企业、出行企业、信息服务提供企业（TSP）、图商和定位企业、安全企业、共性平台、检测机构及行业联盟机构等。产业链完备程度是重要指标之一。

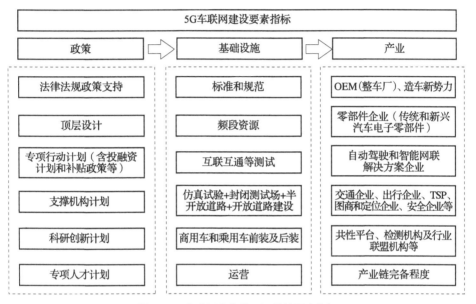

图1-3　车联网产业发展评价的要素指标

（3）车联网产业发展评价需要考虑价值指标：惠民、善政、兴业、商业价值（图1-4）

慧民是让民众在出行和物流运输中真正感受到信息娱乐、安全、效率、协同、自动驾驶等各种车联网应用服务。

善政是通过车联网赋能智慧交通管理（交管、交运等）和智慧城市（新城建），并且通过数据开放，充分运用车联网产生的大量可信数据，实现跨系统的数据融合和应用。

兴业是打造"人/货－车－路－网－云－图/定位－安全"车联网产业生态链，推动整车、芯片、零部件、营销服务等产业链上下游协同发展；另外，对于二三线城市，不应过于追求构建完整的车联网产业链，而应结合当地产业基础，打造5G车联网特色产业集群。

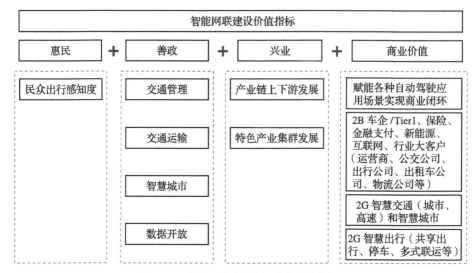

图1-4　车联网产业发展评价的价值指标

商业价值包括赋能各种自动驾驶应用场景实现商业闭环，如2B端的车企/Tier 1、保险、金融支付、新能源、互联网、行业大客户（运营商、公交公司、出行公司、出租车公司、物流公司等），2G智慧交通（城市、高速）和智慧城市，2C智慧出行（共享出行、停车、多式联运等）。

1.2　智慧城市与智能网联汽车融合发展标准

标准是经济活动和社会发展的技术支撑，是国家治理体系和治理能力现代化的基础性制度。体现智慧城市和智能网联汽车融合发展的车联网产业是全球创新热点和未来发展制高点，自2017年以来，工信部、交通运输部、住建部、公安部、国标委等多部委通过开展车联网示范区、先导区以及"双智试点城市"等推进车联网产业发展，同时为支持建设与应用落地实施，多部委联合陆续出台了《国家车联网产业标准体系建设指南》系列文件，相关标委会通过签订合作协议等方式加强相互间协同，建立了跨行业、跨领域，适应我国技术和产业发展需要的国家车联网产业标准体系，并进一步发挥标准在车联网产业生态环境构建中的基础支撑和引领作用，加快制造强国、网络强国和交通强国建设步伐[7]。

1.2.1 标准总体进展

1. 车联网产业整体标准进展

国家车联网产业标准体系共计规划制修订国家标准/行业标准 500 余项[8]，在全国汽标委智能网联分标委（TC114/SC34）、中国通信标准化协会（CCSA）、全国交通标委（SAC/TC576）、全国智能运输系统标委（SAC/TC268）、中国电子技术标准化研究院等标准组织的牵头推进下，完成了国家车联网产业标准体系建设第一阶段目标，形成了基于 LTE-V2X 的车联网产业标准体系，见表 1-2。

表 1-2 车联网产业标准体系进展情况

指南名称	发布时间	阶段目标	完成情况
国家车联网产业标准体系建设指南（智能网联汽车）	2017 年 12 月首次发布，2023 年 7 月修订发布	到 2020 年制定 30 项以上涵盖功能安全、信息安全、人机界面以及信息感知与交互、决策预警、辅助控制等智能网联汽车重点标准，初步建立能够支撑驾驶辅助及低级别自动驾驶的智能网联汽车标准体系	TC114/SC34 牵头以基础通用、安全保障、驾驶辅助、自动驾驶、网联功能与应用、资源管理与信息服务等为重点，已报批发布国家和行业标准 56 项；立项起草国家标准项目 39 项；完成标准化需求研究及成果应用项目 31 项；初步建立起支撑驾驶辅助及低级别自动驾驶的智能网联汽车标准体系[9]
国家车联网产业标准体系建设指南（信息通信）	2018 年 6 月	2018 年底前形成基于 LTE-V2X 的关键技术标准体系，制定、完善车辆紧急救援、通信安全等重点标准体系，针对标准开展试验验证 到 2020 年完成 5G 支持车联网产业系列标准的制定，进一步完善健全信息通信安全与数据安全等标准	CCSA 牵头围绕应用与消息、车、路、云、网、定位、安全等已发布或报批国家或行业标准 38 项、团体标准 3 项，立项起草行业标准 6 项、团体标准 4 项，组织开展 5G 相关标准预研 12 项，网络与数据安全标准预研 18 项，基本符合预期建设目标[10]
国家车联网产业标准体系建设指南（车辆智能管理）	2020 年 4 月	到 2022 年制修订 20 项以上智能网联汽车登记管理、身份认证与安全等领域重点标准，为开展车联网环境下的智能网联汽车道路测试、车联网城市级验证示范等工作提供支撑	TC576 牵头在智能网联汽车登记管理方面已立项起草 4 项国家标准、8 项行业标准；在身份认证、车路协同管控与服务方面已立项起草 4 项国家标准[11]

（续）

指南名称	发布时间	阶段目标	完成情况
国家车联网产业标准体系建设指南（智能交通相关）	2021 年 2 月	到 2022 年制修订 20 项以上智能交通基础设施、交通信息辅助等领域智能交通急需标准，初步构建起支撑车联网应用和产业发展的标准体系	TC268 牵头围绕基础标准、道路设施、路车交互以及网络安全等已发布相关标准 14 项，完成 6 项标准制修订及报批（含修订 1 项），完成 5 项标准立项并形成阶段性成果，组织开展 9 项标准预研究工作[12]
车联网网络安全和数据安全标准体系建设指南	2022 年 2 月	到 2023 年底，初步构建起车联网网络安全和数据安全标准体系。重点研究基础共性、终端与设施网络安全、网联通信安全、数据安全、应用服务安全、安全保障与支撑等标准，完成 50 项以上急需标准的研制	TC114/SC34、CCSA 等已发布相关标准 12 项，其次，国家工业信息安全发展研究中心等主要牵头在车联网数据安全、关键设备安全防护检测、风险评估等重点方向，已推进近 20 项行业标准[13]

　　汽车、公安、交通、通信、住建等相关主管单位积极参与车联网建设与试验验证活动，注重标准研制与指标验证，稳步完善国家车联网产业标准体系。例如汽标委组织了 40 余次智能网联汽车标准技术指标试验验证活动，公安交通管理部门积极参与无锡车联网先导区建设并进行道路交通车路协同应用相关标准验证[14]，工信部通过车联网身份认证和安全信任试点工作推动车联网 C-V2X 安全证书管理相关标准制定和验证。

2. 车联网产业团体标准进展

　　团体标准是依法成立的社会团体为满足市场和创新需要，协调相关市场主体共同制定的标准，具有市场主导、快速响应等优势。当前车联网产业正处于快速发展阶段，团体标准对于推进车联网产业发展具有重要作用。车联网领域相关团体标准组织主要有中国汽车工程学会/中国智能网联汽车产业创新联盟（CSAE/CAICV）、中国通信标准化协会（CCSA）、中国公路学会（CHTS）、中国智能交通产业联盟（C-ITS）、中国智能交通协会（ITS China）、车载信息服务产业应用联盟（TIAA）等，各组织围绕智能网联汽车、信息通信、道路交通运输、电子等行业领域技术与产业需求积极开展相关团体标准研制，极大地推进了车联网各领域关键技术发展与产业化落地。根据各组织团体官网公开信息及全国团体标准信息平台公开信息的不完全统计，相关标准情况见表1-3。

表1-3 车联网主要团体组织标准情况

团体组织	车联网相关专业范围	团体标准情况	部分标准清单
CSAE/CAICV	主要开展智能网联汽车相关环境感知、智能决策、控制执行、专用通信与网络、安全、车路协同与网联融合、高精度地图与定位、测试评价与示范推广等前瞻、交叉、空白领域的团体标准研究与制定工作	自2020年起持续发布更新《智能网联汽车团体标准体系建设指南》，已发布相关团体标准42项，在研标准60余项	T/CSAE 53—2020《合作式智能运输系统 车用通信系统 应用层及应用数据交互标准（第一阶段）》 T/CSAE 159—2020《基于LTE的车联网无线通信技术直连通信系统路侧单元技术要求》
CCSA	主要开展车联网的端到端业务架构体系设计和标准化梳理，对辅助驾驶、高级自动驾驶等各阶段应用需求进行研究，对车联网应用相关的互联互通、互信互认技术和协议进行标准化	已发布相关团体标准6项，在研标准11项	T/CCSA 440—2023《车路协同 路侧计算设备技术要求》 T/CCSA 455—2023《车联网平台与路侧设备 数据接口通信协议要求》
CHTS	主要由自动驾驶工作委员会开展车路协同自动驾驶领域范围相关标准或指南、研究课题的研制等	2021年发布《车路协同自动驾驶标准体系》，已发布相关标准数项，在研标准10余项	T/CHTS 10074—2022《智慧高速公路 路侧边缘计算框架及要求》 T/CHTS 10075—2022《自动驾驶车辆事故责任数据采集及分析技术要求》
C-ITS	主要开展智能交通领域车路协同、自动驾驶、智慧公交、智能基础设施等方面标准制定、技术测试检测、知识产权交易与保护、国际交流与合作等相关工作	2017年以来已发布相关标准100余项，在研标准60余项	T/ITS 0058—2017《合作式智能运输系统 车用通信系统 应用层及应用数据交互标准（第一阶段）》 T/ITS 0117—2022《合作式智能运输系统 RSU与中心子系统间数据接口规范》

（续）

团体组织	车联网相关专业范围	团体标准情况	部分标准清单
ITS China	主要开展智能交通相关标准制定，包括道路车辆、城市交通、交通安全等技术领域	发布相关标准 20 余项，在研标准 10 余项	T/CITSA 20—2022《道路交叉路口交通信息全息采集系统通用技术条件》 T/CITSA 27—2022《智慧道路边缘计算网关通信接口规范》
TIAA	主要开展智能交通、智能汽车专业领域数字化、网联化、智能化相关标准研制	已发布相关标准 30 余项	T/TIAA 027—2023《露天矿山　智能驾驶导航电子地图数据要素要求》 T/TIAA 020—2021《智能网联汽车数据安全共享参考架构》

团体标准蓬勃发展、百花齐放，呈现出制定周期短、数量多、细分领域与应用丰富、专业范围各有侧重与交叉等特点，从体系上有效地补充了新技术新应用等国行标的缺失，快速满足市场需求。

3. "双智试点城市"标准进展

"双智试点城市"在智慧城市和智能网联汽车融合发展建设过程中积极推进支撑规划设计、建设、运营与本地特色应用等的标准研制，见表 1-4。

表 1-4　部分城市标准研制情况

城市	标准研制情况
北京	北京搭建了涵盖"车-路-云-网-图-安全"的高等级自动驾驶示范区标准体系，累计完成示范区标准 20 项，并推进相关标准转化为团体标准和地方标准等；牵头"双智"试点导则《智慧灯杆网联化系统技术与工程建设规范》
上海	上海与 CSAE 等机构合作制定了 T/CSAE 247—2022《智能网联汽车道路试验监管系统技术要求》等智能网联汽车封闭测试场地建设、测试方法、监管数据采集方法等急需的团体标准，同时还成立了智能网联汽车及应用、智能交通等地方标准化技术委员会，全面支撑智能网联汽车相关地方标准的制定工作；牵头"双智"试点导则《充电设施网联化应用的技术接口要求》
广州	广州在 2021 年由市工信局批准发布了《广州市车联网先导区建设总体技术规范》《广州市车联网先导区 V2X 云控基础平台技术规范》2 项技术规范文件，并陆续围绕云控基础平台以及基础设施建设等发布了 7 项团体标准；牵头"双智"试点导则《自主代客泊车停车场建设规范》

（续）

城市	标准研制情况
无锡	无锡制定了 DB3202/T 1034.1—2022《智能网联道路基础设施建设指南 第1部分：总则》等3项地方标准；牵头"双智"试点导则《智能网联汽车运行安全公共道路测试场景要素及设置要求》
长沙	长沙制定了 DB43/T 2292.1—2022《智能网联汽车自动驾驶功能测试规程 第1部分：公交车》等4项地方标准；牵头"双智"试点导则《智慧公交智能网联基础设施建设》
武汉	牵头"双智"试点导则《车城网平台感知设备接入技术要求》；从高精度地图与高精度定位领域切入，形成《室内空间基础要素通用地图符号》等相关行业标准
成都	成都已发布《智能网联汽车开放道路测试评价总体技术要求》等4项标准
重庆	重庆已发布《智慧高速公路 第4部分：车路协同系统数据交换》《智能化道路基础设施分级分类》等4项标准
天津	天津构建了涵盖建设类、管理类、运营类和服务类的标准支撑框架，发布标准12项
柳州	柳州已立项《车联网路侧基础设施建设规范》《智能网联共享汽车业务规范》《面向车联网的智能环卫技术规范》系列地方标准
湖州	湖州市德清县率先出台自动驾驶数据脱敏地方标准 DJG 330521/T 88—2023《面向自动驾驶的路侧采集交通数据脱敏技术要求》

"地方双智城市"建设过程中形成的标准各成体系，主要以支撑项目建设或验收为目的，既要保持与国家行业标准的互联互通，也要体现本地特色，标准范围与数量受建设项目规划指标、组织单位能力、本地政策等因素影响，标准类型包括主管部门发布的技术规范、地方标准或团体标准。

1.2.2 标准应用进展

在车联网相关标准应用方面，标准验证与实施持续深化。支撑量产与规模化部署、融合应用的标准成为行业重点关注与研究对象。

一方面，互联互通标准与 Day I 消息基本固化，自 2018 年以来 IMT-2020（5G）推进组 C-V2X 工作组等组织连续举办车联网 C-V2X "三跨""四跨""身份认证"系列实践活动，验证 LTE-V2X 设备的标准符合性、互联互通与安全认证等问题[15]，开展《车联网路侧应用服务数据质量规范和评测方法》等课题，对细节内容不断优化，组织"MEC 与 C-V2X 融合测试床""车联网路侧系统标准化先导评测"等活动，推动路侧系统相关标准制定、验证和应用推广，汽标委推进国家标准《基于 LTE-V2X 直连通信的车载信息交互系统技术要求及试验方法》公开征求意见[16]，支撑基于 LTE-V2X 的车联网产业从标准走向量产商用与规模化部署。

另一方面，"车路云"协同发展成为产业共识及趋势，行业加快研究融合应用标准，CSAE 已立项《智能网联汽车融合感知系统》系列标准[17]，IMT–2020（5G）推进组 C-V2X 工作组正在开展《C-V2X 与单车智能融合应用研究》[18]等课题，中国电动汽车百人会组织编制完成《智慧城市基础设施与智能网联汽车协同发展标准体系建设研究报告》[19]，从标准到体系，跨行业与应用融合成为发展趋势。

1.2.3　标准发展趋势

当前各"双智试点城市"与先导区、示范区建设与标准已取得显著成果[20-21]，在住建部、工信部的引导下，16 个"双智"城市签订了标准化成果共建互认承诺书，但在实际建设过程中由于缺乏城市间协作以及各方对车城协同涵盖的"车–路–云–网–安全"等方面的标准建设缺乏统一认识，各城市的标准化工作愈发离散[22]；其次，各地标准研究工作主要由项目建设单位或本地单位为主，各地参与方基础设施建设差异以及软硬件耦合关系也会造成标准的差异；标准成果主要以地方标准或当地联盟组织团标为主，受限于地方标准的地域性以及团体标准版权等问题，各地标准研制中往往无法或者不愿引用其他地方形成的标准成果，进一步造成标准协作不足与实施困难，不利于更大范围跨行业、跨领域的系统互认与协同。

在国家车联网产业标准体系建设指南顶层规划与指导下，针对当前标准应用情况及存在问题，首先加强关键技术研究与标准研制同步以及新技术、新产品、新应用领域标准化需求分析，梳理标准研制节奏，明确哪些领域需标准先行、哪些应固化后形成标准；其次，加强行业协同和标准联合研究，在基础设施、云控平台、高精地图与定位、信息安全等交叉领域，各产业标委会和团体标准组织建立标准牵头主体之间的联络与协同渠道，强化与地方分委会或团体标准组织（比如地方分会）的纵向协同，通过联合开展标准需求分析与研究、征求意见、验证应用、互认授权等方式促进地方之间的协作；最后持续加强标准关键技术指标验证与示范应用，行业参与主体在产品开发与项目建设过程中善用标准裁剪与实施，发挥标准的基础支撑和引领作用，推进车联网产业高质量发展。

1. 信息通信标准体系已完成，进一步研制基础设施和安全防护体系标准

当前我国已完成覆盖总体要求、接入层、网络层、消息层、应用功能等各个环节的 LTE-V2X 全协议栈标准，引领和支撑车联网产业从 C-V2X 测试验证与应用示范步入面向汽车、交通运输等行业实际应用的小规模部署与先导性实践应用新阶段，但仍面临基础设施与安全防护体系标准供给不均衡问题。

表 1-5 列出了当前车联网新型基础设施及安全防护相关标准研制信息，结合各"双智试点城市"和先导区、示范区建设面临问题[23-24]，可发现现有路侧基础设施标准主要面向公安、交通业务，不同产品标准难以兼容复用；感知、计算、决策等技术不断更新，科技成果转化与标准研制不匹配，关键感知设备缺乏统一的技术标准；标准需求不明确，路侧感知系统数据接口未规范；基础设施测评方法标准不完善；车联网服务平台标准缺乏体系性规划；其次，网络和数据安全领域密码应用等基础性标准尚不完善，基础设施、身份认证、漏洞管理、应急响应管理等重点方向相关支撑标准仍有待加强。

表 1-5　车联网新型基础设施及安全防护相关标准

分类	标准名称	类型	状态	归口组织
路侧系统	GB/T《车路协同系统智能路侧一体化协同控制设备技术要求和测试方法》	国标	报批	TC268
	YD/T《车路协同路侧感知系统技术要求及测试方法》	行标	报批	CCSA
	T/CITSA 20—2022《道路交叉路口交通信息全息采集系统通用技术条件》	团标	发布	ITS China
计算设备/单元	T/CCSA 440—2023《车路协同路侧计算设备技术要求》	团标	发布	CCSA
	T/GDSAE 00006—2022《车路协同路侧计算设备技术规范》	团标	发布	GDSAE
	T/CHTS 10074—2022《智慧高速公路　路侧边缘计算框架及要求》	团标	发布	CHTS
	T/CITSA 27—2022《智慧道路边缘计算网关通信接口规范》	团标	发布	ITS China
激光雷达	T/ITS 0173—2021《智能交通　路侧激光雷达接口技术要求》	团标	发布	C-ITS
	YD/T《车路协同　路侧激光雷达测试方法》	行标	制定中	CCSA
	T/CSAE《车路协同路侧基础设施激光雷达技术要求及测试方法》	团标	制定中	CSAE

（续）

分类	标准名称	类型	状态	归口组织
毫米波雷达	T/ITS 0172—2021《智能交通　毫米波雷达交通状态检测器接口技术要求》	团标	发布	C-ITS
	T/ITS 0128—2021《智能交通　毫米波雷达交通状态检测器》	团标	发布	C-ITS
	T/CITSA 13—2021《交通事件检测　微波交通事件检测器技术规范》	团标	发布	ITS China
	T/CITSA 12—2021《交通信息采集　微波车辆感应检测器技术规范》	团标	发布	ITS China
	GB/T 20609—2023《交通信息采集　微波交通流检测器》	国标	发布	TC268
摄像头	T/ITS 0171—2021《智能交通　道路摄像机　接口技术要求》	团标	发布	C-ITS
	GA/T 1127—2013《安全防范视频监控摄像机通用技术要求》	行标	发布	TC100
	GA/T 995—2020《道路交通安全违法行为视频取证设备技术规范》	行标	发布	TC576
	GA/T 497—2016《道路车辆智能监测记录系统通用技术条件》	行标	发布	TC576
	GB/T 24726—2021《交通信息采集　视频交通流检测器》	国标	发布	TC268
	GB/T 28789—2012《视频交通事件检测器》	国标	发布	TC268
雷视一体	T/ITS《智能交通　雷视一体信息采集器》	团标	起草	C-ITS
云控基础平台	T/ITS 0199.1—2022《车路协同云控基础平台　通用要求》	团标	发布	C-ITS
	T/GDSAE 00002—2022《车联网先导区 V2X 云控基础平台技术规范》	团标	发布	GDSAE
	T/CSAE《智能网联汽车云控系统　第 1 部分：系统组成及基础平台架构》	团标	报批	CSAE
车城网平台	DB44/T《基于 CIM 的车城网建设、运营和评价技术指引》	地标	制定中	—
监管平台	T/ITS 0201.1—2022《智能网联汽车测试监管系统　第 1 部分：监管平台技术要求》	团标	发布	C－ITS
	TCSAE 247—2022《智能网联汽车道路试验监管系统技术要求》	团标	发布	CSAE
	T/CITSA 30—2023《智能网联汽车道路测试及示范应用监管平台建设规范》	团标	发布	ITS China

（续）

分类	标准名称	类型	状态	归口组织
运维管理平台	T/CCSA 456—2023《面向车路协同的路侧设备（RSU）运维管理平台》	团标	发布	CCSA
	T/CCSA《车路协同 路侧计算与感知设备运维管理平台技术要求》	团标	报批	CCSA
平台安全	YD/T 3752—2020《车联网信息服务平台安全防护技术要求》	行标	发布	CCSA
	T/ITS 0183—2022《车路协同云控基础平台 信息安全技术要求》	团标	发布	C-ITS

2. 车-路-云信息交互标准研究与验证取得进展，进一步研制互联互通标准

车路云一体化已成为行业共识，业内积极推进车路云信息交互标准的研究与验证并已取得一定的成果，见表1-6。CCSA、TC576、CSAE以及C-ITS等标准组织均已发布车路云信息交互相关标准并逐步等到行业认可，尤其以YD/T 3709等标准定义的一阶段消息已成为行业互联互通的基础，如何基于标准开发实现统一的接口协议与数据内容跨行业、跨地域互联互通尤其关键。

为此近年来行业不断在应用实践中进行标准验证，结合标准内容进行分析不难发现，现有标准仍存在互联互通不充分的问题。具体表现为：①标准实施存在歧义或细粒度不够，例如2022年C-V2X"四跨"期间对各主办城市路侧基础设施的技术测试结果发现，不同厂家对YD/T 3709标准消息理解不同，导致填充不规范或与道路实际情况存在误差；②不同团体标准间协调与兼容不足，比如路云交互相关标准感知目标或事件分类不统一，通信协议不一致等；③技术实际落地情况难以满足标准要求，对最终应用开发和使用造成困扰。

表1-6 车路云信息交互相关标准

交互对象	标准名称	类型	状态	归口组织
OBU-RSU	YD/T 3709—2020《基于LTE的车联网无线通信技术 消息层技术要求》	行标	发布	CCSA
	T/CSAE 159—2020《基于LTE的车联网无线通信技术 直连通信系统路侧单元技术要求》	团标	发布	CSAE

（续）

交互对象	标准名称	类型	状态	归口组织
车载终端－云控	T/CSAE 248—2022《合作式智能运输系统　车路协同云控系统 C-V2X 设备接入技术规范》	团标	发布	CSAE
	T/CSAE《智能网联汽车云控系统　第 2 部分：车云数据交互规范》	团标	报批	CSAE
	YD/T《基于移动互联网的车路协同应用场景及技术要求》	行标	发布	CCSA
OBU－车内	T/CSAE《智能网联汽车设备抽象与感知服务接口规范》	团标	制定中	CSAE
RSU－云控	T/CSAE 248—2022《合作式智能运输系统　车路协同云控系统 C-V2X 设备接入技术规范》	团标	发布	CSAE
	T/CCSA 456—2023《车路协同　路侧通信设备（RSU）运维管理平台技术要求》	团标	发布	CCSA
	T/CCSA 455—2023《车联网平台与路侧设备　数据接口通信协议要求》	团标	发布	CCSA
	T/ITS 0117—2022《合作式智能运输系统　RSU 与中心子系统间数据接口规范》	团标	发布	C-ITS
RSU-MEC	T/CCSA 440—2023《车路协同　路侧计算设备技术要求》	团标	发布	CCSA
信号机－路侧设备	GA/T 1743—2020《道路交通信号控制机信息发布接口规范》	行标	发布	TC576
感知－MEC	T/CCSA 440—2023《车路协同　路侧计算设备技术要求》	团标	发布	CCSA
MEC－云控	T/CSAE《智能网联汽车云控系统　第 3 部分：路云数据交互规范》	团标	报批	CSAE
	T/ITS 0180.1—2021《车路协同信息交互技术要求　第 1 部分：路侧设施与云控平台》	团标	发布	C-ITS
	T/CCSA 455—2023《车联网平台与路侧设备　数据接口通信协议要求》	团标	发布	CCSA
云控－第三方系统	T/ITS 0180.2—2021《车路协同信息交互技术要求　第 2 部分：云控平台与第三方应用服务》	团标	发布	C－ITS

1.3 智慧城市与智能网联汽车各城市建设进展

2021 年 4 月和 12 月，住建部和工信部两次联合印发通知，先后确定北京、上海、广州、武汉、长沙、无锡 6 个城市为第一批智慧城市基础设施与智能网联汽车协同发展试点城市，简称"双智"试点城市，重庆、深圳、厦门、南京、济南、成都、合肥、沧州、芜湖、淄博 10 个城市为第二批试点城市，开展建设智能化基础设施、新型网络设施、车城网平台、示范应用和完善标准制度等试点任务。

在各项政策的支持下，16 个试点城市已取得阶段性成果，已在 2000 多个重点路口布设了摄像头、毫米波雷达、激光雷达等感知设施和 RSU、路侧计算单元等智能化基础设施，建设 24 万台 5G 基站，部分城市搭建了车城网平台，投放超过 1700 辆 L4 级自动驾驶车辆开展应用场景测试，累计测试里程达到 2730 万 km，累计服务 380 万人次。

1.3.1 北京市"双智"试点建设进展

北京市结合高级别自动驾驶示范区项目，以经济技术开发区为重点试点区域。见表 1-7，北京"双智"试点建立了"2+5+N"的政策管理体系，制定了一系列标准规范，围绕"车、路、云、网、图"开展了车路云一体化中国方案技术实践，创新国内首个"多杆合一、多感合一、多箱合一"的智能网联标准化路口建设方案，打造了示范区统一数据底座的云控平台，与自动驾驶车辆管理平台和城市治理三方应用平台实现了数据互通，完成了经开区 60km² 范围内车路云一体化的功能覆盖，实现交管执法、交通目标检测、信控优化及车联网等功能应用，示范区早、晚高峰道路拥堵里程分别下降 29.14% 和 22.41%，绿波干线全天平均停车次数降低 20%[25-26]。北京还探索了新型基础设施建设的运营模式，确立了"政府统筹规划、授权企业经营、市场化运营"的思路，形成了全国首创的"规、建、管、养、用"一体化数字基础设施建设运营新模式，在智慧交通、出行服务等方面形成了显著的应用。

2022 年 4 月 28 日，北京正式发放无人化载人许可证，成为全球范围内第一个开放无人驾驶的城市。后续北京将继续在亦庄新城范围内再建设 100km²，并逐步扩展成为全市 500km² 示范区，迭代推进智慧交通管理示范区建设，率先实现 225km² 内信控路口的联网联控，打造经开区全域的高品质出行体验。

表 1-7　北京市"双智"试点建设进展

建设内容	建设进展
政策体系	"2+5+N"的政策管理体系：两大顶层设计文件《北京市智能网联汽车政策先行区总体实施方案》《北京市智能网联汽车政策先行区智能网联汽车管理办法》、五大类应用场景及相应管理体系（乘用车、客运车、货运车、特种作业车、多功能无人车等）、N 项基础支撑设施
标准规范	围绕示范区"车、路、云、网、图、安全"全维度构建标准体系框架，发布《车路协同路侧基础设施　第 1 部分：总体技术要求》等示范区标准 14 项，牵头"双智"试点导则《智慧灯杆网联化系统技术与工程建设规范》
智能化基础设施与新型网络设施	建成 329 个智能网联标准路口，部署共 4400 余个摄像头、1200 余个雷达感知设备设施，RSU 通信设施 350 余个，边缘计算单元设施 480 余个，建设超高速无线通信（Enhanced Ultra High Throughputs，EUHT）专网，实现了经开区 60km² 范围内车路云一体化的功能覆盖
车城网平台	打造了示范区统一数据底座的云控平台，与自动驾驶车辆管理平台和城市治理三方应用平台实现了数据互通
示范应用	智能网联车辆超 600 辆、测试里程超过了 1300 万 km，提供出行服务超过 100 万次、零售服务 90 余万次、配送服务超过 25 万单；实现了自动驾驶出租车、无人零售、无人配送、智能网联客运、干线物流等 8 类应用场景；发放无人化载人许可证，成为全球范围内第一个开放无人驾驶的世界级城市
产业聚集	聚集了包括百度、小马智行、主线科技等 40 余家"车路云网图"产业链关键要素企业以及清华、北大、北京智源人工智能研究院等知名高校和科研机构

1.3.2　上海市"双智"试点建设进展

上海以安亭汽车城和嘉定新城核心区为重点区域开展试点，确立了建成"1"个集端感知、网连接、智计算、全数据于一体的高质量智能化基础设施，构建"1"个基于城市统一数据基底的"车城网"实体数字孪生平台，打造"N"个彰显嘉定特色的智能网联汽车与智慧交通融合创新应用，建成"1"个面向智慧城市深度融合的智能网联汽车标准体系，形成"1+1+N+1"的"双智"协同发展"中国样板"整体架构。

见表 1-8，上海出台了国内首部聚焦在 L4 级及以上自动驾驶系统的地方专项立法《上海市浦东新区促进无驾驶人智能网联汽车创新应用规定》，建成了全国首张 IPv6 + 智能网联、智慧交通和智慧城市的多元业务承载网络，搭建基于城市统一数据基底的"车城网"实体数字孪生平台，建设完成智慧路口近 300 个，智能网联示范区车路协同环境累计建设 230.6km，累计开放 926 条、1800km 智能网联测试道路，开放 2 条共 41km 的自动驾驶高速公路，实现了国内首个"大流量、高动态、高复杂"高速公路场景重大突破[27]。

上海车城网平台将城市信息模型与智能网联汽车相融合，利用已接入的车路协同路侧基础设施、自动驾驶测试巡检车辆数据及智能网联汽车数据中心数据，支撑实现车路协同云端管控、自动驾驶仿真测评、数字孪生、车城协同感知等功能，已在嘉定区城运中心、嘉定区交通委及上海国际汽车城（集团）有限公司得到充分应用。

表 1-8 上海市"双智"试点建设进展

建设内容	建设进展
政策体系	出台首部聚焦在 L4 级及以上自动驾驶系统的地方专项立法《上海市浦东新区促进无驾驶人智能网联汽车创新应用规定》；制定《上海市智能网联汽车示范运营实施细则》；发布《关于嘉定区建设世界智能网联汽车创新高地行动方案（2023—2025 年）》
标准规范	牵头"双智"试点导则《充电设施网联化应用的技术接口要求》；发布《自动驾驶出租汽车车辆运营要求》《车路协同智能决策道路》等 12 项标准
智能化基础设施与新型网络设施	建成了全国首张 IPv6 + 智能网联、智慧交通和智慧城市多元业务承载网络；建设完成智慧路口近 300 个，其中全息路口 60 个；累计建设 230.6km 智能网联示范区车路协同环境，布设 AI 智能摄像头 981 套、激光及毫米波雷达 875 套、路侧控制单元及路侧交通数据处理单元等 532 套，部署 5G 基站 4370 个，部署北斗定位基站 15 个，覆盖范围 464km²，实现了 7cm 精度的定位
车城网平台	已经建立由云控平台 + CIM + 上海新能源汽车平台 + 上海智能网联汽车公共数据平台构成的车城网平台，打造全国首个在云端建设完整车路城数据融合处理、算力调度和安全合规的"车城网"实体数字孪生平台
示范应用	累计开放 926 条、1800km 智能网联测试道路，可测场景达 1.5 万个，首次开放高速公路 2 条、共 41km（G1503 上海绕城高速 21.5km，G2 京沪高速 19.5km）；累计有 28 家企业、519 辆自动驾驶车在上海开展测试和示范应用，测试总里程 1079 万 km，测试时长 59 万 h；已投入近 50 辆自动驾驶专用车开展无人配送、无人清扫、无人零售等示范应用；162 辆公交车实现网联感知、信息化功能升级，覆盖 20 条线路

（续）

建设内容	建设进展
产业聚集	嘉定区已经聚集了100多家自动驾驶汽车相关企业，包括上汽、蔚来、智己、飞凡、理想、舍弗勒、零束、百度、AutoX、小马智行、地平线、中科创达、路特斯等整车、零部件、出行服务领域领先企业

1.3.3 广州市"双智"试点建设进展

广州"双智"试点聚焦车路一体化发展，重点建设琶洲车城网、黄埔智慧交通"新基建"、番禺车联网等示范项目，推进智能化基础设施建设与车城融合示范应用。

见表1-9，目前广州已出台《广州市智能网联汽车测试开放道路管理办法》《广州市智能网联汽车开放道路载客测试流程申请指引》等政策，制定相关标准10余项。全市累计开放智能网联汽车测试道路505条，单向里程956km，黄埔区已经完成了133km城市开放道路和102个路口的智能化改造，知识城部署19座隧道积水传感器、视频监控器，琶洲完成11个路口一体化路侧设备部署和安装调试。

琶洲车城网项目在广州市CIM平台基础上构建了车城网平台，推进整合现有的CIM数据、交管感知设施、城管感知设施、智慧灯杆、5G网络等资源，接入琶洲全域51个停车场的实时车位信息，实现智能公交、停车信息服务、道路智能监测等应用。

黄埔区车城网平台已接入各类已有车内监控设备与路侧监控设备，实现泥头车、危运车等6类重点车辆不文明驾驶行为和危险驾驶行为监管等20类管理场景。黄埔区打造了全球首个服务多元出行的自动驾驶MaaS平台，开放无人驾驶出租车、公交车、小巴、巡检车等自动驾驶车型，开通5条自动驾驶公交环线，建设300多个接驳站点，投放自动驾驶车辆超过100台[28]。

广州还积极探索商业化运营新模式，采用"财政＋社会投资"模式，鼓励多主体参与建设和运营，加速自动驾驶技术成果的商业化落地，开展城市级智能网联与车路协同的数据应用商业合作。

表 1-9　广州市"双智"试点建设进展

建设内容	建设进展
政策体系	发布了《广州市智能网联汽车测试开放道路管理办法》《广州市智能网联汽车开放道路载客测试流程申请指引》等政策
标准规范	牵头"双智"试点导则《自主代客泊车停车场建设规范》；制定《基于智慧灯杆的道路车辆数据接口技术规范》《基于城市信息模型的车城网建设、运营及评价技术指引》等 10 余项广州市地方标准或团体标准
智能化基础设施与新型网络设施	黄埔完成了 133km 城市开放道路和 102 个路口的智能化改造，部署 1318 个 AI 感知设备、89 个车联网路侧通信单元，知识城部署 19 座隧道积水传感器、视频监控器。琶洲完成 11 个路口一体化路侧设备部署和安装调试
车城网平台	琶洲车城网平台推进整合现有的 CIM 数据、交管感知设施、城管感知设施、智慧灯杆、5G 网络等资源，汇聚全域停车场实时数据、信控灯态信息及智能公交车运行数据等，实现智能公交、停车信息服务、道路智能监测等应用 黄埔区车城网平台已接入各类已有车内监控设备与路侧监控设备，实现泥头车、危运车等 6 类重点车辆不文明驾驶行为监管、危险驾驶行为监管等 20 类管理场景
示范应用	全市已累计开放智能网联汽车测试道路 505 条，单向里程 956km，覆盖白云、海珠、番禺、黄埔、花都、南沙 6 个行政区域，已累计向小马智行、文远知行、百度阿波罗、广汽集团、沃芽科技（滴滴）、AutoX 等 13 家测试主体旗下 300 余台智能网联汽车发放了测试牌照，道路测试累计总里程超 960 万 km 黄埔区开放无人驾驶出租车、公交车、小巴、巡检车等自动驾驶车型，开通 5 条自动驾驶公交环线，建设 300 多个接驳站点，周均接驳达 7200 人次；投放自动驾驶车辆超过 100 台，累计完成 30.7 万个订单，为超过 18 万名乘客提供出行服务[29]
产业聚集	广州汇聚了整车制造、头部自动驾驶公司、智能基础设施、汽车零配件等车城网产业链规模以上企业近 400 家

1.3.4　武汉市"双智"试点建设进展

依托武汉国家智能网联汽车测试示范区，武汉已逐步建成了基于开放标准的车路协同体系、基于联合创新实验室群的科研体系、支撑商业运营的应用体系三大体系，初步实现了车路协同和车城融合发展。

武汉建设了全国首个车城网平台，建立了 $160km^2$ 的高精度城市三维空间模型，打通交管、停车、公交、政务等已有信息系统，通过平台汇聚各类系统和数据，赋能各种智慧应用。完成了106km道路的智能化改造，安装1800多个路侧智能设备、100个城市传感器，全面覆盖5G信号、高精度地图、北斗高精度定位网等相关智能基础设施，具备L4及以上等级的自动驾驶测试运行条件，构建了仿真测试、封闭道路和开放道路测试"三位一体"的测试能力，建成1312亩（1亩＝666.6m²）的智能网联汽车封闭测试场，涵盖十大测试功能区、130个测试场景和多个实验室群，是全球唯一一个T5级测试场（测试场最高等级）与F2级赛道（赛道长4.2km）相结合的封闭测试场。在应用上，武汉先后分9批开放了1277条智能网联汽车测试路段，总里程达1846km，分布在8个行政区和功能区，开放道路里程数和开放区域数均位居全国第一，累计发放各类测试示范牌照1581张，累计测试里程超过1400万km；投放全无人自动驾驶车辆达300辆，涉及参与车路协同应用的公交车236辆，以及社会车辆超过1万辆[30-31]，建设了基于车城融合的智慧停车场，面向大众设计代客泊车辅助功能应用体验演示方案。详细信息见表1-10。

表1-10　武汉市"双智"试点建设进展

建设内容	建设进展
政策体系	《武汉市智能网联汽车道路测试与示范应用管理实施细则（试行）》《武汉经开区新能源与智能网联汽车产业战略提升行动方案（2023—2025年)》等
标准规范	牵头"双智"试点导则《车城网平台感知设备接入技术要求》，已形成6项国家、地方和行业技术标准，发布《智能网联道路建设规范（总则)》等相关行业标准
智能化基础设施与新型网络设施	完成了106km道路的智能化改造，并向智能网联汽车、自动驾驶汽车开放，全面覆盖5G信号、高精度地图、北斗高精度定位网等智能基础设施，具备L4级自动驾驶测试运行条件。部署1800个路侧智能设备，覆盖97个路口，实现开放道路监控全覆盖、交通流和交通事件感知、道路湿滑预警和大雾预警等车路协同应用
车城网平台	全国首个车城网平台，建立了160km²的高精度城市三维空间模型，打通交管、停车、公交、政务等已有信息系统，通过平台汇聚各类系统和数据，实现城市环境信息、停车场信息、信号灯数据实时推送和无人驾驶开放道路测试安全监管服务等功能，赋能各种智慧应用

（续）

建设内容	建设进展
示范应用	开放了 1277 条智能网联汽车测试路段，总里程 1846km，覆盖武汉全市 8 个区，触达常住人口近 200 万，位居全国前列 累计发放各类测试示范牌照 1581 张，累计测试总里程近 1400 万 km，累计出行服务订单突破 66 万，服务 82 万余人次；投放自动驾驶车辆 200 辆，涉及参与车路协同应用的公交车 236 辆，以及社会车辆超过 1 万辆，开展全域智慧公交示范应用、智能网联汽车共享出行和无人驾驶物流配送商业化运营 建设了基于车城融合的智慧停车场，龙灵山生态公园北门停车场、川江池停车场和春笋地下停车场，投入了 4 辆 L4 级自主代客泊车车辆，面向大众设计代客泊车辅助功能应用体验演示方案，提供小程序交互工具开展自主代客泊车示范应用
产业聚集	建立 1 个院士工作站和 23 家联合创新实验室，落地国家级智能交通技术创新中心，依托东风汽车、亿咖通、东软睿驰等 130 多家智能网联汽车产业链企业，组建智能汽车与智慧城市协同发展联盟，初步构建了"主机厂＋上下游产业链"的产业生态体系

未来，武汉将持续落实《武汉经开区新能源与智能网联汽车产业战略提升行动方案（2023—2025 年)》，以军山新城为核心，打造"双智"策源地，重点推动智能驾驶商业应用、智慧城市基础设施建设、产城融合。

1.3.5　长沙市"双智"试点建设进展

近年来，长沙先后获批建设国家智能网联汽车（长沙）测试区、国家级车联网先导区、国家智能网联汽车质量监督检验中心、首批"双智"城市试点等，湖南湘江新区是试点建设的核心区，经过两年建设，长沙已在智能化基础设施、新型网络基础设施、车城网平台、示范应用及标准法规建设等方面取得丰硕的成果。

见表 1-11，截至 2023 年 7 月，长沙已完成了 286 个城市道路交叉口和151 个高速公路点位智能化改造，建设了 5G 基站超 3.5 万个，启用全国首个智能网联汽车预期功能安全测试基地，具备雨、雾、光、尘等测试环境和雨中泊车场景；正在探索融合长沙城市超脑和智能网联云控平台能力，推进建设城车联动的车城网平台，已连接建设软件大数据及云平台企业 106 家，构建了全国首个规模化商用的车联网运营服务平台，为福特、广丰等多家车企近 5000 辆车辆提供智能网联信息服务，服务规模和能力国内领先。长沙还建立起规模化的智能网联公交、环卫、物流、Robotaxi 等示范应用场景，拥有全国最大的智能网联公交应用场景，智慧公交覆盖 70 余条公交线路，全市 2000 多辆公交车完成智能化改造升级，推出全国首创的基于信号优先和专享路权的智慧定制公交。

根据《湖南湘江新区智能网联汽车创新应用示范区行动方案（2022—2025）》等政策指引，长沙持续加快智能城市与智能网联汽车产业融合发展，湘江新区将开展全无人测试，并逐步实现全域 1200km^2、1712km 道路里程开放，届时长沙将成为全国测试道路里程最长、区域最大的城市。

表 1-11   长沙市"双智"试点建设进展

建设内容	建设进展
政策体系	发布《湖南湘江新区智能网联汽车创新应用示范区行动方案（2022—2025）》
标准规范	牵头"双智"试点导则《智慧公交智能网联基础设施建设》，发布了《智能网联汽车自动驾驶功能测试规程　第 1 部分：公交车》等地方标准
智能化基础设施与新型网络设施	已完成长沙主城区 200km^2 范围内 286 个交叉口的城市道路和三环线、长益复线 100km 高速公路智能化改造，安装部署 419 套 LTE-V2X 路侧单元；已建设 5G 基站超 3.5 万个，实现主城区、智慧高速公路沿线的 5G 网络全覆盖
车城网平台	正在探索融合长沙城市超脑和智能网联云控平台能力，推进建设城车联动的"车城网"平台，推进建设城市 CIM 平台
示范应用	开放智能网联测试高速公路 56.1km，打造了全国领先的自动驾驶干线物流示范应用场景；开放自动驾驶出租车（Robotaxi）测试道路 317km，Robotaxi 自动驾驶里程达 100 多万 km，安全载人服务超过 10 万人次，完成 30 辆渣土车的改装，通过加装汽车电子标识，实现强制身份认证，推动重点营运车辆监管与服务。打造智慧停车信息平台"湘行天下"及 App，日均为车主提供停车服务超过 11 万次。智慧公交已覆盖 70 余条公交线路，全市 2000 多辆公交车完成智能化改造升级，初步实现公交信号优先、主动安全辅助驾驶、驾驶人安全监管等功能
产业聚集	湘江新区聚集了智能汽车产业链重点企业 350 余家，其中世界 500 强企业 10 家、智能汽车及人工智能产业相关研发机构 108 家，形成了规模庞大的产业集群

1.3.6　无锡市"双智"试点建设进展

无锡重点在锡山"双智"核心区和滨湖"双智"创新区开展建设，积极探索车联网城市级建设运营模式，从立法、政策、标准等方面进行顶层设计，首创"四网一中心三平台"的架构，即跨公安专网、政务网、公网、V2X专网，建立车联网大数据中心，服务于交管数据交互平台、V2X应用服务平台、V2X设备一体化平台，实现了交管、车辆、出行服务等领域的横向数据交互，完成了与公安、交通等部门的数据共享和协同的技术方案。在推进路侧设施建设、完善运营服务平台和商业模式探索等方面取得了一系列成效。

2022年12月29日，无锡发布了国内首部推动车联网发展的地方性法规《无锡市车联网发展促进条例》，先后出台了《锡山车联网产业发展规划纲要》《锡山区车联网及智能网联汽车高质量发展三年行动计划（2023—2025年）》等"双智"相关政策指导文件。见表1-12，目前无锡已完成超1000个点段智能化基础设施改造，全市已有1123km智能网联道路实现全域有条件自动驾驶开放，无锡车城网平台已接入路侧设备数据、灯态数据、交通事件数据和公交数据，打通交管、车辆出行等领域的横向数据交互，支撑实现实时灯态上地图、公交优先等应用，无锡全市702个路口实现信号灯上百度地图，并向福特锐界等19款车型提供道路信息服务。在接驳、物流、配送等领域商业应用方面，全市拥有自动驾驶微循环接驳小巴61辆，覆盖10条线路；全市智能驾驶环卫业务已覆盖340万 m² 街区，全市自动驾驶物流线路2条，京东无人配送车辆已在经开区开展规模化运营[32]。

表1-12　无锡市"双智"试点建设进展

建设内容	建设进展
政策体系	《无锡市车联网发展促进条例》《智能网联汽车道路测试与示范应用管理实施细则》《区政府办公室关于印发锡山区车联网及智能网联汽车高质量发展三年行动计划（2023—2025年）的通知》
标准规范	牵头"双智"试点导则《智能网联汽车运行安全公共道路测试场景要素及设置要求》，制定《智能网联道路基础设施建设指南　第1部分：总则》等"双智"相关标准3项
智能化基础设施与新型网络设施	全市实现了450km²、超1000个点段的车路协同基础设施覆盖，在核心区域部署7个北斗定位基站，能够实现动态水平5cm、垂直8cm、静态水平5mm、垂直10mm的定位精度
车城网平台	无锡车城网平台已接入路侧设备数据、灯态数据、交通事件数据和公交数据，已向电子地图供应商、车企等共享全市1512个路口灯态数据，形成百度地图702个路口稳定在线的灯态信息服务

（续）

建设内容	建设进展
示范应用	全市已有1123km智能网联道路实现全域有条件自动驾驶开放。在公共交通领域，目前全市自动驾驶微循环接驳小巴已经达到59辆，覆盖10条线路。在环卫清洁领域，目前全市智能驾驶环卫业务已覆盖340万 m² 街区，其中仙途智能在无锡落地运行的无人环卫车，已覆盖超100万 m² 的道路保洁。在物流领域，无人驾驶应用场景更为成熟，京东无人配送车辆已在经开区开展规模化运营，年内多家功能型低速无人车企业将在梁溪、新吴等地陆续开展运营。两条自动驾驶物流线路将实现综合保税区重点企业、上汽大通周边的自动驾驶物流运输，并与无人工厂全面打通，实现供应链整体无人化
产业聚集	无锡聚集了超350家车联网及智能网联汽车相关企业，其中近85%为智能网联汽车零部件及自动驾驶相关企业。

1.3.7　重庆市"双智"试点建设进展

近年来，重庆依托两江新区国家级车联网先导区以及永川区西部自动驾驶开放测试与示范运营基地等项目，以新型基础设施建设为突破口，加快"双智"协同发展步伐。

两江新区已实现直连通信车辆 258 台，累计完成网联化道路升级超200km，完成 RSU（路侧设备）、摄像头、激光雷达、毫米波雷达、雷视一体机等设备安装 240 余套；搭建了 1 个车联网综合云控平台和 2 个区域性应用平台，形成智慧公交、网约车等两大应用，实现了主动式公交优先、交叉碰撞预警等 3 大类 32 小类车联网场景，涉及自动驾驶公交、智能网联微循环小巴等共计 12 种类型车辆，打通了政务、城管、运管、交管、社区、停车运营等6 大类数据交换通道，打造出全面的车联网数据交换平台。

永川区已实现1576km² 全域开放自动驾驶测试与应用，开放道路里程达到双向1385km，改造智能路口超 110 个、智能化升级 1800 个路侧停车泊位，投入 L4 级自动驾驶车辆 52 台，累计测试应用里程达 190 万 km，开通了全国首条 L4 级自动驾驶公交线，率先实现全车无人自动驾驶商业化运营。永川区还整合接入交巡警、交通运管、市政等多个系统数据，构建形成永川智慧交通大脑，推出信号灯智能配时、城市绿波等应用服务，城区交通拥堵程度下降 11.3% [33]。

根据《重庆市新型城市基础设施建设试点工作方案》，重庆将依托 CIM

平台，率先在两江新区建设车路协同一体化运营与管理中心。

1.3.8　深圳市"双智"试点建设进展

深圳依托经济特区优势，结合地方特色和产业基础，重点聚焦政策法则先行先试，围绕标准体系、政策环境、基础设施、平台体系、差异化示范区建设五大方面开展试点工作，建设"智慧的路"，部署"聪明的车"，加快新技术的规模化商用进程。

2022 年 8 月，深圳颁布了国内首部智能网联汽车管理法规《深圳经济特区智能网联汽车管理条例》，填补自动驾驶相关立法空白，印发《深圳市推进智能网联汽车高质量发展实施方案》等政策文件，发布《多功能智能杆系统设计与工程建设规范》《智慧道路边缘计算网关通信接口规范》《低速无人车城市商业运营安全管理规范》等标准规范，从智慧城市基础设施、产业发展、智能网联汽车应用示范等方面有效支撑深圳"双智"试点建设。截至 2022 年 12 月，深圳全市已建设 5.9GHz 车联网台站 99 个，累计开放智能网联汽车测试道路里程约 201km，开放测试道路 187 条，建设 11 个北斗定位基站，实现亚米级或厘米级的定位精度，建成多功能智能杆 1.8 万根，上线试运行全市多功能智能杆综合管理平台（一期），深圳市政府管理服务指挥中心接入全市 82 套系统，汇集各部门 100 类业务数据，38 万多路视频数据，构建了 200 多项城市生命体征监测一级指标[34]。

此外，深圳还持续推动智慧出行、智慧交通和运输管理、智慧城市应用等场景示范应用，小马智行、AutoX、百度萝卜快跑、元戎启行、如祺出行等企业分别在前海、坪山以及福田等区域开展 Robotaxi 示范运行。2023 年 6 月 17 日，深圳坪山新区宣布开放首个自动驾驶 L4 级商业收费运营，前海也将开展基于车内全无人常态化运营的自动驾驶商业化试点项目，运营范围涵盖前海核心区域的文旅景区、商务 CBD 区域以及会展新城、机场、海洋新城等区域。

1.3.9　厦门市"双智"试点建设进展

近年来，厦门逐渐发力打造城市 5G 智慧公交应用，为 3500 余辆公交车装上"5G 安全节能智慧诱导系统"，实现"5G 智慧公交"在厦门规模化运营，此次"双智"试点厦门将聚焦 BRT 公交应用广域覆盖展开示范项目建设。

目前，厦门已发布《厦门市智能网联汽车道路测试与示范应用实施细则》，在人流密集区域智慧投放"区间公交"450余辆，实现"人多车多、人少车少"的高效运营，在全市150辆BRT车辆及部分常规公交车开展"5G+人机共驾"应用，提供亚米级乃至厘米级的BRT车辆定位信息，使BRT快速公交驾驶及运营更为安全、高效、智能。在集美区建成"主干线-支线-微循环"5G智能共享出行系统，落地省内首条L4级别自动驾驶开放道路公交线，线路全长6km，共设有6个站点，完成6个路口及30辆公交车的智能网联化升级改造，共投入7辆自动驾驶巴士和7辆具备配送、售卖及清洁功能的L4级功能型无人车进行常态化运行，为园区内的人们提供智慧便捷的出行和生活服务。下一步，厦门公交计划建立统一车联网数据中心和智能运营中心（IOC），将车路协同示范平台与专业平台进行链接，给车主提供精准的智能推送服务，从而形成商用车全场景智慧综合服务平台。

厦门还在高崎机场打造全国首个基于5G+车路协同、北斗高精度定位的智慧机坪，搭建智慧机场车路协同、高精度定位两套可视化管理平台，首次将车路协同技术应用于飞机与车辆之间的防撞避碰预警，推动机场智能驾驶辅助应用示范场景落地。在海润码头开展全国首个传统集装箱码头全流程智能化改造，投入使用44辆负责平面运输的自动驾驶集装箱货车逐步替代有人驾驶的集装箱运输设备，正式迎来平面运输全面无人化的新时代。

1.3.10　南京市"双智"试点建设进展

2021年12月，南京入选全国第二批"双智"试点城市，南京市建委牵头编制了《南京市智慧城市基础设施与智能网联汽车协同发展试点工作实施方案（2022—2023年）》，推进构建以江宁开发区江苏软件园为核心实施范围，江心洲生态科技岛、秦淮区白下高新区、溧水经开区为协同试点区域的"一主三副"发展格局，开展以"美好出行+美好生活"为主题的智能网联汽车与智慧城市示范应用。

截至2023年11月，南京试点任务初显成效，全市智能道路基础设施建设和改造已完成104km，共部署508个智能网联设施，覆盖105个路口和78km路段，部署5G基站96个，覆盖范围16km²，4个试点片区基本完成了云控平台和数据共享中心的建设并初步实现互联互通，落地无人小巴、无人出租车、精准公交、智慧交管、市政设施数字化管理和特种车辆应用6大类场景，形成涵盖"车、路、云、营运、安全"5个方面的12项智能网联汽车领域相关的团体标准。

其中，江宁开发区在江苏软件园园区至地铁站往返路程和园区内开展无人公交、无人出租车智慧出行服务，建成智慧园区管理平台，实现基础设施数字化管养、园区设备智能化巡检维护等功能；江心洲生态科技岛以"车联网"赋能旅游业，建设"新型公交都市（江心洲）"应用场景，实现自动驾驶接驳（观光）车常态化运营；秦淮白下高新区实现核心区 1.62km² 范围内全域信号灯灯态信息开放，利用百度地图给驾驶人提供信号灯灯态信息同步推送；溧水经济开发区在双向 9.5km 智能网联示范线开展短途接驳服务，沿线规划 5 个主要运营站点，打造"最后一公里接驳"服务[35]。

未来，南京市将融合升级江宁、建邺、溧水、秦淮等片区车联网平台，实现数据信息的互联互通，形成"双智"城市运控大脑，完善智能基础环境，实现"一主三副"5G 全域覆盖，布设多种道路感知设备和通信设备，建设智能网联汽车测试道路，加快"最后一公里"出行服务、智慧停车、智慧交管等智慧出行应用，助力数字城市、智慧南京建设。

1.3.11 济南市"双智"试点建设进展

近年来，济南市先后出台了《智能网联汽车道路测试管理办法》《智能网联汽车产业发展工作方案》等政策措施，将智能网联汽车作为建设主攻方向之一。此次"双智"试点，济南市重点围绕"城乡公交与农资物流主题"，采取"智慧公交+智能物流"模式，通过完成近 50 辆进村公交车的智能化升级工作，包括车辆加装智能网联系统、车辆辅助驾驶系统以及疲劳驾驶预警系统的安装升级，用 13 条乡村振兴公交线路辐射全域 39 个自然村的服务站点，有效满足农村物流双向流动需求，方便山区群众 3.2 万余人。

根据《济南市"十四五"加快数字化高质量发展规划》，到 2025 年，济南将建设 5 万个 5G 基站、8 万个智能网联充电设施，加快智慧城市基础设施建设，推进停车场智慧化改造，构建支持车路协同示范的多种应用场景。加快车城网体系建设，融合静态交通+智慧泉城+交通大脑三大平台，打造国内首个以规模化静态交通、智慧化出行服务为特色的智慧泉城车城网体系，新建济南国际标准地招商产业园智能网联智慧园区一体化平台，打造具有济南特色、国内领先的"双智"示范区。

1.3.12　成都市"双智"试点建设进展

根据"双智"试点要求，成都市提出"2＋N＋3"工作思路。即以成都经开区（龙泉驿区）、成都高新区（新川片区）两个先行示范区作为成都市重要试点内容，主城区以一环路、锦江区锦江大道、金牛区北斗产业园等"N"个项目同步开展市、区两级先行示范。同时确定"3"个专项特色：一是以智慧多功能杆为载体，实施跨部门协同部署推进新型基础设施一体化建设；二是基于智能交通建设，逐步构建"智能网联＋绿色交通"的智慧交通体系，探索"聪明的车、智能的路、智慧的城"协同发展路径；三是支持鼓励市场主体开展智能网联汽车的示范应用及运营探索。

目前，成都已在高新南区改造 35 个路口，安装了专门的路杆，集成激光雷达、RSU、边缘计算单元、高清摄像头等各类路侧设备，支撑无人出租车运营。龙泉驿区（经开区）已开放智能网联测试道路总里程达 300km，部署 10 辆 Robotaxi 及 2 辆 Robobus 提供自动驾驶出行服务体验，在东安湖等封闭园区内上线 20 辆无人环卫、无人售卖、无人观光等专用作业车，实现无人化作业。已完成主城区一环路等多条城市主干路 3000 多根智慧多功能杆改造，有效减少各类杆件超 1000 根，杆件集约率超 40%，新建地下管道约 20km，计划至 2025 年，在全域建设 30000 多根智慧多功能杆，涉及地下管道约 252km[36]。其次，成都市正在实施"智能网联·绿色交通"体系建设专项，横向打通 ITS（智能交通）、CRTO（城市运行管理）、TOCC（交通运行协调中心）等系统，统筹规划建设市级层面统一运行管理的"车城网"平台，实现跨网络、跨平台、跨系统、跨信任域的大数据资源集成，集中为智能网联汽车应用赋能[37]。

1.3.13　合肥市"双智"试点建设进展

合肥市"双智"试点任务结合产业需求对工业园区进行智慧化改造。依托合肥包河区智慧城市基础设施与智能网联汽车协同发展试点项目（一期）、合肥港智能网联信息化改造及自动驾驶场景应用项目、合肥南站智能网联功能型无人车及智能化应用项目、合肥市智能网联汽车大数据中心项目等，初步构建起车、场景、数据资源的系统链条。

目前合肥市已发布《智能网联汽车道路测试第二批开放道路目录》，确定包河区、滨湖区域、高新区、经开区部分道路（路段）开放智能网联汽车道路测试双向总里程约464km，已为18家企业发放路测牌照62张，投入10辆自动驾驶出租车为市民提供试乘体验，开通安徽省首条基于公开道路常态化运营的自动驾驶汽车5G＋C-V2X公共交通体验线；打造了国内首个城市级"车、路、网、充"一体化云监管平台，实现了车辆、智慧交通、城市基础设施统一集中管理；建成全省首个5G场景应用的智慧工业园区，建成合肥滨湖国家森林公园"C-V2X智慧公园"，投入5辆自动驾驶观光车，累计运行里程不少于5000km，服务不少于1200人次。投入3辆无人售卖车，累计服务不少于1500人次。投入3辆无人清扫车，累计清扫面积不少于480万 m²。合肥南站已投入数十辆自动驾驶清扫车、洗地车和消杀车清洁地面开展防疫消杀。合肥港码头投入自动驾驶集装箱搬运车自动完成接货、码垛等操作。

1.3.14　沧州市"双智"试点建设进展

沧州以场景应用全域开放为特色，将重点突出"全城域开放、商业化应用、全民共享"的专项特色，融合大运河、港口等丰富场景，加大智能化道路建设，推进智能化路网的商业应用，满足政府、产业、公众多维度发展需求，助力沧州成为全国智慧城市新标杆。

依托沧州经济开发区智能网联产业，沧州市累计开放智能网联汽车测试道路636.9km，实现215个运营站点的开放，安全载客试运营超过3万人次，实现1800余个公共停车泊位和10处公共停车场信息全部接入智慧泊车系统，全市安装诱导屏106处，实现交通资源合理配置。开通了我国北方首条L4级自动驾驶公交体验线路，进一步催化自动驾驶公交在区内环线的常态化运营。2021年，沧州市首创自动驾驶汽车可收费示范运营模式，助力自动驾驶场景的商业化落地。

2023年6月，沧州市出台《沧州市数字经济发展2023年工作要点》，提出推动国家"双智"协同发展试点城市建设，推进实施沧州黄骅港智慧港口等融合基础设施重点项目。在市、县两级通信、供热、供水等领域统筹开展智能化改造，强化新型智慧城市基础设施建设，将互联网租赁电动自行车综合监管、全域信号灯智能网联等纳入"双智"重点建设范畴，服务市政和交通管理。

1.3.15 芜湖市"双智"试点建设进展

芜湖将重点开展区港联动智能网联建设，2022 年 1 月，芜湖市政府印发了《芜湖市新能源和智能网联汽车产业发展行动计划（2021—2023 年)》，提出打造世界级万亿汽车产业集群，到 2023 年实现新能源和智能网联汽车产业规模国内领先、核心零部件优势凸显、创新能力不断提升、产业生态持续完善的发展态势，并同时提出了一系列产业发展保障措施。2022 年 6 月，芜湖经开区江北智能网联汽车产业园项目正式宣布开工，项目总投资额达 210 亿元，该项目建成后，将进一步提升芜湖智能网联汽车产业的竞争力。同时，芜湖市政府出台了《芜湖市智能网联汽车道路测试与示范应用管理办法》，全面开放首批包括经开区、弋江区部分道路共 48.6km 的双向公开测试道路。2023 年 5 月 30 日，芜湖市政府正式向大卓智能、奇瑞商用车两家企业颁发首批智能网联汽车公开道路测试牌照，取得芜湖智能网联汽车道路测试牌照的自动驾驶车辆将可以在测试路段进行日常测试。

1.3.16 淄博市"双智"试点建设进展

淄博市已成立了由市委常委、副市长担任组长的"双智"试点城市工作专班，出台了《淄博市智能网联汽车产业发展规划（2021—2025 年)》，形成《关于支持无人驾驶产业发展的政策》《淄博市智慧城市基础设施与智能网联汽车协同发展试点工作方案》《淄博市智能网联汽车道路测试与示范管理试行办法》等政策及标准，为智能网联汽车示范应用规模化发展奠定了制度基础。

目前淄博已在张店、淄川、周村、文昌湖等 9 个区县以及 205 国道、102 省道等重点道路部署智能交通控制设施 1364 个，交通运行感知与检测设施 1545 个，交通信息诱导设施 29 个，累计建成 5G 基站 9299 个，覆盖重要路口、路段，支撑实现通车路段地面道路绿波带、交通监控和可变车道诱导等应用，建成全线 26km 的独立智能网联高速公路测试基地。投放各类智能网联汽车超过 100 辆，淄博车城网平台已接入无人运行数据，正在临淄智能装备产业园开展末端低速无人车示范应用，临淄区、高新区已实现部分典型场景的常态化运行。选取齐鲁化工区作为"危化品运输管控与服务创新"特色应用试点，通过构建 N 种智能网联车载终端及路侧设备、1 个云控平台、N 项"双智"协同应用和 1 系列标准规范的"N＋1＋N＋1"总体架构体系，对齐鲁化工区的出入口、道路通行、车辆停放及装卸全过程进行监管与追溯，积极探索在"双智"协同发展背景下的危险品运输车辆监管模式创新，全面提升危险品运输安全与综合治理水平，推动智慧物流与智慧园区融合发展。

　　未来，淄博市将力争投放各类无人驾驶车辆1000辆以上，打造全球首个"千辆真无人车商业运营场景"，建设国内领先的智能网联汽车场景应用高地。

参考文献

[1] 车路云一体化系统白皮书编写组. 车路云一体化系统白皮书[R]. 北京：中国智能网联汽车产业创新联盟，2023.

[2] 中移(上海)信息通信科技有限公司. 车路协同算力网络白皮书(2023)[R]. 北京：中国移动，2023.

[3] IMT-2020(5G)推进组 C-V2X 工作组. 车联网典型应用案例集(2023年)[R]. 北京：中国信息通信研究院，2023.

[4] 中国信息通信研究院. 车联网白皮书(2023)[R]. 北京：中国信通院，2023.

[5] 刘思杨，张云飞. 泛 V2X 的理念、框架、应用及实践研究[J]. 移动通信，2022，46(11)：76-83.

[6] 北京车网科技发展有限公司，国汽(北京)智能网联汽车研究院有限公司. 2023北京市高级别自动驾驶示范区数据分类分级白皮书2.0[R]. 北京：北京市高级别自动驾驶示范区工作办公室，2023.

[7] 工业和信息化部，国家标准化管理委员会. 工业和信息化部　国家标准化管理委员会关于印发《国家车联网产业标准体系建设指南(总体要求)》等系列文件的通知[A/OL]. (2018-06-08)[2023-07-20]. https://www.gov.cn/zhengce/zhengceku/2018-12/31/content_5440205.htm.

[8] 吴冬升，曾少旭. 车联网技术标准进展综述[J]. 智能网联汽车，2022，24(5)：88-92.

[9] 孙航. 中国智能网联汽车标准体系建设情况及完善建议[J]. 科技与金融，2023，61(4)：21-25.

[10] CAICV. 国家车联网产业标准体系规划与建设进展系列解读：信息通信[EB/OL]. (2023-06-24)[2023-07-24]. https://mp.weixin.qq.com/s/6jHRwudNCKVJya6yu-jRMmg.

[11] CAICV. 国家车联网产业标准体系规划与建设进展系列解读：车辆智能管理[EB/OL]. (2023-06-05)[2023-07-24]. https://mp.weixin.qq.com/s/IoUO8FT79dAsNe0vcz-nyfw.

[12] CAICV. 国家车联网产业标准体系规划与建设进展系列解读：智能交通相关[EB/OL]. (2023-05-26)[2023-07-24]. https://mp.weixin.qq.com/s/emfVwdhTIhCt-OwgGLB-MBg.

[13] 蒋艳，孙娅苹，刘冬．车联网网络和数据安全标准研究与实践浅析[J]．工业信息安全，2023，13(2)：6-10．

[14] 何广进，徐棱，徐新东．智能交通管控与车路协同技术融合发展探索与应用[J]．道路交通管理，2023，466(6)：28-31．

[15] IMT-2020(5G)推进组 C-V2X 工作组．车联网 C-V2X"四跨"先导应用实践活动总结报告(2022)[R]．北京：中国信息通信研究院，2023．

[16] 全国汽车标准化技术委员会智能网联汽车分会．《基于 LTE-V2X 直连通信的车载信息息交互系统技术要求及试验方法》等两项推荐性国家标准征求意见的函[EB/OL]．(2023-07-24)[2023-07-24]．http://www.catarc.org.cn:8088/zxd/portal/detail/zqyj/384．

[17] 中国汽车工程学会．标准立项：《智能网联汽车融合感知系统》系列标准[EB/OL]．(2022-04-19)[2023-07-24]．https://mp.weixin.qq.com/s/M39LBEP1svrbvlZW-LtNMwA．

[18] IMT-2020(5G)推进组．IMT-2020(5G)推进组蜂窝车联(C-V2X)工作组第二十四次全体会议顺利召开[EB/OL]．(2023-03-27)[2023-07-24]．https://mp.weixin.qq.com/s/WJv9Y2EObQu8EEYXjBq0UA．

[19] 中国电动汽车百人会．智慧城市基础设施与智能网联汽车协同发展标准体系建设研究报告[R]．2023．

[20] 中国信息通信研究院．车联网白皮书(2022)[R]．北京：中国信通院，2023．

[21] 中国电动汽车百人会，中国城市规划设计研究院，中国信息通信研究院．智慧城市基础设施与智能网联汽车协同发展年度研究报告(2022)[R]．2023．

[22] 颜鲁鹏，聂伽宁．智慧城市基础设施与智能网联汽车协同发展路径研究[EB/OL]．(2022-12-12)[2023-07-28]．https://mp.weixin.qq.com/s/qOiK2T9WgMkIMmli-8NNWhw．

[23] 马春野，陈浩，彭剑坤，等．"双智"城市建设系统架构、挑战与展望[J]．电信科学，2023，39(3)：16-23．

[24] 葛雨明，毛祺琦．车联网新型基础设施跨域协同部署研究[J]．电信科学，2023，39(3)：24-31．

[25] 北京市高级别自动驾驶示范区工作办公室，北京车网科技发展有限公司．北京市高级别自动驾驶示范区建设发展报告(2022)[R]．2023．

[26] 刘力．智能网联赋能智慧交通创新实践与思考[R]．北京：2023 年中国电动汽车百人会论坛第三届双智论坛，2023．

[27] USYS 智能汽车．双智城市建设巡礼——上海站[EB/OL]．(2023-04-07)[2023-07-28]．https://mp.weixin.qq.com/s/7uAsWsidPjx0vxpC3BrCyw．

[28] 广州市住房和城乡建设局．【"新城建"优秀案例】黄埔区面向自动驾驶与车路协同的新型基础设施建设的探索与实践[EB/OL]．(2023-03-20)[2023-07-28]．https://mp.weixin.qq.com/s/MqjitFxhqdio_9yE7Ro2mA．

［29］USYS 智能汽车. 双智城市建设巡礼——广州站［EB/OL］.（2022 – 11 – 03）［2023 – 07 – 28］. https://mp. weixin. qq. com/s/BIjOOH95CnfaDq1gj9x5Aw.

［30］朱晓寒. "双智"协同发展的"车谷实践"［R］. 北京：2023 年中国电动汽车百人会论坛第三届双智论坛，2023.

［31］USYS 智能汽车. 双智城市建设巡礼——武汉站［EB/OL］.（2023 – 03 – 30）［2023 – 07 – 28］. https://mp. weixin. qq. com/s/js8no – ysH0UGtYOlSYiS6w.

［32］USYS 智能汽车. 双智城市建设巡礼——无锡站［EB/OL］.（2022 – 12 – 22）［2023 – 07 – 28］. https://mp. weixin. qq. com/s/ZMYiwCb6zKINY7ZCRK1G4A.

［33］重庆两江智慧城市投资发展有限公司. 工信部领导调研重庆(两江新区)国家级车联网先导区［EB/OL］.（2023 – 02 – 24）［2023 – 07 – 28］. https://www. ljzhct. com/article/4841. html.

［34］USYS 智能汽车. 双智城市建设巡礼——深圳站［EB/OL］.（2023 – 05 – 11）［2023 – 07 – 28］. https://mp. weixin. qq. com/s/EvlAgukMZXesbkohmg01iw.

［35］南京市城乡建设委员会. 南京"双智"试点两年做了这些［EB/OL］.（2023 – 11 – 07）［2023 – 07 – 28］. https://mp. weixin. qq. com/s/l_Vx1uPzbxdBe1RKySOLZw.

［36］USYS 智能汽车. 双智城市建设巡礼——成都站［EB/OL］.（2023 – 05 – 18）［2023 – 07 – 28］. https://mp. weixin. qq. com/s/ndWt04crp_Umiletq5wUzw.

［37］中德智能网联试验基地. 成都"双智"协同发展试点：构建"智能网联·绿色交通"体系［EB/OL］.（2022 – 01 – 27）［2023 – 07 – 28］. https://mp. weixin. qq. com/s/5eD08b-60ifdVX0k1iHeWVg.

第 2 章
智慧城市创新发展之路

 2.1 智慧城市概述

2.1.1 智慧城市发展背景

智慧城市是指通过广泛采用物联网、5G、人工智能、大数据、云计算等新一代信息技术，提高城市规划、建设、管理、服务、生产、生活的自动化、智能化水平，使城市运转更高效、更敏捷、更低碳。智慧城市是继数字城市、信息城市之后，城市信息化的高级阶段，是中国城市转型发展的重要方向[1]。

智慧城市也是新时代贯彻新发展理念，全面推动新一代信息技术与城市发展深度融合，引领和驱动城市创新发展的新路径，是形成智慧高效、充满活力、精准治理、安全有序、人与自然和谐相处的城市发展形态和模式，也是数字中国、智慧社会的核心载体。

国家高度重视智慧城市建设工作，《中华人民共和国国民经济与社会发展第十三个五年规划纲要》将智慧城市作为我国经济社会发展重大工程项目，提出"建设一批新型示范性智慧城市"。《国家信息化发展战略纲要》明确提出分级分类建设新型智慧城市的任务。《"十三五"国家信息化规划》将新型智慧城市作为十二大优先行动计划之一，明确了 2018 年和 2020 年新型智慧城市的发展目标，从实施层面为新型智慧城市建设指明了方向和关键环节。《中华人民共和国国民经济和社会发展第十四个五年规划和 2035 年远景目标纲要》指出，分级分类推进新型智慧城市继续成为落实数字化战略的重要抓手之一[2]。

我国智慧城市建设历经三个阶段：① 第一阶段为2008—2012年，以智慧城市概念导入为阶段特征，各领域分头推进行业数字化智能化改造，基本属于分散建设阶段；② 第二阶段为2012—2015年，以智慧城市试点探索发展为特征，在智慧城市部际协调工作组指导下，各业务应用领域开始探索局部联动共享，智慧城市整体步入规范发展阶段；③ 第三阶段为2016年启动至今，智慧城市发展理念、建设思路、实施路径、运行模式、技术手段的全方位迭代升级，进入以人为本、成效导向、统筹集约、协同创新的新型智慧城市发展阶段。

从发展重点看，进一步强化城市智能设施统筹布局和共性平台建设，破除数据孤岛，加强城乡统筹，形成智慧城市一体化运行格局。从实施效果看，综合利用新一代信息技术，推动智慧城市向网络化、智能化发展，新模式、新业态竞相涌现，形成无所不在的智能服务，使得智慧城市有更切实的现实获得感。

2.1.2 智慧城市发展现状

近年来，我国智慧城市产业总体发展态势向好，财政投资更突出民生服务，2022年我国智慧城市市场规模约25万亿元，其中智慧医疗、智慧教育在智慧城市财政投资中占比最重，体现了我国"以人为本"的智慧城市建设理念。产业分布更突出一线聚集，智慧城市企业主要分布于"北深上杭广"五地，其中北京智慧城市企业数量居首。业务模式更突出生态聚合，各厂商总体呈现"平台＋生态"布局智慧城市全产业链的业务发展态势。策略更突出场景牵引，地方开始将智慧城市产业作为重要产业领域进行培育，如北京、深圳率先提出发展智慧城市产业，积极打造智慧城市产业发展生态。

投资上，随着智慧城市建设的转型升级，我国对智慧城市的投资规模也在不断扩大。据IDC数据，2022年政府主导的智慧城市信息通信技术市场规模为1560亿元。2020年以来，新冠疫情席卷全球，智慧教育和智慧医疗也因此成为智慧城市投资建设的重点领域。在2022年智慧城市财政投资中，智慧教育和智慧医疗占比最大，分别为15%和10.2%，体现了我国智慧城市建设"以人为本"的理念。此外，以"城市大脑"为标志的智能中枢财政投资增长幅度最大，呈现翻倍增长态势。《中华人民共和国国民经济和社会发展第十四个五年规划和2035年远景目标纲要》提及推进城市数据大脑建设，《中共中央、国务院关于构建更加完善的要素市场化配置体制机制的意见》指出数据成为我国新型生产要素，政策的引导使作为数据主要载体的智能中枢备受关注，投资规模显著增长。

区域上，企业主要分布在"北深上杭广"，北京数量和实力居首。随着智慧城市需求扩大，各领域企业纷纷进入智慧城市建设领域。从区域布局看，智慧城市企业大多分布在北京、上海、广州、深圳、杭州等一线城市，企业数量占全国比例超过一半。其中，北京智慧城市企业数量居首，其次是深圳、上海、杭州、广州等城市。从企业实力看，北京智慧城市上市企业占全国的19.7%，居全国第一，其次是深圳（11.64%）、杭州（10.45%）、上海（8.66%）、广州（8.36%）等城市。北京拥有全国最好的高校资源、总部经济资源及科技金融实力，在企业数量和实力上领跑全国。上海和杭州同为长三角中心城市，在企业数量上，杭州比上海少，但在企业实力方面，杭州却比上海稍强。"十三五"以来，杭州将产业发展重点转移到信息经济，以"服务业优先、数字经济优先"带动三产发展，大力建设智慧城市，发布全国首个城市数据大脑规划。广州和深圳作为粤港澳大湾区中心城市，广州企业多分布于汽车产业、商贸服务业等领域，而深圳企业多分布于高新技术产业、金融业等领域。

多厂商紧扣"平台＋生态"建设，布局智慧城市全产业链。随着智慧城市建设的深入，多厂商纷纷从单个智慧城市业务拓展到全产业链，紧扣"平台＋生态"建设，以城市为载体，发力数字底座和智能中枢建设，建立良好的应用服务开发和运营平台，打造开放、繁荣的生态系统，吸引广大的边缘厂家不断围绕场景丰富业务能力，从而实现业务生态的扩展和延伸。如中国移动构建"网＋云＋平台＋应用"一体化服务能力，以"平台＋生态"的模式与业界头部企业成立5G新型智慧城市联盟，已与超过100家伙伴形成优势互补的合作。

产业培育上，北京、深圳率先发力，智慧城市产业获重点培育。当前，以政府主导、财政投资为主的智慧城市发展模式难以持续，需要从"以建设为主"向"长效运营"转变。发展智慧城市产业，构建智慧城市产业生态，有利于智慧城市资源优化配置和建立智慧城市长效运营机制，促进智慧城市长期可持续发展。2021年，北京、深圳等地积极探索，率先将智慧城市产业单独列为产业门类，聚力推动智慧城市产业发展壮大，打造智慧城市产业发展生态。北京市发布《北京市"十四五"时期高精尖产业发展规划》，重点支持智慧城市产业发展，提出在北京全域打造智慧城市应用场景，鼓励全域场景创新，吸引各行业、各领域新技术在京孵化、开展应用，加速形成创新生态，力争到2025年智慧城市产业实现营业收入3500亿元。深圳市发布《深圳市数字经济产业创新发展实施方案（2021—2023年)》，将智慧城市产业列为重点细分领域给予重点扶持。

2.1.3 智慧城市整体框架

智慧城市涵盖设计、建设、运营、管理、保障各个方面，具体包括顶层设计、标准规范、基础设施、智能中枢、智能应用、运营服务、网络安全。

（1）顶层设计

以数字化发展为统领，呈百花齐放之势。智慧城市的建设离不开政府的规划引导，顶层设计是智慧城市咨询规划的核心。各地政府依托不同规划设计机构，积极推进智慧城市顶层设计，出现了数智杭州、上海城市数字化转型、济南数字先锋城市、新型智慧城市、智能城市等各类概念，但各类顶层设计殊途同归，最终目的是全方位重塑城市。我国各级城市开展智慧城市顶层设计情况如图2-1所示。

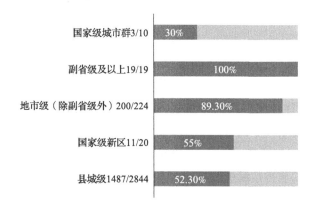

图2-1 我国各级城市开展智慧城市顶层设计情况

目前，我国智慧城市建设明显呈现出从大中城市向中小城市和区县蔓延的态势。从省级层面看，经济发达省份智慧城市产业基础好，数字化意识强，顶层设计理念领跑全国，浙江、上海、广东等地陆续出台数字化发展相关政策，数字化转型正成为国内先进地区的新共识。

从市级层面看，各地市结合自身城市建设需求及本土智慧城市企业实力等要素，智慧城市建设各显特色，如杭州市政府联合阿里云打造城市数据大脑，极大缓解了城市的交通拥堵问题；深圳市依托高科技企业和互联网企业集聚的优势，打造鹏城智能体推进以"数据"为驱动的智慧城市建设。

从县级层面看，国家发展改革委制定出台《国家发展改革委办公厅关于加快落实新型城镇化建设补短板强弱项工作　有序推进县城智慧化改造的通知》，智慧县城建设将是未来重点。当前，各地也在纷纷开展智慧县域的创新建设。2021 年，山东省、河北省和河南省都明确遴选了数个县城列入智慧城市试点，力求通过试点，带动更多县城数字化转型。

（2）标准规范

数字孪生城市与城市运营中心成焦点，标准制定加速。近年来陆续发布了多项智慧城市相关标准，涵盖智慧城市运营管理、评估评价、数据治理、行业应用和数字孪生城市等多个领域，为智慧城市持续健康发展提供了标准指引。数字孪生城市成为关注焦点，住房和城乡建设部、自然资源部等国家部委共发布了多项相关标准。此外，智慧城市运营中心建设也受到各方关注，在智慧城市运营中心领域发布了首份国家标准 GB/T 40656.1—2021《智慧城市　运营中心　第 1 部分：总体要求》，该标准为智慧城市运营中心的设计、建设以及运营提供了重要依据。

（3）基础设施

"云网边端智"五位一体。随着我国大力推进"新基建"建设，作为支撑智慧城市可持续发展的基石，新基建驱动着高新科技更广泛应用在经济社会各个领域，过往单兵作战的方式显得力所难及，只有依靠云计算、人工智能、5G 等不同技术和不同领域联合创新，才能推动智慧城市数字底座更加稳固。一是多厂商生态化推进"云网边端智"协同建设，通过云计算、人工智能、5G 等技术的全方位赋能和联合创新来帮助互联网企业更好地入局 5G 新基建，助力合作伙伴打造立足新市场的差异化优势；二是巨头发力智能计算抢占行业算力市场，以算力、算法、数据为核心的先进计算成为企业发展的新动能，各科技巨头加大研发投入、抢滩布局。

（4）智能中枢

智能中枢实现对"人、地、事、物、组织"等要素数字化全覆盖，形成城市运行生命体征指标体系，突出以数据为导向的城市运行与管理。数据是推动城市数字化转型的核心要素，各地建设智能中枢均以城市级大规模多源异构数据资源的汇聚与融合为基础任务，推动实现跨部门、跨领域、跨层级的业务数据、城市物联感知终端数据、城市视频监控等数据的共享与交换，为挖掘和洞悉城市多领域数据背后的内在规律、推演预测城市发展走向准备"生产资料"。

数字孪生城市是新一代信息技术在城市的综合集成应用，是城市智能中枢的重要组成部分。数字孪生底座平台争夺激烈，呈现多路径格局。

1）互联网企业、智慧城市厂商、运营商等结合城市大脑建设经验，与建模企业合作，共建数字孪生城市底座，为数字孪生城市建设提供时空多模态信息服务支撑。

2）地理信息和测绘相关企业依托 GIS 平台基础，打造集开发平台、工具平台和解决方案一体的数字孪生城市底座。

3）建筑信息模型企业扩大 BIM 技术覆盖范围，面向园区等搭建一体化数字孪生城市平台。围绕城市建筑和市政基础设施全生命周期管理，以 CIM 时空一体化云平台为支撑，为城市建设、园区开发等提供规划、建设和管理全过程一体化解决方案和运营服务。

4）数据融合和 3D 渲染企业打造一体化数据融合和建模渲染平台，面向行业领域提供数字孪生城市解决方案。

数据要素成为驱动新型智慧城市建设的重要抓手，如何在保证数据安全的前提下，加快城市数据的全面汇聚、深度共享、高效利用，是各级政府和产业界关注的焦点。近年，以多方安全计算、联邦学习、可信执行环境等为代表的隐私计算技术为破解数据保护与利用之间的矛盾，实现数据的"可用不可见、可控可计量"提供了一种解决方案。

（5）智能应用

智慧城市是典型的政策驱动型产业，在国家政策和财政支持下，智慧城市建设动能强劲，应用场景有望大幅拓展，主要围绕"惠民、兴业、善政"三大方向。本书将着重介绍"善政"的典型应用之一——智慧政务；"兴业"的典型应用之一——智慧园区；"惠民"的典型应用之一——智慧社区；以及和"惠民、兴业、善政"三个方向均有关系的智慧交通。

与此同时，中国的智慧城市应用服务越来越人性化，更加关注弱势群体和基层社会治理。老年人、残障者等弱势群体需求受重视程度不断增强，消除数字鸿沟，打造信息无障碍环境已成为我国智慧城市建设的重要组成部分。2020 年以来，我国多部委不断出台政策文件，提出加快相关产品及服务研发推广，推动信息无障碍融入新型智慧城市建设。越来越多的企业与社会团体开始行动。

一是众多企业与公共服务部门纷纷对自身产品与服务进行无障碍优化，范围覆盖生活各个领域。通信方面，市场主流手机已普遍具备"老人模式"功能，通信运营商与即时通信服务商持续优化升级网站及 App 无障碍模式，听障手机卡等便于弱势群体使用的通信产品不断推出。出行方面，铁路 12306 网站及 App 无障碍功能正式上线，无障碍专用车型与安装"导盲系统"的智能公交逐渐普及，手语在线翻译设施与服务在数家机场推出。消费方面，金融服务机构及网络购物平台打造便捷安全的适老 App。文娱方面，我国首个进行无障碍优化的网络视频平台上线，影视、真人秀等各个形式的无障碍化内容相继涌现。

二是各大院校、联盟协会等组织积极开展相关研究，组织各类活动，推动产品与服务加速研发与普及。无障碍研究中心、无障碍信息传播研究院等研究机构相继成立，围绕信息无障碍主题的论坛、研讨会、发展大会、公益行动等活动不断开展，智能终端适老化、移动应用信息无障碍等标准加速制定推出。全社会共同努力，推动产品服务无障碍化发展，帮助弱势群体更好地融入智慧城市。

（6）运营服务

本地化运营机构多元化发展，成为新型智慧城市标配。随着"放管服"改革的深入推进，政府职能发生深刻变革，"管运分离、政企协同"的智慧城市建设运营模式逐步取代以政府为建设主体的传统模式。近年来，本地化智慧城市平台公司纷纷成立，成为各地智慧城市建设运营标配。随着国家对数据要素市场化配置和数字经济发展的大力提倡，其业务范围也逐渐由承担智慧城市信息基础设施及各类智慧应用的建设运维向公共数据授权运营、服务企业数字化转型、培育数字经济生态圈等多元领域拓展，各类业务齐头并进，为智慧城市建设提供全方位、全链条服务。

（7）网络安全

信创应用深化，为智慧城市产业内生安全保驾护航。网络安全信息技术应用创新已上升为加快网络强国、数字经济强国、智慧社会发展的重要战略之一，贯穿了智慧城市基础网络和算力设施底座、技术运维和平台服务、应用场景和产业生态的全脉络，是保障智慧城市安全高速发展的重要基石，促使智慧城市自主可控、高速生产、安全应用、迭代发展。

我国智慧城市发展中信创产业主要由芯片、整机、操作系统、数据库、基础软件、应用软件、数据中心、安全容器、云平台与服务等软硬件基础设施构成，其中国产 CPU 厂商正全力打造"中国芯"产业链，已经应用到党政、通信、金融、能源、交通、医疗、教育、运输、制造等智慧城市各个领域，赋能智慧城市产业新生态发展。

2.1.4 智慧城市重点技术

在智慧城市建设中，物联网、5G、人工智能、大数据、云计算和数字孪生等技术相互配合，深度融合，共同支撑着智慧城市的底层架构。其中，物联网可采集海量数据，根据反馈提供命令执行支持；5G 的超大移动宽带能力，使得高清、超高清视频的无线传输成为可能，同时海量连接能力为智能硬件、传感器提供了数据通道；人工智能全面升级智慧城市的各个层面，包括智能硬件、智能物联网平台、智慧城市应用等，全面提升智慧城市智能化水平；大数据分析构建智慧城市的"大脑"，为人们的工作、购物、饮食、娱乐等提供各项便利智能方案；云计算提供计算存储等基础服务，为大规模软件、硬件、数据的操作和管理提供平台；数字孪生通过模拟和分析，可以优化土地利用、设计计划、交通管理等领域，从而提高城市的效率和可持续性，改善城市的基础设施和服务。

1. 物联网

物联网是通过射频识别（Radio Frequency Identification，RFID）系统、红外感应器、全球定位系统、激光扫描器等信息传感设备，按约定的协议，把任何物品与互联网连接起来，进行信息交换和通信，以实现智能化识别、定位、跟踪、监控和管理的一种网络。物联网把从任何地点、任何时间的人与人之间的沟通连接扩展到人与物、物与物之间的沟通。

1955 年，比尔·盖茨在《未来之路》一书中曾提及物联网的概念。1999年在美国召开的移动计算和网络国际会议提出，"传感网是下一个世纪人类面临的又一个发展机遇"。2005 年 11 月，在突尼斯举行的信息社会世界峰会上，国际电信联盟发布了《ITU 互联网报告 2025：物联网》，该报告对物联网进行了扩展，提出了在任何时间、任何地点实现任意物体之间的互联，提出了无所不在的网络和无所不在的计算的发展愿景。

物联网的技术架构由感知层、网络层和应用层构成。感知层包括二维码标签和识读器、RFID 标签和读写器、摄像头、GPS、传感器、终端、传感器网络等，主要用来识别物体采集信息。网络层将感知层获取的信息进行传递和处理。应用层是物联网技术在各个行业的应用。

物联网和智慧城市联系非常紧密。通过传感器全方位感知城市信息；通过大数据物联网云平台，对感知数据进行分析处理；基于分析处理的成果，支持各种各样的城市应用服务，例如智慧政务、智慧交通、智慧医疗、智慧物流等，为生活在城市中的人们提供智慧、贴心的服务。

从技术特点来看，物联网技术的主要作用是"感知"，比较适用于政府部门的监测类业务，特别是对自然资源和人造物品的自动监测。目前物联网在公安、自然资源、生态环境、交通运输、海关、市场监管、应急管理、林业等政府主管部门得到应用，取得了良好效果。

对于公安部门，物联网技术可以应用于罪犯识别和追踪、出入境管理、车辆监控、监狱局界安防、公民身份认证、重大活动安保、公务枪支管理等方面。其中，在罪犯识别和追踪方面，把视频监控和图像识别结合起来，根据犯罪嫌疑人的体貌特征，智能探头可以在人群中识别出罪犯，锁定之后可以对罪犯进行持续跟踪。将传统探头升级改造为具有对人脸、人体特征、车牌号等自动识别功能的智能探头，实现联网监控和自动报警，提高对嫌疑人和嫌疑车辆的跟踪水平，快速抓捕犯罪嫌疑人、在逃犯和暴恐分子等。

对于自然资源管理部门，物联网技术可以应用于地质勘查、土地监察等方面。2019 年 11 月，自然资源部印发了《自然资源部信息化建设总体方案》，提出运用传感器等现代物联网技术，构建全天候监测与预警的感知体系，形成实时、快速的自然资源感知能力。徐州市国土资源局在 2009 年就开始采用物联网、地理空间信息技术等来建立矿产资源与矿区土地一体化管理系统，实现了地表数据和地下规划数据、现状数据的"一张图"管理，为矿产储量动态监测、土地塌陷分析、村庄搬迁分析等提供了科学依据。

对于生态环境部门，物联网技术可以应用于工业污染源自动监测、核辐射自动监测、空气污染自动监测、江河湖泊水质自动监测、海洋环境自动监测等方面。"国控重点污染源自动监控能力建设项目"是环保部 2005 年启动的一项全国性的节能减排、提高环境质量的重大举措。目前已建成省、市级污染源监控中心 306 个，共对 12665 家工业企业的排污情况实施了自动监控。

对于交通运输部门，物联网技术可以应用于汽车的超速监测、货车超载检测、疲劳驾驶监测和车联网等方面。

对于海关部门，物联网可以应用于车辆通关自动核放、电子关锁、电子围网、海关物流监控等方面。

对于市场监管部门，物联网可以应用在特种设备运行监测和安全监管、计量装置自动监测、食品安全溯源等方面。

对于应急管理部门，物联网可以应用于重大危险源自动监控、危险化学品运输车辆监控、非煤矿山安全生产监控、烟花爆竹销售监管、煤矿瓦斯浓度自动监测、矿山井下人员定位、地壳形变自动监测、消防器材管理等方面。此外，物联网还可以应用于水利、气象、林业、邮政等部门。

2.5G

5G 的主要优势在于数据传输速率远高于以前的蜂窝网络，最高可达 10Gbit/s，比先前的 4G LTE 蜂窝网络快 100 倍。5G 的另一个优点是较低的网络延迟，网络延迟低于 1ms，而 4G 的网络延迟为 30～70ms。5G 可以应用于智能制造、自动驾驶、远程医疗、虚拟现实、智慧能源等领域。2019 年 1 月，中国一名外科医生利用 5G 技术实施了全球首例远程外科手术。这名医生在福建省利用 5G 网络，操控 48km 以外一个偏远地区的机械臂进行手术。在进行的手术中，延迟只有 0.1s，外科医生借助 5G 网络切除了一只实验动物的肝脏。2019 年 6 月，工业和信息化部正式向中国电信、中国移动、中国联通、中国广电发放 5G 牌照，标志着中国正式进入 5G 时代。2019 年 10 月 31 日，中国电信、中国移动和中国联通三大运营商公布了 5G 商用套餐，并于 11 月 1 日正式上线 5G 商用套餐。

5G 可在智慧城市中构建起一个低延迟、高可靠性的通信网络，确保所有分支机构无缝协作。更重要的，5G 是跨领域、跨行业融合创新的黏合剂，是推动社会生产数字化转型升级的发动机。在智慧城市领域，5G 可以与多种技术结合从而产生多类应用场景，赋能政府治理、公共服务等，催生更多创新应用及产业生态，进一步推动城市数字经济发展。

在智能制造领域，对于数据传输稳定性、可靠性、安全性等均有极高的要求，传统的工业及有线、无线网络已无法完全满足，急需引入更稳定可靠的无线通信技术。5G凭借其大连接、高带宽与低时延优势，可实现生产全流程、各要素间的互联互通，并采集海量实时交互信息，在打通产业链各环节的同时实现生产高度精益化。基于5G应用共性技术平台、行业及区域特色工业互联网平台等，5G与人工智能等技术深度融合，催生出5G+远程控制、5G+远程运维、5G+机器视觉等创新应用，推动"数字化车间""智能工厂"升级，带动产业加速数字化转型。

在智慧园区领域，急需优化升级园区基础设施配套及智慧化服务，以更好地满足园区用户对于安全、高效、便捷的数字化园区管理和公共服务需求。5G智慧展厅、5G全息会议、5G智能安防、5G无人物流、5G无人巴士、5G智能机器人等智慧场景应用，可有效缓解现有困难，通过园区业务、服务等的数字化，重塑园区运营的各环节，推动园区服务从单点智能向整体智慧转变，从而提升园区对创新要素的吸引力和承载力。

智慧物流领域，通过5G技术，可对人、机、料等物流要素全面感知、盘点、定位和通信，实现物流全环节的实时化监管和调配，再配合物流管理平台等后台应用，有效提升分析决策和执行效率、降低社会物流成本；推动5G+无人车运输、5G+智能物流机器人等物流创新应用在新型智慧城市落地，提升用户体验和作业安全。

智慧安防领域，伴随高清识别等安防技术日益成熟，城市视频监控系统和设备正加快向高清化、智能型、立体式方向演进，急需借助5G网络，支持安防巡检机器人、高空天眼、智能警务装备、巡防无人机等海量数据多终端接入网络，对危险环境、不可达、不便达等盲点区域形成补充，并协同开展5G地面无人巡防、5G水面/水下巡防、5G空地协同等，打造覆盖整个城市的"空天地水"立体安防监控网络，大幅提高对各类风险隐患、突发事件的敏锐感知、自动识别、快速响应、预测预警等智慧安防能力。

智慧交通领域，5G作为人–车–路–云之间的衔接桥梁，急需推动5G网络与交通设施协同规划部署。目前5G+车联网等应用、C-V2X等技术正逐渐从特定路段或特定场景自动驾驶向开放路段自动驾驶以及新型智慧城市整体交通管控发展。未来伴随动态路况监控、拥堵疏导、智慧停车、高精度定位服务、应急事故预案等"5G+智慧交通"应用的进一步推广落地，将助力构建安全便捷、高效绿色的智慧交通出行综合信息服务体系。

智慧医疗领域，5G可支持远程响应及精准操控、超高清医疗影像实时传输等，为有效支撑远程医疗救护奠定了基础。5G＋智慧医疗赋能患者急救、就医乃至康复的全流程，包括患者入院前，通过5G技术实现远程指挥中心、医院、救护车、急救人员之间的信息交互，根据患者实时生命体征监测数据，帮助现场医护人员采取正确抢救方案及措施；在患者入院期间，5G与医疗服务创新融合，结合高清影像、机器手臂等技术手段，推动跨机构、跨院区、跨科室间的远程联合会诊、远程手术等新型应用场景落地；在患者出院后，5G结合超高清视频、便携式健康监测设备等，支撑远程会诊咨询、远程护理指导等。5G＋智慧医疗大大促进了优质医疗资源的高效流动、普惠共享及合理分配。

3. 人工智能

人工智能是研究、开发用于模拟、延伸和扩展人的智能的理论、方法、技术及应用系统的一门新的技术科学。人工智能是计算机科学的一个分支，它试图了解智能的实质，并生产出一种新的能以类似于人类智能的方式做出反应的智能机器。自1956年"人工智能"概念的提出至今已有60多年，这期间人工智能理论和技术日益成熟，应用领域不断扩大。关键技术包括机器学习、模式识别、计算机视觉、模糊数学、神经网络、自然语言处理和专家系统等。2023年以来，内容生成式人工智能（Artificial Intelligence Generated Content，AIGC）成果的推出，代表着人工智能进入高速发展阶段。

当前，以ChatGPT为代表的人工智能技术通过智能算法和大数据分析，可以从全球范围内收集、分析和处理海量数据，大型人工智能模型的应用场景远远超出对话聊天的范畴，甚至发展出推理、理解和抽象思考的能力。以ChatGPT为例，它比以前的人工智能模型表现出更多的通用智能。此外，它能够自主学习新知识，在无样本训练时模仿人类做出决策。人工智能应用于智慧城市的各个场景，将深度改变办公、电商、娱乐、教育、媒体等各行各业，并引领人工智能实现从感知理解到智慧创造的跃迁。

借助人工智能技术，人类将突破既有感官局限性，进一步释放大脑潜能，对事物本质有更准确的判断、更有效的推理与决策，开展更有创造力和发展潜力的工作，进而建设更加智慧、文明、民主、富强的城市智慧发展与运营系统。《数字中国建设整体布局规划》指出，数字中国建设要全面赋能经济社会发展，实现经济、政治、文化、社会、生态文明五位一体的系统化发展。智慧的城市必须是一个以人为核心、系统化发展的城市，要基于数据要素、借助数字技术，形成城市五位一体运营的智慧体系。

在经济发展上，在人工智能等技术推动下，城市经济逐渐走向智慧化发展阶段。城市的数据资源将形成稳定的、智慧运行的经济循环，并在赋能百行千业的过程中持续为城市创造价值。城市各个业态将运行于人类发达的数据基础设施之上，大量的重复性劳动将由人工智能替代，人类从事的是充分体现人类大脑创造力的智慧型工作。通过这一智慧运营体系，人类的劳动价值得到空前放大，人类对未知世界的探索能力得到最大限度提升。

在社会生活上，人工智能时代的社会，数字技术全面融入社会交往和日常生活，公共服务和社会运行方式不断创新，全民畅享的智慧生活变成现实。在基本生活层面，人类的衣食住行将变得更加智能，人类可以用最小的个体消耗满足基本生活的智慧化运营；在数字消费层面，在城乡智慧系统驱动下，大量的数字需求被激活，不断开辟新的消费市场；在公共服务层面，城乡智慧化运营体系初步建立，工业时代面临的社会发展问题得到解决，城乡宜居度得到提升[3]。

4. 大数据

随着城市信息化建设的深入，许多政府部门和企业积累了海量的数据资源，迫切需要利用大数据技术对这些数据资源进行处理、分析和挖掘，提高政府部门的行政管理和公共服务水平，提高企业的生产经营管理水平，使海量的数据资源发挥更大的价值。

大数据概念最早是由 EMC 公司于 2011 年提出的，据 IDC 报告数据，全球数据量大约每两年翻一番，全球过去 3 年产生的数据量比以往 4 万年产生的数据量还要多。大数据是以容量大、类型多、存取速度快、应用价值高为主要特征的数据集合，正快速发展为对数量巨大、来源分散、格式多样的数据进行采集、存储和关联分析，从中发现新知识、创造新价值、提升新能力的新一代信息技术和服务业态。

一般来说，大数据的关键技术主要包括：BigTable、商业智能、数据仓库、分布式系统、Hadoop、MapReduce、元数据、非关系型数据库、关系型数据库、结构化数据、非结构化数据、SQL、流处理、可视化技术等。

1）数据挖掘是指从数据库的大量数据中揭示出隐含的、先前未知的并有潜在价值的信息的过程。数据挖掘是一种决策支持过程，它主要基于人工智能、机器学习、模式识别、统计学、数据库、可视化技术等，高度自动化地分析企业的数据，做出归纳性的推理，帮助决策者调整市场策略，减少风险。

2）数据可视化技术是将数据库中每一个数据项作为单个图元元素表示，大量的数据集构成数据图像，同时将数据的各个属性值以多维数据的形式表示，可以从不同的维度观察数据，从而对数据进行更深入的观察和分析。目前数据可视化已有很多方法，包括基于几何的技术、面向像素的技术、基于图标的技术、基于层次的技术、基于图像的技术和分布式技术等。

3）Hadoop 由 Apache 软件基金会研发，是一个能够对大数据进行分布式处理的软件框架，能够以一种可靠、高效、可伸缩的方式对大数据进行处理。Hadoop 是可靠的，因为它假设计算元素和存储会失败，因此它维护多个工作数据副本，确保能够针对失败的节点重新分布处理。Hadoop 是高效的，因为它以并行的方式工作，通过并行处理加快处理速度。Hadoop 还是可伸缩的，能够处理 PB 级数据。

智慧城市的各个方面决策将主要由数据来驱动，从公共政策等长期战略决策到评估公民个人福利价值等短期决策，都将通过相关数据的分析来做出。随着生成数据的数量、速度和种类的增加，对高容量分析工具的需求将比以往任何时候都大。大数据分析工具已经被政府广泛应用，成为智慧城市不可分割的一部分。目前已经在公安、综合治理、市场监管、税务、统计、文化旅游、公共服务等部门得到应用。

在公安领域，大数据技术可用于社会治安管理、车辆管理、户籍管理、出入境管理、反扒、踩踏预警、反恐、打击电信诈骗等；综合治理方面，通过大数据可以统计分析与民生相关的海量数据，准确把握不同社会成员和不同地区的社会需求，实施精细化服务管理，推动建立多层次服务体系，营造和谐稳定的社会环境；对于市场监管部门，可以通过大数据分析发现各类市场主体违法违规的规律、市场监管漏洞等，对市场主体进行分类分级监管，科学配置有限的执法力量，增强市场监管能力；税务领域，大数据技术可以对涉税数据进行比对，有效发现税收征管漏洞，促进财税增收。

5. 云计算

云计算是一种将计算能力和存储能力通过互联网等通信网络进行建立、管理及投递的计算形式，是由分布式计算、并行处理、网格计算发展而来的，是一种新兴的商业计算模型。目前，对于云计算的认识在不断的发展变化，云计算仍没有普遍一致的定义。通俗的理解是，云计算的"云"就是存在于互联网上的服务器集群资源，它包括硬件资源（服务器、存储器、CPU、GPU等）和软件资源（如应用软件、集成开发环境等），本地计算机只需要通过互联网发送一个需求信息，远端就会有成千上万的计算机为你提供需要的资源并将结果返回到本地计算机。所有的处理都在云计算提供商所提供的计算机群来完成。

云计算按照服务类型大致可以分为三类：将基础设施作为服务（IaaS）、将平台作为服务（PaaS）和将软件作为服务（SaaS）。云计算的核心技术包括：并行处理、分布式缓存、虚拟化、关系型及非关系型数据库、分布式文件系统、计费管理、负载均衡等。在云计算中，用户可以通过互联网使用丰富的云服务，包括数据存储、计算资源、软件应用、安全服务等，在不需要购买硬件和软件的情况下，快速获得高质量的计算服务。

云计算应用于智慧城市中具备诸多优势，具体表现在：① 资源共享。云计算基于网络，通过共享计算和存储资源，达到共同利用和降低成本的目的；② 弹性扩展。云计算可以根据需求进行弹性扩展，自动配置和调整资源，以满足不同业务需求的变化，提高资源利用率；③ 高可用性。云计算采用分布式架构，可以在多个设备和数据中心之间实现资源互备、冗余备份，避免服务的单点故障，保证系统的高可用性和稳定性；④ 虚拟化技术。云计算采用虚拟化技术，将物理资源转化为虚拟的资源，更好地实现资源利用，能够提升硬件的使用效率；⑤ 网络化。云计算采用全球范围的互联网等网络连接方式，方便快捷地提供服务；⑥ 高效性和安全性。云计算可通过虚拟化等技术，实现资源的高效利用和分配，并具备强大的安全性保障，使用成本低。因此，以云计算数据中心为核心，可以打造独立于多个应用系统的云平台，如市政云、交通云、教育云、安防云、物流云、医疗云等，为各类上层应用提供支持，将城市的各行各业的信息化平台集合为"智慧城市云"。

近年来，云计算已经得到国家发展改革委、工业和信息化部等国家部委的重视。2010 年，工业和信息化部、国家发展改革委联合印发了《关于做好云计算服务创新发展试点示范工作的通知》，确定在北京、上海、深圳、杭州、无锡等城市先行开展云计算创新发展试点示范工作。2013 年，工业和信息化部印发了《基于云计算的电子政务公共平台顶层设计指南》，内容涉及需求、系统架构、基础设施服务、支撑软件服务、应用功能服务、信息资源服务、信息安全服务、应用部署、运行保障服务和服务实施共 10 项设计。2013

年9月，工业和信息化部确定了将内蒙古等14个省份、青岛等4个副省级城市和北京市海淀区等59个市（县、区）作为首批基于云计算的电子政务公共平台建设和应用试点示范地区。2015年1月，国务院印发了《国务院关于促进云计算创新发展培育信息产业新业态的意见》，提出探索电子政务云计算发展新模式。鼓励应用云计算技术整合改造现有电子政务信息系统，实现各领域政务信息系统整体部署和共建共用，大幅减少政府自建数据中心的数量。新建电子政务系统须经严格论证并按程序进行审批。政府部门要加大采购云计算服务的力度，积极开展试点示范，探索基于云计算的政务信息化建设运行新机制，推动政务信息资源共享和业务协同，促进简政放权，加强事中事后监管，为云计算创造更大市场空间，带动云计算产业快速发展。

2010年以来，北京、上海、青岛、佛山等大中城市制定了云计算方面的实施方案或行动计划，推进政府上云和企业上云。目前，许多城市建立了政务云。杭州市政府智慧政务云平台已部署政府联合征信系统等31个信息系统，63个部门和区县接入该平台，31家市本级单位300项行政审批事项全部上网运行，实现了杭州市政府各部门"一点接入、普遍联通"的政务信息共享模式。广州市政府建成了全市电子政务云服务平台。89家单位接入广州市政府信息共享平台，涵盖1386个主题，汇集了近40亿条政府数据，日均交换数据343万条，减少重复提交纸质证明1500万份。

6. 数字孪生

数字孪生又称"数字双胞胎"，是将工业产品、制造系统、城市等复杂物理系统的结构、状态、行为、功能和性能映射到数字化的虚拟世界，通过实时传感、连接映射、精确分析和沉浸交互来刻画、预测和控制物理系统，实现复杂系统虚实融合，使系统全要素、全过程、全价值链达到最大限度的闭环优化。数字孪生技术可以帮助企业在实际投入生产之前既能在虚拟环境中优化、仿真和测试，也可以在生产过程中同步优化整个企业流程，最终实现高效的柔性生产，快速创新及上市，锻造企业持久竞争力。

我国5G+数字孪生城市应用场景已覆盖城市经济社会热点领域，涵盖3大类、15个行业、47个典型场景，其中智慧工业、智慧水利、智慧园区等是数字孪生应用热点领域，5G行业虚拟专网、网络切片、上行增强等5G相关技术已成为驱动数字孪生应用场景创新的关键技术[4]。

数字孪生技术是制造企业迈向工业4.0战略目标的关键技术，通过掌握产品信息及其生命周期过程的数字思路将所有阶段——产品创意、设计、制造规划、生产和使用——衔接起来，并连接到可以理解这些信息并对其做出反应的生产智能设备。数字孪生基于物理实体的基本状态，以动态实时的方式将建立的模型、收集的数据做出高度写实的分析，用于物理实体的监测、预测和优化。另外，数字孪生作为边缘侧技术，可以有效连接设备层和网络层，成为工业互联网平台的知识萃取工具，不断将工业系统中的碎片化知识传输到工业互联网平台中，不同成熟度的数字孪生体，将不同颗粒度的工业知识重新组装，通过工业 App 进行调用。因此，工业互联网平台是数字孪生的孵化床，数字孪生是工业互联网平台的重要场景之一。

数字孪生技术在智慧城市建设中的作用越发突出。数字孪生可以改善城市的基础设施和服务。通过模拟和分析，可以优化土地利用、设计规划、交通管理等领域，从而提高城市的效率和可持续性。此外，数字孪生还可以帮助监测气候变化、提交建筑许可、分析环境合规性等，为城市的可持续发展提供数据支持。

然而，数字孪生技术在城市尺度上的应用也面临一些挑战。首先是安全性和隐私问题，数字孪生涉及大量的数据，包括个人信息和建筑结构等敏感信息。因此，确保这些数据的安全性和隐私性是至关重要的；其次，共同语言和标准化仍然是一个需要解决的问题，不同城市可能使用不同的数据格式和技术，导致数据集成和共享变得困难，建立统一的共同语言和标准化框架将有助于促进数字孪生技术在不同城市之间的交流和合作；最后，技术复杂性和成本也是一个挑战，虽然数字孪生技术在城市规划和管理中带来了许多好处，但建立和维护数字孪生平台也需要投入大量的时间和资源。

2.2　新城建概述

2.2.1　新城建发展背景

1. 从新基建到新城建的发展历程

新型基础设施建设，简称"新基建"，主要包括 5G 基站建设、特高压、城际高速铁路和城市轨道交通、新能源汽车充电桩、大数据中心、人工智能、工业互联网七大领域，涉及诸多产业链[5]，是以新发展为理念，以技术创新为驱动，以信息网络为基础，面向高质量发展需要，提供数字转型、智能升级、融合创新等服务的基础设施体系[6-7]。新基建既具有基础设施建设的一般特征，又具有自身独特性，有助于催生消费新业态、激发消费新动能[8]。

2018 年 12 月，中央经济工作会议在北京举行，会议重新定义了基础设施建设，把 5G、人工智能、工业互联网、物联网定义为 "新型基础设施建设"[9]。随后 "加强新一代信息基础设施建设" 被列入 2019 年政府工作报告[10-11]。

2019 年 7 月，中共中央政治局召开会议，提出 "加快推进信息网络等新型基础设施建设"。

2020 年 1 月，国务院常务会议确定促进制造业稳增长的措施时，提出 "大力发展先进制造业，出台信息网络等新型基础设施投资支持政策，推进智能、绿色制造"。

2020 年 2 月，中央全面深化改革委员会第十二次会议指出，"基础设施是经济社会发展的重要支撑，要以整体优化、协同融合为导向，统筹存量和增量、传统和新型基础设施发展，打造集约高效、经济适用、智能绿色、安全可靠的现代化基础设施体系"。

2020 年 3 月，中共中央政治局常务委员会召开会议，强调 "要加大公共卫生服务、应急物资保障领域投入，加快 5G 网络、数据中心等新型基础设施建设进度"。

2020 年 3 月，工业和信息化部召开加快 5G 发展专题会，加快新型基础设施建设[12]。

2020 年 4 月，国家发展改革委创新和高技术发展司在国家发展改革委新闻发布会上表示，新基建包括信息基础设施、融合基础设施和创新基础设施三方面。

2020 年 5 月，上海市政府新闻发布会介绍《上海市推进新型基础设施建设行动方案（2020—2022 年)》，初步梳理这一领域未来三年实施的第一批 48 个重大项目和工程包，总投资约 2700 亿元，各级政府投资约 600 亿元，其余 2100 亿元是社会投资。

2020 年 6 月，国家发展改革委明确新基建范围，提出 "以新发展理念为前提、以技术创新为驱动、以信息网络为基础，面向高质量发展的需要，打造产业的升级、融合、创新的基础设施体系" 的目标。

2020 年 8 月，为落实中央关于实施扩大内需战略、加强新型城镇化建设和新型基础设施建设的决策部署，住房和城乡建设部会同中央网信办、科技部、工业和信息化部、人力资源和社会保障部、商务部、银保监会六部委联合印发了《关于加快推进新型城市基础设施建设的指导意见》，通过以"新城建"对接"新基建"，引领城市转型、升级、发展，拉动有效投资和消费，整体提升城市建设水平和运行效率，推进城市现代化。此后，有 20 多个城市开始稳步推行"新城建"试点工作。

2021 年 3 月，第十三届全国人大四次会议表决通过《中华人民共和国国民经济和社会发展第十四个五年规划和 2035 年远景目标纲要》，提出加快推进基于信息化、数字化、智能化的新型城市基础设施建设和改造，"新城建"首次写入我国国民经济和社会发展五年规划。这意味着"新城建"战略已上升至国家层面。

2021 年 9 月，工业和信息化部等八部门印发《物联网新型基础设施建设三年行动计划（2021—2023 年)》，明确到 2023 年底，在国内主要城市初步建成物联网新型基础设施，社会现代化治理、产业数字化转型和民生消费升级的基础更加稳固。突破一批制约物联网发展的关键共性技术，培育一批示范带动作用强的物联网建设主体和运营主体，催生一批可复制、可推广、可持续的运营服务模式，导出一批赋能作用显著、综合效益优良的行业应用，构建一套健全完善的物联网标准和安全保障体系[13]。

2022 年 1 月，住房和城乡建设部印发《"十四五"推动长江经济带发展城乡建设行动方案》，提出以"新城建"对接"新基建"，有条件的地区可研究建立"新城建"地方标准体系。这为"新城建"构建了标准体系和指明了建设方向。

2022 年 7 月，住房和城乡建设部和国家发展改革委印发《"十四五"全国城市基础设施建设规划》。提出了"十四五"时期城市基础设施建设的主要目标、重点任务、重大行动和保障措施，以指导各地城市基础设施健康有序发展。

2023 年 9 月，为进一步推进具有上海特色的新型基础设施建设，加快推进上海城市数字化转型，提升城市能级和核心竞争力，根据国家新型基础设施建设规划有关要求，结合实际，上海市人民政府印发《上海市进一步推进新型基础设施建设行动方案（2023—2026 年)》。提出到 2026 年底，全市新型基础设施建设水平和服务能级迈上新台阶，人工智能、区块链、第五代移动通信（5G）、数字孪生等新技术更加广泛融入和改变城市生产生活，支撑国际数字之都建设的新型基础设施框架体系基本建成[14]。

2024 年 1 月，为高质量完成产业链发展任务，由济南市住房和城乡建设局提出、归口并组织实施的《新型城市基础设施建设发展指标体系》作为济南市地方标准正式发布。该指标体系的实施，将有效填补国内相关领域空白，也标志着济南新城建工作迈向标准化新时代[15]。

2. 以新城建对接新基建的发展意义

伴随数字中国建设进程，城市智慧化的重要落脚点在于推进城市数据大脑等数字化、智慧化管理平台建设、市政公用设施智能化建设、智慧城市交通服务体系建设等一系列软件硬件建设。而以智慧化、数字化为代表的新城建和新基建将起到巨大推动作用，为新型城镇化发展提供强有力支撑。

"新基建"为推进基于信息化、数字化、智能化的新型城市基础设施建设提供了强有力的技术支撑，为城市发展注入新活力、新动能。"新城建"为大数据、人工智能、工业互联网、5G 等前沿技术提供了最广阔的应用场景和创新空间，为新基建以及城市的提质增效、转型升级带来新机遇、新发展。

传统城市基础设施建设与新基建缺乏有效对接，存在赋能短板，制约了城市安全便利、绿色生态、文化传承等重要功能的发挥与创新，影响了城市的宜居性。通过新城建对接新基建，构建城市新型建设管理体系，能够提升城市基础设施服务现代化水平和综合服务能力，精准满足城市便捷、舒适等方面的要求，推动实现经济与社会相互协调、自然与人文相融共生、高质量发展与高品质生活相得益彰。

此外，城市基础设施相关产业多被视为传统产业，其科技进步与新基建缺乏协同。通过新城建与新基建的融合发展，不仅可节约成本、延长基础设施寿命、更好保障城市安全，而且可促进相关产业转型发展。

作为新一代城市基础设施体系，以新城建对接新基建，转变城市发展方式，是满足人民美好生活需要的重要着力点，是促进城市发展方式转变和提升城市治理效能的有效途径。从各地新城建推进情况来看，随着新城建的全面推进，人民群众的获得感、幸福感、安全感将不断增强。同时，在推进数字化赋能产业发展、促进创新链产业链深度融合、实现城市高质量发展等方面具有重要意义。

3. 新城建发展阶段

到目前为止，"新城建"经历了三个发展阶段[16]。

（1）概念导入阶段

2020 年 8 月，住房和城乡建设部等七部委印发《关于加快推进新型城市基础设施建设的指导意见》，首提"新城建"概念，并明确七大建设内容，拉开了建设序幕。

（2）试点探索阶段

2020 年 10 月—2021 年 11 月，我国分两批确定了共 21 个试点城市（区），"新城建"首批试点城市：重庆、太原、南京、苏州、杭州、嘉兴、福州、济南、青岛、济宁、郑州、广州、深圳、佛山、成都、贵阳共 16 个城市。第二批试点城市（区）：天津滨海新区、温州、烟台、长沙、常德。通过试点城市建设一批新城建项目，定期进行试点城市项目建设成果经验总结与分享，并形成可复制、可推广的建设模式，为全面推行"新城建"实施工作提供经验储备，达到"以点带面"全面实施发展的作用。这也标志着"新城建"由概念转向落地实施，开启"以点带面"新阶段。

（3）加速推广阶段

2021 年 11 月至今，多地公布"计划书"，"新城建"稳步有序推进，不断取得良好的项目建设成效，让相关政府部门和社会各界有了更直观的感受，对新城建的认同感快速提升。北京城市副中心、雄安新区、广州开展 CIM 平台建设，上海城市大脑"六个一"奠定起"一网统管"的技术基石，深圳明确"1 + 1 + 4 + N"工作思路，逐步建成数字孪生城市和鹏城自进化智能体，南京打造全国首个 5G + AIoT 全域智能建造新模式，苏州智能网联产业不断集聚，杭州启动未来社区试点建设，成都、郑州、青岛等开展智慧物业建设。2021 年是"新城建"的开局之年，各试点城市（区）基本上都已经完成试点城市工作建设方案。据统计，2021 年我国开展以"新城建"为内容的相关项目共计约 1.4 万个，总投资约 3501 亿元。根据粤港澳大湾区研究院和 21 世纪经济研究院发布的《2020 年全国城市基础设施排名榜》，前 10 名中有 6 个"新城建"试点城市。如火如荼的试点建设正在使城市焕发出"新"的生机，这也加快了新城建向全国推广。

2.2.2 新城建发展现状

住房和城乡建设部在 21 个城市开展"新城建"试点工作以来，一批"新城建"项目落地见效。

1. 广州市

广州市推出全国首个城市信息模型（CIM）基础平台，CIM＋工改、CIM＋智慧工地、CIM＋城市更新、CIM＋智慧园区、CIM＋智慧社区、"穗智管"城市运行管理中枢 6 大应用体系实现了"老城市新活力"。

广州将打造"新城建"产业与应用示范基地"2＋4"产业版图，统筹推进智能化基础设施建设，以培育和发展"新城建"产业为核心，推动广州市"新城建"产业园区和产业集群数字化转型和绿色低碳发展，构建创新协同和错位互补的区域产业发展生态。

具体来看，领建园区之一为"广州设计之都二期"，该园区将聚焦 CIM 平台园区扩展、智能建造、绿色低碳和建筑产业互联网，高标准开展"新城建"应用示范，打造全市"新城建"创新综合体。

领建园区之二为位于黄埔区的中新广州知识城新一代信息技术价值创新园、京广协同创新中心、粤港澳大湾区高端装备制造创新中心，整体园区面积约 4.52km²，将积极推动"新城建"平台经济和智能化市政基础设施产业在园区集聚。

4 个关联园区分别位于海珠区、花都区、番禺区和南沙区。其中，海珠区以"广州市人工智能和数字经济试验区"为依托，打造人工智能与"新城建"融合发展产业园；花都区以"未来建筑绿色智造产业园"为关联园区，打造绿色建造、建筑工业化、智慧城市信息系统等研发应用基地；番禺区以"国家数字家庭应用示范产业基地"为关联园区，培育以智慧社区为重点的"新城建"产业；南沙区以"明珠湾智慧城市示范园"为关联园区，培育"新城建"平台经济和智能化城市基础设施产业。

广州"新城建"产业与应用示范基地城市创建期限为 2022 年至 2024 年。经过三年建设发展，广州要建成基础设施领先、核心产业雄厚、关联产业协同、衍生产业活跃、特色应用引领、公共服务完善、具备产业和经济规模带动力的"新城建"产业与应用示范基地。

2. 深圳市

自被列入全国新城建试点城市以来，深圳市立足高标准，对标国内领先、国际一流，进一步探索新城建实践，创新打造新城建"深圳模式"。

龙岗区以智慧社区建设为契机，创新治理理念和方式方法，利用信息化手段，以"共建、共治、共享"为目标，以"互联网＋大数据"应用为基础，整合各方资源，搭建数据赋能平台、事件分拨平台、精准服务平台和新技术应用平台四大平台，探索开展三级运行管理中心建设，在基层社会治理现代化方面进行了有益探索。

南山区为响应深圳市智慧城市建设意见，立足于智慧南山和数字政府的建设需要，结合新型城市基础设施建设工作，积极探索智慧城市建设新途径，建立联合实验室创新机制，利用5G、互联网、物联网、云计算等高新技术，打造"圳智慧"平台，致力于解决数据共享难、应用难，系统重复建设，治理联动机制不足等问题。

深圳市突出重点、塑造特色，高标准、高质量推进试点各项工作，为推动城市治理体系和治理能力现代化蹚出新路子。

3. 成都市

成都市按照"结合实际、分步实施、必选＋自选"的原则，确定了先期推进"城市信息模型（CIM）平台建设、城市运行管理服务平台建设"2项必选任务和"智能建造与建筑工业化协同发展、协同发展智慧城市基础设施与智能网联汽车、智慧物业管理服务平台建设"3项自选任务，以及在"十四五"中期推进的"智能化市政基础设施建设和改造"1项自选任务。

成都市按照"新城建"试点要求，将智慧城市基础设施与智能网联汽车协同发展作为自选项之一开展试点工作。明确由成都市经开区（龙泉驿区）率先开展试点工作，按照试点任务进行细化，重点结合"中德智能网联汽车、车联网标准及测试验证"四川试验基地规划建设，并以成都市经开区（龙泉驿区）作为核心区申创四川（成都）国家级车联网先导区工作，积极抢抓"新城建"发展机遇。

4. 苏州市

苏州市政府加强对"新城建"工作统一领导，树立全市"一盘棋"思想，统一指挥、统一行动，专门成立了7个工作专班加强对板块和部门的指导，各项工作全面推进。目前，苏州新城建试点区域、试点项目进展顺利，累计投资额已超 50 亿元。当前苏州市正积极推进数字经济和数字化发展，加快 5G、物联网、大数据、工业互联网等新一代基础设施建设，实现机制创新，产城融合，以"新城建"点燃城市发展"新引擎"。

苏州相城区建立智能网联汽车全产业链，已有 101 家车联网企业，约占全市智能车联网企业的 50%，覆盖车联网产业 30 余个细分领域，建成高等级智能网联测试道路 63.4km，无人公交线路总长达 15.3km。

5. 其他省市

山东省印发《山东省数字基础设施建设指导意见》，明确了推进新基建和传统基建数字化升级的时间表和路线图。前瞻布局以 5G、人工智能、工业互联网、物联网等为代表的新型基础设施，持续推动交通、能源、水利、市政等传统基础设施数字化升级，构建"泛在连接、高效协同、全域感知、智能融合、安全可信"的数字基础设施体系[17]。

江苏省《关于加快新型信息基础设施建设扩大信息消费的若干政策措施》正式公开发布，旨在深化新一代信息技术的创新引领作用，加快新型信息基础设施建设，促进新型信息消费扩大和升级。文件涵盖四大方面 29 条政策措施，新型信息基础设施建设方面将加快建设 5G、大数据中心、新能源汽车充电桩等新型基础设施。

福建省印发《新型基础设施建设三年行动计划（2020—2022 年)》提出，依托数字福建（长乐、安溪）产业园优先布局大型和超大型数据中心，打造闽东北、闽西南协同发展区数据汇聚节点。到 2022 年，全省在用数据中心的机架总规模达 10 万架。福州市"新城建"重点开展"8 + 3"试点任务，即 8 个基础平台与应用场景建设以及滨海新城区域化试点示范建设、三江口新城重点应用示范建设、鼓楼老城区综合应用示范建设。

浙江省提出优化布局云数据中心，到 2022 年，全省建成大型、超大型云数据中心 25 个左右，服务器总数量达到 300 万台左右。

云南省提出到 2022 年建成 10 个行业级数据中心。在数据量大、时延要求高的应用场景集中区域部署边缘计算设施。

重庆市发布《重庆市新型城市基础设施建设试点工作方案》，提出投资 50 多亿元，用于推动 38 个新型城市基础设施建设项目。

青岛市在全市范围内开展 33 个新城建试点项目，其中综合示范园（区）

8 个，占地面积约 100km²，创新性打造了 "1 + 6 + N" "青岛模式"。

郑州市印发《郑州市新型城市基础设施建设试点工作方案》明确提出，2022 年底前，基本建设完成城市信息模型平台，初步形成城市三维空间数据底板。

作为住房和城乡建设部首批 "新城建试点城市" 和 "新城建产业与应用示范基地创建城市"，济南是全国唯一明确提出 "推进新城建产业链发展" 任务的城市。济南的新城建工作起步于 2020 年，自成为试点城市以来，先后启动课题研究、产业链现状调研、经济指标统计调查，绘制了产业分布地图，测算了产业规模，完善了项目库、企业库。3 年来，济南已基本建成 "1 + 3 + N" 新城建平台体系，初步落地 "1 + 2 + 15" 新城建产业生态，在平台建设及应用、产业链培育及发展等方面取得了长足进展。

2.2.3　新城建内涵和政策

新城建是以技术创新驱动为核心，以信息网络应用为基础，基于数字化、网络化、智能化的新型城市基础设施建设的简称。主要包括两方面的内容：一是新建信息化城市基础设施；二是传统城市基础设施的信息化更新赋能。

"新城建" 与传统城市基础设施建设相比，可引领城市转型升级，推进城市现代化进程。"新城建" 是贯彻落实新型基础设施和新型城镇化战略部署的重要举措，是城市基础设施建设的新方向和新模式，是提升城市治理能力的助推器、促进城市经济转型的转化器、保证人民美好生活的稳定器。

近年来，国家层面和省市层面密集出台针对 "新城建" 的相关政策和行动计划、工作方案等，指导和推动 "新城建" 的落地实施和有序发展。新城建相关产业政策及实施计划见表 2 - 1。

表 2 - 1　新城建相关产业政策及实施计划

政策类型	发布时间	文件名称
国家政策	2020 年 8 月	《关于加快推进新型城市基础设施建设的指导意见》（建改发〔2020〕73 号）
	2020 年 8 月	《关于推动交通运输领域新型基础设施建设的指导意见》
	2020 年 10 月	《中共中央关于制定国民经济和社会发展第十四个五年规划和二〇三五年远景目标的建议》

（续）

政策类型	发布时间	文件名称
国家政策	2020 年 10 月	《关于开展新型城市基础设施建设试点工作的函》（建改发函〔2020〕152 号）
	2021 年 6 月	《城市信息模型（CIM）基础平台技术导则》
	2021 年 9 月	《物联网新型基础设施建设三年行动计划（2021—2023 年）》
	2021 年 11 月	《关于开展新型城市基础设施建设试点工作的函》（建办改发函〔2021〕308 号）
	2022 年 1 月	《"十四五"推动长江经济带发展城乡建设行动方案》
	2022 年 8 月	《"十四五"全国城市基础设施建设规划》（建城〔2022〕57 号）
	2023 年 11 月	《关于全面推进城市综合交通体系建设的指导意见》（建城〔2023〕74 号）
行动计划、实施方案、指标体系	2020 年 7 月	《浙江省新型基础设施建设三年行动计划（2020—2022 年）》
	2020 年 8 月	《福建省新型基础设施建设三年行动计划（2020—2022 年）》
	2020 年 10 月	《广东省推进新型基础设施建设三年实施方案（2020—2022 年）》
	2020 年 11 月	《青岛市推进新型基础设施建设行动计划（2020—2022 年）》
	2021 年 4 月	《河南省推进新型基础设施建设行动计划（2021—2023 年）》
	2021 年 8 月	《江苏省"十四五"新型基础设施建设规划》
	2021 年 10 月	《辽宁省新型城市基础设施建设方案》
	2020 年 12 月	《关于加快推进广州市新型城市基础设施建设的实施方案》
	2021 年 1 月	《杭州市新型城市基础设施试点工作方案》
	2021 年 1 月	《济南市加快推进新型城市基础设施建设试点及产业链发展实施方案》
	2021 年 2 月	《天津市新型基础设施建设三年行动方案（2021—2023 年）》
	2021 年 3 月	《苏州市开展新型城市基础设施建设试点工作方案》
	2021 年 4 月	《佛山市新型基础设施建设行动计划（2021—2023 年）》
	2021 年 6 月	《常德市新型智慧城市建设三年行动计划（2021—2023 年）》
	2021 年 9 月	《温州市新型城市基础设施建设试点工作实施方案》
	2021 年 9 月	《南京市"十四五"重大基础设施建设规划》
	2021 年 9 月	《贵阳市"十四五"新型基础设施专项规划》
	2021 年 11 月	《郑州市新型城市基础设施建设试点工作方案》
	2021 年 11 月	《济宁市新型城市基础设施建设试点三年（2021—2023）行动计划》

（续）

政策类型	发布时间	文件名称
行动计划、实施方案、指标体系	2021 年 12 月	《重庆市新型城市基础设施建设试点工作方案》
	2022 年 1 月	《安徽省"十四五"城市市政基础设施建设规划》
	2022 年 1 月	《山东省新型城镇化规划（2021—2035 年）》
	2022 年 1 月	《烟台市新型城市基础设施建设试点实施方案和三年行动计划》
	2022 年 2 月	《深圳市推进新型信息基础设施建设行动计划（2022—2025 年）》
	2023 年 7 月	《福建省新型基础设施建设三年行动计划（2023—2025 年）》
	2023 年 9 月	《上海市进一步推进新型基础设施建设行动方案（2023—2026 年）》
	2023 年 12 月	《基于城市信息模型的智慧城市基础设施建设和运营技术指引（试行）》（广州市）
	2024 年 1 月	《新型城市基础设施建设发展指标体系》（济南市）
	2024 年 1 月	《福州市新型基础设施建设三年行动方案（2023—2025 年）》

2.2.4　新城建建设内容

推进新型城市基础设施建设的重点任务，主要包括七个方面[18]。

1. 全面推进城市信息模型（CIM）平台建设

深入总结试点经验，在全国各级城市全面推进 CIM 平台建设，打造智慧城市的基础平台。完善平台体系架构，加快形成国家、省、城市三级 CIM 平台体系，逐步实现三级平台互联互通。夯实平台数据基础，构建包括基础地理信息、建筑物和基础设施三维模型、标准化地址库等的 CIM 平台基础数据库，逐步更新完善，增加数据和模型种类，提高数据和模型精度，形成城市三维空间数据底板，推动数字城市和物理城市同步规划和建设。全面推进平台应用，充分发挥 CIM 平台的基础支撑作用，在城市体检、城市安全、智能建造、智慧市政、智慧社区、城市综合管理服务，以及政务服务、公共卫生、智慧交通等领域深化应用。对接 CIM 平台，加快推进工程建设项目审批三维电子报建，进一步完善国家、省、城市工程建设项目审批管理系统，加快实现全程网办便捷化、审批服务智能化，提高审批效率，确保工程建设项目快速落地。

2. 实施智能化市政基础设施建设和改造

组织实施智能化市政基础设施建设和改造行动计划，对城镇供水、排水、供电、燃气、热力等市政基础设施进行升级改造和智能化管理，进一步提高市政基础设施运行效率和安全性能。深入开展市政基础设施普查，全面掌握现状底数，明确智能化建设和改造任务。推进智能化感知设施建设，实现对市政基础设施运行数据的全面感知和自动采集。完善智慧海绵城市系统。加快智慧灯杆等多功能智慧杆柱建设。建立基于 CIM 平台的市政基础设施智能化管理平台，对水电气热等运行数据进行实时监测、模拟仿真和大数据分析，实现对管网漏损、防洪排涝、燃气安全等及时预警和应急处置，促进资源能源节约利用，保障市政基础设施安全运行。

3. 协同发展智慧城市与智能网联汽车

以支撑智能网联汽车应用和改善城市出行为切入点，建设城市道路、建筑、公共设施融合感知体系，打造智慧出行平台"车城网"，推动智慧城市与智能网联汽车协同发展。深入推进"5G + 车联网"发展，加快布设城市道路基础设施智能感知系统，对车道线、交通标识、护栏等进行数字化改造，与智能网联汽车实现互联互通，提升车路协同水平。推动智能网联汽车在城市公交、景区游览、特种作业、物流运输等多场景应用，满足多样化智能交通运输需求。加快停车设施智能化改造和建设。依托 CIM 平台，建设集城市动态数据与静态数据于一体的"车城网"平台，聚合智能网联汽车、智能道路、城市建筑等多类城市数据，支撑智能交通、智能停车、城市管理等多项应用。因地制宜构建基于车城融合的电动车共享体系，建设完善充换电设施，推行电动车智能化管理，鼓励电力、电信、电动车生产企业等参与投资运营。

4. 建设智能化城市安全管理平台

以 CIM 平台为依托，整合城市体检、市政基础设施建设和运行、房屋建筑施工和使用安全等信息资源，充分运用现代科技和信息化手段，加强城市安全智能化管理。系统梳理城市安全风险隐患，确定智能化城市安全管理平台指标体系和基本架构，加快构建国家、省、城市三级平台体系，实现信息共享、分级监管、联动处置。结合推进城市建设安全专项整治三年行动，深化智能化城市安全管理平台应用，对城市安全风险实现源头管控、过程监测、预报预警、应急处置和综合治理，推动落实城市安全政府监管责任和企业主体责任，建立和完善城市应急和防灾减灾体系，提升城市安全韧性。

5. 加快推进智慧社区建设

深化新一代信息技术在社区建设管理中的应用，实现社区智能化管理。以城市为单位，充分利用现有基础建设智慧社区平台，对物业、生活服务和政务服务等数据进行全域全量采集，为智慧社区建设提供数据基础和应用支撑。实施社区公共设施数字化、网络化、智能化改造和管理，对设备故障、消防隐患、高空抛物等进行监测预警和应急处置，对出入社区车辆、人员进行精准分析和智能管控，保障居民人身财产安全。加强社区智能快递箱等智能配送设施和场所建设，纳入社区公共服务设施规划。推动物业服务企业大力发展线上线下社区服务业，通过智慧社区平台，加强与各类市场主体合作，接入电商、配送、健身、文化、旅游、家装、租赁等优质服务，拓展家政、教育、护理、养老等增值服务，满足居民多样化需求。推进智慧社区平台与城市政务服务一体化平台对接，推动"互联网＋政务服务"向社区延伸，打通服务群众的"最后一公里"。

6. 推动智能建造与建筑工业化协同发展

以大力发展新型建筑工业化为载体，以数字化、智能化升级为动力，打造建筑产业互联网，对接融合工业互联网，形成全产业链融合一体的智能建造产业体系。深化应用自主创新建筑信息模型（BIM）技术，提升建筑设计、施工、运营维护协同水平，加强建筑全生命周期管理。大力发展数字设计、智能生产和智能施工，推进数字化设计体系建设，推行一体化集成设计，加快构建数字设计基础平台和集成系统；推动部品部件智能化生产与升级改造，实现构件的少人或无人工厂化生产；推动自动化施工机械、建筑机器人、3D打印等相关设备集成与创新应用，提升施工质量和效率，降低安全风险。坚持标准化设计、工厂化生产、装配化施工、一体化装修、信息化管理和智能化应用，大力发展装配式建筑，推广钢结构住宅，加大绿色建材应用，建设高品质绿色建筑，实现工程建设的高效益、高质量、低消耗、低排放，促进建筑产业转型升级。

7. 推进城市综合管理服务平台建设

建立集感知、分析、服务、指挥、监察等为一体的城市综合管理服务平台，提升城市科学化、精细化、智能化管理水平。加快构建国家、省、城市三级综合管理服务平台体系，逐步实现三级平台互联互通、数据同步、业务协同。以城市综合管理服务平台为支撑，加强对城市管理工作的统筹协调、指挥监督、综合评价，及时回应群众关切，有效解决城市运行和管理中的各类问题，实现城市管理事项"一网统管"。

2.3　智慧政务

2.3.1　智慧政务发展阶段

智慧政务是在大数据推动下，实现传统政务的转型升级，是电子政务发展的高级阶段。基于智慧政务演进过程，有观点提出了电子政务、电子政府、虚拟政府、信息政府等不同发展阶段，并对相关概念进行区分和定义。还有专家认为我国智慧政务的发展经历了电子政务、移动政务、智慧政务这三个阶段，随着这几个阶段的不断发展，政务复杂程度不断增加，政府的智慧程度也逐渐提高。同时对于智慧政务未来的发展，有专家认为未来智慧政务最主要的是要顺应大数据时代的趋势，向纵深发展，不断提升政府服务水平和治理能力[19]。

基于我国政务信息化实际发展过程进行归纳，智慧政务大致可以分为以下几个阶段：

1. 以信息化为特征的前期建设阶段

电子政务是20世纪80年代产生的，它是随着信息技术的发展而出现的政务处理方式，中国电子政务同样始于这个时期，经过20余年的发展，到2007年基本完成了电子政务的基础设施和主要应用系统的建设，其中又大致可以分为以下几个小的阶段。

1996年之前的起步阶段。这个阶段国家计委信息管理办公室、国家经济信息中心（后更名为国家信息中心）、各政府部门信息中心、各级地方政府信息中心、国家经济信息化联席会议等国家专门信息机构的成立和变革，以及政府信息技术人才队伍的逐步形成，在体制机制上推进了信息技术在政务上的应用。在技术应用层面，以金卡、金桥、金关"三金"等重大信息化工程的建设为标志，拉开了国民经济信息化的序幕。

国务院信息化工作领导小组统筹推进时期（1996—1999年）。这一阶段以政府上网工程为关键词，机制体制上成立了由 20 多个部委组成，副总理任组长的国务院信息化工作领导小组，该领导小组在 1998 年撤销，成立信息化部；技术应用上以启动政府上网工程为标志，推动我国各级政府各部门在 163/169 网上建立正式站点并提供信息共享和便民服务的应用项目，为构建一个高效率的电子化政府，最终实现我国网络社会打下坚实基础。

国家信息化（工作）领导小组统筹推进时期（1999—2007 年）。这一阶段机制体制上以国家名义再次成立了由国务院副总理担任组长的国家信息化工作领导小组，继续推进国家信息化工作，并在 2001 年重组为国家信息化领导小组，国务院信息化办公室，简称国信办，也相继成立，表明了国家对信息工作重要性的高度重视，强化了国家对信息化工作的领导和指导。技术应用上以"两网一站四库十二金"为代表，"两网"即电子政务内网和外网；"一站"指中央、省、市、县四级政府网站；"四库"包括人口、法人、自然资源和空间地理、宏观经济四大基础数据库建设；"十二金"则是完善已取得初步成效的办公业务资源系统、金关、金税和金融监督（含金卡）四个工程，启动和加快建设宏观经济管理、金财、金盾、金审、社会保障、金农、金质和金水八个业务系统工程建设。

2. 以协同共享和移动化为特征的电子政务全面建设阶段

这个阶段从 2008 年到 2014 年，在机制体制上，国信办并入工业和信息化部，与电子政务相关的职能被合并到了工信部信息化推进司，发布了《关于开展依托电子政务平台加强县级政府政务公开和政务服务试点工作的意见》、首个《国家电子政务"十二五"规划》《基于云计算的电子政务公共平台顶层设计指南》等重要政策。技术应用上，一是大力推进政务信息共享和业务协同，涌现出了一批典型应用，极大地提升了政府社会管理、公共服务、市场监管和宏观调控能力。二是各级政府部门电子政务新技术应用情况比较显著，适应移动互联网发展，多数政府部门政府网站都推出了手机版政府网站、政务微博和政务服务 App 应用等，后期随着微信普及推广应用，政务部门都纷纷利用微信公众号推进政务公开，极大地推进了政务信息公开。另外，随着云计算技术发展，许多政府部门利用云计算平台来推进政务部门电子政务集约建设[20]。

3. 以系统整合为特征的互联网＋政务服务创新突破阶段

这个阶段从 2014 年到 2020 年，在机制体制上，成立了中央网络安全和信息化领导小组，负责全国网络安全和信息化推进工作，电子政务统筹推进相关职能从工信部信息化推进司划归到中央网信办信息化发展局，由该局负责统筹推进全国电子政务发展工作。技术应用上，随着国家"互联网+"战略和行政体制改革的深化，政务领域成为"互联网+"战略推行的重要战场，各级各部门大力推进"互联网+"政务服务，不断优化服务流程，创新服务方式，推进政务信息系统整合共享，建成国家数据共享交换平台，打通信息孤岛，全面建成全国一体化政府服务平台体系，"最多跑一次""不见面审批""一网通办"等服务创新模式不断涌现，电子政务在线服务指数跃升至全球第9位，显著提升社会公众获得感[21]。

4. 以数据赋能、协同治理、智慧决策、优质服务为主要特征的智慧政务新阶段

该阶段以《"十四五"推进国家政务信息化规划》为标志，将数字政府作为数字中国建设的重要组成部分，把握以数字化、网络化、智能化为特征的转型机遇，加快推进创新发展，统筹推进重大工程实施。

技术应用上，提出三大任务、十一项工程。一是深度开发利用政务大数据。以数据共享开放与深度开发利用作为提升政务信息化水平的着力点和突破口。深化基础库应用，升级完善国家人口、法人、自然资源和地理空间等基础信息资源库。新建经济治理基础数据库，汇集各部门主要经济数据，提升宏观经济治理的决策支持水平。

二是发展壮大融合创新大平台。同步推进网络融合、技术融合、数据融合与服务融合，构建共建共用的大平台体系。

三是统筹建设协同治理大系统。围绕政府核心职能，着力建设好执政能力提升信息化工程、依法治国强基工程、经济治理协同工程、市场监管提质工程、公共安全保障工程、生态环境优化工程六大工程。

十一项工程包括政务大数据开发利用工程、国家电子政务网络完善工程、政务云平台体系建设工程、数据共享开放深化工程、一体化政务服务体系优化工程、执政能力提升信息化工程、依法治国强基工程、经济治理协同工程、市场监管提质工程、公共安全保障工程、生态环境优化工程。

到2025年，政务信息化建设总体迈入以数据赋能、协同治理、智慧决策、优质服务为主要特征的融慧治理新阶段，跨部门、跨地区、跨层级的技术融合、数据融合、业务融合成为政务信息化创新的主要路径，逐步形成平台化协同、在线化服务、数据化决策、智能化监管的新型数字政府治理模式，经济调节、市场监管、社会治理、公共服务和生态环境等领域的数字治理能力显著提升，网络安全保障能力进一步增强，有力支撑国家治理体系和治理能力现代化。

2.3.2 智慧政务建设内容

智慧政务云平台是智慧政务最重要的建设内容，是将云计算技术资源与政府现存 IT 架构体系相结合，满足数字政务与智慧城市多元化需求的整合型服务平台。伴随着人工智能、大数据、物联网等技术在政务领域的广泛应用，政务云平台能够利用云计算数据洞察等优势，快速探查民生现状，优化组织决策。

智慧政务云平台在技术架构上包括基础设施层、技术赋能层、应用支撑层、智慧应用层、用户入口层和安全保障层。

1. 基础设施层

智慧政务基础设施建设是数字政府发挥行政职能、提供各类服务的"基石"。基础设施建设包括政务云建设、政务网络建设以及感知平台建设三个方面。

政务云作为智慧政务业务运行载体已经持续建设多年，随着数字政务的深度发展，政务云在平台建设上将会更加强调底层异构资源整合、对行业云平台的纳管与对接、实现政务资源集中调度与管理；在部署模式上一般采用专有云部署形式，提供智能调度和面向未来应用的多样性云服务，更好地保障数据安全性，也可以采用政务专区部署模式，在遵从政务级安全合规要求的前提下，与公有云物理隔离，承载政务客户的非涉密重要业务，更好地实现灵活性和可扩展性。

政务网络是数字政务运行的可靠保障。电子政务网络由电子政务内网和电子政务外网构成，两网之间物理隔离，政务外网和互联网之间逻辑隔离。政务内网主要作为政务部门的办公网，保障政府内部的线上运转；政务外网则是政府的业务专网，主要运行政府部门面向社会的专业性业务和不需要在内网上运行的业务。

感知平台建设主要包括视频感知、物联感知、卫星遥感等，为数字政务提供全面、及时的感知监测能力，感知平台建设为政府在城市治理方面提供更加精准、丰富的数据资料。以城市物联感知平台为例，当前部分发达城市，基于统一的信息基础支撑体系，积极构建智能中枢系统，以保障城市业务信息即时在线、数据实时流动，实现宏观决策指挥更精准、事件预警研判更高效、响应处置更迅速。

2. 技术赋能层

智慧政务建设的核心目标是推动政府数字化转型，数字化转型需要相应的技术手段实现，因此，随着人工智能、大数据、云原生、区块链、低代码等技术的日益成熟，这些技术也在政务行业各类场景中得以应用。通过技术赋能层可以汇聚和共享各类关键技术，降低上层应用开发的技术门槛。

人工智能技术打造数字政府智能底座，在政府核心关键数据安全脱敏的基础上开展人工智能与政务应用场景的深度融合，加速各级政府政务智能中台建设，为政务治理、民生服务等领域进行业务赋能。

大数据技术以数据作为本质和核心，以数据的技术和思维作为应用的关键点，主要在数据获取、管理、分析、重组和预测五个方面对数字政务进行赋能。大数据技术可以对多源、异构、动态、碎片化、低质化的数据进行计算和分析，探寻数据的关键信息，建立起数字化政务服务知识图谱，从而提高公共服务的质量。

云原生技术保障政府业务系统的高可靠性。云原生技术全面支撑构建和运行可弹性扩展的应用，代表技术包括容器、微服务和 DevOps 等。容器技术提升了应用部署效率，实现业务弹性扩容；微服务技术抽象业务共性组件，实现跨业务协同合作；DevOps 支撑业务应用快速迭代，降低运维压力。

区块链技术具有去中心化、可追溯和不可篡改等特性，适用于数据可信、共享、共治和共同维护以增强信任的应用场景。利用区块链技术，各级政府推进区块链与地方政务创新结合，从数字财政、跨境互信、公共数据资产凭证、政府区块链平台等热点应用领域，实现政务业务监管规则合约化、监管目标内置化，构建电子政务可信任、易追溯、能共享的创新应用模式。

低代码技术允许开发人员通过零代码或少量代码快速生成应用程序。这一技术的出现使得数字政务在应用开发和功能实现上更加高效快捷，也更适配业务个性化和多元化的需求。随着低代码技术在政府数字化改革中的快速应用，业务人员、政府公务人员也可以深度参与到应用建设和功能实现的环节中，推动数字化建设和业务深度契合，打造最懂业务的应用，从而优化长期以来政务应用普遍存在的流程漫长、需求急切、迭代快速的特点。

3. 应用支撑层

应用支撑层为包括政务服务和行政办公在内的各类政务应用提供通用性能力的支持。完善且适用的应用支撑平台有力支撑政务应用数字化改造。应用支撑平台应由政府统一规划、设计、建设，便于为各级、各部门业务应用提供公共服务支撑，具体的支撑能力包括统一身份认证服务、电子证照服务、电子印章服务、统一支付服务、地理信息平台、社会信用公共服务、智能客服和音视频服务及统一搜索服务等。

4. 智慧应用层

智慧应用层是数字政务建设成果的集中体现，以公众、企业、政府等数字政府主要用户群体为中心，通过整体业务协同，提供功能丰富、服务高效的应用，推动政府管理服务能力不断提升。

5. 用户入口层

用户入口层是实现内部连接与对外沟通的门户，是整体业务逻辑的体现，是为更好地满足群众需求、提升服务体验而对传统业务逻辑的重新塑造。对政府业务流程进行优化再造，打破部门内部和部门之间的业务壁垒、数据壁垒，以数据共享实现跨部门、跨层级、跨地区高效服务、协同治理，建设基于一体化在线服务的整体政府。

针对政务服务与办公协同，政府需要打造面向公众的用户入口与面向政府公职人员的用户入口。对外，政府需要搭建政务服务网、政务小程序、政务 App 等线上渠道为公众提供完善的政务服务；对内，政府需要打造专属的政务协同办公平台与视频会议平台入口以解决政府内部与外部的即时沟通、移动办公、音视频会议、移动业务等需求。

6. 安全保障层

安全保障层包括标准规范体系、安全保障体系、运营支撑体系、生态协同体系，在数字政务的整体结构中发挥着不可或缺的作用，更是实现数字政府可靠稳定运作的根本。

安全保障体系是自上而下全方位的，一方面，要建立科学的安全管理机制，通过完善工作机制、强化考核评估等方式明确权利和义务，建立权责清晰的安全管理体系，落实主体责任和监督责任；另一方面，要加强安全技术水平和平台建设，主要涉及基础安全、平台安全、业务安全和应用安全多个层级、不同类型的安全，构成数字政务整体架构的"防护罩"。在建设数字政府、智慧城市的过程中，除了关注项目在智慧化、智能化、一体化方面的成效外，更要重视项目的安全可控、合规可靠。

2.3.3 智慧政务应用场景

历经多年发展，我国政务信息化建设取得重大成就，各类政府业务信息系统建设和应用效果显著，各级平台逐步搭建完成，数据共享和开发利用取得积极进展，一体化政务服务和监管效能大幅提升，数字治理成效不断显现，为迈入智慧政务建设新阶段打下了坚实基础。

智慧政务的建设目标是将数字化、智能化、网络化技术应用于政府管理、政务服务、公共服务、社会治理的全流程中，从而推动政府数字化、智能化运行。其核心目的则是满足人民日益增长的美好生活需求，这同时也是数字政府建设的出发点和落脚点。因此，智慧政务不能只遵循机械性的数字化、智能化改造，而需要从现实需求与实际应用出发，以面向公众与社会的各类场景为牵引，做到真正的场景先行，使数字化建设与现实生活紧密结合。

经过大量实践，已经形成了政府服务"一网通办"、城市治理"一网统管"、政府运行"一网协同"的智慧政务三大核心综合应用场景[22]，以及经济调节、市场监管、社会管理、公共服务、生态环境保护、政务运行6大类智慧政务应用场景[23]。

1. 综合应用场景

"一网通办"，即将云计算、大数据、人工智能等新一代信息技术引入政务服务，通过构建一体化政务服务平台，建设一体化数据资源体系，全面实现政府公共信息资源的互联共享，建设便捷的在线政务服务，全面提升政府行政服务办事效率。2018年，"一网通办"的概念率先在上海落地；2020年，"一网通办"被写入国务院《2020年政府工作报告》；当前，"一网通办"建设已在中央乃至全国各地方政府间展开并取得了显著的成效，2019年6月上线的国家政务服务平台便是最为典型的案例，致力于自上而下打通跨地区、跨部门、跨层级的数据壁垒，推动更多政务服务事项实现全国范围内的"一网通办"。"一网通办"平台在政务理念、服务流程、组织结构、监督评议、绩效评价等多个领域实现了对科层管理下政务服务过程的优化再造，推动了政务服务从"以部门为中心"向"以用户为中心"的管理模式转变。

"一网统管"是面向城市治理、城市运行的综合管理体系，以大数据、云计算、人工智能等新一代信息技术为支撑，将城市运行管理服务相关信息进行整合，加强对城市运行服务状况的实时监测、动态分析、统筹协调、指挥监督。通过共享、整合、优化、拓展、提升等手段，打造集常态运行与应急管理于一体的城市运行"一网统管综合平台"，逐步构建系统完善的城市运行管理体系，实现线上线下协同高效处置一件事，以数字化呈现、智能化管理、智慧化预防，达成"建一网，统筹管"的建设目标，不断提高城市治理体系和治理能力现代化水平。

"一网协同"面向政府运行和内部管理，是基于大数据、人工智能、生态开放等技术体系，以赋能、共建和贴身服务的方式，为政府机关各组织部门、上下级之间、省市县之间，构建不断生长、逐步进化的协同工作平台，从而实现政府内部业务流程优化，提升政府履职效能，改善内部管理，促进政府职能转变，从而推进政府完成一体化、全方位的数字化变革，构建政府整体智治的新格局。"一网协同"的核心在于"一网"，强调以统一平台和统一门户搭建整体化、全局化、移动化、安全化的运作体系，目标则在于"协同"，强调以业务融合、开放连接为原则，推动数据信息和业务流程在整体政府中真正有效的流转。

2. 经济调节类应用场景

经济运行监测业务。统计监测和综合分析经济运行周期，感知经济运行动态，实施经济趋势研判，助力跨周期政策设计，加强经济调节政策的科学性、预见性、有效性，提升逆周期调节能力。经济运行监测业务包括经济运行动态感知、经济监测预警、综合分析等细分场景。

投资营商管理业务。运用数字技术和信息化手段，面向营商环境、政府项目、建设投资实施监督管理，推进投资营商服务阳光透明，建设服务型政府。投资营商管理包括政府投资项目资金监管、营商环境监测、公共资源交易等细分场景。

财税审计管理业务。以信息化手段提升会计核算、会计报告、管理会计、内部控制等会计工作效率，开展业务数据与财务数据、单位数据与行业数据以及跨行业、跨领域数据的综合比对和关联分析，促进审计工作由现场审计向数据驱动审计转变，加强数据和分析模型共享共用。财税审计管理包括数字财税、审计管理等细分场景。

3. 市场监管类应用场景

综合监管业务。面向各级政府、执法监管部门，提供监管综合信息服务和大数据决策支持服务，通过归集各部门重点监管数据，进行风险预警和效能评估，为完善事中事后监管、加强和创新监管方式提供支撑，实现"规范监管"、"精准监管"和"联合监管"。综合监管包括"互联网 + 监管"、信用监管等细分场景。

行业监管业务。利用数字技术和信息化手段进行监督和管理，在提高监管效率和监管质量的同时减少人为干预和误判的可能性，在卫生医疗、安全生产、食品药品、工程建设、交通运输、耕地保护等领域提供更加公正、透明和高效的监管。行业监管包括餐饮服务明厨亮灶、药品监管、食品溯源管理、智慧海关监管、工程建设管理、耕地保护监管等细分场景。

4. 社会管理类应用场景

数字化矛盾化解业务。通过数字化手段重塑化解社会矛盾纠纷的方式方法，创新网上行政复议、网上信访、网上调解、智慧法律援助等渠道，构建线上线下同步、数据共享公用的矛盾治理新模式，促进纠纷源头预防和排查化解。数字化矛盾化解包括网上行政复议、智慧信访、网上调解、智慧法律援助等细分场景。

社会治安防控业务。将视频监控、防盗报警、人脸识别等新技术应用于社会治安防控，构建警务时空大数据，助推建立全时空、全方位的社会治安防控体系，推进社会治安治理信息化、数字化、智能化发展。社会治安防控包括雪亮工程、智慧警务、警务时空大数据管理等细分场景。

基层治理业务。在基层社区、街道、村镇等地方，运用数字技术提高基层现代化治理能力，构建"党建 + 网格 + 大数据"基层治理模式，形成跨地域、跨部门、跨层级的联动治理体系。基层治理包括基层党员管理、基层信息填报、基层网格化管理、智慧社区、乡村治理数字化等场景。

应急管理业务。在灾害或突发事件发生时，利用先进的技术手段和智能化的应急系统，快速响应、高效协调、精准指挥，实现有效应对和处置，达成多部门、多层级、多渠道的信息集成和共享，提高应急响应的速度和准确性，最大限度地减少灾害损失，保障人民生命财产安全。应急管理包括自然灾害预警、综合应急指挥、危化品管理、传染病监测预警、安全生产危险源监测预警等细分场景。

城市运行管理业务。基于信息化手段对城市各类设施、资源和服务进行智能化管理和优化，提高城市的运行效率、服务质量和居民生活品质。城市运行管理包括智慧消防、违建治理、市容市貌治理、人流聚集监测、城市生命线等细分场景。

5. 公共服务类应用场景

教育服务业务。通过技术创新和数据驱动，全方位赋能教育变革，以教育信息化基础设施建设为重点，全面构建网络化、数字化、个性化、智能化的现代教育体系，加快推进教育数字化转型与智能升级。教育服务包括智慧教学、智慧教室、校园管理等细分场景。

医疗服务业务。利用5G、人工智能等技术与医疗行业进行深度融合，通过整合医疗资源、优化就医流程等，解决挂号难、流程烦琐、跑腿次数多、医疗资源分布不均等问题，创新数字化诊疗手段，提升医疗服务效率。医疗服务包括智慧挂号、智能诊疗、远程会诊、医院管理等细分场景。

养老服务业务。面对人口老龄化加剧现状，借助互联网技术，推进"互联网＋医疗健康""互联网＋护理服务""互联网＋康复服务"发展，面向居家、社区和机构的智慧医养结合服务，提高养老服务质量。养老服务包括智慧居家养老、智慧社区养老、智慧机构养老等细分场景。

文旅服务业务。利用5G、VR、卫星定位、生物识别等技术，提供高效的公共文旅服务，更好地满足人民对文化旅游的需求。文旅服务包括预约/购票、景区导览、云上场馆、虚实融合互动等细分场景。

政务服务业务。通过环节整合、流程优化、模式创新，实行一次告知、一表申请、一套材料、一窗（端）受理、一网办理、限时办结、统一出件，实现企业和群众办事"掌上办""就近办""一次办""集成办"。政务服务包括个人政务服务、企业政务服务，其中个人政务服务包括结婚生育登记、入学办理、就业服务、租房购房置业等细分场景，企业政务服务包括企业开办、准办准营、企业变更等细分场景。

6. 生态环境保护类应用场景

自然资源调查评价监测业务。利用遥感、GPS、数字地形模型等技术手段对自然资源进行调查和评价，获取各种资源的分布、数量、质量等信息，分析自然资源的利用价值、生态价值，为资源的合理利用提供科学依据，为资源的保护和管理提供数据支持。自然监测包括国土、水、森林、草原、海洋、湿地等资源调查监测评价，以及国土空间基础信息管理与自然资源三维立体"一张图"等细分场景。

生态环境监测业务。通过传感器、遥感、地理信息系统等手段，对大气、水、土壤、生物等环境要素进行监测和分析，实现面向生态环境的决策、管理、服务。生态环境监测包括生态环境综合监管与一体化执法、空天地一体化监测与分析等细分场景。

绿色低碳业务。力争2030年前实现碳达峰，2060年前实现碳中和是我国的重大战略决策，通过应用信息技术帮助企业和个人实现智能化管理和生活，减少能源和资源浪费，实现资源高效利用和碳排放减少，促进清洁能源发展和应用。当前，绿色低碳业务以城市碳排放监测场景为主。

7. 政务运行类应用场景

协同办公业务。依托数字技术应用，全面提升内部办公、机关事务管理等方面的数字化水平，实现跨部门、跨层级办文、办会、办事，推进机关内部整体协同、高效运行。协同办公包括智慧党务、移动办公、视频会议、文本AI生成、知识工厂、后勤信息化等细分场景。

行政监督业务。以信息化平台固化行政权力事项运行流程，实现公权力行使全生命周期在线运行、留痕可溯、监督预警，保障政府工作规范透明运行，并对问题线索实施线上收集、线下核查，提升政府督查工作的针对性和有效性，保障政令畅通。行政监督包括"互联网+督查"和行政执法监督等细分场景。

政务公开业务。行政机关依托政府网站新媒体等数字化平台进行决策、执行、管理、服务、结果全过程公开，开展政策解读，回应社会关切，增强政府公信力、执行力，提升政府治理能力。政务公开包括政务网站信息公开、新媒体信息公开、政民互动和政策推送等细分场景。

2.4 智慧园区

园区是指政府集中统一规划指定区域，区域内专门设置某类特定行业、形态的企业、公司等，进行统一管理，典型的如工业园区、自贸园区、产业园区等。

智慧园区指的是整合园区内外的资源，根据园区的能源管理规划要求，通过物联网和网络技术，建设一个高效率的智慧园区服务平台，帮助园区实现社区环境监测、人工智能分析、安全区域监测、重点区域高清监控、应急情况指挥等功能与服务，打造一个智能化的智慧产业园。

随着城市的持续增长、演变和迭代，它们正朝着与物质世界共生共荣的数字智慧文明方向发展。智慧园区作为智慧城市的主要单元，是经济高效和高质量发展的核心抓手之一，是实现"双碳"战略的主战场，是"兴业"的典型场景，是未来社会的发展缩影和示范载体。

园区作为技术应用创新的场地、经济社会发展的新动力、人们生活的重要载体，正面临深刻复杂的环境变化。在"十四五"关键时期，应当紧紧抓住数字经济和"双碳"目标等国家战略导向，以引领数字化浪潮为契机，推动智慧园区规划、建设和运营落地。

2.4.1　智慧园区发展阶段

智慧园区的发展是一个不断完善和优化的过程，正在经历转型迭代，其发展可以分为智能化、平台化和全数字化三个阶段[24]。在每个阶段，智慧园区都需要应对不同的挑战，例如如何高效地规划和建设基础设施、如何整合和利用园区内的各类数据、如何实现园区内企业之间的合作和协同发展等。

1. 初级阶段：智能化

该阶段，智慧园区主要依靠基础设施的建设来提升管理和服务水平，包括建设智能化的公共设施、信息化平台、智能交通系统等，提高园区的物质基础和管理能力。其中包括园区基础设施智能化改造，实现单个场景的智能化体验。但园区内的各系统之间存在信息孤岛现象，无法实现数据共享。目前，我国大多数园区还处在该阶段。

2. 中级阶段：平台化

该阶段，数字化平台建设成为关键，通过建设智慧园区管理平台，实现数据整合和智慧应用，提升园区管理和服务水平。同时也开始重视数据融合和价值挖掘，大数据、人工智能等技术被广泛应用于数据采集、分析和挖掘，实现园区数据和服务共享，同时推动多联动场景，提高园区决策能力和服务效率。尽管我国部分园区已经进入此阶段，但数据的价值还有待进一步挖掘，需要不断推动数字技术的创新，提高数字化水平，促进园区可持续发展。

3. 高级阶段：全数字化

该阶段，智慧园区在人工智能、深度学习、数字孪生等技术的加持下，成为一个基于数据自动控制、自主学习、自我进化、自主决策的有机生命体。通过建立产业联盟、开展科技创新、推进资源共享等方式，将园区中生产、运输、生活、市政、交通、能源、商务、商业等各个核心系统整合起来，促进园区内企业之间的合作和协同发展，实现园区的可持续发展和共建共享。

2.4.2 智慧园区相关政策

近年来，国家对智慧园区的建设和发展越来越重视，国务院、工信部等多个部门也相继发布相关政策文件，加大对智慧城市和智慧园区建设的支持。全国各地也在加快智慧城市和智慧园区的建设步伐，园区业主也逐渐增加智慧化方面的投入。国内智慧园区相关政策见表2-2。

表2-2 智慧园区相关政策

时间	部门	文件	内容
2013年1月	住建部	《创建国家智慧城市试点工作会议》	包含苏州工业园区、上海漕河泾开发区、西安高新区智慧化园区建设
2016年12月	发展改革委	《新型智慧城市评价指标（2016年）》	将智能设施、信息资源、网络安全、改革创新4个引导性指标列入智慧城市评价体系
2018年6月	国务院	《关于加快推进新型智慧城市建设的指导意见》	支持智慧园区建设，加速智慧城市建设，促进信息技术与城市发展深度融合
2018年7月	工信部	《工业互联网创新发展行动计划（2021—2023年）》	加强工业互联网平台建设，推进智慧园区建设，促进制造业数字化转型和智能化升级
2019年3月	国务院	《关于深入推进新型城镇化建设的若干意见》	推动智慧城市和智慧园区建设，加强数字基础设施建设和应用，推进城乡融合发展
2020年7月	国务院	《关于促进国家高新技术产业开发区高质量发展的若干意见》	推进安全、绿色、智慧科技园区建设，引导企业广泛应用新技术、新工艺、新材料、新设备，推进互联网、大数据、人工智能同实体经济深度融合，促进产业向智能化、高端化、绿色化发展

（续）

时间	部门	文件	内容
2021 年 3 月	国务院	《中华人民共和国国民经济和社会发展第十四个五年规划和 2035 年远景目标纲要》	推进产业数字化转型,加快产业园区数字化改造,推动产业园区和科研平台合作共建,深入推进园区循环化改造,加强工业园区等重点区域安全管理
2021 年 7 月	工信部、发展改革委等十部门	《5G 应用"扬帆"行动计划（2021—2023 年）》	提出加快推进5G + 智慧城市建设,以社区、园区等为基本单元加快数字化改造,并支持有条件的产业园区集中开展 5G 应用安全试点示范
2021 年 12 月	国务院	《"十四五"数字经济发展规划》	推动产业园区和产业集群数字化转型。引导产业园区加快数字基础设施建设,利用数字技术提升园区管理和服务能力。探索发展跨越物理边界的"虚拟"产业园区和产业集群,加快产业资源虚拟化集聚、平台化运营和网络化协同,构建虚实结合的产业数字化新生态
2022 年 4 月	工信部、发展改革委、科技部等六部门	《关于"十四五"推动石化化工行业高质量发展的指导意见》	提出强化工业互联网赋能,编制智慧园区等标准,建设并遴选一批智慧园区标杆
2022 年 6 月	工信部、发展改革委等六部门	《工业能效提升行动计划》	提出强化工业园区用能管理,支持园区利用工业互联网实现节能提效与绿色转型,实施数字化降碳改造
2022 年 11 月	科技部、住建部	《"十四五"城镇化与城市发展科技创新专项规划》	提升城市运行智慧化水平,加强智能建造与智慧运维技术的研发与应用,推动全场景智能监测预警和智慧园区综合运维服务平台建设
2023 年 9 月	发展改革委等七部门	《关于进一步加强水资源节约集约利用的意见》	提出强化企业和园区集约用水,推进企业和园区用水系统集成优化,建立智慧用水管理平台
2023 年 9 月	国家标准委、工信部等六部门	《城市标准化行动方案》	提出加快推进智慧城市领域标准研制,完善智慧园区等典型应用领域标准

　　这些政策的出台，进一步加强了国家对智慧园区建设的支持力度，为智慧园区的规划、建设和发展提供了更加明确和有力的政策指导。同时，各级政府也正在积极开展智慧园区的试点工作，以促进政策的广泛落地。

2.4.3　智慧园区标准体系

　　结合国家网络强国、数字中国、智慧社会等战略的推进及我国智慧城市建设的发展现状，智慧产业园区标准体系总体框架包括"基础标准""通用标准""专用标准"三个层级[25]。国内智慧园区标准体系结构框架如图2-2所示。

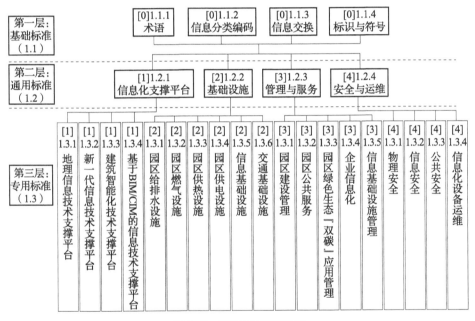

图2-2　智慧园区标准体系

　　智慧园区基础标准是一系列总体性、框架性、基础性的标准和规范，主要包括术语标准、信息分类编码、信息交换和标识与符号等方面。这些标准旨在确保智慧园区内部各类信息和数据的统一和规范，为各方合作提供准确、清晰的沟通基础。

　　智慧园区通用标准则是旨在规范智慧园区的各种业务操作流程、技术要求、成果形式与内容要素以及使用范围或作用。通用标准主要包括信息化支撑平台、基础设施、管理与服务等方面的标准和规范，用于确保智慧园区的正常运营和稳定发展。

智慧园区专用标准是为了规范某一领域标准化对象制定的共性标准，用于指导和规范相关项目的建设。这些标准可作为相关项目建设及实施的参考和依据，具体的专用标准包括信息化支撑平台、基础设施、管理与服务、安全与运维等方面的标准和规范，以确保智慧园区在特定领域内的高效运作和发展。

2.4.4　智慧园区建设内容

1. 智慧园区平台建设

智慧园区建设为提高园区的业务水平，将已有的信息化成果逐渐统一到平台上，同时将技术、数据及业务融合，打造园区特色的智慧应用，解决园区运营中的问题。

在智慧园区建设中，要坚持"主干稳定，末端灵活"的原则，以物联平台、管理平台、服务平台、招商平台等业务平台为主干，以应用和智能化系统为末端，推动园区数字化和智慧化的进程。在建设过程中保持稳定性和可持续性，确保园区的长期发展和运营。

（1）物联平台

物联平台通过连接园区内的各种设备和系统，实现设备接入、设备管理和智能分析等核心功能，同时还具备安全监控、能源管理、环境监测、数据可视化、业务流程管理、人员管理等多种功能，为园区的管理者提供全面、准确的数据支持，帮助园区实现更高效、更智能化的运营和管理。

1）设备接入。设备接入模块是智慧园区物联平台的基础模块，它提供了多种网络通信方式来连接设备，例如蜂窝网络、LoRaWAN、NB-IoT、Wi-Fi、BLE 等。物联网平台服务商通常会提供设备 SDK 或驱动，方便物联网终端厂商进行硬件产品设计，保证物联网终端可以快速上云。此外，平台还提供了 MQTT、HTTP/S 等多种协议，以支持设备的云云对接、设备直连等多种接入方式。

2）设备管理。设备管理模块是智慧园区物联平台的核心模块，它提供了硬件设备全生命周期的管理，设备状态变化实时感知，设备分发满足设备转移需求。支持设备创建、删除、启用、禁用和状态管理，所有设备生命周期变更事件都可转发到应用侧。

3）安全认证。安全认证模块是智慧园区物联平台的保障模块，它提供了完善的设备认证和通信安全机制。在身份认证方面，提供芯片级安全存储方案和设备密钥安全管理机制，以保障设备密钥不被破解。还提供设备自定义权限管理机制，确保设备与云端的安全通信。这些安全机制能够有效地保障设备的身份认证安全，防止未经授权的设备接入和信息泄露。

4）统计分析。统计分析模块是智慧园区物联平台的关键模块，它可以对设备上传的数据进行实时分析和处理，为园区提供决策支持。该模块可以提供多种数据分析功能，例如数据可视化、数据挖掘、数据建模、数据预测等。通过对数据的分析和处理，园区可以更好地了解设备的运行状态、发现问题和调整设备的运行策略，从而提高设备的使用效率和运行稳定性。

（2）管理平台

智慧园区运营管理平台整合了多个系统，包括资产管理、智能照明、园区一卡通、停车场管理、安防监控、电子巡更、楼宇自控、消防等，以此为基础，为园区公共服务和管理提供支持。此平台不仅促进了园区产业的推进和招商引资，还提供了各种应急处置服务。它是一站式的统一运营管理平台，有助于促进园区的统一管理和协调运转。

1）资产管理。提供了空间管理、租客管理、合同管理、账单管理和财务管理等多个功能模块，可以实现对园区内各种资源和资产的管理、监控和优化。该平台可以为园区带来更加高效、便捷和智能化的管理方式，实现降本增效，提升园区的整体运营效率。

2）物业管理。主要用于对物业服务中的内部运营和客户服务进行管理和优化。该系统包括物业报修、保洁管理、维保服务、巡检管理、巡更管理等多个模块，通过客户服务线上化、人/设备/资产台账全面线上管理，实现加强管理、提升效率和提升服务品质的目的。物业管理系统可以为物业服务提供全方位、全过程的管理服务，帮助提升服务品质、优化运营管理、提高客户满意度。

3）安防管理。园区安防管理对园区进行全方位、多角度的监控和管理，以确保园区的安全和稳定。通过智能化设备、系统和应用，实现对园区内各类设施、人员和车辆等的实时监控、预警和管理。同时，智慧园区安防管理也注重预防和应对各类安全事件，采取多层次、多维度的安全防范措施，确保园区内的安全和秩序。

4）出入口管理。通过访客管理、智能化门禁设备、人脸识别、车牌识别等系统，实现对出入人员和车辆的身份认证和管理，确保只有授权人员和车辆才能进出园区，同时对园区各个出入口进行全面监控和管理，以确保园区内人员和车辆的安全有序进出。

5）能源管理。对园区内的水、电、气、热力等能源运用智能化监测设备进行实时监测及能源管理系统进行控制和优化，以实现能源的高效利用和节能减排。同时，智慧园区能源管理也注重能源的节约和减排，采取多种节能措施，如采用新能源、优化设备运行、强化能源管理等，降低能源消耗成本，以实现园区能源的可持续发展。

（3）服务平台

智慧园区服务平台旨在为园区运营提供全方位的服务和支持，以优化园区内的资源配置、提升管理效率、促进创新创业和提高用户满意度。该平台包括政务服务、资讯服务、物业服务、孵化服务、增值服务等多个模块，可以为企业和园区用户提供各种智能化、个性化的服务。通过智慧园区服务平台，企业可以更好地了解园区内的情况和趋势，更快捷地完成各种手续，更高效地使用资源，从而实现可持续发展。

1）政务服务。政务服务是智慧园区管理平台中的一个重要模块，主要负责提供政府部门的各种服务。这些服务包括企业注册、税务申报、证照办理、政策咨询等。政务服务模块可以提供在线申请、在线支付、在线审批等功能，以便企业可以更方便、更快捷地完成各种政务手续。

2）资讯服务。资讯服务模块主要负责提供各种园区内的信息和资讯，包括行业动态、政策法规、园区公告等。这些信息可以帮助企业了解园区内的运行状况和发展趋势，从而做出更好的决策。资讯服务模块可以通过网站、微信、App 等渠道提供信息，以满足企业和园区用户的不同需求。

3）物业服务。物业服务模块主要负责提供园区内的物业管理服务，包括安保、保洁、维修等。这些服务可以帮助保持园区的良好状况和形象，提高用户满意度。物业服务模块可以通过智能化管理和监控系统，提高服务效率和质量，实现精细化管理和个性化服务。

4）孵化服务。孵化服务模块主要负责提供创业孵化和创新创业支持服务。这些服务包括创业培训、创业辅导、投资融资、技术支持等。孵化服务可以为初创企业提供全方位的支持和帮助，帮助企业在园区内快速成长和发展，促进园区内的创新和创业。

5）增值服务。增值服务模块主要负责提供各种增值服务，包括会议展览、商务服务、文化娱乐等。这些服务可以为园区用户提供更多的选择和便利，增强园区的吸引力和竞争力。增值服务模块可以通过线上、线下等多种形式提供服务，以满足用户的多样化需求。

（4）招商平台

智慧园区招商平台是一个综合性的数据分析和运营管理平台，其目的是通过多维研判和全景沙盘的深度分析，为园区管理者提供全面、准确的数据支持，以便更好地招商引资和优化运营。

1）多维研判：通过建立统一的数据存储总线，将各部门数据整合在一起，从而实现各部门之间数据的互联互通，以便综合分析区域级产业运营情况。空间运营分析可以分析园区内的空间利用情况，以便更好地优化运营管理；企业360°视图可以提供园区内企业的全面数据，包括企业的基本信息、经济指标、社会属性、行为属性等，以便更好地了解园区内的企业情况。

2）全景沙盘：一种数字化的、高度还原的、交互式的园区展示平台，可以为用户提供全方位、多维度的园区展示和服务，提高用户的参与度和体验感，有助于促进园区的发展和建设。

3）招商引资：通过对园区内各种招商活动和项目的数据进行收集、整理、分析，并以直观的图表和报表形式展示，帮助园区管理人员更好地了解园区的招商引资情况，发现问题和优化方案，提高招商引资的效率和质量。

4）重点项目进展：可以直观展示重点项目的进度、履约情况和工程进度等信息，便于管理者根据项目进度，协调资源推进项目。重点项目动态可以显示出重点项目的进展情况和建设状态，以便更好地管理项目进程和协调各方合作。

5）服务效能评估：通过对园区内各种服务的质量和效率进行评估，可以帮助园区管理人员更好地了解园区服务的实际情况和存在的问题，为提高园区服务的质量和效率提供参考和建议。

6）销控图：基于数据分析的、以图表形式展示园区房地产销售情况的工具。通过对园区内各种房地产销售数据进行收集、整理、分析和展示，帮助园区管理人员更好地了解园区房地产销售的实际情况和趋势，发现问题和优化方案，提高销售效率和质量。

2. 智慧园区智慧应用

利用传感器、云计算、大数据、人工智能、物联网等技术手段，对园区内的物业、安防、交通、环境等各个领域进行智能化管理和优化，以提高园区的效率、安全性、舒适度和可持续性。

（1）智能安防

智能安防系统通过视频监控、人脸识别、智能巡逻等技术手段，实现对园区内安全状况的实时监控和预警，提高园区安全等级，保障园区内人员和设施的安全。可以通过智能化的门禁系统对园区内人员和车辆进行管理，实现安全出入；通过智能视频监控系统对园区内的各种场景进行监控，及时发现人员徘徊、人群聚集、烟火、消防占道异常情况并进行预警；通过安防巡逻机器人和无人机的定点定时巡查、远程控制，替代人工巡检，对园区内的建筑、电力设施、绿化等进行监测和检测，提高园区内设施和设备的安全性和可靠性，减少安全隐患，提高园区管理效率，让园区运行更安全、更可靠。

（2）智慧能源

智慧能源系统通过物联网、云计算等技术手段，实现对园区内能源的监测、管理和优化，提高能源的利用效率，降低能源成本。可以通过智能电表对园区内的用电情况进行实时监控和分析，发现用电异常并进行优化；通过智能化的能源管理系统对园区内能源进行综合管理，实现能源的高效利用。

（3）智慧环保

智慧环保系统通过物联网、大数据等技术手段，实现对园区内环境的监测和治理，提高园区环保水平。可以通过智能化的环境监测系统对园区内的空气质量、噪声等环境指标进行实时监测和分析，及时发现环境污染问题；通过智能化的垃圾分类系统对园区内的垃圾进行自动分类和收集，实现垃圾的减量化和资源化利用。

（4）智能交通

智能交通系统可以实现园区内交通流量、车辆等的精细化管理，提高园区通行安全和效率。可以通过智能化的停车管理系统对园区内的停车进行管理，实现停车位分配和预约；通过智能化的交通流量监测系统对园区内的交通流量进行实时监测和优化，提高交通效率，缓解园区拥堵；通过车路协同系统和自动驾驶系统，提升园区交通安全和效率。

（5）智慧办公

智慧办公系统通过智能化的办公设备和管理系统，提高园区内企业的工作效率和员工的工作体验，促进企业创新和发展。可以通过智能化的会议室预定系统和智能化的视频会议系统，提高企业内部沟通和协作效率；通过智能化的工作场所管理系统，提高企业内部工作效率和员工体验。

（6）智慧消防

智慧消防是园区智慧应用的重要组成部分，通过物联网、云计算、大数据等技术手段，实现对园区内消防设施和设备的智能化管理和监测，提高园区内火灾安全等级，包括火灾预警系统、消防设备管理系统、消防人员管理系统等，可以提高消防响应速度和处理效率，保障人员和设施的安全。

（7）园区配送

园区配送是一项为园区内企业和居民提供高效、快捷配送服务的智慧应用。通过智能化的物流管理和配送系统，实现快递和货物的快速分拣、配送和追踪，提高园区内的配送效率和服务质量，促进园区内的经济发展。

（8）智慧园区 App

智慧园区 App 是一款基于移动互联网技术的应用程序，为园区内企业和居民提供便捷的生活服务和管理工具。通过智慧园区 App，可以实现停车位预定、公共设施使用预约、园区公告发布等功能，提高园区内的管理和服务效率。

（9）数智招商

数智招商是一种基于大数据分析和人工智能等技术手段的招商引资模式，可以为园区提供科学的数据支撑和决策参考。通过数智招商系统对园区内的产业发展进行深入分析和预测，为园区招商引资提供科学的数据支撑和决策参考，促进园区经济发展。数智招商可以帮助园区实现精细化招商引资，提高园区内的产业发展水平。

2.4.5　智慧园区发展趋势

智慧园区发展目标是具备极高园区管理水平和服务质量的现代化园区，要不断推动信息技术与现代化园区的深度融合，实现园区的数字化、绿色化、产城融合化和服务专业化。

1. 园区治理数字化

数字化转型将成为智慧园区发展的重要趋势，通过数字化技术的应用和推广，建立起良好的数据共享机制，实现园区管理和服务的全面升级，提升园区的核心竞争力和创新能力。

第一，数字化提高园区经济效率。企业通过数字化转型提升管理效率和生产效率，园区通过数字化管理提高运行效率。

第二，数字化驱动技术创新。数字化、智能技术的辅助与规模效应的形成，驱动各类智能园区技术的研发、推广及商业化应用，引领园区经济高质量发展。

第三，数字化助力园区从"传统基建"硬环境发展到"新基建"软环境，打造工业互联网平台等数字设施，推动园区实现以数据为中心的数字化转型。通过工业互联网平台建立园区相关产业上下游互通互联的数据通道，实现工业级网络体系。以新型数据中心为核心的智能算力生态体系全面提升信息基础设施的服务水平和普遍服务能力，满足园区企业对网络信息服务质量和容量的要求。

2. 零碳绿色化

零碳智慧园区建设是复杂的系统性工程，需要在园区规划、建设、管理等全生命周期融入"碳中和"理念。零碳智慧园区的实现，离不开节能、减排、固碳、碳汇等多种手段的支撑。同时，需要通过产业低碳化发展、能源绿色化转型、设施集聚化共享、资源循环化利用、碳要素智慧化管理，以在园区内部达到碳排放与吸收自我平衡，实现生产、生态、生活深度融合[26]。

园区通过整合能源投资和能源技术，构建以可再生能源为主的零碳能源系统，并配套智能电网等基础设施，有效地进行一体化的综合能源规划。电能相较于其他一次能源具有绿色、安全、环保、便捷等突出优势，构建以电力为主的能源消费，以及配套的综合能源（包括储能、充电桩等）服务，可以从整体上优化园区能源结构。结合园区用能特点，在终端能源消费环节推进"以电代煤""以电代气"，在物流交通环节推进"以电代油"，能够从源头显著减少碳排放。在此基础上，因地制宜布局光伏、风电、水电等清洁可再生能源，可以提高园区能源供应清洁度。

3. 产城融合化

产城功能融合化发展趋势是将产业和城市功能相互融合，实现经济多样化、创新驱动、可持续发展。这一趋势推动多元产业布局、创新产业兴起、城市更新与再生、绿色可持续发展以及数字化转型与智慧城市建设，旨在打造具有竞争力、宜居环境的现代化城市。

第一，产城融合有助于解决传统产城分离带来的问题，如通勤成本高、职住不平衡等，提高城市的整体运行效率。通过将产业与城市生活紧密结合，可以实现资源的优化配置和高效利用，促进城市与产业的协调发展。

第二，产城融合有助于推动产业升级和转型。随着新一代信息技术的快速发展，传统产业正在向高端化、智能化、绿色化方向转型。产城融合可以为产业创新提供良好的环境和平台，吸引高端人才和优质资源，推动产业结构的优化升级。

第三，产城融合还有助于提升城市品质和居民生活质量。通过完善城市基础设施、公共服务设施和生态环境建设，产城融合可以为居民提供更加优质的生活环境和公共服务，提高城市的吸引力和竞争力。

4. 产业服务专业化

依据产业基础制定发展目标、完善企业画像、开展精准招商和提供专业服务，可以促进产城功能融合化发展，实现产业升级、经济增长和城市可持续发展的目标。

深入了解本地的产业特点、市场需求和竞争优势，可以制定具体的发展目标和战略，从而引领和推动产业升级和转型。深入了解目标企业的需求和诉求，可以提供针对性的支持和服务，从而吸引和留住优质企业。提供一揽子的优惠政策、投资环境优化和配套服务，为企业提供良好的投资条件和发展环境。与企业建立良好的合作关系，提供定制化的支持和解决方案，帮助企业解决发展中的难题和挑战，推动产业的健康成长。

2.5 智慧社区

社区是若干社会群体或社会组织聚集在某一个领域里所形成的一个生活上相互关联的大集体，是社会有机体最基本的内容，是宏观社会的缩影。尽管社会学家对社区的定义各不相同，但在构成社区的基本要素上认识还是基本一致的，普遍认为一个社区应该包括一定数量的人口、一定范围的地域、一定规模的设施、一定特征的文化、一定类型的组织。社区就是这样一个"聚居在一定地域范围内的人们所组成的社会生活共同体"。

随着城市化进程加速和社区人口不断增长，社区管理和服务面临着越来越大的挑战，传统的社区管理和服务方式已经无法满足人们的需求。智慧社区通过综合运用现代科学技术，整合区域人、地、物、情、事、组织和房屋等信息，统筹公共管理、公共服务和商业服务等资源，依托适度领先的基础设施建设，利用智慧社区综合信息服务系统，提升监测运维自动化、社区治理现代化、便民服务智能化水平，打造"惠民"的典型场景，以满足人们对生活质量和社区环境越来越高的要求，提升居民生活幸福感，也有利于畅通沟通渠道、辅助决策施政。

2.5.1 智慧社区发展阶段

自 2012 年各地先后开启智慧城市建设工作，在住建部、科技部、民政部等政府部门的指导下，各地纷纷启动智慧社区试点工作。目前，全国智慧社区建设工作如火如荼进行中。基于系统成熟度、系统集成能力、企业参与度等行业关键要素的综合分析，智慧社区的发展可以分为三个阶段：初级阶段、中级阶段和高级阶段，如图 2 - 3 所示。

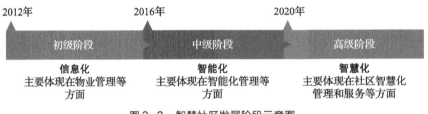

图 2-3 智慧社区发展阶段示意图

1. 初级阶段

初级阶段（2012—2015 年），着重于社区信息化建设，主要体现在物业管理等方面。在这个阶段，社区通过建立信息化平台，整合区域人、地、物、情、事、组织和房屋等信息，建立了人与事、人与物、人与房屋等关系的链接能力，实现信息的共享和交流，提高物业管理的效率和服务质量[27]。

伴随着智能手机的快速发展，包含 App、小程序等多种形式的社区服务软件也得到了广泛运用，接入信息化平台后，提供涵盖了物业缴费、报事报修、参与小区活动以及业主大会网络投票等多种服务功能，社区居民可以在平台上"下单"，物业服务企业依据"工单"提供相应服务，助力打造足不出户的便利化缴费、一键投票等场景。

2. 中级阶段

中级阶段（2016—2019 年），着重于社区智能化建设，主要体现在智能化管理等方面。在这个阶段，社区采用各种智能化设备和技术，包括 AI 摄像头及物联网智能传感器等产品，实现自动化和智能化的社区管理。

通过对信息化平台升级，打造数字化、智能化社区管理平台，实现对社区一体化智能管理，为居民提供安全、便捷的生活体验。主要场景包含人脸识别、周界安防报警管理、电子巡更、家庭安防联动、防摔监测、高空抛物监控、远程抄表等。

3. 高级阶段

高级阶段（2020 年至今），着重于社区智慧化建设，主要体现在社区智慧化管理和服务等方面。在这个阶段，社区不仅实现了信息共享，还通过人工智能、大数据、云计算等技术，实现了社区的智慧化管理和服务。

随着智慧社区建设的不断深入，数据已成为智慧社区的核心，数据驱动的管理和服务通过数字化转型有效融合技术和治理要素，实现智慧社区的变革，提供更加灵活和富有弹性的服务。打破信息壁垒，为基层赋能减负，解决基层"人少事多"的传统问题；拓展应用服务场景，让数据多跑路、群众少跑腿。借助于数据赋能，完善社区管理和服务基本模式，构建社区智慧化管理和服务链条，以突破智慧社区建设的瓶颈。

2.5.2 智慧社区相关政策

近年来，科技部、工信部、住建部、公安部、发展改革委、民政部、财政部等各部委先后发布相关政策文件支持和全力推动智慧社区建设。国内智慧社区相关政策见表 2-3[28]。

表 2-3 智慧社区相关政策

时间	部门	文件	内容
2013 年 3 月	科技部	《国家高新技术产业开发区创新驱动战略提升行动实施方案》	提出要推广物联网、云计算等信息技术在智慧社区、智能医疗、智能家居等服务领域广泛应用
2014 年 5 月	住建部	《智慧社区建设指南（试行）》	提出智慧社区建设是智慧城市建设的重要内容,要求各地结合实际参照使用

（续）

时间	部门	文件	内容
2014 年 8 月	发展改革委、工信部等八部门	《关于促进智慧城市健康发展的指导意见》	提出要积极运用新技术新业态,推动信息技术集成应用。面向公众实际需要,重点在智能建筑与智慧社区等领域,加强移动互联网、地理信息等技术的集成应用,创新服务模式,为城市居民提供方便、实用的新型服务
2016 年 8 月	民政部	《全国民政标准化"十三五"发展规划》	提出应着重开展社区信息化和智慧社区建设等标准研制,从国家层面引导智慧社区建立相关标准,进而实现规范化管理
2017 年 6 月	国务院	《关于加强和完善城乡社区治理的意见》	提出到2020 年,实施"互联网＋社区"行动计划,加快互联网与社区治理和服务体系的深度融合,指出"务实推进智慧社区信息系统建设,积极开发智慧社区移动客户端"
2017 年 12 月	住建部	《关于进一步规范绿色建筑评价管理工作的通知》	提出建立绿色建筑评价标识属地管理制度,推行第三方评价,并规范评价标识管理方式
2019 年 3 月	住建部	《关于在城乡人居环境建设和整治中开展美好环境与幸福生活共同缔造活动的指导意见》	提出坚持社区为基础,把城乡社区作为人居环境建设和整治的基本空间单元,着力完善社区配套基础设施和公共服务设施,打造宜居的社区空间环境,营造持久稳定的社区归属感、认同感,增强社区凝聚力,以"决策共谋、发展共建、建设共管、效果共评、成果共享"为手段,在城乡人居环境建设和整治中精心组织开展"共同缔造"活动
2019 年 11 月	发展改革委	《绿色生活创建行动总体方案》	提出要提高社区信息化智能化水平,充分利用现有信息平台,整合社区安保、公共设施管理、环境卫生监测等数据信息。培育社区绿色文化,开展绿色生活主题宣传,贯彻共建共治共享理念,发动居民广泛参与
2020 年 7 月	住建部等六部门	《绿色社区创建行动方案》	提出绿色社区创建行动,以广大城市社区为创建对象,将绿色发展理念贯穿社区设计、建设、管理和服务等活动的全过程,以简约适度、绿色低碳的方式,推进社区人居环境建设和整治,不断满足人民群众对美好环境与幸福生活的向往

（续）

时间	部门	文件	内容
2021 年 1 月	国家信息中心	《智慧社区建设运营指南（2021）》	对智慧社区建设运营的概念内涵、业务需求与建设要点、技术路线、建设运营模式、规范合规等进行全面深入分析，并就数字中国建设大背景下的智慧社区持续健康发展提出了建设指引
2021 年 12 月	国务院	《"十四五"城乡社区服务体系建设规划》	提出"十四五"时期推进城乡社区服务体系建设的指导思想、主要目标、重点任务、组织保障等
2022 年 5 月	民政部、中央政法委等九部门	《关于深入推进智慧社区建设的意见》	提出到2025 年全国基本构建起网格化管理、精细化服务、信息化支撑、开放共享的智慧社区服务平台，初步打造成智慧共享、和睦共治的新型数字社区，社区治理和服务智能化水平显著提高，更好感知社会态势、畅通沟通渠道、辅助决策施政、方便群众办事
2023 年 7 月	住建部等七部门	《关于印发完整社区建设试点名单的通知》	提出推进社区适老化、适儿化改造，推动家政进社区，完善社区嵌入式服务，提高社区治理数字化、智能化水平，不断增强人民群众的获得感、幸福感、安全感

2.5.3 智慧社区标准体系

通过智慧社区相关标准规范指导智慧社区的建设，并利用智慧社区评价标准对智慧社区建设水平进行界定，让智慧社区建设有标可依、行之有矩。国内智慧社区相关标准见表 2-4[29]。

表 2-4 智慧社区相关标准

分类	系列	状态	标准名称
产品标准	建筑及居住区数字化技术应用	已颁布	《建筑及居住区数字化技术应用 第1部分：系统通用要求》（GB/T 20299.1—2006）
			《建筑及居住区数字化技术应用 第2部分：检测验收》（GB/T 20299.2—2006）
			《建筑及居住区数字化技术应用 第3部分：物业管理》（GB/T 20299.3—2006）

（续）

分类	系列	状态	标准名称
产品标准	建筑及居住区数字化技术应用	已颁布	《建筑及居住区数字化技术应用　第4部分：控制网络通信协议应用要求》（GB/T 20299.4—2006）
			《建筑及居住区数字化技术应用　家庭网络信息化平台》（GB/T 38321—2019）
			《建筑及居住区数字化技术应用　家居物联网协同管理协议》（GB/T 38323—2019）
			《建筑及居住区数字化技术应用　智能硬件技术要求》（GB/T 38319—2019）
			《建筑及居住区数字化技术应用　基础数据元》（GB/T 38840—2020）
	建筑自动化和控制系统	已颁布	《建筑自动化和控制系统　第1部分：概述》（GB/T 28847.1—2012）
			《建筑自动化和控制系统　第2部分：硬件》（GB/T 28847.2—2012）
			《建筑自动化和控制系统　第3部分：功能》（GB/T 28847.3—2012）
			《建筑自动化和控制系统　第5部分：数据通信协议》（GB/T 28847.5—2021）
			《建筑自动化和控制系统　第6部分：数据通信协议一致性测试》（GB/T 28847.6—2023）
	智慧城市	已颁布	《智慧城市　建筑及居住区综合服务平台通用技术要求》（GB/T 38237—2019）
			《智慧城市　建筑及居住区　第1部分：智慧社区信息系统技术要求》（GB/T 42455.1—2023）
		在编	《智慧城市　建筑及居住区　第2部分：智慧社区评价》
	既有建筑	已颁布	《既有建筑节能改造智能化技术要求》（GB/T 39583—2020）
工程标准	建筑智能化	已颁布	《智能建筑设计标准》（GB 50314—2015）
			《智能建筑工程质量验收规范》（GB 50339—2013）
			《综合布线系统工程设计规范》（GB 50311—2016）
			《综合布线系统工程验收规范》（GB 50312—2016）
			《安全防范工程技术规范》（GB 50348—2004）

（续）

分类	系列	状态	标准名称
工程标准	建筑智能化	已颁布	《入侵报警系统工程设计规范》（GB 50394—2007）
			《视频安防监控系统工程设计规范》（GB 50395—2007）
			《火灾自动报警系统施工及验收规范》（GB 50166—2007）
			《建筑电气工程施工质量验收规范》（GB 50303—2015）
			《出入口控制系统工程设计规范》（GB 50396—2007）
			其他（共计70余项）
地方标准	安徽省	已颁布	《智慧社区公共安全数据项规范》（DB34/T 4643—2023）
			《智慧社区网络安全建设要求》（DB34/T 4452—2023）
			《智慧社区数据服务规范》（DB3401/T 285—2022）
			《智慧社区居家养老服务模式建设规范》（DB34/T 4030—2021）
			《智慧社区公共安全数据交换与共享》（DB34/T 3821—2021）
			《智慧社区公共安全数据采集规范》（DB34/T 3820—2021）
			《智慧社区公共安全技术防范建设规范》（DB34/T 3699—2020）
			《智慧社区建设指南》（DB34/T 3506—2019）
	湖北省	已颁布	《智慧社区工程设计与验收规范》（DB42/T 1554—2020）
			《智慧社区智慧家庭业务接入管理通用规范》（DB42/T 1320—2017）
			《智慧社区智慧家庭住租混合型小区安全防范系统通用技术要求》（DB42/T 1500—2019）
			《智慧社区智慧家庭入户设备通信及控制总线通用技术要求》（DB42/T 1499—2019）
			《智慧社区智慧家庭设施设备通用规范》（DB42/T 1226—2016）
	武汉市	已颁布	《智慧社区服务管理信息化技术规范》（DB4201/T 573—2018）
	襄阳市	已颁布	《智慧社区评价指南》（DB4206/T 30—2021）
			《智慧社区建设规范》（DB4206/T 29—2021）
	天津市	已颁布	《居家养老智慧社区建设规范》（DB12/T 1219—2023）
	湖南省	已颁布	《智慧社区健身中心建设与运营管理规范》（DB43/T 2282—2022）
	河北省	已颁布	《智慧社区评价指南》（DB13/T 5196—2020）
	杭州市	已颁布	《智慧社区综合信息服务平台管理规范》（DB3301/T 0291—2019）

（续）

分类	系列	状态	标准名称
地方标准	山东省	已颁布	《新型智慧城市建设指标　第3部分：智慧社区指标》（DB37/T 3890.3—2020）
行业标准	通信	已颁布	《智慧社区综合服务平台技术要求》（YD/T 4438—2023） 《智慧社区需求与场景》（YD/T 4437—2023）

2.5.4　智慧社区建设内容

智慧社区的重点建设内容包括社区公共安全、社区公共管理和社区公共服务。在社区公共安全方面，可以通过智能安防监控系统、智能化的防火、防盗和防灾设备等手段，提高社区的安全防范能力；在社区公共管理方面，可以通过信息化平台、智能化设施和社区治理创新等手段，提高社区管理水平和居民服务质量；在社区公共服务方面，可以通过引入互联网、大数据等新技术，提高社区服务的精准性和效率，推进社区公共服务的智能化和个性化。这些措施的实施将提高社区居民的生活品质和归属感，促进社区的可持续发展。

1. 社区公共安全

社区公共安全是智慧社区建设的重点内容之一。社区是居民生活的主要聚集地，因而社区居民人身、财产安全保障至关重要。按照科技引领、信息支持思路，将社区配套视频监控、智能门禁等安防系统进行智能化升级，以提高社区安全防范水平，实现对社区安全的全面监控和管理，预防和解决各种安全问题[30]。

（1）视频监控系统

面向智慧社区视频感知需求，通过前端摄像头点位部署，实现场景视频信息采集。运用TCP/IP网络，将采集的视频向中心传输，并根据实际应用需要，实现分级存储。视频应用层面，利用人工智能算法，对视频监控场景中的人、车、物进行抓拍、检测与识别，对异常情况进行智能提醒和通知，让社区在面对潜在的安全事件时，由被动监控转变为主动防御，保障小区的安全和高效化运转、助力智慧社区发展。

高空抛物检测应用。通过安装高空抛物AI摄像头，当检测到高空坠物、抛物时，联动高空抛物报警事件弹窗提醒，并可通过客户端远程喊话，进一步控制事态。后端存储设备对视频录像存储，支持通过时间、报警事件检索录像资料，对纠纷、违规事件及时查证。

电动自行车上楼管理应用。通过在电梯里安装 AI 摄像头，当检测到电动自行车时，语音提示禁入电梯。当居民不听劝阻时，可远程喊话，进一步控制事态。后端存储设备对视频录像存储，支持通过时间、人告警事件检索录像资料，对纠纷、违规事件及时查证。

可疑人员预警应用。对广告传销、小偷惯犯等重点黑名单人员出入社区进行分析预警，当 AI 摄像头拍到可疑人员时，触发事件告警，通知安保人员进行处理。

（2）智能门禁系统

智能门禁系统是基于现代电子与信息技术，通过在建筑物内外的出入口安装自动识别系统，对人或物的进出实施放行、拒绝、记录等操作的智能化管理系统。该系统通过读卡器或生物识别仪辨识出门禁用户的身份信息，利用门禁控制器采集的数据实现数字化管理，包括发卡、出入授权、实时监控、出入查询及打印报表等功能。

（3）移动巡更系统

移动巡更系统是利用移动智能终端设备和巡检点位硬件设备，实现对巡检人员巡检任务的自动化、规范化和智能化管理的系统。该系统可配置巡更点、巡更线路、巡更班组和巡更计划等信息，规范巡更人员按巡更计划巡更，同时可以查看巡更记录、巡更详情、异常巡更详情和巡更日志等信息，方便管理巡更任务，减少漏巡、代打卡巡更事件的发生。

（4）周界防范系统

通过微波、红外、电子围栏、视频等现代化电子技术手段，一旦发现布防区域中的异常情况，系统可以立即发出警报并提供关键信息，从而协助安保人员快速处理危机。

（5）公共广播系统

为了丰富社区居民的日常生活和提高应急指挥能力，社区公共区域应该部署公共广播系统及设备。宜采用数字广播系统，并建立与外部系统的对接接口，以便在系统收到自然灾害、公共卫生及社会治安等突发事件警报时，能够快速引导社区居民正确应对和科学避险。公共广播系统能够向社区居民播放信息、新闻、文艺节目等内容，提高居民的生活质量。同时，在紧急情况下，公共广播系统能够及时向社区居民提供相关信息和指导，提高居民的安全意识和应急反应能力。

（6）火灾自动报警系统

在社区建设中，应部署火灾自动报警系统以提高社区消防安全的保障和防范能力。当发生火灾危险时，系统能够自动检测火灾并发出报警信号，同时与消防联动指挥中心进行一键调度，极速响应，迅速确定火灾位置，提高消防响应速度和准确度。此时，系统已经规划最佳逃生路线，并主动告知周围消防安全设备的位置，为社区居民提供更好的安全保障。

（7）楼宇可视对讲系统

楼宇可视对讲系统集成信息传递、防盗门控制、自动报警等现代社区安防设施，为访客和居民提供双向视觉呼叫，并实现图像和语音双重识别。在紧急情况下，居民可以向社区物业管理中心报警，触发联动门磁开关、红外报警探测器、烟雾探测器、气体报警器等设备，发挥防盗、防灾、气体泄漏安全保护，为业主的生命财产安全提供最大程度的保障。

2. 社区公共管理

社区公共管理包含物业管理和设施维护等部分。通过社区公共管理平台，可以实现智能化物业管理，科学管理各类公共设施，及时发现和处理设施故障，提高管理效率和服务质量，保证社区公共设施的正常运转。

（1）智慧社区基础数据库

基础数据包括人口、地理、部件、消息、事项和建筑六大类，按照国家"一数一源、多元采集、共享校核、及时更新、权威发布"的原则建设。建立社区相关的数据交换接口规范和标准，对不同应用子系统的数据采用集中、分类、一体化等策略，进行合理有效的整合，为智慧社区的各业务系统的运行提供基础信息支撑[31]。

其中，人口数据库，以城市人口库为基础，结合各业务条线内人口数据库的相关要求，统一规范标准，统一数据格式，通过集中导入、清洗及过滤，形成统一的综合人口数据库，实现人口信息在各个职能部门之间的实时高效共享。优化社区分散采集和更新维护，应用网格化管理思路强化数据动态管理，与市级人口数据库及各条线数据库保持定期同步并及时更新。人口基础数据是社区经济社会发展中各部门应用系统的重要基础，对劳动就业、税收征管、个人信用、社会保障、人口普查、计划生育、打击犯罪等系统的建设具有重要意义。人口基础数据库的数据来自公安、劳动保障、民政、建设、卫生、教育等相关部门。

地理数据库，以市级地理信息平台数据为基础，借助第三方商务地图数据支持，整合全市自然资源与空间基础地理信息及关联的各类经济社会信息，建立多源、多尺度且更新及时的空间共享数据库，构建科学、规范的空间信息共享与服务的技术体系，有效提升信息资源共享能力。同时，区分内外网不同的安全要求，优化基础数据采集和维护，根据各应用系统的不同要求，由不同主体分层负责地理数据的采集和维护。

部件数据库，包括社区内各类公用设施的地理数据和属性数据。按照相关行业标准，部件分为公用设施类、道路交通类、市容环境类、园林绿化类、房屋土地类、其他设施类等。公用设施类主要包括水、电、气、热等各种检查井盖，以及相关公用设施等；道路交通类主要包括停车设施、交通标志设施等；市容环境类主要包括公共厕所、垃圾箱、广告牌匾等；园林绿化类主要包括古树名木、绿地、雕塑、街头座椅等；房屋土地类主要包括宣传栏、人防工事、地下室等。

消息数据库，包括各系统平台发布的各类规范资讯和动态信息，对各系统平台消息类数据进行整合，实现消息数据格式标准化和分类标签化，并优化消息生成、共享和查询机制，根据不同权限实现内外网分层管理，同时规范数据呈现，动态智能排序。

事项数据库，包括各系统平台运行中形成的审批、服务、咨询、投诉和任务等事项处理数据，并实现与市行权事项数据库的同步与对接，支持对规范事项流程和权限进行定制，对非规范事项流程灵活设置，优化事项分类自动匹配查询等应用功能。

建筑数据库，是社区内建筑物属性信息、空间信息、业务数据和服务数据的集合，是智慧社区的重要支撑数据，是社区网格化管理和服务的定位基础。建筑物基础数据是指描述建筑物基本自然属性的数据，包括建筑名称、门牌地址、平面位置、建造年代、建筑状态、使用年限、主要用途、结构类型、建筑层数、建筑高度、总建筑面积等信息。建筑物扩展数据是对建筑物基础数据的扩展，主要指描述建筑物本身物理实体的几何位置、空间关系等信息，包括二维图形数据和三维模型数据等。建筑物业务数据是指建筑物管理和应用部门在日常业务管理及应用中产生的核心的专业数据，主要包括规划、建设、交易、抵押、租赁、物业、公安、消防、民政、社会保障等业务过程中产生的核心数据。

（2）电子表决系统

建立居民电子表决系统和物业服务质量评价系统，实现以社区为单位进行三级评价的打分、计分、结果计算统计和跨区域、以物业公司为单位进行综合评价结果的计算统计。居民评议管理系统具有唯一性、保密性。解决社区共同事项表决意见难收集，居民组织难的问题。

（3）智慧物业系统

智慧化的物业管理需要从客户服务、收费管理、工程运维、经营管理和安全保障五个维度，实现物业管理精细化、协同办公移动化、物业管控一体化、业务交互多元化及业务系统集成化等目标，从而推进物业服务模式创新，提升物业服务能力。站在业主、物业管理人员等多个角度，通过打造一体式的 App、小程序、公众号等服务资源，结合后台管理系统，为社区各类人员提供丰富多样的服务，如物业缴费、物业报修服务、社区电子通知公告等。

（4）停车场管理系统

车辆通道增加车辆道闸及车辆识别系统，对所有进出车辆进行号牌识别。具备对临时车辆进行权限放行和对固定用户进行认证管理的功能，对所有登记过的号牌自动开闸放行，未登记的车辆禁止进入，大大降低小区的安全隐患。所有前端设备抓拍到的数据经前端智能分析终端上传到平台，平台对所有前端数据进行汇总分析。

（5）电动自行车管理系统

通过内嵌电子标识芯片、外印二维码的数字身份标识，可以解决车辆和电池入楼入梯、违规停放、治安防盗等电动自行车管理难题。实现车辆无感出入社区，方便居民出行；违规行为及时推送报警信息至物业和街道，群防群控。

电动自行车社区管理将街道、物业、居民联合，培养社区居民电动自行车出入、停放、充电等安全文明行为习惯，从而形成电动自行车社区良性管理闭环。

（6）智慧能耗管理系统

社区的能耗管理应覆盖水、电、燃气、热力等能源，做到可感知、可追溯、可管控。各类智能抄表终端内置 2G/4G/NB-IoT/LoRa 通信模块，由平台提供海量设备的管理和并发能力，通过无线网络实现各类场景的智能抄表，通过电量管理平台可实时监测电量变化，可管理、可追溯。

（7）智慧综治

以综治网格为载体，可在已有的智慧平安小区基础上与综治中心、街道办闭环联防联治联管，实现各重点管控小区全覆盖。通过建立自动识别、智能监控、信息上报、联动处置等一体化流程，实现社区实有人口、实有房屋、实有单位、车辆管理等信息有效管控，同时满足公安/网格/物业等对社区数据采集、分析和安防应用。

（8）联动调解

建立社会矛盾联动化解机制，通过在调解过程中记录、实时上报事件信息，整合各方资源，实现矛盾纠纷登记、分类受理、调解处理、回复归档的逐级流程管理，有效维护社会和谐稳定，辅助社区调解员快速有效地化解社区矛盾纠纷。

（9）党建服务

党建下沉社区基层，将党建信息化全面贯穿于社区基础设施建设，打造社区党建文化活动室，建立线上党建教育学习，同时实现党建业务信息化管理，提升社区党组织管理水平和服务质量。

3. 社区公共服务

社区公共服务是智慧社区建设的另一个重点。建设统一的社区服务平台，实现资源优化，为居民提供更加全面、精准、个性化和丰富多彩的公共服务。社区居民可通过平台查询实时迅捷的资讯和优质的公共服务，实现资源共享，分享政府、社区、物业及其他企业等提供的服务。

社区公共服务囊括养老、政务服务、信息公开、文化宣传、家政、网购、物业服务等便民服务内容。社区居民通过不同的应用终端，如电脑、手机、电视、户外屏等，获取服务信息，参与互动活动。各服务提供者，如政府、社会组织、企业、服务商等共同参与公共平台建设，结合线下的社区事务受理中心、社区生活服务中心和物业服务站开展工作，从而形成面向居民的民生综合服务体系，让社区服务深入居民生活的方方面面。

（1）社区养老服务

利用物联网、移动互联网、智能呼叫、云计算、北斗定位技术等先进信息技术，打通机构养老、居家养老、社区日间照料、医养结合等多种养老形式。通过跨终端的数据互联及同步，实现老人与子女、服务机构、医护人员的信息交互，对老人的身体状态、安全情况和日常活动进行有效监控，及时满足老人在生活、健康、安全、娱乐等各方面的需求，升级整个养老产业的服务。

（2）社区政务服务

依托政务服务平台，创新"互联网＋政务服务"的服务提供方式，推动部门间信息共享和业务协同，简化群众办事环节，形成服务"指尖办""网上办""就近办"。力争实现社区办事零跑动、服务零距离、沟通零障碍，推进基层减负便民工作。

（3）社区生活服务

围绕社区居民全生活链服务需求，充分发挥政府、社会和市场在社区生活服务中的作用，利用"互联网＋"建设线上线下相结合的"15分钟社区生活圈"。聚合社区周边商超、物业、维修、家政、养老、餐饮、零售、美容美发、体育等生活性服务业资源，链接社区周边商户，提供综合配套和智慧服务支撑。满足社区居民的多层次、多元化和多样化的物质、文化、生活需求，为社区民众提供有归属感、获得感、幸福感、安全感的社区环境。

2.5.5 智慧社区发展方向

深入推进智慧社区建设，需要以民生需求为导向，以"便民、惠民、利民"为主线，以提升社区治理现代化水平为目标，深化信息化基础设施、服务体系、管理体系的发展，以智慧生活应用为切入点，切实优化惠民服务的创新发展环境，鼓励市场手段建设、创新服务模式、拓宽服务渠道，促进社区服务便利化、治理智能化。智慧社区的未来发展将继续向智慧化方向发展，不断提高社区管理水平和服务质量，同时智慧社区还将推动智慧城市发展，促进城市可持续发展和创新发展。

1. 提升社区基础设施智能化水平，保障智慧社区运行条件

当前我国社区的智能化基础设施保有量较低，直接影响智慧社区建设的数字化程度和运行效率，因此智慧社区建设的首要任务是不断提高社区基础设施的智能化水平。加快推进社区基础设施的数字化、网络化、智能化改造；逐步优化社区电、水、气、热力等智慧能源网布局；大力推进"千兆5G、千

兆宽带、千兆 Wi-Fi"智慧社区建设。

2. 树立正确的智慧社区建设理念，坚持服务优先

智慧社区运用智能化手段对社区管理和社区服务进行创新，但核心还是社区服务。因此智慧社区建设过程中，要充分调研居民实际需求，以服务居民为出发点与落脚点，科学有序规划智慧社区服务体系，提高居民服务水平，以满足居民对美好生活的向往。创新政务服务、公共服务提供方式，推动就业、健康、卫生、医疗、救助、养老、助残、托育、未成年人保护等服务"指尖办""网上办""就近办"。

3. 健全智慧社区数据治理体系，保障数据要素价值释放

在智慧社区运营期间，会采集大量行为数据。数据的价值不在于机房的存储，而是对数据的治理并赋能差异化、精准社区服务。首先通过全面、高效的数据采集，统一接口横向打通，实现数据开放共享；其次对数据按照智慧社区应用场景分别进行大数据分析，提供差异化、丰富的社区服务。打造智慧社区服务平台，使社区管理和服务智能化水平显著提高，更好感知社会态势、畅通沟通渠道、辅助决策施政、方便群众办事。

4. 强化个人隐私的保护机制，促进数据合规利用

伴随着数据治理体系的完善，个人隐私泄露隐患也随之增多，应杜绝数据滥用、误用，加强对数据控制者利用网络收集、使用个人数据的规制，严格遵守目的限制、目的明确原则。发挥隐私保护合约的实质性作用，规避网络用户为享受网络服务而被动接受合约的现象。同时大力加强网络安全综合防御体系建设，为智慧社区发展保驾护航。

5. 完善智慧社区建设生态链，促进智慧社区良性发展

智慧社区建设需要多方共同参与，让参与者变成受益者，逐步形成共建共治共享的可持续发展局面。首先是政府主管部门主导，制定智慧社区项目建设标准与运营管理规范，组织协调打破数据孤岛，为基层治理赋能减负；其次整合市场主体资源，通过市场主体提供有偿服务方式使其获利，有利于商业模式可持续发展；最后是全民参与，针对不同类型居民，提供包容、差异化的社区活动与服务，促进智慧社区良性互动。

智慧社区是"惠民"的典型场景，其不同的发展阶段与重点建设内容均体现了智慧社区的发展趋势。随着现代信息技术的不断发展和社会的不断进

步，5G、大数据、人工智能、物联网等技术的高速发展，将在技术手段方面提升智慧社区的建设进程。智慧社区的未来发展将为居民提供更加舒适、更加安全、更加便捷的生活环境，成为未来社会生活的重要组成部分。

2.6 智慧交通

近年来，随着人工智能、移动互联网等技术的发展，智慧交通的发展理念、技术内涵、应用场景和服务对象都发生了巨大的变化，新一代智慧交通系统正在逐渐形成，已经从以道路交通智能管理为主的初步探索阶段，发展为支撑综合交通运输系统高效安全运行的全方位创新和规模化应用新阶段。

以云计算、大数据、物联网、移动互联网、人工智能、高精度定位等为代表的新一代信息技术蓬勃发展，催生了以网约车、共享单车、定制公交、代驾、代客泊车、智能网联汽车等为代表的城市出行服务新业态，为智慧交通技术创新和市场拓展注入了新的活力和动力，促进了智慧交通产业发展[32]。

综合交通运输智能化、协同化越来越得到重视，各运输方式、各交通领域协同化运营和一体化服务的需求日益凸显。在以智能网联为代表的新一代信息技术时代，统筹各界力量，整合各方资源，构建智能、绿色、高效、安全的综合交通运输体系成为大势所趋。

智慧交通技术在保障交通运输安全稳定运行、提升交通运输管理和服务水平、改善人们的出行体验等方面发挥了至关重要的作用，以数据资源赋能交通发展为切入点，通过有效构建地方特色的智慧交通大脑，规范数据标准，加强数据汇集、数据挖掘的能力，可以有效地支撑综合交通运输决策管理与服务[33]。

2.6.1 交通大脑

1. 交通大脑概述

伴随着"智慧城市"从概念到实际建设，道路交通管理科技信息化也逐步从"智能"走向"智慧"。特别是近年来，在大数据和人工智能技术快速发展的大背景下，通过对城市交通相关信息的获取、解析、判断、决策、应用，城市交通正在向人类大脑高度相似的方向进化，交通将具备自己的视觉和听觉，拥有自己独立思考的能力，构建出类似于人类大脑的感知、认知、决策过程的核心部分，这个核心被形象地称为"交通大脑"。

在宏观层面，交通大脑是以"交通大数据"为核心，利用大数据、云计算、5G、北斗、人工智能等新一代信息技术，在"交通大数据"基础上，提供集成控制、数据服务和多种AI能力的平台。

从问题导向上看，交通大脑必须能够助力破解交通难题，缓解拥堵、提高服务品质和交通安全水平、保证良好交通秩序、实现动态交通管理、规范出行者交通行为等。

从目标导向上看，交通大脑要具有不断自我进化能力，逐步走向完全的自动化和智能化，包括基于多源异构信息的深度态势分析、问题症结及其机理研判、对策方案自动生成和实施、车路协同控制指挥服务一体化、交通组织和诱导智能化等。

交通大脑能够利用交通各种相关的信息，实现"眼疾手快""有的放矢"地优化交通控制和交通组织，在一定程度上能缓解交通拥挤，特别是当路口的交通控制很不合理、路网的交通组织很不科学时，在短时间内能起到一定作用。但是，道路交通系统因其多样化、突变性、强非线性规律的复杂特性，注定维护交通秩序、缓解城市交通拥堵的对策也必须是多方面的、灵活的、综合的，不能指望单个措施或技术手段能彻底解决问题。交通大脑概念给我们最大的启示是，当前社会已经进入"数据时代"，我们需要更充分地采集、汇聚、分析、应用好数据，需要将数据与需求、业务更紧密地对接，需要构建数据驱动下的交通管理新模式。

分析交通大脑的类人功能，从生物学角度看，中枢神经系统是人体神经系统的最主体部分，其负责接受全身各处传入的信息，输送、储存到中枢神经系统内成为学习、记忆的神经基础，并经其整合加工后成为协调的运动性传出指令以控制人类活动[34]。

中枢神经系统中，人的大脑是最高级部分，是实现高级功能的核心。人脑成为中枢神经系统的核心，其根本原因在于其可实现"环境感知、行动控制、情感表达、学习记忆、推理判断、理解创造"六大功能，因此交通大脑要担任交通治理中枢系统的核心，亦需具备以上六大类人功能。交通大脑类人功能演化机制如图2-4所示。

图2-4　交通大脑类人功能演化机制

具体而言，交通大脑的类人大脑六大功能分析如下：

（1）实现类人脑"环境感知"——信息汇聚、全景感知

强调全方位数据信息的运用，对不同来源、不同行业、不同交通方式所产生的细化到出行个体的海量时空轨迹数据进行融合分析，实现对交通运输体系中各种要素（包括人、车、路、环境）的全面感知。

（2）实现类人脑"行动控制"——泛在互联、系统协同

强调人、车、路、环境的泛在互联，信息在交通要素间有序交互、流动与反馈，各个应用系统能够协同运行，支持交通协同指挥控制的实现。

（3）实现类人脑"情感表达"——实时反馈、闭环控制

交通大脑表达类人"情感"，即实现数据信息的实时传递、反馈与预警，以"零延迟"完成交通系统接收与反馈闭环，建立"数字孪生交通系统"，最终实现交通系统智慧、高效服务。

（4）实现类人脑"学习记忆"——人工智能、机器学习

充分运用机器学习、人工智能大模型等先进技术，通过自学习、自组织的方式推理交通运行状态并产生相应的应对机制，从而完成对交通系统的自我反馈和自我调节，实现交通系统智慧化运行。

（5）实现类人脑"推理判断"——数据分析、算力支持

依托数据中心提供大数据高性能计算并完善数据汇集与储存机制，对汇聚数据开展高水平的存储、计算与分析，实现数据推理判断。

（6）实现类人脑"理解创造"——全局视野、系统最优

借助机器学习、人工智能大模型等先进技术，以全局视角对交通供给、需求和状态进行综合"分析判断"和"预测应对"，以系统整体供需平衡为原则，替代人脑创造全局最优的交通设施、运力资源配置。

2. 交通大脑架构

随着智能交通产业技术的进步，新技术研究开发和商业应用将会推动交通运输产业业务模式创新和产业效率提升，提高产品和服务质量。交通大脑就是在大数据、云计算、人工智能等新一代信息和智能技术快速发展的大背景下，通过类人大脑的感知、认知、协调、学习、控制、决策、反馈、创新创造等综合智能，对城市及城市交通相关信息进行全面获取、深度分析、综合研判、智能生成对策方案、精准决策、系统应用、循环优化来更好地实现对城市交通的治理和服务，破解城市交通问题并提供系统的、综合服务的智能交通系统的核心中枢，推动交通运输产业发生颠覆性变化，提升交通运输产业效率，丰富产品和服务形态。

交通大脑全景图如图 2-5 所示，交通大脑是传统智能交通体系的衍生与进化，通过搭建人、车、路、环境、全量数据资源池，实现对全量个体用户画像式需求细分、数据集成与融合处理，形成"个体触觉"与"需求全景"。以全局最优、系统协同、个体智能为目标，基于深度学习与反馈的迭代更新，对交通网络进行实时智能化运算与模拟，并对未来趋势进行前瞻性预判，依托"交通数字孪生系统"进行交通系统时空资源调配，实时提出精准、个性化的系统解决方案，实现供需适配、系统最优的智慧、高效交通系统。以一体化需求响应、出行预约的全新交通服务模式，建设零拥堵、零延误、零等待的有序交通系统，实现平等多样、体验最佳的人性化交通系统。

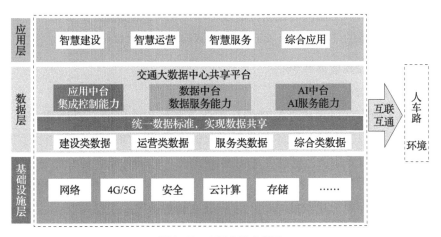

图 2-5　交通大脑全景图

交通大脑应具有不断自我进化能力，逐步走向完全的自动化和智能化，综合考虑每个场景不同的应用环境、技术特点、运维要求、项目成本等因素。交通大脑应采取"统一规划、分步实施、逐步深化"的形式进行演进。从搭建硬件基础设施、建立规范标准、建设数据中心、建设企业中台、不断丰富交通大脑的能力、升级模型，到深化落地应用场景。另外，在交通大脑不断完善的过程中考虑系统的升级迭代和集成需求，应充分考虑系统的横向扩展和纵向深入，在系统的演进发展中解决问题，如图 2-6 所示。

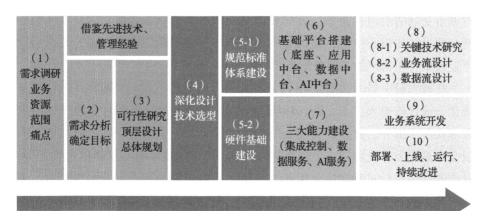

图 2-6　交通大脑建设技术路线

其中，交通大脑提供的集成控制、数据服务、AI 能力等将随着业务范围和应用场景的需求变化灵活建设，通过不断优化算法和模型，"子能力"融合以支撑应用场景的落地，最终实现交通大脑的自我演化目标。

3. 交通大脑建设标准规范

（1）标准规范建设原则

交通大脑应该以国内外成功的标准化工作经验为参考，以体系为框架，为交通信息化提供支持与服务；建立系统标准规范贯彻实施机制，为标准规范的实施提供有效服务。落实工作任务规范化、标准化是保障交通大脑建设和系统正常运行的科学管理手段。因此，为有效支撑交通大脑信息化建设，在调研国内外标准化现状的基础上，从现实需要出发，应以采标为主，制定为辅的原则，在满足交通大脑项目建设需求的基础上，首先考虑采用国家及交通运输部、交通行业已有的相关标准规范，其次是修订或制定适合城市特点的、专用的、不与国家或行业标准冲突的前瞻性标准规范，实现各部门、各业务板块之间互联互通、信息共享、业务协同和信息安全。

（2）标准规范建设内容

标准规范体系包含数据、技术、管理规范三大部分，见表2-5。

表2-5 交通大脑标准规范建设内容

序号	规范大类	规范名称
1	数据规范	数据采集规范
2		数据交换规范
3		数据服务规范
4		数据共享规范
5		数据代码规范
6	技术规范	技术规范
7		接口规范
8	管理规范	标准管理规范
9		安全管理规范
10		数据管理规范
11		项目管理规范
12		日常运行管理规范
13		数据维护管理规范

4．交通大脑建设内容

（1）交通大脑大数据中心

2019年12月12日，交通运输部印发《推进综合交通运输大数据发展行动纲要（2020—2025年)》，指出到2025年，力争实现以下目标：综合交通运输大数据标准体系更加完善，基础设施、运载工具等成规模、成体系的大数据集基本建成；政务大数据有效支撑综合交通运输体系建设，交通运输行业数字化水平显著提升；综合交通运输信息资源深入共享开放；大数据在综合交通运输各业务领域应用更加广泛；大数据安全得到有力保障；符合新时代信息化发展规律的大数据体制机制取得突破；综合交通大数据中心体系基本构建，为加快建设交通强国，助力数字经济发展提供坚强支撑。

如同综合交通大数据中心体系于综合交通的战略地位一样，交通大脑的核心是交通大脑大数据中心体系，它是构建交通大脑的数据支撑、数据服务和数据运转（包括数据计算加工能力、数据传输存储能力、数据容灾备份能力等）三大数据核心能力的提供体系。

交通大脑大数据中心体系以数据资源赋能交通发展为切入点，按照统筹协调、应用驱动、安全可控、多方参与的原则，聚焦基础支撑、共享开放、创新应用、安全保障、管理改革等重点环节，推动大数据与智慧公路运输深度融合，有效构建交通大脑大数据中心体系，为加快建设交通强国提供有力支撑。交通大脑大数据中心体系通过完善标准规范、强化数据采集、加强数据同步、集中数据处理、深度数据开发、加强技术研发应用等过程，最终将如同金山银山的数据资源进行深度挖掘，并最终转化为价值密度高的交通大脑数据资产。

1）建立统一的数据模型。梳理基础设备、基础设施及基础业务，创建基于本体对象的数据模型，将多源的数据格式转化成统一的数据模型对象。

一是建立基础设备、基础设施数据模型。为基础设备与基础设施建立统一的数据模型，定义模型和相关联属性。这主要涉及道路、立交桥、收费站、路段、服务区、可变信息标志、摄像头及车辆等。

二是建立基础业务数据模型。为交通大脑建立基础业务数据统一的数据模型，定义模型和相关联属性。这主要涉及交通态势、交通流量、收费数据、监控数据、养护施工、交通事件、车路协同及气象信息等业务。

2）建设统一的数据资源仓库。根据交通业务系统中多源异构的数据特点，将基础设备、基础设施、业务系统、第三方产生的实时数据和历史数据，根据结构化数据、半结构化及非结构化数据的区分，汇集、处理、融合到统一数据模型中，得到统一的数据资源，从而建设综合性的数据资源仓库。

根据功能结构和汇聚数据特点的不同，数据中心的数据库分为原始库、基础库、业务库、主题库、标签库、模型库、知识库等类型数据库。

原始库：从分散的各业务系统、设备或手工录入方式采集到的原始数据。此数据没有经过任何加工处理，保留了数据的原貌。原始库的数据保留了数据汇集前的原始定义，在数据汇集时记录元数据信息。

基础库：支撑各类应用系统的主数据，此数据具有一致性和权威性。以原始库数据资源为起始，通过匹配去重、评分选取等策略整合形成主数据。主数据整合的策略制定需要考虑到数据的采集生成时间、来源业务、数据的质量以及多个来源数据的差异等因素，需要专门的整合软件进行处理。主数据的治理主要实现并确保了主数据的整体数据质量与可靠性，形成切实可行的"一数一源"权威数据基础库。

业务库：根据业务实际需求建设业务库。从基础库中抽取需要的业务数据组装成业务库的内容，业务数据需要贴合业务应用实际，设计的业务数据模型贴近实际业务需求。通过使用业务数据模型，屏蔽了底层的数据存储和访问方式，使数据应用者不再受制于原始数据库管理系统的专业性、复杂性和使用上的困难，并实现跨数据库的业务应用。

主题库：对业务数据和基础数据进行抽取形成的历史断面数据，用于支撑综合运行分析的统计数据。

标签库：针对各类业务场景和主题，设立不同维度的标签，用于数据的汇总、统计分析和辅助决策支撑。

模型库：建立数据汇总、分析、决策、运算的模型，为实现多种应用场景提供模型支撑。

知识库：依据数据、算法、模型的沉淀，形成能够指导业务开展和为决策提供辅助支持的数据库。

3）推进数据融合。交通大脑大数据中心将各类数据经过数据提取、数据转换、数据筛选、数据融合四个步骤，通过统一的数据评估、标准化和转换处理，利用数据融合算法得到新的高精度数据，并对数据融合后的结果进行准确性验证。

4）提供数据交换服务。交通大脑大数据中心能够实现各业务系统之间的数据级集成和非耦合式的互联互通。业务系统间的数据传输与交换，通过"抓取"与"分发"两种方式来实现。

一是"抓取"方式。对于专题数据库中的数据，业务系统通过交通大脑大数据中心提供的接口与服务抓取数据。

二是"分发"方式。对于需要实时交换的数据，通过分发的方式由交通大脑大数据中心分发给业务系统。在数据交换过程中，交通大脑大数据中心实时分流正在交换的实时数据，并进行数据分析与存储，处理与平滑各业务系统数据之间的差异。当其他业务系统查询该数据时，交通大脑大数据中心直接返回查询结果，降低原有业务系统的压力。

（2）构建交通大脑三种能力（集成控制、数据服务和 AI 服务能力）

交通大脑通过构建应用中台、数据中台、AI 中台，从而提供集成控制、数据服务和 AI 服务的能力，支撑业务层各类应用场景的应用。交通大脑的三种能力各有所长，集成控制能力整合各类计算与存储资源，通过图形化交互界面对资源进行管理与分配，整合内部资源，打破数据孤岛；数据服务能力使能从海量数据中提取加工出具有服务价值的数据集与信息，提供给不同的用户群体；AI 服务能力面向未来，高效快速地完成各类任务，克服由于人性导致的各类失误与懈怠，体现出项目的自动化与智能化。

基于这三种能力，生成可快速化部署、弹性分配资源的云业务板块，每种业务板块由不同的能力赋能。

1）集成控制能力。建设应用中台，利用应用中台提供标准化组件、引擎、服务和功能，实现业务应用系统快速集成和控制。

利用应用中台提供的集成控制能力，整合现有应用系统的统一入口，建设统一应用门户，实现"人员注册、应用授权、数据权限、上线登陆应用、操作日志审计"等环节的规范统一，方便应用和统一管理，快速集成。根据计算与存储资源包括云资源的相继上线情况，对各业务板块下的系统进行资源重新分配整合。为各业务模块提供资源配置与调用服务，便于后续扩展与升级。

2）数据服务能力。以数据中心为基础，搭建数据中台系统，利用数据中心和数据中台，构建"数据超市"。为各类对象（政府部门、交通管理者、车辆、乘客、企业、物联网设备等）提供数据服务。

数据中心实时汇总和分析来自各业务的数据，并随着时间推移不断沉淀形成不同的业务数据仓库资源，为交通大脑提供数据支撑。

数据中台实现数据抽取、转换、加载、加工、共享等功能，提供动态颗粒度集成的 API 接口，根据对不同用户群体开放的权限为各类用户提供数据服务。管理层可根据需求，设计以获得订阅式 BI 报表等服务。

3）AI 服务能力。基于数字服务能力，通过 AI 技术的导入并根据业务灵活、切合实际地加入创新，提供 AI 服务能力。AI 服务能力可以将确定的事情自动化，不确定的事情辅助化。AI 遵循"以用促建"的建设模式，将海量计算与高复杂度的算法及研究成果落地，形成具有数据流控制的闭环。AI 服务能力可人为主观性地介入，依托技术与业务的双向支持，随时能根据需求修改其工作逻辑产出结果。

AI服务能力是交通大脑的核心能力，具备以下功能：

①信息感知。通过布设在道路上的各类传感器以及交通共享数据，将离散的时变信息流实时汇总提取成为作用于特定业务或功能的服务与告知信息。

②计算分析。AI服务不仅能生成基础的统计类报表，还能透过深层逻辑算法，提供具有价值的参考建议或者直接采取行动，比如通过图像处理检测出视频中的异常事件，及时发出警报。

③自行动力。如提前预判拥堵发生，及时发送相应指令，自动发布信息。

④多方交互。能够与交通出行者进行交互，信息发布及时触达，从而使业务面向更广阔的群体，形成规模效应，交通出行者能够获得更多的路乘交互感和出行科技感。

根据业务应用场景与用户的不同，交通大脑的应用主要包括面向交通安全管控的"公安交通集成指挥平台"、面向交通运输管理的"交通运行监测调度中心"、面向智慧高速的"智慧高速公路大脑"等。

2.6.2　公安交通集成指挥平台

1.公安交通集成指挥平台概述

全国公安交警系统科技信息化建设四大信息平台，分别是部署于公安网的公安交通管理综合应用平台、公安交通集成指挥平台、大数据研判应用平台以及在互联网端的"交管12123"互联网交通安全综合服务管理平台。

公安交通集成指挥平台是公路交通安全防控体系三位一体建设的重要内容，也是公安交警系统科技信息化规划建设的四大信息平台之一。

公安交通集成指挥平台是在现有全国机动车缉查布控系统基础上升级而成，按部、省、地市三级分布建设，三级平台互联互通，构建成全国统一快速高效的交通应急指挥体系。通过集成指挥平台建设，实现道路交通状态智能感知、动态交通态势研判发布、交通违法主动干预、机动车缉查布控突发事件应急处置、警力科学部署指挥等业务管理，构建快速高效交通指挥体系、常态实战的新型勤务机制，提高交警执法能力和水平，保证道路畅通安全，规范道路行车秩序，有效防范和减少道路交通事故。

公安交通集成指挥平台建设需满足如下业务应用需求：

（1）加强公路交通监控

平台汇集高速公路、国省干道、城市主要道路的交通地理、警力分布、交通流、施工管制、交通突发事件、交通监控视频图像、警用车辆定位等信息，侧重对高速公路、国省干道的交通动态、路面重点目标、沿线交警勤务等进行实时监控和监督。同时可根据需要，对车辆、驾驶人、交通违法、交通事故、危险品运输、交通流、交通突发事件等进行重点监管。

（2）强化决策支持能力

在多渠道、多方位采集交通信息的基础上，针对各类动态交通数据进行分析研判，实现全省公路网交通事故规律分析、交通违法信息分析、机动车驾驶人分析，对交通事故、交通违法与机动车、驾驶人、道路状态、环境原因的关系进行分析，总结相关规律演变，为交通管理决策提供可靠、准确的科学依据。

（3）完善指挥调度体系

以快速反应、快速处置为目标，建立省、市、县三级指挥调度体系，实现警情、警力的直观研判和及时掌握，在发生重特大交通事故、警卫任务、自然灾害、道路严重堵塞等重大交通事件时，可对全省各交警部门实行统一指挥、协调，快速高效地实现警务协同配合，对执行过程和现场态势进行跟踪管理。

（4）提高信息服务水平

强化对路况信息综合分析研判能力，实现全省公路网交通运行状态实时评估，通过交通诱导信息屏、电台、电视台、互联网、短信、微信等方式进行发布，使交通参与者得到多层次、全方位、个性化和更加便利的交通信息服务，提高交通管理社会化服务水平。

2. 公安交通集成指挥平台建设原则

（1）顶层设计、整体规划

公安交通集成指挥平台的推广应用不是简单的新信息平台搭建和推广，而是按照公安交警系统四大信息平台，部、省、地市三级联网集成指挥平台的顶层设计要求，重新规划设计省、地市两级指挥中心的集成技术架构、数据资源池搭建及业务应用、道路监控基础应用系统改造及建设计划，基于公安网、视频专网的双网，以集成指挥平台核心软件为基础，研发应用满足业务实战需要的平台，通过顶层设计、整体规划建设，从根本上解决各地指挥系统存在的应用水平低、重复建设、投资浪费等严重问题。

（2）深度集成、信息共融

目前，各地将道路基础应用系统简单接入公安交警指挥中心，不是信息和业务层面的集成应用，因此集成指挥平台推广应用，可以从根本上解决各地基础应用系统原来普遍存在的分批建设、单独建库、单独应用的"烟囱林立"问题，杜绝通过统一登录门户、业务操作简单链接的"虚假"集成。

（3）实战应用、流程管控

信息技术服务于业务应用是所有信息系统建设的唯一目的。信息系统中的业务应用需要按照配套的应急指挥调度、勤务管理等各类业务规范要求，在集成指挥平台中实现各类业务的流程化管理。能统一的业务在集成指挥平台核心软件中实现，自有、个性业务在各地自行研发的扩充系统中实现，真正达到满足业务实战的要求。

（4）大数据流、云端架构

公安交通集成指挥平台要汇聚处理道路监控设备采集的车辆轨迹及监控视频、与互联网公司交换的道路动态交通流、民警警务通定位、重点车辆运营定位等多种类型的海量、异构数据资源。集成指挥平台运行环境需要使用分布式数据存储、流式数据处理等先进信息技术，搭建基于云架构的数据资源池，在部、省、地市三级集成指挥平台之间、集成指挥平台与道路监控基础应用系统之间、集成指挥平台与其他信息平台之间实现快速的数据共享交换。

3. 公安交通集成指挥平台架构

（1）系统架构

公安交通集成指挥平台系统架构分为信息采集交换层、网络传输层、数据层、应用层，如图2-7所示。

（2）系统设计

1）信息采集交换层。信息采集主要是指道路前端监控视频、卡口、交通违法取证、交通流量、气象、广播、情报板、交通事件检测、巡逻警车、民警警务通等交通安全监测服务设备或基础应用管理系统采集发布的各类道路动态信息、各级部门采集录入的勤务安排、交通态势研判结果、执法站路检车辆等信息。信息交换主要是指与公安交通综合应用平台、大公安警务平台以及与交通、气象部门、互联网公司交换的重点车辆、监管布控车辆、车辆停车轨迹、道路监控视频、气象、道路交通流量等各类异构信息。

智慧城市与智能网联汽车　融合创新发展之路

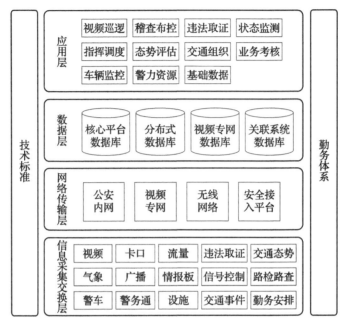

图2-7　公安交通集成指挥平台系统架构

2）网络传输层。主要是指前端设备采集信息传输至集成指挥平台、各级指挥平台之间交换信息的公安网、视频专网、无线网络以及安全接入平台。

3）数据层。主要是指集成指挥平台核心软件的业务数据库、用于业务分析研判的云环境分布式数据库、视频专网外挂系统数据库，以及与集成指挥平台关联交换数据的公安交通管理综合应用平台、PGIS、大公安警务平台、其他部门、互联网公司等其他业务系统数据库管理的各类业务数据。

4）应用层。主要是指集成应用的道路视频巡逻、稽查布控、交通违法取证、交通流量气象监测、指挥调度、交通组织与控制、重点车辆监控、交通安全态势评估、警车及警务通定位、勤务管理考核、交通基础数据管理、设备维护等各类业务管理功能。

5）技术标准主要是指集成指挥平台、各类道路监控系统的技术标准、图形符号以及向集成指挥平台传输信息的各类信息接口规范。

6）勤务体系主要指公路交通安全防控体系建设、集成指挥平台应用所配套的道路交通管控的勤务机制、应急指挥调度工作规范、嫌疑车辆拦截处置等各类预案、违法审核等业务工作规范[35]。

4.公安交通集成指挥平台建设要点

（1）基础资源的整合

通过建设公安交通集成指挥平台，实现本地数据资源的集中管理，逐步减少数据资源在不同网络的多网存储、不同业务部门的多层级存储，交通指挥系统和基础应用系统之间以及多个同类基础应用系统的多系统存储。结构化数据进行集中存储，实现车辆轨迹、道路交通流量、气象、交通事件等各类道路交通动态数据资源汇聚。实现各类视频监控资源的联网共享，车辆轨迹图片、监控视频等非结构化数据资源实现集中存储管理。规范数据的传输交换，按照统一信息接口规范，传输交换各类数据资源。减少数据传输交换的中间层级，卡口、流量、气象等前端监测设备实现直接向集成指挥平台上传数据。

（2）信息系统的整合

按照集成指挥平台的整体规划布局，实现以集成指挥平台为核心的业务集中管理，逐步减少前端监控等基础应用系统的业务管理功能。实现与互联网系统、短信平台等系统的数据交互。如交通出行服务信息的推送、短信提示、互联网公司路况信息的接入等。

（3）联动控制的整合

实现路侧交通管控设备的联动控制。根据交通事件应急指挥要求，实现交通诱导信息发布、交通信号控制等路侧交通管控设备的联动控制。

2.6.3 交通运行监测调度中心

1.交通运行监测调度中心概述

交通运行监测调度中心（Transportation Operations Coordination Center，TOCC），围绕构建综合交通运输协调体系，实施交通运行的监测、预测和预警，面向公众提供交通信息服务，开展多种运输方式的调度协调，提供交通行政管理和应急处置的信息保障。

TOCC 是综合交通运行监测协调体系的核心组成部分，实现了涵盖城市道路、高速公路、国省干线三大路网，轨道交通、地面公交、出租汽车三大市内交通方式，公路客运、铁路客运、民航客运三大城际交通方式的综合运行监测和协调联动，在综合交通的政府决策、行业监管、企业运营、百姓出行方面发挥了突出作用。

2. 交通运行监测调度中心建设原则

（1）统筹设计，整合资源

根据城市交通信息化发展现状和管理的实际需求，抓住建设机遇，统筹设计，采用统一标准，建立安全高效的传输网络和地理信息系统，进行统一的信息资源规划，重视软、硬件以及数据资源的整合和共享，打破信息孤岛。

（2）需求导向，注重实效

以城市交通实际问题和需求为导向，以社会公众和行业发展需求为出发点，充分利用新一代信息技术，创新交通管理与服务模式，强调实际应用效果，使交通信息化能在有限的时间和有限的财力下发挥最大的效益。同时结合城市交通部门体制特点，实现智能化技术与管理机制的有机融合，巩固政府体制改革成果。

（3）业务协同，提升服务

充分利用已有资源，以业务流程优化为主线，继续完善资源共享机制，更加注重对交通行业信息资源的采集、汇总、分析与利用，实现业务协同。推动建立丰富实用、经济便捷的城市综合交通运输信息服务体系，提升为交通建设、运输企业和社会公众服务水平。

（4）安全可靠，自主可控

针对政府监管、市场化运营和信息服务多主体的、复杂的、综合性的系统部署，充分考虑系统的安全保密性需求；建立安全策略，采用多种安全技术，同时考虑产品的自主可控原则，建立起系统安全保障体系；加强网络访问安全管理，保障系统的安全运行。

（5）以人为本，服务民生

城市智能交通的建设，既要重视对管理领域服务，也要重视为交通出行者服务；既要为个体机动出行服务，也要支撑公共交通、出租车及停车服务；在加强管理决策支持的同时，全面提升全市的综合交通信息服务能力。

3. 交通运行监测调度中心系统架构

交通运行监测调度中心系统架构主要分为四层，包括数据采集层、数据存储层、平台支撑层、系统应用层，如图2-8所示。

数据采集层包括各类交通调查数据、部门采集数据、共享接入数据。

数据存储层将数据采集层采集到的数据通过采集、清洗、融合、存储，形成各类主题库、业务库，存储在交通数据中心。

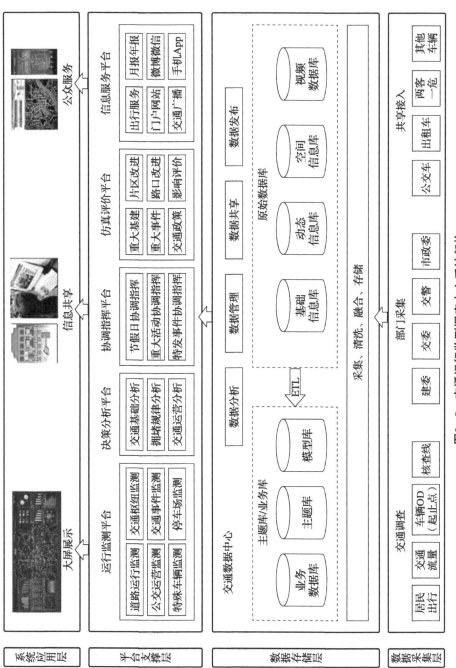

图2-8 交通运行监测调度中心系统架构

平台支撑层包括运行监测平台、决策分析平台、协调指挥平台、仿真评价平台、信息服务平台。

系统应用层包括大屏展示、信息共享、公众服务三大部分。

4.交通运行监测调度中心建设要点

TOCC建设要点通常围绕全景感知、数据治理、服务提升、组织机构和机制保障四个维度来开展。

（1）以感知为基础

交通感知体系，从行人的角度来看是位置、轨迹和出行需求；从车辆的角度看是位置、运行轨迹和运行状态；对于道路，需要了解道路是否拥堵，是否有交通事故发生；环境方面，需要对交通的污染排放施行实时监测感知，推进一系列的减排应用，最终构建覆盖"人－车－路－环境"的全景化综合交通感知体系。

（2）以数据为核心

一方面，要强化数据多源汇聚交互。另一方面，要深化数据共享及分析应用，逐步形成数据资源、数据算法、数据应用、数据标准四位一体的数据资源体系。为建立一个集中分散、异构、可扩充、可集成、有统一数据模型、有多种角度视图、可交换和安全可靠的复合数据库系统，可以将整个交通综合信息共享与交换系统平台划分成三大子系统，分别是交通信息汇聚与管理子系统、交通信息资源管理子系统、交通信息共享与交换子系统。

交通信息汇聚与管理子系统主要从二级平台以及道路交通信息采集系统接入各类交通信息，实现信息资源的同步管理、资源的清洗、转换、装载、资源动态画面拍摄，并且进行服务注册、注销、查询，以及资源及节点管理。在此基础上，形成原始数据库如索引、资源目录库、共享数据库等，经过数据的处理，形成各类主题数据库、业务数据库、模型库等。

交通信息资源管理子系统主要进行数据管理、主题数据分析、数据挖掘、报表管理。

交通信息共享交换子系统主要进行账户管理、资源发布管理、异常管理，从而向二级平台或其他媒介提供交通共享信息。交通信息共享和交换系统的正常运转需要安全体系、标准规范体系、管理运行机制的保障。

在数据标准方面，治理过程中，形成数据治理标准化体系，进一步规范数据的汇聚、交互、共享和应用等各方面的流程，形成"可见、可达、可控"的数据标准体系。

（3）以服务为根本

TOCC 的服务对象主要是政府、企业和公众，主要提供监测预警、协同联动、辅助决策和出行服务四类信息服务。总体目标是解决交通信息孤岛问题，通过对交通大数据的集成管理，让政府各部门、企业、市民掌握必要、完整、及时准确的交通信息，以大数据驱动城市交通精准治理，促进企业的创新提能，服务市民的便捷出行。

首先服务的对象是政府部门，通常将服务目标分为三级。第一级是通过TOCC 平台的运行监测部分，帮助政府主管部门，实现全市交通运行情况"看得清"；第二级是运用平台的应急协同部分，协助政府主管部门，实现各类运输服务主体"喊的应"；第三级是利用平台的辅助决策部分，辅助政府主管部门，实现全市交通规划和各类重大决策"想得透"。

第二个服务对象是企业，对于企业的服务目标，TOCC 也可以分三级逐步实现。首先，是要帮助交通运输企业，实现各种出行需求订单"吃得下"，拿下订单才能挣钱；然后是帮助交通运输企业，实现行业危机和竞争冲突的"能消化"，使其拥有处理突发事件能力；最后要帮助交通运输企业，实现创新能力和服务水平"快长大"，支撑企业快速发展。

第三个服务对象是公众，TOCC 为公众提供通行服务的目标也分三步来实现。首先，为公众出行提供"为我服务"的交通信息感知能力，让公众实时动态地感知周边可以为自己服务的交通信息；然后是为出行公众提供省钱便捷的交通方式，帮助公众具备选优的能力；最后是为出行公众提供高效安全的一站式出行服务，实现出行前的规划。

（4）以组织机构和机制体系为保障

组织机构是非常重要的，许多 TOCC 的成功，都是因为背后有强有力的组织机构，这样才能为 TOCC 运行监测提供有力的保障。但是光有机构也是不够的，需要有明确的机制体系保障。这里需要明确 TOCC 与各行业部门的跨部门协同组织机制，形成监测、下发、处置、反馈和评估的闭环流程，明确 TOCC 与其他部门的责权边界，强化与其他部门组织能力的定期考核，才能保证 TOCC 可持续发展。

2.6.4　智慧高速公路大脑

1. 智慧高速公路大脑概述

智慧高速公路大脑应以满足政府、企业、公众三大利益相关方切实诉求为起点，以大数据、云计算、5G、物联网、北斗、人工智能等技术为支持，构建统筹层、应用层、数据层、传输层、资源层、保障层，并进行智慧可视化呈现，实现人、车、路、环境互联互通，最终达成让群众出行更便捷、交通治理更优化的目标。

2. 智慧高速公路大脑建设原则

（1）统筹建设，多方复用

按照"统一运行网络、统一基础设施、统一数据资源、统一服务平台、统一安全策略、统一标准规范"要求，兼顾当前需求和长远目标，科学规划、全面统筹"智慧高速公路大脑"的建设发展。统建全息感知、可计算路网采集与加工、平台部署搭建等工作内容，建设统一的"智慧高速公路大脑"多源数据汇聚融合、算法、安全及共享赋能体系，加强与公安交管、车路协同等智慧交通平台的整合复用，充分考虑能力复用，减少重复建设。

（2）数据开放，资源共享

按照"一切资源化、资源目录化、目录全局化、全局标准化"要求，充分利用交通领域数据资源和平台能力，建立健全"智慧高速公路大脑"与其他智慧交通平台的数据共享机制，加强交通领域数据资源的接入整合、数据治理、智能应用、信息管理。

（3）激励创新，高效协同

以实战应用为导向，找准"智慧高速公路大脑"与业务需求契合点，在实现交通数字化的基础上，激励创新，高效协同，推进"智慧高速公路大脑"赋能建设，实现对交通运行、交通管控、交通安全、车辆管理、出行服务、交通环境、交通保障等多个业务板块的赋能，促进交通管理部门及交通参与者的协同治理，让"智慧高速公路大脑"建设成果惠及各行各业。

（4）安全可信，稳定运行

遵循国家信息安全相关标准规范，以数据安全为核心，从"前端、网络、平台、数据、应用、终端、边界、管理"多维度加强安全管控，构建起纵深防御体系，全面贯彻落实总体国家安全观。

（5）服务客户，服务社会

"智慧高速公路大脑"的设计方、建设方、运营方，在智慧高速公路大脑顶层设计时，应避免甲方思维、业主思维开展规划建设，而应以"以服务客户为中心"的乙方思维开展规划建设，基于各利益相关方的需求调研，深入规划设计公路大脑各层次、各功能设置，以实现更好地服务客户、服务公众、服务社会、支撑政府工作的目标[36]。

3. 智慧高速公路大脑架构

在智慧高速公路大脑标准规范体系、安全保障体系、运维保障体系的支撑下，建立从底层向上支持应用实践能力，再从应用向下强化底层学习能力的双向逻辑架构，实现"感知、通信、思考、行动"4项智慧高速公路大脑功能，将智慧高速公路大脑项目在技术层面的逻辑架构分为4个层级，即基础信息层、传输网络层、支撑层、应用层。智慧高速公路大脑架构如图2-9所示[37]。

a）基础信息层：ETC、摄像头、雷达、RSU、气象检测等物理路侧基础设施采集数据，以及与第三方外部系统共享数据，实现高速路网信息有效采集，具备高速公路大脑的感知功能。

b）传输网络层：打造智慧高速网络化传输体系，实现高速路网实时信息的高速传输，从而具备高速公路大脑的通信功能。

c）支撑层：依托各类数据源，构建海量异构数据存储共享的大数据共享体系，构建应用中台、数据中台和AI中台，并提供集成控制、数据服务、AI服务能力，支撑业务层各类应用场景，实现高速公路大脑的思考核心功能。

d）应用层：应用层作为高速公路大脑的"躯干"，让大脑的意图能够直接触达，落地行动于具体的应用场景。将智慧高速公路大脑在应用层面的架构分为智慧建设、智慧运营、智慧养护、智慧服务、应用展示五大板块，其中智慧建设、智慧运营、智慧养护主要针对内部管理的优化提升，智慧服务、综合应用主要是面向外部用户的特定服务。智慧高速公路大脑是数据服务应用、应用服务数据的双向平台，除了将数据服务用于业务应用场景外，还能从业务应用场景中获取新的数据资源，反馈到支撑层，利用平台自主学习的能力，实现平台的升级迭代与自我演进。

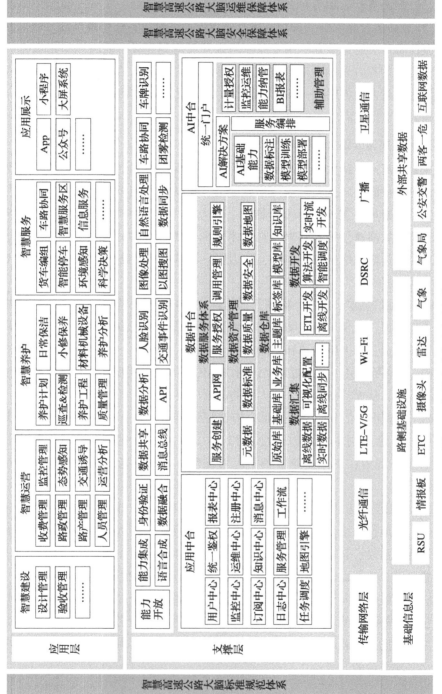

图2-9 智慧高速公路大脑架构

4. 智慧高速交通大脑建设要点

（1）智慧高速公路大脑要解决数据的采集和接入问题

数据采集类型应至少包括高速路网、高速客运方式、高速货运方式、交通警务等社会资源数据。数据采集方法包括人工数据采集、检测器数据采集、数据共享等方式。应建立统一标准的数据接入接口，能够对多源数据进行接入，能够实现城市各部门交通数据的共享。通过构建统一的数据采集、分析及处理平台，实现信息资源高度共享、融合和综合利用，汇集成大数据资源池，实现交通数据的全覆盖、全关联、全开放和全分析，从而提供更加优质和高效的交通服务。

（2）智慧高速公路大脑要建立多种分析模型

利用大数据分析技术，建立需求分析、现状评价、态势感知、拥堵成因、控制优化、交通组织、安全预警、勤务督导等多种分析模型，实现对交通全过程深度分析。

（3）智慧高速公路大脑要能够进行机器学习

能够从海量交通数据中洞悉人类没有发现的复杂隐藏规律。对交通拥堵等机理问题借助数据能够实现自动演化，揭示交通运行规律，从机理上分析交通问题。

（4）智慧高速公路大脑要具备智慧交通管理与自动评估能力

智慧高速公路大脑实现交通管理的核心功能，具体包括交通运行状态实时监测、交通态势实时动态分析、交通异常状态智能预警与应对、交通战略与政策制定、快速辅助交通执法、精准交通信息发布、全生命周期交通设施管理等功能，并可实现智能交通管理系统功能和对交通状态进行自动评估。

（5）智慧高速公路大脑要自动生成交通管理控制方案

智慧高速公路大脑要能够自动生成不同类型的交通管控策略方案，以应对不同需求特性、不同路网结构、不同环境下的交通拥堵。包括 ETC 收费快速通过的"点、线、面"优化，提高路网运行效率；路段车道设计优化，根据道路潮汐交通流特征动态划分车道等；路网交通流均衡，对于交通需求在路网上分布不均衡引发的拥堵，通过信息发布引导交通流在路网上均匀分布；区域交通组织优化，对于交通量大、流向复杂、道路施工等引发的拥堵区域，及道路狭窄、通行效率低的区域，通过提前预判事件进行信息发布，引导车流提前规划通行路线。

2.6.5 智慧交通发展趋势

1. 新技术与交通行业深度融合

新一代信息技术的飞速发展，为智能交通技术变革提供了重要的技术支撑。智能交通系统的核心在于将多种先进技术有效集成运用于整个交通运输系统，通过技术融合和协同创新应用，实现大范围、全方位发挥作用的实时、准确、高效的综合运输组织和管理，增强交通运输的效能和安全保障能力。构建新兴技术与智能交通深度融合的完整体系，建立政产学研协同推进的创新机制，面向交通行业应用场景和技术需求，重点解决高新技术在交通运输领域的应用落地和融合创新的重大难题，促进智能交通产业持续健康发展。

面向交通运输行业重大应用需求和存在的主要技术难题，通过大数据、云计算、信息模型等技术的融合建设"智慧服务系统"；发挥物联网、计算机视觉等技术优势，突破智能化服务核心技术瓶颈，实现传统服务功能的数字化升级迭代；通过深度融合车联网、能源网、信息网、交通运输网，提高能源利用效率和交通运输效率，满足旅客、货物运输的动态和实时响应要求；强化5G、超级计算、人工智能的协同赋能，打造"智慧管理系统"，利用"智"力代替人力，极大提升资源管理水平和安全保障能力。

2. 支撑新型基础设施建设

现阶段，智慧交通面临着基础设施网、运输服务网、信息网和能源网"四网"融合的发展要求和技术难题，亟待在系统架构、关键部件、设备、集成应用系统等方面，研发低成本、高效能的体系化解决方案和实用化产品和平台软件，支撑传统交通基础设施数字化更新和新型智能化交通基础设施建设。

3. 打破智能交通信息资源共享壁垒

中国智能交通管理系统建设主体较多，涉及公安交通管理部门、交通运输管理部门、城建部门等多个职能部门，导致信息重叠或脱节、系统之间相互独立等一系列资源分散问题。此外，对于同一智慧交通管理系统也存在分批建设、单独建库、单独应用的问题，各个应用系统的信息达不到深度集成与共融。亟待建立信息共享和互联互通的管理机制及技术模式，打破信息和资源的壁垒，实现跨管辖区域、跨交通模式的信息资源无缝衔接及高效利用。

因此，建立部门协同、合作机制，完善相关法律、法规和标准的支撑，基于综合交通信息平台建立智慧交通大脑，实现交通数据的采集与统计、通信传输、分析与挖掘、交换与共享、实时发布等服务，是未来智慧交通系统发展的必然趋势。

智慧交通大脑建设过程中应处理好数据共享涉及的公平性、安全性、隐私性、包容性等敏感问题。现阶段，交通领域的数据共享已开始初步形成，但应用范围还很有限，对于地区的交通利益相关方来说，最基本、最重要的是保证数据收集的安全和隐私问题。在建立安全、规范、共享的综合交通信息平台的过程中，应推动相关企业广泛参与，形成部门、企业等多方利益共享、相互支撑协同的可持续产业发展生态，为企业创新发展提供新的机遇[38]。

4．打造智慧出行体系

智慧交通要坚持以人为主体、系统服务于人的发展理念，打造一体化的智慧出行体系。利用信息技术、互联网技术、人工智能技术等新兴技术，以数据为关键要素和核心驱动建立智能化综合分析平台，积极推进个人出行一体化服务，提供全方位的数字化出行助手，服务于构建低碳化、智能化的出行服务体系新格局。

完善的智慧出行体系需要全社会方方面面资源的共同参与，在宏观战略和重要规划的引领和指导下，政产学研应协同推进智能化、一体化出行体系的研发和应用，以创新推动和政策支持为主要出发点和落脚点，建立健全政府监管模式，促进各方资源的共建共享，积极引导企业强化服务意识，积极研发智能化、一体化出行服务产品，打造新业态、新模式下的全出行链的信息服务，并深入推进相关产品和集成系统的落地应用。

参考文献

[1] 金江军. 智慧城市：大数据、互联网时代的城市治理[M]. 5版. 北京：电子工业出版社，2021.

[2] 中国信息通信研究院. 新型智慧城市发展研究报告（2019年）[R]. 北京：中国信通院，2019.

[3] 黄奇帆. 人工智能：赋能智慧城市的主战场[N]. 瞭望，2023-06-19(25).

[4] 中国电信研究院战略发展研究所，中关村智慧城市产业技术创新战略联盟. 5G+数字孪生赋能城市数字化应用研究报告[R]. 2023.

［5］南京江北新区产业技术研创园. 把握"芯机遇"，研创园支持南京新基建发展［EB/OL］. (2020－04－03)［2023－07－28］. https://mp. weixin. qq. com/s/TgejUwxgfCSBCvy329rxLQ.

［6］李瑶. 新基建，是什么？［N/OL］. 瞭望东方周刊，2020－04－26［2023－07－28］. http://www. xinhuanet. com/politics/2020－04/26/c_1125908061. htm.

［7］姜慧梓. "新基建"包括哪些领域？国家发改委权威解读［N/OL］. 新京报，2020－04－20［2023－07－28］. https://news. sina. cn/gn/2020－04－20/detail－iirczymi7321296. d. html.

［8］张航燕. 统筹推进新型基础设施建设［N/OL］. 中国社会科学报，2023－11－13［2024－03－11］. https://www. cssn. cn/skgz/bwyc/202311/t20231113_5696231. shtml.

［9］清华数据院－大数据基础设施研究中心（BDIRC）. 解读：中央经济工作会议定义"新型基础设施建设"［EB/OL］. (2019－01－11)［2023－07－28］. https://mp. weixin. qq. com/s/WKcbMgoXc9La3mv2Vi09Og.

［10］王君晖. 新基建"新"在何处？［N/OL］. 证券时报，2020－03－06［2023－07－28］. http://capital. people. com. cn/n1/2020/0306/c405954－31620225. html.

［11］孙英兰. "新基建"带来新机会［N］. 瞭望，2019－03－25(11).

［12］夏晓伦. 工信部召开加快5G发展专题会　加快新型基础设施建设［N/OL］. 人民网，2020－03－07［2023－07－28］. http://it. people. com. cn/n1/2020/0307/c1009－31621503. html.

［13］工业和信息化部，中央网络安全和信息化委员会办公室，科学技术部，等. 关于印发《物联网新型基础设施建设三年行动计划（2021—2023年）》的通知［A/OL］. (2021－09－10)［2023－07－28］. https://www. gov. cn/zhengce/zhengceku/2021－09/29/content_5640204. htm.

［14］上海市人民政府. 上海市进一步推进新型基础设施建设行动方案(2023－2026年)［A/OL］. (2023－09－15)［2024－03－11］. https://www. shanghai. gov. cn/nw12344/20231018/8050cb446990454fb932136c0b20ba4d. html.

［15］济南发布全国首个新城建发展指标体系地方标准［N/OL］. 济南日报，2024－01－22［2024－03－11］. http://www. jinan. gov. cn/art/2024/1/22/art_1861_4969619. html.

［16］中通服咨询设计研究院有限公司. "新城建"建设与发展白皮书(2022)［R］. 南京：中通服设计，2023.

［17］全国23省市"新基建"政策方案汇总［N/OL］. 建筑时报，2020－06－08［2024－03－11］. https://mp. weixin. qq. com/s/RHpWJFlpe_CK63E1xiV6Qw.

［18］住房和城乡建设部，中央网信办，科技部，等. 关于加快推进新型城市基础设施建设的指导意见：建改发［2020］73号［A］. 2020.

［19］马嘉莉. 当代中国智慧政府建设研究的现状、特点与展望——基于2015～2021年中国知网的文献分析［J/OL］. 社会科学前沿，2023，12(1)：408－415［2024－03－11］. https://doi. org/10. 12677/ASS. 2023. 121057.

［20］陆峰. 我国电子政务发展史［R］. 2018.

[21] 国家发展改革委. 关于印发《"十四五"推进国家政务信息化规划》的通知：发改高技 [2021]1898 号[A/OL]. (2021 – 12 – 24)[2024 – 03 – 11]. https://www.ndrc.gov. cn/xxgk/zcfb/ghwb/202201/t20220106_1311499.html.

[22] 腾讯云计算，中国信通院云计算与大数据研究所. 基于云计算的数字政务技术及行 业应用白皮书[R]. 2022.

[23] 中国信通院，新华社中国经济信息社. 数字政府蓝皮报告——业务场景视图与先锋 实践(2023 年)[R]. 2023.

[24] 华为技术有限公司. 未来智慧园区白皮书[R]. 2022.

[25] 全国智能建筑及居住区数字化标准化技术委员会，华为技术有限公司. 智慧产业园 区标准体系研究报告[R]. 2022.

[26] 全国信标委智慧城市标准工作组. 零碳智慧园区白皮书[R]. 2022.

[27] 中华人民共和国住房和城乡建设部. 智慧社区建设指南(试行)[R]. 2014.

[28] 中移(雄安)产业研究院. 中国移动智慧社区白皮书[R]. 2020.

[29] 全国智能建筑及居住区数字化标准化技术委员会. 这些指导智慧社区建设的标准，你 了解吗？[EB/OL](2020 – 03 – 31)[2023 – 07 – 28]. https://mp.weixin.qq.com/s/zMrp- KKp49GotBNrzaTmmIQ.

[30] 广州市新型城市基础设施建设试点工作联席会议办公室. 基于城市信息模型的智慧 社区建设、运营及评价技术指引(试行)[A/OL]. (2023 – 11 – 30)[2024 – 03 – 11]. https://zfcj.gz.gov.cn/attachment/7/7506/7506130/9326719.pdf.

[31] 智慧社区基础数据库包括哪些方面？[EB/OL]. (2024 – 02 – 23)[2024 – 03 – 11]. ht- tps://www.perfcloud.cn/blog/post/23582.

[32] 中共中央，国务院. 交通强国建设纲要[A]. 2019.

[33] 中华人民共和国交通运输部. 交通运输部关于推动交通运输领域新型基础设施建设 的指导意见[A/OL]. (2020 – 08 – 03)[2024 – 03 – 11]. https://www.gov.cn/zhengce/ zhengceku/2020 – 08/06/content_5532842.htm.

[34] 陆化普，肖天正，杨鸣. 建设城市交通大脑的若干思考[J]. 城市交通，2018(6)：1 – 6.

[35] 全国道路交通管理标准化技术委员会. 公安交通集成指挥平台通用技术条件：GA/ T1146—2019[S]. 北京：中国标准出版社，2020.

[36] 中国智能交通产业联盟. 智慧高速公路信息化建设总体框架：T/ITS 0125—2020[S]. 北京：中国智能交通产业联盟，2020.

[37] 江苏省交通运输厅. 江苏省智慧高速公路建设技术指南：JSITS/T 0001—2020[S]. 南京：江苏省交通运输厅办公室，2020.

[38] 中国智能交通协会. 中国智能交通产业发展报告(2021)[M]. 北京：社会科学文献 出版社，2022.

第3章
智能网联汽车创新发展之路

智能网联汽车概述

智能网联汽车（Intelligent Connected Vehicle，ICV），是指车联网与智能车的有机联合，最终可替代人来操作的新一代汽车。智能网联车辆搭载有先进的车载传感器、控制器、执行器等装置，融合现代通信与网络技术，实现车与人、路、云等智能信息交换共享，具有安全、舒适、节能、高效的特点。

加快推动车路云一体化智能网联汽车核心技术突破，一是要研究和搭建车路云一体化信息物理系统架构，支持协同感知、协同决策与控制，明确车路云一体化融合大系统构建的技术路线；二是要构建产业基础平台，突破车载终端、车控计算、高精度动态地图、云控平台、信息安全等共性技术，突破"烟囱式"产业壁垒，打造以跨界数据融合与资源开放共享驱动的技术范式，支持产业安全监管、数据治理与服务应用的综合实现；三是要加快布局高精度传感器、计算平台、C-V2X等车路云一体化关键技术，构建开源开放的技术创新体系，通过新型零部件产业化和供应链集群构建，助力实现传统制造业的"制造智能"和"智能制造"转型升级，提升核心技术供给能力。

在智能化层面，车辆配备了多种传感器，摄像头、超声波雷达、毫米波雷达、激光雷达等，实现对周围环境的自主感知，通过一系列传感器信息识别和决策操作，车辆按照预定控制算法的速度与预设定交通路线规划的寻径轨迹行驶。在网联化层面，车辆采用新一代移动通信技术 C-V2X、5G 等，实现车辆位置信息、车速信息、外部信息等车辆信息之间的交互，并由控制器进行计算，通过决策模块计算后控制车辆按照预先设定的指令行驶，进一步增强车辆的智能化程度和自动驾驶能力，最终实现在智慧交通中的无人驾驶[1]。

智能网联汽车的成效主要包括以下 5 个方面：①在交通安全方面，智能网联技术应用可有效避免由 90% 人类驾驶人失误导致的事故，进而可使交通事故率降低，显著提高交通安全性；②在交通效率方面，车联网技术可提高道路通行效率，协同式自动驾驶巡航系统的大规模应用将会进一步提高交通效率；③在节能减排方面，通过智能网联车辆协同式交互及与交通系统结合可提高自车燃油经济性 20%~30%，高速公路通过车辆编队行驶可降低油耗 10%~15%；④在产业带动方面，智能网联汽车产业将会拉动汽车、电子、通信、互联网等相关产业快速发展；⑤在交通方式方面，智能网联汽车可减轻人们的驾驶负担，增加行驶过程的娱乐互动体验，提升人们出行的便捷性，改变人们的交通出行方式。

3.1.1 智能网联汽车发展阶段

近年来，我国智能网联汽车产业支持性政策密集出台，国家扶持力度不断加大。根据《中国制造 2025》的规划，到 2025 年智能网联汽车新车销量占比达 30%，高度自动驾驶智能汽车实现限定区域和特定场景商业化应用。

智能网联汽车产业发展主要分为四个阶段，当前我国正处于协同发展阶段。

第一阶段——各自发展：该阶段属于基础技术及设施奠基期，智能化和网联化两大技术路径各自发展。智能化路线通过摄像头、毫米波雷达和激光雷达等传感器感知路况并依据特定算法做出驾驶决策并执行，其主要特点是自主获取环境信息。网联化路线基于通信和网络获取信息，然后通过云端大数据进行分析决策，并最终由控制系统执行，其主要特点是通过多车协同获取环境信息。

第二阶段——协同发展：智能化及网联化软硬件在车载端和路侧端持续渗透，在全国各地先导区、测试示范区、试点项目探索车路云协同发展，并取得应用持续突破。然而由于缺乏统一的顶层架构与行业标准，各地建设的车路云一体化系统主要是结合自身需求开展的关键技术验证与示范应用，存在诸多问题与挑战。

第三阶段——技术集成：先进驾驶辅助系统（ADAS）得到全面普及，并实现更高级别自动驾驶；政策推动、标准统一逐步完善，车路协同、大数据、5G 等技术在车联网产业实现全面集成应用。

第四阶段——深度融合：智能化和网联化两大技术路径实现深度融合，通过新一代信息与通信技术将人、车、路、云的物理空间、信息空间融合为一体，基于系统协同感知、决策与控制，打造智能网联汽车交通系统安全、节能、舒适及高效运行的信息物理系统，形成完备的智能网联汽车产业链。

智能网联汽车目前正从单车智能向车路云协同的方向转变。智能网联汽车不仅与基础设施网联通信，而且可进行更广泛的网联，如车与车（Vehicle to Vehicle，V2V）、车与基础设施（Vehicle to Infrastructure，V2I）、车与行人（Vehicle to Pedestrian，V2P）以及车与网络（Vehicle to Network，V2N）。可以预见，智能网联汽车远期形态将向"人/货–车–路–网–云–图/定位–安全"协同发展模式演进。当云端得到充分发展后，车云通信技术可支持高可靠、低延时、大带宽的数据传输，车端与5G、边缘计算和云计算技术可做到真正融合。同时，支持高级别自动驾驶和车路云协同的智能网联汽车要求电子电气架构在车载算力集中、车路云多源算力分配、时间敏感关键信息流、多核多任务软件架构等方面提供相应的技术支撑能力[2]。

3.1.2　智能网联汽车域控

汽车电子电气架构（Electrical/Electronic Architecture，EEA）是把汽车中的各类传感器、电子控制单元（Electronic Control Unit，ECU）、线束拓扑和电子电气分配系统整合在一起完成运算、动力和能量的分配，进而实现整车的各项功能。如果将汽车比作人体，汽车的机械结构相当于人的骨骼，动力、转向相当于人的四肢，电子电气架构则相当于人的神经系统和大脑，是汽车实现信息交互和复杂操作的关键。电子电气架构涵盖了车上计算和控制系统的软硬件、传感器、通信网络、电气分配系统等，它通过特定的逻辑和规范将各个子系统有序结合起来，构成实现复杂功能的有机整体。功能车时代，汽车一旦出厂，用户体验就基本固化，而在智能车时代，汽车常用常新，千人千面，电子电气架构向集中化演进是这一转变的前提。

汽车的电动化、网联化、智能化、共享化发展趋势对汽车电子电气架构的技术演进和变革提出创新要求，也促进汽车电子电气架构技术向"软件定义汽车"方向逐步演绎和进化。汽车电子电气架构的升级主要体现在硬件架构、软件架构、通信架构三方面：硬件架构从分布式向域控制/中央集中式方向发展、软件架构从软硬件高度耦合向分层解耦方向发展、通信架构由控制器域网络（Controller Area Network，CAN）/局部互联网络（Local Interconnect Network，LIN）总线向以太网方向发展。

早期分布式的电子电气架构下，每个ECU通常只负责控制一个单一的功能单元，彼此独立，分别控制着发动机、制动、车门等部件，常见的有发动机控制器（Engine Control Module，ECM）、传动系统控制器（Transmission Control Module，TCM）、电池管理系统（Battery Management System，BMS）等。各个ECU之间通过CAN总线或者LIN总线连接在一起，通过厂商预先定义好的通信协议交换信息。

目前智能网联汽车电子电气架构正由分散式向集中式发展，并推动域控制器的诞生。域控制器是指域主控硬件、操作系统、算法和应用软件等几部分组成的整个系统的统称。域集中式架构是行业公认的汽车EE架构变革方案，"中央集成 + 区控制器"架构将是长期趋势。通过域控制器的整合，实现分散的车辆硬件之间的信息互联和资源共享，实现软件升级、硬件和传感器更换、功能扩展。

域控制器是智能网联汽车核心部件，基于功能划分，域控制器可以分为动力域（安全）、底盘域（车辆运动）、信息娱乐域（座舱域）、自动驾驶域（辅助驾驶）和车身域（车身电子）五大功能域。每个功能域对应推出相应的域控制器，最后通过CAN/LIN等通信方式连接至主干线或者托管至云端，从而实现整车信息数据的交互。

1. 动力域（安全）

动力域控制器是一个智能动力总成管理单元，它使用CAN/FlexRay实现变速器管理、发动机管理、电池监控和发电机调节。动力域优势在于为各种动力系统单元（内燃机、电动机/发电机、电池、变速器）估算和分配转矩，通过预测驾驶策略、通信网关等实现二氧化碳减排，主要用于动力总成优化，同时兼顾了电气智能故障诊断、智能节电、总线通信等功能。

2. 底盘域（车辆运动）

底盘域与车辆行驶有关，由传动系统、驱动系统、转向系统和制动系统组成。传动系统负责将底盘的动力传递给驱动轮，可分为机械式、液压式和电动式。驱动系统将车辆的各个部分连接成一个整体，支撑着整车，如前叉、悬架、车轮、车桥等都是其组成部分。转向系统保证车辆可以按驾驶意愿直线行驶或转弯。制动系统作用是减速停车、驻车制动。智能化推动线控底盘发展，需要对传统汽车的底盘进行线控改造以适用于自动驾驶。线控系统摒弃了复杂的机械或液压连接，结构紧凑，系统仅含传感器、控制器、电机等。线控技术通过传感器将驾驶人的操纵指令转换成电信号传送给控制器，控制器分析信号、并将指令发送给执行机构，最终由功能装置实现目标指令。线控底盘主要有五大系统，分别为线控转向、线控制动、线控换挡、线控加速、线控悬架，线控转向和线控制动是面向自动驾驶执行端最核心的产品，其中又以制动技术难度更高。

3. 信息娱乐域（座舱域）

座舱域控制器通过以太网/MOST/CAN 实现平视显示器、仪表盘、导航等部件的集成。除传统的座舱电子元器件，进一步集成 ADAS 和 V2X 系统，从而优化智能驾驶、车内互联、信息娱乐等功能，并通过座舱域控制器，实现"自主感知"和"交互形态升级"。

4. 自动驾驶域（辅助驾驶）

应用于自动驾驶领域的域控制器，可以使汽车具备多传感器融合、定位、路径规划、决策控制等能力。需要外置多台摄像头、毫米波雷达、激光雷达等设备，完成的功能包括图像识别、数据处理等，并需要匹配运算力强的处理器，从而提供自动驾驶不同等级的计算能力支持。核心主要在于芯片的处理能力，最终目标是能够满足自动驾驶的算力需求，简化设备，大大提高系统的集成度。

5. 车身域（车身电子）

为了降低控制器成本，降低整车重量，集成化需要把所有的功能器件，从车头的部分、车中间的部分和车尾部的部分如后制动灯、后位置灯、行李舱盖锁、甚至双撑杆统一连接到一个总的控制器。车身域控制器从分散化的功能组合，逐渐过渡到集成所有车身电子的基础驱动、钥匙功能、车灯、车门、车窗等的大控制器[3]。

为了进一步降低零部件数量和线束长度，系统功能集成度进一步提升，将两个或者多个功能域，进一步合并为一个跨域控制器（Cross-Domain Control Unit，CDCU），例如将动力域、底盘域、车身域合并为车辆控制域，或者将动力域与底盘域合并为动力底盘域。整体上，从集成度相对较低的"五域"逐步过渡到集成度较高的"三域"，如包括自动驾驶域、信息娱乐域、车辆控制域。

域控制器技术关键是硬件强大的计算能力与软件的标准化支持：① 主控芯片提供强大的硬件计算能力，通过多核 CPU/GPU，可获得强大的硬件计算能力，使得更多核心功能集中在域控制器内，系统功能集成度大大提高，这样对于功能感知与执行硬件要求降低；② 系统软件（操作系统、中间件）提供标准化开发平台，操作系统主要负责对硬件资源进行合理调配，以保证各项功能的有序进行，并提供丰富的标准化软件接口支持，支撑上层的应用算法；③ 大量的应用算法提供更多功能体验，更灵活的整车 OTA 可带来应用算法的不断增加更新，使车企有能力为用户提供不断迭代升级的功能体验。

在未来，随着高级别自动驾驶的规模化应用，汽车电子及软件功能大幅增长，架构形式将向基于中央计算平台的整车集中式电子电气架构演进。各采集、执行节点将原始数据通过网关传输到中央控制器处理，所有数据的处理与决策制定都在这里完成。其中，与自动驾驶相关的传感数据也将由中央控制器处理后进行决策。

最终电子电气架构将向车路云协同架构发展。车路云协同架构是利用新一代信息与通信技术，将车、路、云的物理层、信息层、应用层连为一体，进行融合感知、决策与控制，可实现车辆行驶和交通运行安全、效率等性能综合提升的一种信息物理系统。

预计到 2025 年，更多车企建立跨域集中式电子电气架构平台，实现更大范围内的软硬件解耦和功能跨域整合，车内控制器数量进一步降低。域集中式架构支持 L2.5 以上自动驾驶和协同决策与控制优化升级。计算进一步集中化，硬件接口标准化。少数车企建立以多单元协同计算平台 + 多区控制器协同为核心的中央集中式电子电气架构平台，车内控制器数量大幅降低。计算平台支持 L3 及以上自动驾驶和协同决策与控制。硬件平台实现协作式中央计算 + 区控制器集成，硬件支持升级扩展，在性能上支撑 L3 及以上自动驾驶。

到 2030 年，更多车企建立以高性能中央计算机 + 多区控制器为核心的中央集中式电子电气架构平台，车内控制器数量进一步降低。计算平台支持 L4

高度自动驾驶和协同决策与控制。硬件平台实现计算平台核心模块高度集成，硬件支持升级扩展，在性能上支撑 L4 及以上高度自动驾驶。

到 2035 年以后，绝大多数车企实现以高性能中央计算机 + 多区控制器为核心的电子电气架构平台，并向车路云协同快速演进。计算平台支持车路云一体化高度自动驾驶和协同决策与控制[2]。

3.1.3　座舱和智驾芯片

功能高级化和电子架构变革是汽车改用智能芯片的两大推动力。汽车电子功能依赖于车载芯片实现，功能复杂化正在提高对芯片性能的需求。车载架构也在不断革新，计算硬件单元呈现出集中化和标准化趋势。支持不同工作负载的高性能异构计算芯片有望成为软件定义汽车功能的核心硬件基础，由计算单元、AI 单元和控制单元三部分组成，通常包含中央处理器（Central Processing Unit，CPU）、图形处理器（Graphics Processing Unit，GPU）、现场可编程门阵列（Field Programmable Gate Array，FPGA）、特定用途集成电路（Application-Specific Integrated Circuit，ASIC）、神经处理单元（Neural Processing Unit，NPU）等。

1）GPU：CPU 更擅于计算复杂、烦琐的大型计算任务，而 GPU 可以高效地同时处理大量简单的计算任务。GPU 有多核心、高内存、高带宽的优点，它在进行并行计算和浮点运算时性能是传统 CPU 的数十倍甚至上百倍。CPU 算力的主要评价指标是整数运算效率，单位是百万条指令/秒（Dhrystone Million Instructions Per Second，DMIPS），GPU 算力的评价指标是浮点数运算效率，单位是浮点运算次数/秒（Floating Point Operations Per Second，FLOPS）。GPU 通用性强、速度快、效率高，特别是当人工智能在智能网联汽车领域广为应用的时候，使用 GPU 运行深度学习模型，在本地或者云端对目标物体进行切割、分类和检测，不仅缩短了时间，而且有比 CPU 更高的应用处理效率。因此 GPU 凭借强大的计算能力以及对深度学习应用的有力支持，正逐渐成为自动驾驶技术开发的主流平台解决方案。

2）FPGA：它其实就是一个低能耗、高性能的可编程芯片，可以通过软件手段更改、配置器件内部连接结构和逻辑单元，完成既定设计功能的数字集成电路。顾名思义，其内部的硬件资源是一些呈阵列排列的、功能可配置的基本逻辑单元，以及连接方式可配置的硬件连线。简单来说，FPGA 就是一个可以通过编程来改变内部结构的芯片，而且可擦写，所以用户可以根据不同时期的产品需求进行重复的擦写。FPGA 很早被研发，长期在通信、医疗、工控和安防等领域占有一席之地。相比 GPU 而言，它的主要优势在于硬件配置灵活、能耗低、性能高以及可编程等，比较适合感知计算。目前针对 FPGA 的编程软件平台的出现进一步降低了准入门槛，使得 FPGA 在感知领域应用得非常广。

3）ASIC：它是为某种特定需求而定制的芯片。一旦定制完成，内部电路以及算法就无法改变。它的优势在于体积小、功耗低、性能以及效率高，大规模生产的话，成本非常低。它和 FPGA 最明显的区别就是，FPGA 就像积木，可以在开发过程中多次修改，但是量产后成本也无法下降。ASIC 类似开模生产，投入高，量产后成本低。从 ADAS 向自动驾驶演进的过程中，激光雷达点云数据以及大量传感器加入系统，需要接受、分析、处理的信号量大且复杂，定制化的 ASIC 芯片可在相对低水平的能耗下，使车载信息的数据处理速度提升更快，并且性能、能耗均显著优于 GPU 和 FPGA，而大规模量产成本更低。随着自动驾驶的定制化需求提升，定制化 ASIC 芯片将成为主流。ASIC 可以更有针对性地进行硬件层次的优化，从而获得更好的性能、更优的功耗比。但是 ASIC 芯片的设计和制造需要大量的资金、较长的研发周期和工程周期，而且深度学习算法仍在快速发展。若深度学习算法发生大的变化，FPGA 能很快改变架构，适应最新的变化，ASIC 类芯片一旦定制则难以修改。所以一般前期开发阶段多用 FPGA，量产多用 ASIC。

4）NPU：一种专门用于进行神经网络计算的处理器。它主要用于加速人工智能和机器学习任务，包括图像识别、语音识别、自然语言处理等，能够高效地执行神经网络模型的推理和训练任务。与 CPU 和 GPU 相比，NPU 专注于神经网络计算，具备更高的计算效率和能耗效率。此外，NPU 芯片还具有高效的并行计算能力、低功耗、高度定制化等特点。

有别于一般边缘计算场景对于智能计算芯片的需求，车载智能计算芯片承载着绝大部分的关键核心计算任务，例如海量环境感知数据建模、目标物体识别、规划决策控制等大量深度神经网络推理以及复杂的逻辑和数学运算，并且这类计算均有极高的实时性要求[4]。

由 CPU + GPU + XPU + 其他功能模块（如基带单元、图像信号处理单元、内存、音频处理器等）组成的异构主控系统芯片（System on Chip，SoC）成为当前智能网联汽车的主流选择，单个 SoC 芯片是一个完整的计算单元。

在域控制器架构下，智能座舱域和自动驾驶域是采用大算力智能 SoC 的两个重点。智能座舱芯片由中控屏芯片升级演化而来，主要参与者包括传统汽车芯片供应商以及新入局的消费电子厂商，国产厂商正从后装切入前装；自动驾驶域控制器为电子电气架构变化下新产生的计算平台。作为新兴域，算力需求增长最快，而且这两个域未来还将加入更多新功能。

1. 座舱芯片

座舱域控制器以集中化的形式支撑汽车座舱功能的丰富性与强交互性，是未来汽车运算决策的中心。从硬件层面来看，座舱域控制器由一颗主控座舱芯片以及外围电路构成，经操作系统与应用生态赋能之后可以集成车载信息娱乐系统、液晶仪表、抬头显示（Head-Up Display，HUD）等功能，接收传感器信号、计算并决策、发送指令给执行端。域控制器的核心算力由车载 SoC 提供，SoC 决定了座舱域控制器的数据承载能力、数据处理速度以及图像渲染能力，从而决定了整个座舱空间内的智能体验。

"一芯多屏"是目前智能座舱域控制器发展共识，同一芯片模组支持中控大屏、数字仪表、后座娱乐屏等设备，可减少 ECU 数量，避免多个芯片间的通信传输问题，同时降低成本。相比于 ADAS，座舱能给汽车消费者带来更直接的智能体验，用户通常要求屏幕清晰、多媒体交互流畅，因此座舱芯片的 CPU 和 GPU 算力是衡量其性能的两个重要维度。座舱芯片由于需要处理图像的 3D 渲染、图像拼接以及运行大型的 3D 游戏等应用，对 GPU 算力有着更高的需求。

以高通的 CPU + GPU + DSP + LTE + ISP 智能座舱芯片架构为例，可实现 QNX 系统和 Hypervisor 启动时间低于 3s，安卓系统启动时间低于 18s。其 CPU 采用主频 2.1GHz 的四核处理器，实现针对硬件的交互；GPU 支持 4K 超高清触屏，"一芯多屏"；DSP 能够实现 CPU 负载一定的前提下，支持多个摄像头同时输入；LTE 调制解调器模块，保证了移动连接。

2. 智驾芯片

自动驾驶域控制器对于主控芯片的算力要求很高，衡量智能驾驶域控制器芯片的关键指标如下：

（1）CPU 算力

与其他域控制器芯片一样，以 DMIPS 来测量 CPU 核心的整数计算能力。CPU 对智能驾驶域主控 SoC 芯片的影响体现在对于前端感知的原始目标（图像、激光点云等）的前融合处理。

（2）AI 算力

目前业内广泛认同的 AI 芯片类型包括 GPU、FPGA、ASIC、NPU 等。不同 AI 加速器的架构设计通常会导致不同的硬件算力实际利用率，因而相同的神经网络模型在两款具有相同硬件理论算力的 AI 加速器上会跑出不同的实测性能。

（3）能效比

能效比是算力与热设计功耗（Thermal Design Power，TDP）之比，也即每瓦功耗所能贡献的理论算力值，这是衡量 AI 加速器设计好坏非常重要的一个指标。

（4）内存带宽

智能驾驶芯片平台要接入大量的传感器数据，因此内存的压力非常大。整个系统往往呈现出内存受限的特点，因此内存带宽通常决定了系统性能的理论上限。

（5）视觉接口与处理能力

智能驾驶域控制器 SoC 芯片通常内置集成的图像信号处理（Image Signal Process，ISP）模块。为了得到更好的图像效果，智能驾驶汽车对 ISP 的要求非常高。此外，跟视觉处理相关的重要特性还包括图像绘制加速 GPU、显示输出接口以及视频编解码等。

（6）丰富的 IO 接口资源

智能驾驶域控制器主控芯片接口包括传感器设备接口和高/低速总线接口。智能驾驶传感器主要有摄像头、激光雷达、毫米波雷达、超声波雷达、组合导航、惯性导航（Inertial Measurement Unit，IMU）以及 V2X 模块等。① 对摄像头的接口类型主要有 MIPI CSI-2、LVDS、FPDLink 等；② 激光雷达一般是通过车载以太网接口来连接；③ 毫米波雷达都是通过 CAN 总线来传输数据；④ 超声波雷达基本都是通过 PS15 或者 LIN 总线传输数据；⑤ 组合导航与惯导 IMU 常见接口是 CAN；⑥ V2X 模块一般也是采用以太网接口来传输数据。高速接口与低速接口包括 PCIe、USB、I2C、SPI、RS232 等。

由于自动驾驶算法仍具有高度不确定性，芯片方案需兼顾目前 AI 算法的算力要求和灵活性，GPU + FPGA 的组合受到大多数玩家的青睐。当自动驾驶技术路线相对成熟且进入大规模商用的阶段后，GPU 也难以胜任对更多空间信息的整合处理，需要定制的 ASIC 芯片，ASIC 芯片可在相对低水平的能耗下，提升车载信息的数据处理速度，是算法成熟后理想的规模化解决方案。

以英伟达的 CPU + GPU + ASIC 自动驾驶芯片架构为例说明，CPU 基于 ARM 架构，GPU 基于 NVIDIA Volta 架构，ASIC 涵盖了深度学习加速器和可编程视觉加速器，提升了 CPU 性能。

当前是座舱域控制器处于域内集中阶段，后续智能座舱域有望与智能驾驶域相结合，从而实现更多的体验场景，而最终车载中央计算机的形成将进一步整合简化车内架构。作为中央计算架构发展最重要的一步，目前行业内相关企业已开始布局舱驾一体，而芯片企业作为最终为域控提供支持的底层产品，开发具备舱驾一体能力的芯片也将成为趋势。随着自动驾驶技术路线的逐渐成熟，高性能芯片进入标准化、规模化生产阶段，其与座舱主控芯片进一步向中央计算芯片融合，从而通过集成进一步提升运算效率并降低成本。但由于自动驾驶和座舱安全要求不同，满足安全要求将成为融合的前提。

3.1.4　车载以太网

汽车网络，是指将汽车上的所有电子传感器、电子执行器、电子控制单元连接在一起的通信形式。汽车的智能网联化意味着车辆上有高于传统汽车百倍、千倍、万倍的数据需要传输，需要更高带宽的车载网络来适应大数据传输。

传统车载网络技术包括 CAN、LIN、FlexRay、MOST 等。

CAN 总线可应用于汽车动力系统、底盘和车身电子等领域，已经成为各汽车制造商车载网络设计应用的首选网络。然而 CAN 总线属于共享式总线，通信速率相对较低，已不能满足汽车总线带宽日益增加的需求。CAN FD 总线在继承了 CAN 总线的绝大多数特性的同时，提高了 CAN 总线带宽，最高通信速率可达 8Mbit/s 甚至更高（一般为 5Mbit/s），降低总线负载。CAN FD 可以兼容传统 CAN 网络，目前车内的控制网络正逐步由 CAN 网络转向 CAN FD 网络。

LIN 总线采用单主多从的模式架构，使用单信号线进行传输，主、从节点间的通信有具体的规则，只有主节点需要，从节点才能发送信息，不需要总线仲裁。LIN 总线带宽比较低，最高约 20Kbit/s，适合用于汽车车窗、天窗、座椅、车内照明等通信速度较低的应用场景，因此在汽车应用中通常作为 CAN 总线的补充网络。

FlexRay 是一种共享式总线技术，是继 CAN 和 LIN 之后的新一代汽车控制总线技术，带宽可达 10Mbit/s，是一种具备时间可确定性的、分布式时钟同步的、故障容错的总线标准，从 2005 年开始应用于汽车领域。FlexRay 提供两个独立信道，采用双信道冗余结构，基于时间发送报文，所有节点共享高准确时基，实现最高级别的可靠性，该总线用于满足汽车环境下独特的网络需求，支持重要的安全线控技术应用，例如线控转向、线控制动等。FlexRay 相比较于 CAN 总线要复杂许多，带宽增加，安全性相对较高，但其成本过高，除了德系车厂在量产车上使用过，其他国家量产车型极少见，我国吉利部分车型也有应用。

MOST 是由德国 MOST 组织于 2001 年制定的一个针对汽车领域的多媒体应用通信标准，由于 MOST 通信物理层使用的是光纤传输，采用环形网络拓扑结构，其线束质量小、抗干扰性强、带宽高、信号衰减少，最新的 MOST - 150 标准速率可达 150Mbit/s，内置流媒体数据信道，高数据带宽，支持多种光纤电缆布线方式，EMC 性能良好，主要应用于汽车音频、视频数据传输。但是 MOST 为多媒体定向系统传输，其采用环形结构，只能朝着一个方向传输数据，MOST 最多可连接 64 个节点，如果其中一个节点故障中断，其他节点也无法传输数据，系统稳健性差，扩展性差，同时技术开发周期长，成本昂贵，难以得到普及，也仅仅应用于国外的中高端车。

以太网（Ethernet）是互联网中使用最多和最广泛的网络技术，自从 1973 年 5 月 22 日作为个人计算机的局域网技术被发明以来，以太网技术快速发展并且作为 IEEE 802 下的一个开放标准集合。汽车 ADAS 技术不断完善，高质量汽车娱乐音频和视频的应用，以及 OTA 远程升级、V2X、大数据、云计算等技术的发展都取得了进展。车载网络容量需求的爆炸性发展明显超过了传统车载网络（如 CAN 或 FlexRay）的承载能力，这也是以太网和智能网联汽车深度融合的机会。

车载以太网目前已是排在 CAN 之后应用很普遍的局域网技术，工作在 10 ~ 10000Mbit/s 之间。以太网目前有十兆以太网（10Mbit/s）、百兆以太网（100Mbit/s）、千兆以太网（1Gbit/s）、以及未来推出的万兆以太网（10Gbit/s）和 100Gbit/s 以太网。目前市场上成熟的车载以太网技术标准包括 100BASE-T1 和 1000BASE-T1。100BASE-T1（IEEE 802.3bw）为 100Mbit/s 带宽，1000BASE-T1（IEEE 802.3bp）为 1Gbit/s 带宽。1000BASE-T1 不仅能提高数据的传输速率，同时满足汽车行业高可靠性、低电磁辐射、低功耗以及同步实时性等方面的要求。

智能网联汽车网络架构对以太网的应用主要体现在三方面：主网络、自动/辅助驾驶、智能座舱。其中自动/辅助驾驶和智能座舱主要传输 AV 数据（Audio Video 数据），主网络主要传输各域、各网段间交互的汽车数据。

以太网以其通用性、开放性、高带宽、易扩展、易互联等特性，成为一种新型的车载网络，目前可以预期的车载以太网发展分为三个阶段：

（1）子系统级别

单独在某个子系统使用以太网。这一阶段的衍生产品目前已经在整车上实施，如基于 DoIP 标准的 OBD 诊断设备；或已有示例应用，如使用 IP 摄像头的辅助驾驶系统。

（2）架构级别

将几个子系统功能整合，形成一个拥有功能集合的小系统，将多媒体、驾驶辅助和诊断界面结合在一起，融合传感器、全景摄像头及雷达等多种数据，可以保证更高的带宽和更低的延迟。在涉及安全方面的应用，摄像头可以使用更高分辨率的未压缩数据传输，从而避免如压缩失真等导致障碍物检测失败的问题。

（3）域级别

未来智能网联汽车的网络架构将以以太网作为主网络，智能座舱和自动/辅助驾驶系统选用以太网充当子网络，兼容传统动力底盘系统 CAN（P-CAN）及车身舒适系统 CAN（B-CAN）子网络，如图 3 - 1 所示。自动/辅助驾驶系统选用以太网传输高清摄像头、高精度雷达的大数据，智能座舱选用以太网传输音视频数据。车辆的相关数据（车辆状态数据、道路环境高清视频数据、雷达数据）可通过 Telematics 模块或 V2X 方式等传输到外界云端、基站、数据控制中心等[5]。

新型汽车网络架构在满足大数据传输需要的同时，使越来越多的汽车电子部件暴露在外。更广阔的外延带来更好的应用和体验，也带来了更多的攻击入口。如何进行系统综合防护及防护功能划分，成为汽车网络未来需要解决的问题。建全智能网联汽车信息安全管理需求，制定智能网联汽车信息安全技术标准和信息安全测试规范，建立智能网联汽车信息安全应急响应体系，成为未来智能网联汽车需要长远解决的问题。

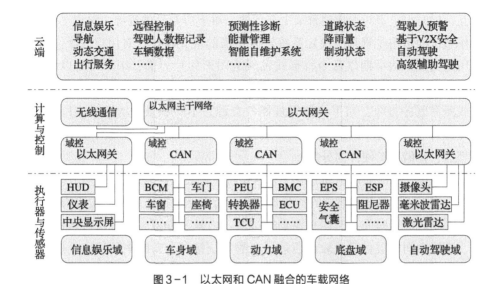

图 3-1 以太网和 CAN 融合的车载网络

同时，随着汽车电子电气架构的升级，传统线束复杂度增加，车载短距无线通信技术将越来越受到行业的关注。对于车内通信来说，在成本控制、汽车轻量化以及灵活部署等方面的诉求驱动下，部分基于车内有线通信的车载应用呈现出无线化趋势。而车载应用的无线化也对传统无线短距通信技术在低时延、高可靠、精同步、高并发、高信息安全和低功耗等方面提出更加严苛的需求。因此，急需能够满足业务需求和发展趋势的无线短距通信技术。

3.1.5 操作系统

操作系统是支撑智能网联汽车驾驶自动化功能实现和安全可靠运行的软件集合，是车载智能计算基础平台的核心部分。智能网联汽车操作系统是一种对汽车硬件、软件资源程序进行管理的系统，主要具备自主判断路况、设定行驶策略、控制硬件执行策略的功能，同时也具有良好的人机交互性，人工可以实时查看系统控制情况并进行接管。在系统构成上，智能网联汽车操作系统主要由应用框架与应用引擎接口、运行平台层、中间件、内核组成，且同时与汽车应用软件、用户、车载硬件进行交互连接，实际应用时具有良好的灵活性与便捷性[6]。

软件定义汽车大趋势下，操作系统是汽车生态发展的关键。操作系统在智能汽车生态中发挥着承上启下的作用，不仅负责智能汽车对内管理、对外交互，同时也负责对上构建繁荣生态环境、对下协调硬件资源。对汽车内部，操作系统的作用是管理，决定系统资源供需的优先次序；对用户，操作系统作用是交互，从早期以命令行形式发展为图形用户界面，未来可能以语音、行为等智能交互方式为主。在汽车内部，操作系统对上管理和调度应用软件完成所需服务指令；对下协调管理硬件资源。不同场景、功能对应用算法、芯片算力等要求均不同，操作系统的任务是在相互竞争程序之间有序控制对处理器、存储器等硬件的分配。

车控操作系统采用纵向分层（包含系统软件和功能软件）、横向分区（包括安全车控操作系统、智能驾驶操作系统、智能座舱操作系统）式架构。

系统软件纵向分为跨内核驱动框架层、内核及虚拟化管理层、系统接口层、系统中间件层。系统软件通过标准的系统接口、系统中间件向上层提供服务，实现与功能软件的解耦；通过跨内核驱动框架（包括 AI 驱动、BSP 等各类驱动）、硬件抽象层，实现与硬件平台的解耦。面向复杂驾驶场景的车控操作系统内核层需要实现多内核设计。操作系统内核主要负责管理汽车的硬件资源，并为上层软件提供进程、线程、内存、网络和安全等基础支持。这些内核可兼容 Classic AUTOSAR 和 Adaptive AUTOSAR 所规定的需求。车载智能计算基础平台异构分布硬件架构中，不同单元加载的内核应具有不同的功能安全等级：支持 AI 计算单元的操作系统内核功能安全等级为 ASIL-B；支持通用计算单元的操作系统内核功能安全等级为 ASIL-B；支持控制单元的操作系统内核功能安全等级为 ASIL-D。这就需要安全等级不同的多内核设计，或者单个内核支持不同功能安全等级应用的设计。

功能软件根据各类智能驾驶功能的核心共性需求，定义和实现共性的功能组件，并通过标准的应用软件接口及服务，向上层应用软件提供服务，实现与应用软件的解耦。功能中间件是功能软件的核心和驱动部分，由数据抽象、数据流框架、车云协同框架、安全框架组成。一方面，针对智能驾驶产生的安全和产品化共性需求，通过设计和实现通用框架模块来满足这些共性需求，是保障智能驾驶系统实时、安全、可扩展和可定制的基础。另一方面，随着高阶智驾应用的逐步实现，面对更复杂更多样的场景，可以通过车云协同框架对云端的强大算力和存储资源进行利用，实现对大规模数据的高效处理和分析，以及利用云端的算法和模型进行更复杂和更高级的决策和规划，提高智能驾驶系统的感知、决策和控制能力[7]。

智能网联汽车操作系统横向分区包括安全车控操作系统、智能驾驶操作系统和智能座舱操作系统。

（1）安全车控操作系统

安全车控操作系统主要面向经典车辆控制领域，如动力系统、底盘系统和车身系统等，该类操作系统对实时性和安全性要求极高，生态发展已趋于成熟。

安全车控操作系统主要是实时操作系统（Real-Time Operating System，RTOS），主要应用对象是ECU。ECU对安全车控操作系统最基本的要求是高实时性，系统需要在规定时间内完成资源分配、任务同步等指定动作。嵌入式实时操作系统具有高可靠性、实时性、交互性以及多路性的优势，系统响应极高，通常在毫秒或者微秒级别，满足了高实时性的要求。

目前，主流的安全车控操作系统都兼容OSEK/VDX和Classic AUTOSAR这两类汽车电子软件标准。其中，Classic AUTOSAR平台基于OSEK/VDX标准，定义了安全车载操作系统的技术规范。

（2）智能驾驶操作系统

智能驾驶操作系统主要面向智能驾驶领域，应用于智能驾驶域控制器，该类操作系统对安全性和可靠性要求较高，同时对性能和运算能力的要求也较高。该类操作系统目前在全世界范围内日趋成熟，但生态尚未完备。

随着智能化、网联化技术的发展，智能汽车感知融合、决策规划和控制执行功能带来了更为复杂算法并产生大量的数据，需要更高的计算能力与数据通信能力。基于OSEK/VDX和Classic AUTOSAR软件架构的安全车载操作系统已经不能满足未来自动驾驶汽车的发展需求，AUTOSAR组织为面向更复杂的域控制器和中央计算平台的集中式电子电气架构推出Adaptive AUTOSAR平台。

Adaptive AUTOSAR定义采用了基于POSIX标准的操作系统，可以为支持POSIX标准的操作系统及不同的应用需求提供标准化的平台接口和应用服务，主要是为了适应汽车智能化的发展需求。Adaptive AUTOSAR处于发展初期，其生态建设获得Tier1、主机厂的普遍认可尚需时日。

（3）智能座舱操作系统

智能座舱操作系统主要为汽车信息娱乐服务以及车内人机交互提供控制平台，是汽车实现座舱智能化与多源信息融合的运行环境。智能座舱操作系统实现系统管理和控制智能汽车硬件与软件资源的底层，为上层应用、人机界面（Human Machine Interface，HMI）、数据连接提供接口和运行环境。

主流车型的智能座舱操作主要包括 QNX、Linux、Android 等。传统智能座舱操作系统中 QNX 占据了绝大部分份额，现阶段主流车企智能座舱操作系统通用做法是基于虚拟机技术支持多个操作系统，采用 QNX + Linux 或者是 QNX + Android 的组合方案。近年来智能座舱的娱乐与信息服务属性越发凸显，开源的 Linux 以及在手机端拥有大量成熟信息服务资源的 Android 被众多主机厂青睐，成为后起之秀。此外，国外少量车型还采用了 Win CE 等作为智能座舱操作系统[8]。

国产化操作系统起步较晚，底层的操作系统、中间件等由于开发难度大、生态建立困难，外加基础软件研发周期长，投入消耗巨大，导致在手机、PC 领域操作系统基本被欧美企业垄断。车载操作系统的 80% 市场份额也被 QNX、Linux、Android 等国外厂商占据。国内企业已经推出多款自主研发的操作系统内核，如斑马 AliOS、华为鸿蒙 OS 等车载操作系统已开源并开始商用。部分内核基于 Linux，功能全面、高效灵活、生态健全，能广泛支持芯片、硬件环境及应用程序。部分芯片企业基于自研 SoC 芯片对 Linux 和 RTOS 进行定制优化，在增加功能的同时注重强化安全性，实现对部分 CPU 和内存资源的保护，以满足功能安全等级要求。

3.2 智能座舱

座舱一词由飞机和船舶行业引进而来，"舱"指飞机或船的内部空间，舱体则可分为驾驶舱、客舱、货舱等。而汽车座舱可以简单理解为传统的驾驶舱和客舱的组合，也就是车内的驾驶和乘坐空间。智能座舱则是随着智能汽车而产生的，是指配备了智能化和网联化的车载产品，从而可以与人、路、车本身进行智能交互的座舱，是人车关系从工具向伙伴演进的重要纽带和关键节点[9]。

现阶段智能座舱的发展主要涵盖座舱内饰和座舱电子领域的创新与协同，从消费者应用场景角度出发而构建的人机交互体系，通过人机界面的设计与技术创新，提供更加智能、便捷和舒适的用户体验。未来智能座舱的形态将是"智能移动空间"，在 5G 和车联网广泛应用普及的前提下，汽车座舱将摆脱仅仅局限于"驾驶"这一单一场景，演变为集"家居、娱乐、工作、社交"为一体的移动空间。

3.2.1　智能座舱发展阶段

汽车座舱由传统驾驶舱朝着智能化、数字化方向发展，根据汽车自动驾驶分级，智能座舱的发展大致可分为电子座舱、智能助理、人机共驾以及智能移动空间4个阶段，当前正处于由智能助理向人机共驾发展阶段[10]。

1. 电子座舱阶段

电子座舱阶段起步于车载信息娱乐系统，最早可追溯至1924年的车载收音机；随后，2001年宝马引入中央显示屏，中央显示屏开始进入汽车座舱；然后，2006年美国开放了民用化的GPS，基于触屏显示的车载功能成为推动座舱电子化发展的重要动力；此后，2018年来自伟世通和安波福两个主流的电子座舱域控制器方案开始推向市场。

本阶段智能座舱的进展主要集中在基础技术层面，通过将汽车的电子信息系统逐步整合，组成"电子座舱域"，并形成系统分层，决定了汽车新的软硬件定义方法。在这个阶段，传统分散的座舱体系逐步发展融合成为一个集合整体，衍生出后续的多屏联动、多屏驾驶等复杂座舱功能，这也催生出座舱域控制器这种域集中式的计算平台。硬件的整合在成本和技术两个方面体现出价值。首先，集成化的硬件方案可以减少功能复杂化后带来的座舱硬件成本上升。其次，集中式的方案可以统一通信架构，降低设计难度，并提高技术效率。

2. 智能助理阶段

在智能助理阶段，生物识别技术和人机交互技术的加入推动了驾驶人监控设备的迭代和车辆内部感知能力的增强。在这个阶段，车辆设置了独立的感知层并升级了交互功能，从而使车辆的环境感知、决策和控制能力逐渐增强。

首先，独立感知层的形成使车辆能够"感知"并"理解"驾驶人。智能座舱通过独立感知层，可以获取车内的视觉（光学）数据、语音（声学）数据以及来自车辆底盘和车身的信息，例如方向盘、制动踏板、加速踏板、档位和安全带等，然后再通过生物识别技术，如人脸识别和语音识别，综合判断驾乘人的生理状态和行为状态，实现对驾驶人的"理解"。并根据具体场景，提供"车对人"的主动交互，减轻驾驶人在驾驶过程中"人对车"的负担，并有效改善交互体验。

其次，交互方式得到了升级，车内的交互手段不再局限于传统的"物理按键交互"（硬开关），而是发展到了多种交互方式并存的状态，包括"触屏交互"（软开关）、"语音交互"和"手势交互"等。尤其是随着自动驾驶对车内视觉感知要求的不断提高，基于视觉的驾驶人监控技术在车舱内得到更加快速的落地应用，而这种技术的普及，大大增强了智能汽车的感知能力，并推动了智能助理的前身——多模交互技术在智能座舱中的落地实现。

3. 人机共驾阶段

此阶段，随着电子电气架构由采用分布式架构的 ECU 向域控制器过渡，自动驾驶等级的提高以及车载信息娱乐系统的算力增强，ADAS 也得到增强。在这些关键因素驱动下，车辆可在上车 - 行驶 - 下车的整个用车周期中，主动感知驾乘人需求，并为驾乘人主动提供个性化、场景化的服务。在某些情况下，系统通过对车内外传感器收集的数据进行分析，自动激活车辆的功能，实现车辆初步的自主或半自主决策。智能座舱还可对大量的车外道路环境信息进行筛选，并结合车内指令（如目的地选择）进行优先级判定，并将最重要的信息呈现给驾驶人。此外，智能座舱还能基于车内感知系统（Intelligent Video Surveillance，IVS），监测驾驶人健康状况与行为，并给予相应的提醒。

同时，随着座舱域、动力域和底盘域的相互融合，达到足够功能安全等级后，座舱控制域可以直接调用自动驾驶域的驾驶服务，进行车辆的驾驶控制，实现人机共驾新模式。经过对座舱域系统的系统架构和软硬件的安全升级，智能助理将弥补"驾驶控制"这个最后的短板，朝着成为"全能智能助理"的目标迈进。

在人机共驾阶段，语音控制和手势控制技术实现了突破，车内感知和车外感知的结合使得智能汽车实现了车辆感知精细化，这一阶段的特点是将座舱与自动驾驶技术高度集成，弱化了对驾驶人的驾驶要求。

4. 智能移动空间阶段

智能移动空间阶段也称作第三生活空间阶段，该阶段座舱与自动驾驶技术高度集成，弱化了对驾驶人的驾驶要求，以用户为中心，使用场景将更生活化、丰富化，具备娱乐、生活、信息、互联等多方位场景化功能，为用户提供更加随心、愉悦、便捷的沉浸式体验。

在这个阶段，将基于车辆位置，融合信息、娱乐、订餐、互联等功能，为消费者提供更加便捷的体验，包括但不限于提供出行规划、主动订餐、智能内容推送、影音娱乐、自动停车 + 充电 + 找车、自动付费等服务，在这种环境下，驾乘人员在车上就可以体验线上线下的无缝联动，享受便利的服务。此时，车辆被视为"第三生活空间"，带有独特的移动属性，它不仅是一个交通工具，还是一个具有独特功能的生活空间，使消费者能够在移动中享受与传统生活场所相似的便捷和舒适，为消费者带来更加便利、愉悦的体验，使他们能够在移动的同时完成各种任务和享受多样化的娱乐与生活体验。

目前智能座舱正处于由智能助理阶段向人机共驾阶段发展。在硬件方面，座舱内部的实体按键被简化，大屏化、多屏化趋势显著；在软件方面，语音交互技术被广泛应用，人脸识别技术和手势识别技术也被尝试，座舱所能实现的功能趋于多样化[11]。随着自动驾驶技术的不断进步，智能座舱将不断优化现有功能，确保用户数据安全以及座舱布局更人性化和合理化，为驾驶人和乘客带来更智能、便捷和个性化的驾乘体验。

3.2.2　智能座舱系统架构

智能座舱的系统架构主要由底层硬件层、中间软件层和上层服务层构成[12]，如图 3 - 2 所示。

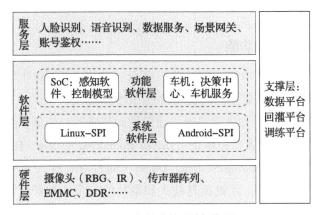

图 3 - 2　智能座舱系统架构图

底层为硬件层，包括座舱系统所需的硬件组件，如摄像头、传声器阵列、内嵌式存储器（磁盘）（Embedded Multi-Media Card，EMMC）、内存（Double Data Rate SDRAM，DDR SDRAM）等，这些硬件组件负责采集、处理和存储座舱系统所需的数据。

中间层为座舱系统的核心部分，包含系统软件层和功能软件层。系统软件层包括操作驾驶域系统驱动（Linux SPI）和座舱域系统驱动（Android SPI），这些系统驱动负责底层硬件的管理和控制，以及与上层系统的交互。功能软件层包括感知软件、控制模型、决策中心、车机服务，其中感知软件包括与智能驾驶公用部分的感知软件和智能座舱自身域的感知软件等，用于从车辆和座舱的传感器数据中提取、分析和处理有效信息；控制模型则基于感知的信息执行相应的控制策略；决策中心可通过感知 SDK 建立场景 SDK 进而开展对应的智能决策；车机服务包括系统控制、车身控制、数据服务、OTA、底盘状态及车身数据等内容。

上层为服务层，这一层提供了与用户交互和服务的接口，包含启用摄像头人脸识别、语音识别、数据服务、场景网关、账号鉴权功能等，这些服务通过与用户的互动，提供个性化和智能化的座舱体验。

右侧支撑层是支撑软件的快速开发工具，也称成长平台，它提供了开发、测试、部署和管理座舱系统的工具和环境，用于加速软件的开发和迭代。

这种系统架构使得智能座舱能够有效集成和管理座舱内各种硬件设备和软件功能，并提供丰富的体验和服务选项。同时，底层硬件、中间层软件和上层服务之间的分层关系也使得系统的维护和升级更加灵活。

3.2.3　智能座舱功能

汽车座舱的智能化功能主要分为三部分，分别为车内/外环境感知，视觉、听觉等多模态人机交互，以及统筹感知计算的车联网[13]，如图 3 - 3 所示。其中车内/外环境感知主要是通过座舱内的传感器对车辆状态、人、环境等进行监测，例如驾驶人监控系统（Driver Monitoring System，DMS）、乘员监控系统（Occupant Monitoring System，OMS），通过对驾驶人和乘员的状态进行实时监测和适当提醒，以提高驾驶人和乘员的安全性和舒适性。视觉、听觉等多模态人机交互则是通过多模交互，让座舱具备自然、直观、便捷的交互方式，使驾乘人员可以更加方便快捷地控制车辆。统筹感知计算的车联网则涵盖了智能驾驶和车载系统两方面，一方面依托车联网技术实现车辆与其他车辆、道路和云端的智能连接，以实现车辆之间的信息共享和协同，另一方面则是可以通过无线网络实现座舱系统的远程升级和更新以及手机远程控制，优化驾乘体验。

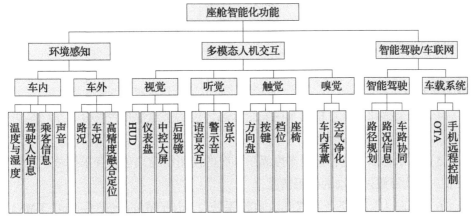

图 3-3　智能座舱功能示意图

1. 车内和车外环境感知功能

智能座舱感知系统包括车内和车外两部分，是一种基于人工智能技术的汽车座舱智能化系统，通过在车内和车外装置系列传感器设备，对车内和车外环境进行感知与识别，为驾乘人员提供更加智能化、舒适化的驾乘体验。

（1）车内环境感知系统

智能座舱车内环境感知系统主要是通过多种传感器感知车内环境，包括温度、湿度、气压、光线、空气质量等参数，以及检测车内乘客的数量、位置、行为等，同时还可以通过摄像头、声音传感器等感知驾驶人和乘客的状态，如是否疲劳、是否分心等，并基于这些信息进行智能分析和判断，提供相应的预警、提示和操作，以确保车内环境舒适和安全。

例如通过环境感知，座舱系统可以实时监测车内外的温度、湿度、空气质量、光线等因素，依据这些数据来自动调节车内温度、空气质量、音乐播放、灯光亮度，从而为驾乘者提供最适宜的乘坐环境，有效提高驾乘者的舒适度和驾驶体验。通过人脸识别，座舱系统可以识别驾驶人的身份，并监测其疲劳程度、注意力集中度等，及时提醒驾驶人休息或调整状态，避免因疲劳驾驶而发生交通事故。同时，该系统还可以监测乘客的状态，如是否系好安全带、是否有儿童在车内等，提高车内安全性。

通常情况下，智能座舱车内感知系统包括以下几大系统：

1）气体感知系统：检测车内空气质量，包括二氧化碳、甲醛、苯等有害气体的浓度，以及温度、湿度等参数。

2）噪声感知系统：检测车内噪声水平，包括发动机噪声、路面噪声、车内娱乐系统等噪声源的分贝值。

3）光线感知系统：检测车内光线水平，包括外部光线强度、车内灯光亮度等参数。

4）安全感知系统：检测车内安全状态，包括安全带是否系好、车门是否关闭、车窗是否关闭等参数。

5）娱乐感知系统：检测车内娱乐系统的使用情况，包括音乐播放、视频播放、游戏等娱乐活动的使用情况。

6）驾驶人监控系统：驾驶人监控系统（Driver Monitoring System，DMS）是利用座舱内摄像头、近红外线等传感器，基于面部特征分析、头部姿态追踪、视线追踪、面部表情和情绪识别、身体姿势追踪和物体侦测等关键技术，实现对驾驶人的身份识别，以及疲劳驾驶、分心驾驶等危险行为的监测功能。主流DMS方案采用近红外摄像头拍摄驾驶人眼球运动、面部表情，进行计算和AI识别，分析出驾驶人疲劳、分心、危险驾驶等动作信号，以此来提醒驾驶人。

7）乘客监控系统：乘客监控系统（Occupant Monitoring System，OMS）是DMS系统的延伸，可以通过监测座舱内乘客的状态来进一步提升安全性能。比如OMS能够监测儿童或宠物是否遗留在车内，还可以检测人员是否使用安全带。交互或娱乐方面，也可以利用OMS摄像头完成手势识别、情绪识别、视频聊天等功能。

8）后排盲区监测系统：后排盲区监测系统［Rear（View）Monitor System，RMS］通过使用车辆的传感器和电子控制单元来监测后排座位的状态，并在车辆停止后发出警告声和视觉提示，以提醒驾驶人检查后排座位，这种技术可以避免在车辆停放时忘记乘客或物品而导致的意外事件。

（2）车外环境感知系统

车外环境感知系统通过各激光雷达、毫米波雷达、摄像头等传感设备，实时感知车辆周围的环境和道路状况，如车辆周围的物体、距离、速度等参数，以及道路标志、车道线、交通信号灯等，并向驾驶人提供相关的警告和提示，帮助驾驶人做出更明智的决策，提高驾驶安全性，这部分功能通常与自动驾驶技术和高精度地图等信息融合，提供更全面的驾驶辅助和安全功能。

例如通过雷达、摄像头等设备感知周围车辆和障碍物的距离，提供智能化的自动驾驶辅助功能；通过识别到的车辆周围的交通情况和道路状况，如路面湿滑、路面障碍等，自动调整车辆的速度和行驶路线，以确保驾驶的安全和效率；通过路况传感器感知路面情况，自动调节悬架系统，提供更加平稳的驾乘体验；通过天气传感器感知天气情况，自动调节空调、刮水器等设备，提供更加安全、舒适的驾乘环境；此外，智能座舱车外感知系统还可以与其他车载系统集成，如自动驾驶系统、自适应巡航控制系统等，以实现自动泊车、自动制动、自动变道等更高级别的自动驾驶功能，以减轻驾驶人的驾驶负担。

通常情况下，智能座舱车外感知系统包括以下几大系统：

1）盲区监测系统。盲区监测系统（Blind Spot Detection，BSD）通常使用雷达或摄像头等传感器来监测车辆周围的盲区，当其他车辆或物体进入盲区时，系统会发出警告声或闪烁警示灯，提醒驾驶人。

2）360°环景监视系统。360°环景监视系统（Around View Monitoring，AVM）通常包括前、后、左、右四个摄像头，通过使用多个摄像头捕捉车辆周围的图像，并将这些图像合成为一个全景图像，以帮助驾驶人更好地了解车辆的位置和周围的环境。

3）行车记录仪。行车记录仪（Digital Video Recorder，DVR）通常由一个摄像头和一个储存设备组成，摄像头可以拍摄车辆前方景象，储存设备可以记录视频和声音，并将其保存在内置的存储卡或硬盘中。可帮助驾驶人记录行车过程中的事故或违规行为，也可以作为证据提交给保险公司或警方。

4）先进驾驶辅助系统。先进驾驶辅助系统（Advanced Driver Assistance System，ADAS）是一种集成了多种先进技术的汽车驾驶辅助系统。它可以通过传感器、摄像头、雷达等设备实时监测车辆周围的环境和道路状况，提供给驾驶人辅助和支持，从而提高驾驶安全性和舒适性。

2. 多模态人机交互功能

所谓"模态"（Modality），是德国生理学家赫尔姆霍茨提出的一种生物学概念，即生物凭借感知器官与经验来接收信息的通道。目前智能座舱中的人机交互内容主要通过视觉、听觉、触觉、嗅觉4种模态实现。几个模态在智能座舱中对应的载体具体如下：和视觉相关的载体主要有抬头显示器（Head-Up Display，HUD）、中控显示屏、仪表盘、后视镜、氛围灯；和听觉相关的载体主要有语音交互、警示音、音乐；和触觉相关的载体主要有方向盘、按键、中控、变速杆、座椅、安全带；和嗅觉有关的载体主要是车内香薰、空气净化等。

HUD 又称平视显示器，是将车速、油耗、胎压、中控娱乐信息等显示在前风窗玻璃上的系统。车载 HUD 能够降低低头观察仪表的频率，提高驾驶安全性。HUD 系统由投影单元和显示介质两大关键部件组成。投影单元内部的控制单元通过车辆数据总线获取车况、路况、导航等信息，并通过投影仪输出图像。成像载体主要是半透明树脂玻璃和汽车前风窗玻璃。根据显示方式不同，分为组合式抬头显示器（Combiner Head-Up Display，C-HUD）、风窗玻璃型抬头显示器（Windshield Head-Up Display，W-HUD）和增强现实抬头显示器（Augmented Reality Head-Up Display，AR-HUD）。C-HUD 将图像与信息投射到一块单独玻璃。W-HUD 将图像与信息投射到汽车前风窗玻璃。AR-HUD 采用 AR 技术投射到前风窗玻璃。

相较传统 HUD，AR-HUD 成像区域更广、显示能力更佳。最初的 C-HUD 成像区域仅为一小块前置的树脂半透明玻璃，视场角（Field of View，FOV）仅为 $5° \times (1° \sim 4°)$、投射面积仅为 $6 \sim 8$in（in 代表屏幕对角线长度），显示内容非常有限。W-HUD 成像区域为部分的前风窗玻璃，FOV 为 $10° \times 4°$、投射面积提升至 $7 \sim 15$in，成像区域有一定提升。而 AR-HUD 由于要满足虚实相融的信息展示，成像区域必须更大，FOV 提升至 $13° \times 5°$ 及以上、投射面积大幅扩展至 20in 以上。更大、更好的显示让 AR-HUD 能反馈更多安全驾驶所需的信息，提升驾驶安全。受限于屏幕显示范围，C-HUD 仅能显示车速、导航、油量等仪表盘上最关键的一类驾驶信息；W-HUD 在此基础上，虽融入了更多二类驾驶辅助信息，如娱乐信息、来电显示、实时路况等，但仍无法实现虚实融合。AR-HUD 则很好地运用 AR 技术对更多更全面的道路驾驶信息进行实时反馈，大幅提升驾驶安全。

与传统的机械仪表盘相比，液晶仪表盘用屏幕取代指针，除提供涡轮压力、加速、制动等车辆信息，还支持导航地图、多媒体功能等。短期内液晶仪表盘仍是主流选择，但部分车型的汽车仪表盘已不再独立出现，液晶仪表行业或面临技术变革。未来，中控显示屏、流媒体后视镜、HUD 等都可能代替仪表功能。

中控显示屏是座舱内最大的车载屏，是车载信息娱乐系统功能的主要端口。液晶中控渗透率处于高位，大屏化、高清化、交互多模态化和多屏化助力市场规模增长。

传统后视镜存在视野宽度不足、易受天气影响、观看三镜存在时差盲点的缺陷。流媒体后视镜在构成上以屏幕代替传统镜面，配备外置摄像头拍摄获取路况代替人眼，支持流媒体、物理后视镜两种显示模式，能有效规避传统后视镜缺陷。

（1）多模交互的必要性

整个智能座舱大部分的信息假如都放在视觉通道里面，这无疑会增加驾驶人的认知负荷，单模态交互难以满足复杂的驾驶场景，各模块彼此间的关联性不强，大大降低了信息感知的价值。这就需要综合运用语音交互、机器视觉、触觉监控（方向盘脱手检测、座椅乘员检测分类等）甚至嗅觉等其他传感器智能技术的多模态人机交互。

一方面多模交互可以提高交互准确性，例如单独的语音交互，不可避免遇到噪声、回声、识别不清晰等状况，而通过获取图像、眼神、表情甚至血压心率等传感器信息与语音互补，可以融合多种不同的信息源，降低误交互率。

另一方面从易用性角度，可通过结合各模态的优势，更直观、便捷、更高效地为驾乘人员提供所需信息，减少驾驶人精力分散，使驾乘人员可以更加方便快捷地控制车辆。例如在完成确定导航目的地这一动作时，传统的视觉＋触觉交互需要结合触摸按键、输入文字、滑动屏幕或旋转旋钮来实现，而融合语音交互后，使用语音输入与屏幕选项结合的方式确定导航地点，可以大幅降低导航设置动作所需的时间。

（2）针对不同信息的多模交互

现阶段座舱多模交互内容主要包括安全性信息和娱乐信息。其中安全行车信息包括车况信息、路况信息、环境信息等，是驾驶人员完成行车任务的必要信息。娱乐信息包括电影、游戏等非驾驶人员，或驾驶人员在非行驶状态下进行的娱乐交互信息。

1）针对安全性信息的多模交互。针对安全行车信息，目前有不同的模态结合技术路径，包括视觉＋语音、视觉＋触觉、语音＋手势。首先是视觉＋

语音，语音交互如果不与其他模态融合，通常很难预判发出的指令处于哪个状态，可以通过拟人化表情形象，在进行语音交互时，以视觉模态作补充，利用屏幕表情增加与驾驶人的视觉联系；然后是视觉＋触觉，以车道偏离预警系统为例，当打开车道辅助时，方向盘会通过抖动的方式来提示目前车辆压线，降低驾驶人在开车时低头看仪表盘的频率；最后是语音＋手势，以某款车手势控制为例，支持左右挥动、上下挥动和前后推动 3 种动态手势及 5 种静态手势，涵盖确认、自拍、接听/拒接电话和播放/暂停等多种常用功能，结合四音区语音系统实现语音＋手势的交互。

现阶段驾驶人的手 – 脑 – 眼资源需集中在获取安全行车信息，而通过视觉模态获取车况信息、路况信息、环境等信息仍将是主导交互模态，其他模态作为补充。故而针对安全行驶信息所使用的模态并非越多越好，首先需要考虑的是交互设计的安全性和准确率，例如驾驶人的视线不能够离开车辆行驶方向太久，手也需要做到尽量不离开方向盘。

基于这一分析，视觉＋语音路径是目前针对安全行车信息交互的优选路径。随着视觉模态 HUD 技术、电子外后视镜和 DMS 技术的发展，驾驶人将可在不低头的情况下获取更多的驾驶相关信息。同时，车载语音识别准确率已经从 2011 年的 60% 增长至 2021 年的 98%。驾驶时的电话、音乐需求也可以通过语音模态在不过多占用驾驶人视线的前提下完成，语音系统也可以通过声纹识别，结合视觉模态感知做到身份验证，提高交互安全性。

2）针对娱乐性信息的多模交互。针对娱乐性信息，目前有以下模态结合技术路径，包括视觉＋语音、视觉＋语音＋触觉、视觉＋语音＋触觉＋嗅觉。首先是视觉＋语音，通过与 KTV 曲库 App 合作，结合影音硬件，可以使座舱化身"移动 K 歌房"；然后是视觉＋语音＋触觉，可以在前排乘客侧屏、后排娱乐屏实现外接设备投屏，可以直接连接 Switch、手机、平板电脑投屏，化身"移动游戏空间"；最后是视觉＋语音＋触觉＋嗅觉，可以通过视觉模态的座舱内多屏联动与氛围灯、听觉模态的四音区对话语音助手、触觉模态的音乐律动座椅、嗅觉模态的香氛切换系统打造"5D 音乐座舱"。

终端用户在快节奏的移动互联网生活中，已逐步养成了碎片化娱乐的习惯，即实时的、个性化的交互体验。在座舱内娱乐场景下，这种习惯也将影响用户对座舱多模交互的期待。基于这一背景，不同于针对安全行车信息高准确率、高效的要求，消费者对座舱内娱乐信息丰富的体验需求更为关注。

根据 IHS Markit 的调研结果，在智能手机陪伴成长的新生代消费者购车关键要素中，座舱内科技配置水平成为仅次于安全配置的第二类关键要素，其重要程度甚至已超过动力、空间与价格等传统购车关键要素。

基于这一分析，视觉＋语音＋触觉＋嗅觉是目前针对娱乐信息交互的优选路径。视觉模态可以通过更清晰的显示技术（例如高分辨率的大屏、联屏与投影）增加不同的交互场景；语音模态可以通过声源定位，为不同座位的乘客提供个性化的交互方式；触觉模态日渐成熟的智能表面技术使触控不再拘泥于屏幕形态；嗅觉模态可以实现个性化的气味与出香算法。这些多种通信通道（模态）输入，将打造智能化、科技感、个性化的智能座舱。

3. 统筹感知计算的车联网功能

统筹感知计算的车联网则包括车载系统和智能驾驶两部分，一方面通过无线网络实现车内系统的升级和更新以及手机远程控制，优化驾乘体验，另一方面则是依托车联网技术实现车辆与其他车辆、道路和云端的智能连接，以实现车辆之间的信息共享。

（1）远程升级功能

远程升级（Over-the-Air，OTA）技术是指通过无线网络（3G/4G/5G 或 Wi-Fi）对车辆座舱系统进行远程升级的功能。这种功能可以让车主在不到车厂的情况下，通过车辆的无线网络连接，直接从云端下载最新的软件版本，以更新车辆的座舱系统。简单来说，OTA 技术实现分三步：首先将更新软件上传到 OTA 中心，然后 OTA 中心无线传输更新软件到车辆端，最后车辆端自动更新软件[14]。

而且随着汽车行业进入"软件定义汽车"时代，汽车行业商业模式面临变革，汽车的卖点由一次性交付的硬件集成向持续性收费的软件服务转变，对售后汽车售卖各种各样功能的新商业模式兴起，这也要求汽车必须具备 OTA 功能。目前国内外各大车企纷纷启动 OTA 升级的车载系统更新计划，整车 OTA 升级俨然已经成了刺激销量的新"财富密码"。

目前 OTA 主要包括固件在线升级（Firmware-Over-the-Air，FOTA）和软件在线升级（Software-Over-the-Air，SOTA）两种典型模式。FOTA 是指不改变车辆原有配件的前提下，通过写入新的固件程序，使拥有联网功能的设备进行升级，主要服务于自动驾驶、车身控制和动力系统，例如车辆的发动机、电机、变速器、底盘等控制系统等。SOTA 是在操作系统的基础上对应用程序进行升级，目前主要服务于车载信息和娱乐系统，例如那些离用户更近的应用程序、UI 界面和车载地图、人机交互界面等。

从应用现状来看，目前仅有少数车型能够提供整车 FOTA，大多数车型能够做到的 OTA 还只是将软件升级包发送至车内的 T-BOX，而不能实现 ECU 层面的软件升级。FOTA 能够深层次改变汽车控制系统、管理系统及性能表现，比 SOTA 在技术实现上难度更大。FOTA 涉及控制器核心功能（控制策略）的系统性更新，对整车性能影响较大，升级过程对时序、稳定性、安全性要求极高，同时升级前置条件包括档位、电量、车速等要求，因而升级过程一般不支持车辆运行。作为车辆应用软件的底层载体，操作系统是汽车 OTA 得以实现的关键支撑技术，尤其 FOTA 固件更新。

OTA 升级作为一种方便、快捷、安全的升级方式，可以为车主带来更好的驾驶体验和服务，其优点主要如下：

1）方便快捷：车主不需要到车厂进行升级，只需要在车辆连接到无线网络的情况下，就可以直接进行升级。

2）及时更新：车辆座舱系统可以及时更新，以保持最新的功能和性能。

3）提高安全性：通过升级软件，可以修复已知的漏洞和安全问题，提高车辆的安全性。

4）降低维护成本：通过远程升级，可以减少车主到车厂的次数，降低维护成本和时间。

随着汽车 OTA 升级技术快速增长，中国出台了多项与汽车 OTA 升级相关的政策标准，对智能网联汽车软件升级相关工作和要求进行了明确，对 OTA 管理有了积极的进展。其中，工信部从生产企业及产品准入角度出台《关于加强智能网联汽车生产企业及产品准入管理的意见》《关于开展汽车软件在线升级备案的通知》等政策；市场监管总局从产品召回、认证认可角度出台《关于进一步加强汽车远程升级（OTA）技术召回监管的通知》《关于汽车远程升级（OTA）技术召回备案的补充通知》等政策。随着 OTA 技术的广泛应用，两部委的监管趋严，共同规范汽车 OTA 行业，整顿市场秩序，向标准化和规范化发展。

（2）手机远程功能

基于远程控制功能可以实现服务场景的无缝流转，即使身处远方，也能做到用手机远程控制车灯、空调、车门、车窗，以实现更加便捷的操作和控制。一方面可以让车主在准备开车前/离开车辆后，通过手机应用远程关闭车辆的座椅加热、空调等，以节省能源和延长电池寿命，另一方面可让车主随时了解车辆的状态和位置，以便更好地管理车辆。

手机远程控制智能座舱具体包括以下功能：

1）温度控制：可以通过手机远程控制智能座舱的空调系统，调整车内温度，让车辆在驾乘者到达前预热或预冷，使得车内环境更加舒适。

2）座椅控制：可以通过手机远程控制智能座舱的座椅系统，调整座椅的高低、前后、倾斜等参数，让驾乘者更加舒适。

3）音响控制：可以通过手机远程控制智能座舱的音响系统，调整音量、音效等参数，享受更加优质的音乐体验。

4）导航控制：可以通过手机远程控制智能座舱的导航系统，输入目的地、查看路线等，让驾乘者更加便捷地出行。

5）车辆状态监控：可以通过手机远程控制智能座舱的车辆状态监控系统，查看车辆的油量、电量、里程等参数，及时了解车辆状态。

（3）基于车联网的信息协同功能

未来智能座舱系统将通过车联网、无线通信、远程感应以及全球定位系统（如北斗或GPS）等技术，与车外的基础网联设施、联网设备和云端进行智能连接。

通过与周边环境和其他车辆的信息交互，智能座舱系统可以感知交通信号、道路条件、车外娱乐生活场景等各种信息。这些信息可以用于提供更精准的碰撞预警、道路规划和行驶决策应用，以增强驾驶人的安全性和驾驶体验。

此外，智能座舱系统还能与其他车辆进行信息共享和协同，形成车辆间的协同感知和决策。通过共享实时数据和信息，智能座舱系统可以协同其他车辆，共同应对交通拥堵、交叉路口安全、道路施工等情况，提高交通流畅性和安全性。

这种智能连接的实现离不开车载传感器、通信模块和云端平台的支持。车载传感器用于感知车辆周围的环境和行车状态，通信模块用于与外部设备和云端进行数据交换，云端平台用于存储和分析海量数据，并提供智能决策和服务。

综上所述，通过与车外基础网联设施、联网设备和云端的智能连接，智能座舱系统可以实现信息共享、协同决策和高效驾驶，为自动驾驶感知层和决策层提供有力支持，推动高级别自动驾驶的实现。这将提升行车安全性、驾驶便利性和乘客舒适性，并带来更加智能化和高效的未来交通系统。

3.2.4 智能座舱发展趋势

智能座舱系统将通过人机交互创新、多模态显示与感知、个性化定制、数据安全和隐私保护、车联网云服务整合，以及增强安全和驾驶辅助功能等方面的发展，不断提升驾乘体验，为用户带来更加智能化、舒适化和安全化的汽车座舱环境，并为未来的交通出行带来更多便利和安全性。

（1）人机交互方式的创新

随着人工智能、语音识别和自然语言处理技术的不断进步，智能座舱系统将更加注重人机交互方式的创新。驾驶人和乘客可以通过语音指令、手势控制、触摸屏、虚拟助手等多种方式与座舱系统进行交互，使驾驶人与座舱系统之间的交互更加自然和便捷，提升驾驶乐趣和操作便捷性。

（2）多模态信息显示与感知

智能座舱系统将采用多种信息显示和感知技术，例如 AR-HUD、曲面显示屏等，以提供更丰富、直观和个性化的信息展示方式。此外，智能座舱系统还将整合车辆的传感器数据和外部环境信息，实现更精准的环境感知和驾驶辅助功能。

（3）个性化定制和智能场景适应

智能座舱系统将更加注重个性化定制和智能场景适应能力。驾驶人和乘客可以根据自己的偏好和需求，对座舱系统进行个性化配置，例如座椅调节、音频设置、温度控制等。同时，座舱系统可以通过学习和分析用户的行为和习惯，主动适应不同的驾驶场景和需求，提供更贴合用户需求的服务和体验。

（4）注重数据安全和隐私保护

随着智能座舱系统的发展，数据安全和隐私保护将成为重要的关注点。智能座舱系统将采取严格的数据安全措施，包括数据加密、身份认证、访问控制等，以保护驾驶人和乘客的数据安全。同时，智能座舱系统也需要遵守严格的隐私保护法规，对驾驶人和乘客的个人隐私进行有效保护。

（5）车联网和云服务的整合

智能座舱系统将与车联网和云服务紧密结合，实现车辆和外部世界的无缝连接。通过车联网技术，座舱系统可以实现远程控制、远程诊断、远程升级等功能，为用户提供更便捷的车辆管理和使用体验。同时，通过云服务的整合，座舱可以获取实时的交通数据、路况信息和智能导航服务，并与其他车辆进行信息交换和协同驾驶，此外，座舱还可以通过云端连接进行软件更新和功能扩展，使座舱系统保持最新的功能和技术。

（6）增强安全和驾驶辅助功能

智能座舱系统将继续提升安全性能和驾驶辅助功能。通过与车辆的传感器和控制系统的整合，座舱系统可以提供主动安全功能，例如预警、自动制动、车道保持等。同时，座舱系统还可以通过分析驾驶人行为和生理指标，实时监测驾驶人的疲劳、注意力和情绪状态，并提供相应的警示和提醒。

3.3 智能驾驶

智能驾驶是一项基于先进传感器、感知算法和智能控制系统的创新技术，旨在实现车辆的自主驾驶和智能决策。智能驾驶技术的发展受益于计算机视觉、机器学习和人工智能等领域的快速发展，为实现人类梦寐以求的无人驾驶交通提供了可能。作为汽车和科技的交汇点，自动驾驶技术正逐步改变着我们的出行方式。

SAE International（国际自动机工程师学会）J3016 根据系统执行动态驾驶任务的多少，将驾驶自动化分为 L0 ~ L5 六种不同级别，如图 3 - 4 所示，无人驾驶是智能驾驶的最高层次[15]。

L0 为无自动化（No Automation，NA），即传统汽车，驾驶人执行所有的操作任务，例如转向、制动、加速、减速或泊车等。

L1 为驾驶辅助（Driving Assistant，DA），即能为驾驶人提供驾驶预警或辅助等，例如对方向盘或加速减速中的一项操作提供支持，其余由驾驶人操作。

L2 为部分自动化（Partial Automation，PA），车辆对方向盘和加减速中的多项操作提供驾驶，驾驶人负责其他驾驶操作。

L3 为有条件自动化（Conditional Automation，CA），即由自动驾驶系统完成大部分驾驶操作，驾驶人需要集中注意力以备不时之需。

L4 为高度自动化（High Automation，HA），由车辆完成所有驾驶操作，驾驶人不需要集中注意力，但限定道路和环境条件。

L5 为完全自动化（Full Automation，FA），在任何道路和环境条件下，由自动驾驶系统完成所有的驾驶操作，驾驶人不需要集中注意力。

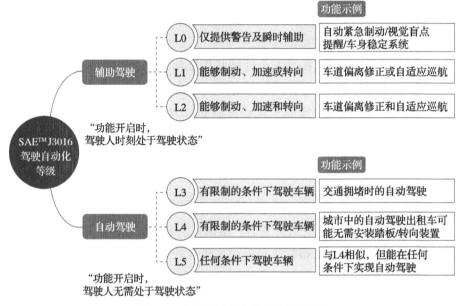

图 3-4　SAE 发布的自动驾驶级别体系

3.3.1　智能驾驶发展阶段

与 SAE J3016 类似，《汽车驾驶自动化分级》（GB/T 40429—2021）是2022 年 3 月 1 日实施的一项中国国家标准，根据驾驶自动化系统所能执行的驾驶任务情况，将驾驶自动化功能分为不同的等级。其中，0～2 级统称为"驾驶辅助"（Driving Assistance），属于低级别的驾驶自动化功能；3～5 级统称为"自动驾驶"（Automated Driving），属于高级别的驾驶自动化功能。

中国将智能驾驶分为 5 个阶段，即辅助驾驶阶段（DA）、部分自动驾驶阶段（PA）、有条件自动驾驶阶段（CA）、高度自动驾驶阶段（HA）和完全自动驾驶阶段（FA），对应 SAE 划分的五个级别 L1、L2、L3、L4、L5[16]。

1. 辅助驾驶阶段（DA）

最早的自动驾驶技术针对驾驶辅助系统进行研发，车辆可以根据前方车辆的速度和距离自动调整车速，保持在车道内行驶。这些系统通过传感器和控制单元实现车辆的自动加速、制动和转向，提高驾驶的舒适性和安全性，驾驶人仍需保持警惕并随时准备接管控制。

基于传感器数据的自适应巡航控制（Adaptive Cruise Control，ACC）系统，是第一个商用的自动驾驶技术，它利用雷达或激光传感器监测前方车辆的距离和速度，并根据这些数据控制车辆的速度和行驶方向。这项技术最早出现在20世纪90年代初期，随后得到了广泛的应用。自适应巡航控制系统是自动驾驶技术发展的重要里程碑，为后来的发展奠定了坚实的基础。

2. 部分自动驾驶阶段（PA）

随着技术的发展，自动驾驶技术逐渐实现了部分自动化，具备更高的自主性。这一阶段的代表是L2或L2+的自动驾驶系统，实现了车辆的自动加速、制动和转向，并能在特定条件下进行部分自主驾驶，但在复杂交通环境或特殊情况下仍需要驾驶人的监控和干预。特定的环境如高速公路上的车道保持辅助系统（Lane Keeping Assist Systems，LKAS）和跟车，适合这个阶段的自动驾驶技术应用。

3. 有条件自动驾驶阶段（CA）

在这个阶段，车辆可以在特定道路条件下实现车辆的完全自主驾驶，如在城市交通或特定区域内。然而，驾驶人仍需随时准备接管车辆，因为在某些情况下，系统可能无法应对突发事件或复杂交通情况。

在之前辅助驾驶阶段的基础上，基于传感器数据和地图信息的自动泊车和道路保持系统，使得自动驾驶技术又向前迈进了一步。利用北斗/GPS、激光雷达、图像识别等技术对车辆周围环境进行监测和分析，并根据地图信息和路标指示实现车辆自主泊车和道路保持。

4. 高度自动驾驶阶段（HA）

自动驾驶技术正朝着高度自动化的目标发展。在高度自动驾驶阶段，车辆可以在绝大多数情况如大部分道路和交通条件下实现车辆的完全自主驾驶，驾驶人不再需要持续监控车辆，可以将注意力放在其他活动上。系统可以应对大多数交通情况和复杂性，但在极端情况下，驾驶人可能需要介入。

这一阶段的技术要求包括高精度的感知系统、智能决策和控制系统以及高度可靠的安全保障措施。

5. 完全自动驾驶阶段（FA）

这是最高级别的自动驾驶技术阶段，车辆可以在任何情况下都完全自动驾驶，不需要人类驾驶人的参与。这需要先进的感知系统、决策系统和控制系统来实现。同时，自动驾驶系统还需要具备人工智能和深度学习等技术，这项技术结合了计算机视觉、语音识别、自然语言处理等多种技术，通过对大量数据的学习和训练，实现更加精准的车辆控制和决策能力。目前这一阶段的技术还在研发和测试中，并需要解决许多技术、法律和道德挑战。

全球乘用车领域中，自动驾驶正处于由 L2 低级别辅助驾驶向 L3 及以上高级别自动驾驶的过渡关键时期。中国自动驾驶所处阶段为 L2 或 L2 + 级，而 L3 或 L3 - 在开发或商业落地，L4 ~ L5 级别的自动驾驶仅在局部或小场景下进行测试和示范。随着乘用车自动辅助导航驾驶（Navigate on Autopilot, NOA）在城市场景的逐渐普及，智能驾驶从高速场景进一步拓展到城市通勤，意味着智能网联汽车能够在更复杂的环境中自主驾驶，迈出了从辅助驾驶到自动驾驶的关键一步。

导航辅助驾驶（Navigation Guided Pilot, NGP）或领航辅助功能（Navigate on Pilot, NOP）和 NOA 功能类似，本质意思是把导航和辅助驾驶相结合，是一种基于车辆传感器/高精度地图数据的自动驾驶辅助系统，旨在帮助驾驶人在高速公路及城市道路上更加安全、高效地行驶。

通过在车辆上安装多个传感器，包括雷达、摄像头和超声波传感器，NOA 功能可以自动感知车辆周围的交通状况，并在安全的情况下帮助驾驶人自动完成一系列操作，从而提高行车的舒适度、便利性和安全性。相比于传统的自适应巡航功能，NOA 功能能够自主判断驶入、驶出道路的时机以及自主判断超车的时机，并实现自动变道超车而不需要人为干预。

NOA 的最大特点是可以为驾驶人提供安全可靠的自动辅助导航驾驶模式，能够提高人们在驾驶中的便利性，让驾驶变得更加舒适。同时，NOA 功能的使用可以提高驾驶人对车道、车速、前车距离以及交通状况等方面的了解，从而让驾驶人的驾驶行为更加符合其驾驶路上的规范，降低危险驾驶行为产生的概率。此外，NOA 功能的广泛应用还能有效降低车祸发生的概率和严重程度，使驾驶人和车内乘客更加安全。

根据应用场景不同，NOA 可进一步分为高速领航和城区领航，也就是通常所说的高速 NOA 和城市 NOA。

高速 NOA 普遍限制在特定高速公路和城区高架路开启，特别是在高速公路出入口、收费站等区域，包含自动调节车速、自动进出匝道、自动变道超车等功能，能够提供更加精准的路线规划和实时路况分析，从而降低驾驶人的操作负担，提高行车效率，目前已在国内落地。

城市 NOA 则主要用于城市道路上的行驶，特别是在拥堵的城市路段，能够提供更加智能的导航和驾驶辅助功能，从而减轻驾驶人的压力，提高行车安全性，在复杂的城市场景中实现点到点的"导航辅助驾驶"功能，车主在导航上设定好目的地，车辆可以实现全程辅助驾驶到达终点，并在路途中实现变道、超车、过信号灯等行为动作，其难度也远远大于高速 NOA。

3.3.2　自动驾驶关键技术

自动驾驶基本过程分为三部分：感知、决策、控制。其关键技术为自动驾驶的软件算法与模型，通过融合各个传感器的数据，利用不同的算法和支撑软件计算得到所需的自动驾驶方案。

自动驾驶中的环境感知指对于环境的场景理解能力，例如障碍物的类型、道路标志及标线、行驶车辆的检测、交通信息等数据的分类。定位是对感知结果的后处理，通过定位功能帮助车辆了解其相对于所处环境的位置。环境感知需要通过多传感器获取大量的周围环境信息，确保对车辆周围环境的正确理解，并基于此做出相应的规划和决策。

目前两种主流技术路线，一种是以特斯拉为代表的以摄像头为主导的多传感器融合技术方案；另一种是谷歌、百度为代表的以激光雷达为主导，其他传感器为辅助的技术方案。为高效解决纯视觉方案下多个摄像头的数据融合问题，特斯拉在 2021 年提出 BEV + Transformer 方案，2022 年推出占用栅格网络（Occupancy）进一步叠加完善 3D 空间识别。在常规的前视视角与后融合路线之外，这套方案将数据整合在鸟瞰视角下，避免了视野遮挡，以 Occupancy 优化边界感知与物体识别，再通过基于注意力机制（Attention Mechanism）的神经网络模型 Transformer，更加灵活、高效地感知和处理数据，进一步反哺高阶自动驾驶的能力提升。

大模型进一步推动感知算法升级，自动驾驶逐步走向"轻图"时代。从 2023 年开始，以 BEV + Transformer 等感知层面的神经网络大模型为基础、借助纯感知和融合感知路线、通过"重感知 + 轻地图"彻底摆脱成本高、鲜度低的高精地图成为实现城市 NOA 的主流路线。相较于 CNN（卷积神经网络）和 RNN（循环神经网络）等小模型，Transformer 等大模型长序列处理能力更强、并行计算效率更高，可以通过注意力层的结构识别元素之间的多维信息，泛化性更强，从而减小车端硬件成本，成为目前城市自动驾驶技术方案的优先选择。

决策是依据驾驶场景认知态势图，根据驾驶需求进行任务决策，能够在避开存在的障碍物前提下，通过一些特定的约束条件，规划出两点之间多条可以选择的安全路径，并在这些路径当中选择一条最优的路径，决策出车辆行驶轨迹。

最后由线控底盘系统来执行驾驶指令、控制车辆运行，如车辆的纵向控制，即车辆的驱动与制动控制，是指通过对加速和制动的协调，实现对期望车速的精确跟随；车辆的横向控制，即通过方向盘角度的调整以及轮胎力的控制，实现自动驾驶汽车的路径跟踪。

自动驾驶系统主要由环境感知单元、决策单元、控制单元组成，如图 3-5 所示。

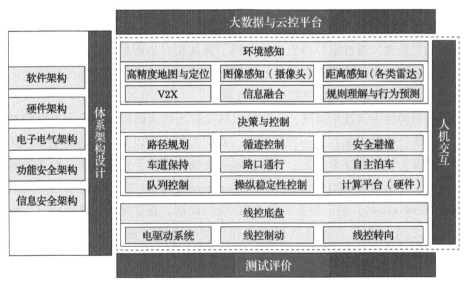

图 3-5　自动驾驶系统架构

1. 环境感知单元

环境感知单元主要包含各类传感器如摄像头、毫米波雷达、激光雷达、超声波雷达以及 GPS 与惯导组合等，获取车辆所处环境信息和车辆状态信息。

环境感知起着类似人类驾驶人"眼睛"和"耳朵"的作用，是实现自动驾驶的前提条件。

其中车辆本身状态信息包括车辆速度、行驶方向、行驶状态、车辆位置等；道路感知包括道路类型检测、道路标线识别、道路状况判断、是否偏离行驶轨迹等；行人感知主要判断车辆行驶前方是否有行人，包括白天行人识别、夜晚行人识别、被障碍物阻挡的行人识别等；交通信号感知主要是自动识别交叉路口的信号灯、如何高效通过交叉路口等；交通标识感知主要是识别道路两侧的各种交通标志，如限速、弯道等，及时提醒驾驶人注意；交通状况感知主要是检测道路交通拥堵情况、是否发生交通事故等，以便车辆选择通畅的路线行驶；周围车辆感知主要检测车辆前方、后方、侧方的车辆情况，避免发生碰撞，也包括交叉路口被障碍物遮挡的车辆。

在复杂的交通路况环境下，单一传感器无法完成全部的环境感知，必须整合各种类型传感器，利用传感器融合技术，使其为自动驾驶汽车提供更加真实可靠的路况环境信息。

（1）激光雷达

激光雷达实时感应周边环境信息，形成高清立体图形。其工作原理是向目标发射探测信号（激光束），然后将接收到的从目标反射回来的信号（目标回波）与发射信号进行比较，做适当处理后，就可获得目标的有关信息，如目标距离、方位、高度、速度、姿态，甚至形状等参数。

激光雷达优势在于障碍物检测，速度反应快、探测距离远、精度较高。是目前已知的环境测量方案中测量精度最高的传感器解决方案。和摄像头这类被动传感器相比，激光雷达可以主动探测周围环境，即使在夜间仍能准确地检测障碍物。因为激光光束更加聚拢，所以比毫米波雷达拥有更高的探测精度。但激光雷达更容易受到空气中雨雪雾霾等的干扰，且现阶段的成本较高。

（2）毫米波雷达

毫米波雷达是在自动驾驶中广泛使用的传感器，主要用于避免汽车与周围物体发生碰撞，如盲点检测、避障辅助、泊车辅助、自适应巡航等。

毫米波雷达由芯片、天线、算法共同组成，基本原理是发射一束电磁波，观察回波与入射波的差异来计算目标与车辆之间的距离、速度等。成像精度的衡量指标为距离探测精度、角分辨率、速度差分辨率。毫米波频率越高，带宽越宽，成像越精细。

毫米波雷达工作在毫米波频段，是指波长在 1～10mm 的电磁波，对应的频率范围为 30～300GHz。在毫米波雷达的频率选择上，主要有三种波段：24GHz、60GHz、77GHz。毫米波雷达波长短，频带宽，穿透能力强，探测距离远，检测速度快、准确，可以在雨雪天气等各种恶劣环境中稳定全天候工作；但是精度不高，对车道线交通标志等无法检测，且信号衰减大、容易受到建筑物、人体等的阻挡，传输距离较短，难以成像等。

随着毫米波芯片技术的发展，应用于车载的毫米波雷达系统得到了大规模应用，然而传统雷达系统面临着以下缺陷：

1）当有静止车辆，目标信息容易和地杂波等掺杂在一起，识别难度较大，而移动车辆可以靠多普勒识别。

2）当有横穿车辆和行人，多普勒为零或很低，难以检测。

3）没有高度信息，高处物体如桥梁路牌和地面的车辆一样区分不开，容易造成误刹，影响安全性。

4）角度分辨率低，当两个距离很近的物体，其回波会被混在一起，很难知道有几个目标。

5）用雷达散射截面积区分物体难。可以通过不同物体的雷达散射截面积的不同和不同帧之间反射点的不同来区分路牌、立交桥和车辆，然而准确率并不高。

6）最远探测距离一般不超过200m，探测距离范围有限。

4D 高分辨毫米波雷达（4D High Resolution Radar），也称为 4D 成像毫米波雷达，其中 4D 指的是距离（Range）、速度（Velocity）、水平角度（Azimuth）和俯仰角度或高度（Elevation）四个维度的信息。4D 成像毫米波雷达突破了传统车载雷达的局限性，可以以很高的分辨率同时探测目标的距离、速度、水平角度和俯仰角度/高度，使得：

1）最远探测距离大幅提升，可达 300 多米，比激光雷达和视觉传感器都要远。

2）4D 毫米波雷达系统水平角度分辨率较高，通常可以达到 1°的角度分辨率，可以区分 300m 处的两辆近车。

3）4D 毫米波雷达系统可以测量俯仰角度，可达到优于 2°的角度分辨率，可在 150m 处区分地物和立交桥。

4）当有横穿车辆和行人，多普勒为零或很低时，通过高精度的水平角度和高精度的俯仰角度可以有效识别目标。

5）目标点云更密集，信息更丰富，更适合与深度学习框架结合。

（3）摄像头

摄像头是自动驾驶车辆最常用、最简单且最接近人眼成像原理的环境感知传感器。通过实时拍摄车辆周围的环境，采用计算机视觉技术对所拍摄图像进行分析，实现车辆周围的车辆和行人检测以及交通标志识别等功能。

摄像头的安装位置有前视、侧视、后视和内置。主要用于前向碰撞预警系统、车道偏离预警系统、交通标志识别系统、停车辅助系统、盲点侦测系统。摄像头通常分为单目摄像头和双目摄像头两种，一般情况下单目车载摄像头的视角为 50°～60°，可视距离为 100～200m。而双目摄像头能够通过模拟人类的视觉成像方式进行 3D 成像，比较两个摄像头获得的不同图像信号，识别物体更可靠，通过算法得出物体的距离、速度信息等。

摄像头的主要优点在于其分辨率高、成本低。但在夜晚、雨雪雾霾等恶劣天气下，光照的变化对其识别精度的影响较大，摄像头的性能会迅速下降。此外摄像头所能观察的距离有限，不擅长于远距离观察，且目前的摄像头技术对于静态图像中的远方物体难以识别。

（4）超声波雷达

超声波雷达是利用声波的传播来提取环境信息。首先发出高频声波，并且接收物体反射来的回波，最后计算从发送信号到收到回波的时间间隔，从而确定物体的距离。超声波雷达的成本较低、重量轻、功耗低，但是探测距离很近，适合测量 0.2～4m 的距离。

（5）5G/C-V2X

车联网 5G/C-V2X 就是把车连到网或者把车连成网，包括 V2V、V2I、V2N 和 V2P。C-V2X 是自动驾驶加速剂，能够有效补充单车智能的技术缺失。通过 C-V2X 网络，相当于自动驾驶打通外部大脑，提供了丰富、及时的外部信息输入，能够有效弥补单车智能的感知盲点。5G 网络具备低时延、大带宽、高可靠的特性，大大提升了 C-V2X 传输信息的丰富性，也提高了 C-V2X 传感器的技术价值。

（6）多传感器融合技术

多传感器融合技术，也称为多传感器信息融合（Multi-sensor Information

Fusion，MSIF），有时也称作多传感器数据融合（Multi-sensor Data Fusion），是一项实践性比较强的应用技术，涉及信号处理、计算机技术、概率统计、模式识别、统计数学等多学科。

该技术实际上是对人脑综合处理复杂问题的一种功能模拟。与单传感器相比，多传感器融合技术在解决探测、跟踪和目标识别等问题时，能够增强系统的生存能力，提高整个系统的可靠性和健壮性，增强数据的可信度，提高精度，扩展系统的时间、空间覆盖率，增加系统的实时性和信息利用率等。

多传感器融合技术的主要目的是剔除无用的和错误的信息，保留正确的和有用的成分，从而实现对多种信息的获取、表示及其内在联系的综合处理和优化。这不仅可以提高系统决策、规划、反应的快速性和正确性，还能使系统获得更充分的信息。

此外，多传感器融合还涉及硬件同步和软件同步的概念。硬件同步通过使用同一种硬件同时发布触发采集命令，实现各传感器采集、测量的时间同步，确保同一时刻采集相同的信息。而软件同步则包括时间同步和空间同步，通过统一的主机给各个传感器提供基准时间，以及将不同传感器坐标系的测量值转换到同一个坐标系中。

多传感器数据融合的主要步骤如下：

1）通过多个传感器对待测目标进行测量，获得有效数据。

2）对各个传感器的采集数据进行特征点提取，得到想要的关于待测目标特征值。

3）对于得到的特征值进行模式识别处理，比如使用统计概率的方法判定其目标特点，以完成各传感器关于目标的确切描述。

4）将同一目标的描述数据进行整理归类。

5）最后利用融合算法将同一目标的特征进行融合，得到该目标的确切描述。

多传感器融合技术在结构上按其在融合系统中信息处理的抽象程度，主要划分为三个层次：数据层融合、特征层融合和决策层融合。

1）数据层融合：也称像素级融合，首先将传感器的观测数据融合，然后从融合的数据中提取特征向量，并进行判断识别。数据层融合需要传感器是同质的（传感器观测的是同一物理现象），如果多个传感器是异质的（观测的不是同一个物理量），那么数据只能在特征层或决策层进行融合。数据层融合不存在数据丢失的问题，得到的结果也是最准确的，但计算量大且对系统通信带宽的要求很高。

2）特征层融合：特征层融合属于中间层次，先从每种传感器提供的观测数据中提取有代表性的特征，这些特征融合成单一的特征向量，然后运用模式识别的方法进行处理。这种方法的计算量及对通信带宽的要求相对降低，但由于部分数据的舍弃使其准确性有所下降。

3）决策层融合：决策层融合属于高层次的融合，根据不同通道的判决结果，经过关联处理和决策融合判决等手段来得到最后的决策结果。决策层融合的主要研究方法包括遗传算法、贝叶斯决策、D-S证据推论法、人工神经网络、专家系统法等。决策层融合的主要优势在于它能够对各个通道的信息进行综合考虑，从而得到更加准确和可靠的决策结果。然而，由于对传感器的数据进行了浓缩，这种方法产生的结果相对而言最不准确，但它的计算量及对通信带宽的要求最低。

2. 决策单元

决策规划是自动驾驶的关键部分之一，如果将感知模块比作人的"眼睛"和"耳朵"，那么决策规划就是人的"大脑"。大脑在接收到传感器的各种感知信息之后，对当前环境做出分析，然后对底层控制模块下达指令，这一过程就是决策规划模块的主要任务。同时，决策规划单元可以处理复杂的场景，也是衡量和评价自动驾驶能力最核心的指标之一。

车辆的决策以横纵向驾驶行为可分为：驾驶行为推理问题，如停车、避让和车道保持等；速度决策问题，如加速、减速或保持速度等。实现自动驾驶关键在于车辆的行为决策是否合理可行，如综合车辆运行环境及车辆信息，结合行驶目的做出具有安全性、可靠性以及合理性的驾驶行为是决策控制的难点亦是实现自动驾驶的难点。应对环境多变性、检测不准确性、交通复杂性、交规约束性等诸多车辆行驶不利因素，如何降低或消除其产生的不利影响，是行为决策模块的研究重点。

此前已有许多应对不同环境的决策方法，可分为基于规则的行为决策方法和基于统计的行为决策方法。目前应用较广的模型有基于有限状态机模型和深度强化学习模型的自动驾驶决策方法。

（1）基于有限状态机的行为决策模型

有限状态机模型作为经典的智能车辆驾驶行为决策方法，因其结构简单、控制逻辑清晰，多应用于园区、港口等封闭场景。在这些封闭场景中道路具有固定的路线和节点，因此可预先设计行驶规则。这种预先设计行驶规则的方法将特定场景的车辆决策描述为离散事件，在不同场景通过不同事件触发相应的驾驶行为。这种基于事件响应的模型称为有限状态机决策模型。

有限状态机（Finite-State Machine，FSM）是对特定目标在有限个状态中由特定事件触发使状态相互转移并执行相应动作的数学模型，已经被广泛应用在特定场景无人驾驶车辆、机器人系统等领域。车辆根据当前环境选择合适的驾驶行为，如停车、换道、超车、避让、缓慢行驶等模式，状态机模型通过构建有限的有向连通图来描述不同的驾驶状态以及状态之间的转移关系，从而根据驾驶状态的迁移反应式地生成驾驶动作。此方法在简单场景时具有较高可靠性，很难胜任具有丰富结构化特征的城区道路环境下的行为决策任务。

（2）基于深度强化学习的行为决策模型

深度学习（Deep Learning，DL）在图像处理、语音识别、自然语言处理和视频分析分类等方面的应用取得了巨大的成功。所谓深度学习是指通过多层的神经网络和多种非线性变换函数，以组合低层特征的方式描述更加抽象的高层表示，这样便可以发现数据的分布式特征。

深度学习来源于人们对于人工神经网络的深入研究。人们在日常生活、学习等各种活动中每时每刻都需要感知大量数据，但是人类总是能从这些庞大的数据中以一种无法解释的方式获得有用的数据，这种方式正是人脑思维方式导致的，并且脑力思维至今为止还没有一种科学的方法来解释。近年来，深度强化学习技术方法越来越广泛地应用于智能网联车辆环境感知与决策系统。

（3）路径规划

智能网联车辆的路径规划就是在进行环境信息感知并确定车辆在环境中位置的基础上，按照一定的搜索算法，找出一条可通行的路径，进而实现智能车辆的自主导航。

路径规划的方法根据智能网联车辆工作环境信息的完整程度，可分为两大类：

1）基于完整环境信息的全局路径规划方法。例如，从上海到北京有很多条路，规划出一条作为行驶路线即为全局规划。如栅格法、可视图法、拓扑法、自由空间法、神经网络法等静态路径规划算法。

2）基于传感器实时获取环境信息的局部路径规划方法。例如，在全局规划好的上海到北京的那条路线上会有其他车辆或者障碍物，想要避过这些障碍物或者车辆，需要转向调整车道，这就是局部路径规划。局部路径规划的方法包括人工势场法、矢量域直方图法、虚拟力场法、遗传算法等动态路径规划算法等。

3.控制单元

随着汽车智能化发展，智能汽车的感知识别、决策规划、控制执行三个核心系统中，与汽车零部件行业最贴近的是控制执行端，也就是驱动控制、转向控制、制动控制等，需要对传统汽车的底盘进行线控改造以适用于自动驾驶。

传统汽车底盘主要由传动系、行驶系、转向系和制动系四部分组成，四部分相互连通、相辅相成。线控底盘是对汽车底盘信号的传导机制进行线控改造，以电信号传导替代机械信号传导，从而使其更加适用于自动驾驶车辆。具体来说，就是将驾驶人的操作命令传输给电子控制器，由电子控制器将信号传输给相应的执行机构，最终由执行机构完成汽车转向、制动、驱动等各项功能。在这一过程中，线控结构替代了方向盘、制动踏板与底盘之间的机械连接，将人力直接控制的整体式机械系统转变为操作端和设备端两个相互独立的部分，实现多来源电信号操作，使得线控底盘具备高精度、高安全性、高响应速度等优势。

如果把自动驾驶车辆比作人，那么线控底盘执行机构就是我们通常意义上的手和脚，用来做控制执行，是自动驾驶控制技术的核心部件。线控底盘主要有五大系统，分别为线控转向、线控制动、线控换档、线控加速、线控悬架。从执行端来看，线控加速、线控换档、线控空气悬架技术相对成熟，线控转向和线控制动是面向自动驾驶执行端最核心的产品。线控底盘是智能汽车实现 L3 及以上高阶自动驾驶的必要条件。

（1）线控制动系统

线控技术（X-By-Wire）源于飞机的控制系统，其将飞行员的操纵命令转化成电信号通过控制器控制飞机飞行。线控汽车采用同样的控制方式，可利用传感器感知驾驶人的驾驶意图，并将其通过导线输送给控制器，控制器控制执行机构工作，实现汽车的转向、制动、驱动等功能，从而取代传统汽车靠机械或液压来传递操纵信号的控制方式[17]。

制动系统将朝着智能化、线控化的方向发展,线控制动系统将取代以液压和气压为主的传统制动控制系统,成为未来制动系统的主流。线控制动系统采用电子控制的方式,可以大幅减少制动系统的反应时间,作为"控制执行层"中最关键组成之一,具备能量回收、响应迅速、安全冗余、适应高集成发展趋势以实现底盘域控的目标等优势,可以满足未来高等级自动驾驶系统的需求。

电子液压制动(Electronic Hydraulic Brake,EHB)系统、电子机械制动(Electro Mechanical Brake,EMB)系统是线控制动的两大技术路线。

EHB 系统由传统液压系统和电子控制单元构成,相比 EMB 系统成本较低、制动力充足,且冗余系统备份提升安全性,是目前主流线控制动方案。

EMB 系统为完全意义线控制动,摒弃传统制动系统的制动液及液压管路等部件,由电机驱动制动器产生制动力,仍处于发展初期。

从发展阶段来看,线控制动尚处于发展的早期阶段,目前渗透率较低,仅有少量车型配置,新能源汽车配置率相对较高。

(2)线控转向系统

转向系统经历四个发展阶段,从最初的机械式转向(Manual Steering,MS)系统发展到液压转向(Hydraulic Power Steering,HPS)系统,然后又出现了电控液压助力转向(Electro Hydraulic Power Steering,EHPS)系统,以及现在主流的电动助力转向(Electro Power Steering,EPS)系统。

EPS 系统主要由转矩传感器、车速传感器、电动机、减速机构和电子控制单元等组成。驾驶人在操作方向盘进行转向时,转矩传感器检测到转向盘的转向以及转矩的大小,将电压信号传送到电子控制单元。电子控制单元根据转矩传感器检测到的转矩电压信号、转动方向和车速信号等,向助力电机发出指令,使电动机输出响应大小和方向的转向助力转矩,从而产生辅助助力。

智能化推动线控转向成为新的趋势,对于 L3 及以上的智能驾驶车辆,部分或全程的驾驶工况,会脱离驾驶人的操控,对转向系统的控制精确性、可靠性要求会更高,因此只有线控转向可以满足。

从发展阶段来看,当前线控转向尚处于早期发展阶段,目前渗透率较低,仅在少量车型配备,随着自动驾驶的需求不断提高,线控转向的需求将会不断提高。在线控转向方面，也需要充分考虑冗余方案，冗余环节包括供电电源冗余、电源分配冗余、转矩转角传感器冗余、微控制器（MCU）冗余、电机控制及驱动冗余、电机本体冗余等，从而可以在任意单点失效的情况下，系统仍然具备一定的转向助力能力，确保车辆的横向控制功能不受影响。线控转向取消了方向盘与转向轮之间的机械连接，具备体积小、安全性高等优势，更加贴合高级别自动驾驶的需求，未来渗透率有望快速提升。

3.3.3　自动驾驶应用场景

自动驾驶推动技术创新、跨界融合与产业变革，极具社会经济影响力，是全球前沿性的战略发展方向。随着不断完善的自动驾驶政策、法规，以及在自动驾驶方案、算法、计算芯片、核心传感器、高精度地图等技术不断进步的产业环境下，自动驾驶正在从测试示范应用向无人驾驶商业化应用阶段加速拓展。自动驾驶应用场景的多样化发展已成为趋势。

围绕出行需求，Robotaxi 是自动驾驶技术含量高、应用空间大，各国极为重视的商业化场景之一；同时，自动驾驶公交车融入公共出行服务系统，将丰富百姓的日常出行选择。围绕货物运输，无人末端物流车能有效地补充货物的运力和调度不足等问题。而自动驾驶环卫车将重点解决城市环卫工作效率低、人员短缺和安全问题等困境。

1. 自动驾驶出租车

Robotaxi 一般指自动驾驶出租车，又称共享无人车，是由自动驾驶系统控制的一种共享出行方式。与园区、机场等限定场景不同，Robotaxi 所在的城市道路是典型的开放道路场景，驾驶环境复杂，载人自动驾驶应用对安全性要求更高，是当前市场空间最大的自动驾驶场景之一。

Robotaxi 将从多方面带来价值：

1）在成本方面，传统燃油出租车每千米成本大概在 1.89 元，电动出租车每千米成本大概在 1.54 元，目前有安全员的 Robotaxi 每千米成本大约是 2.2 元，但是无安全员的 Robotaxi 每千米成本仅需要约 0.82 元，远远低于传统出租车。

2）在安全方面，人工驾驶人会受各种因素影响，而自动驾驶可有效避免人为因素引发事故。2022 年中国交通事故死亡人数为 61703 人，交通事故受伤人数为 250723 人。人、车、路和环境诸因素中人的因素是交通事故最主要的原因，占 90% 以上，其中，以机动车驾驶人的过失为主，占其中的 80% 以上。驾驶人为因素造成交通事故中，根本性原因之一是"处理交通意外事故的能力"，包括缺乏经验、老年、酗酒与药物滥用、事故倾向、疾病与残疾、困倦和疲劳、严重的酒精中毒、短期药物影响、狂吃和放纵、严重的心理压力、暂时注意力转移等；根本性原因之二是"诱导驾驶人采取冒险行为"，包括对能力估计过高、习惯性超速、习惯性不遵守交通规则、不得体驾驶行为、未使用安全带或头盔、不恰当坐姿、事故倾向、酗酒、精神药物、摩托车犯罪、自杀行为、强迫行为等。

3) 在环保方面，"自动驾驶 + 共享出行"模式结合，可以一定程度上缓解环境污染问题，让更多用户转向共享出行方式。

在全球自动驾驶企业深度参与、自动驾驶技术迭代、多场景测试数据等加持下，自动驾驶出租车的商业运营模式，对出租车和网约车来说是划时代的颠覆性变革。

我国 Robotaxi 商业化发展可分为四个阶段。商业化运营牌照的推出是拉开商业化序幕的标志；商业化 1.0 是运营政策赋能期，集中解决算法精进和长尾问题，为大规模商业化应用提供技术支撑；商业化 2.0 是技术成熟期，技术得到市场验证，实现大规模量产和落地；商业化 3.0 是成本效率优势期，Robotaxi 的服务成本比人力更具竞争力，成为普遍出行方式。目前，我国 Robotaxi 处于商业化 1.0 阶段，面对技术和安全方面的长尾问题获取数据，并通过数据迭代各类算法，自动驾驶企业和出行服务运营商积极探索车队运营、算法降维，以及场景开拓等多种商业化落地路径[18]。

Robotaxi 作为自动驾驶商业化落地重要场景，其商业化需要规模化出行服务运营能力。除了流量、运营、体验、调度、服务等要素，自动驾驶相关政策的完善是自动驾驶无人车大规模商业化落地的前提，用户习惯培养和市场参与者多寡影响规模效应的形成，自动驾驶成本决定了 Robotaxi 产品的市场竞争力，技术成熟度决定了自动驾驶车辆是否安全、便利及消费者对自动驾驶服务的接受度。

Robotaxi 是自动驾驶技术落地的核心场景，北京、上海、广州、深圳等地的自动驾驶出租车已获准进行"全无人"运营。自动驾驶出行服务范围扩大，如武汉、北京都率先开通了机场自动驾驶服务。目前，还有更多城市也在加速探索 Robotaxi 应用，其无人化和智能化优势将给出行方式带来巨大变革，推动市场空间走向万亿级规模。

2. 自动驾驶接驳车

自动驾驶技术的普及，一般遵循从低速到高速，从限定场景到开放道路，从运货到载人的规律。当前自动驾驶接驳车正从封闭及半封闭的限定区域（园区、景区、厂区、社区、校园、机场等）逐步向城市开放道路扩展，如地铁接驳专线、城市微循环公交、网约无人巴士等场景应用[19]。

大、中、小巴车即大型、中型、小型客车，主要区别如下：① 驾照要求不同，大型客车要求驾驶人拥有 A1 驾照；中型客车要求驾驶人拥有 B1 驾照；小型客车要求驾驶人拥有 C1 驾照；② 车身长度不同，大型客车为车长大于 6m 的载客汽车；中型客车为车长小于或等于 6m 的载客汽车；小型客车为车长小于 6m 的载客汽车；③ 载客人数不同，大型客车载客人数大于或等于 20 人；中型客车载客人数在 10～19 人；小型客车载客人数小于或等于 9 人。

Robobus 包括大、中、小巴车的自动驾驶模式。从技术角度看，Robobus 对于运行速度的要求没有那么高，行驶的路线相对固定，运行的道路环境相对封闭，这是其实现自动驾驶的优势。但从另一个角度看，Robobus 以载客为目的，涉及车辆乘员人数众多，对安全性的要求严苛程度，不仅高于 Robotruck，甚至一定程度上高于 Robotaxi，而且，Robobus 的车身更长、盲区更大，对靠近的行人、非机动车、机动车，尤其是行人、自行车会有很大风险，其传感器部分能否实现无盲区感知，直接决定了 Robobus 在城市公开道路行驶安全与否。

自动驾驶接驳解决的是"最初一公里，最后一公里"出行效率的痛点。随着自动驾驶接驳车逐步渗透到城市社区、地铁接驳等开放道路，自动驾驶接驳运行场景从限定区域、低速场景逐步扩展到开放环境、复杂场景。如何大规模激活城市交通的"末梢神经"，这也是城市治理亟待考虑的问题之一。目前北京、雄安新区、广州、鄂州、淄博、长沙、无锡、郑州、重庆、海南等地在智慧道路基础上，已率先引入自动驾驶接驳车。随着智慧道路建设及升级改造、无缝化出行服务理念推进，自动驾驶接驳车将与 Robotaxi 等共同融入智慧城市交通体系，打造多元化的智慧出行。

例如，微循环公交又称"支路公交"，是为解决城市支线道路路幅窄、弯道多、居民小区离地铁和主干道公交车站远而开行的车身短、车型小的公交车。作为推动交通系统绿色发展的关键领域，公交市场呈现出"大转小、低地板化"趋势。这几年各地公交行业都在推广不同形式的微循环，包括社区微循环、园区微循环、城乡接合部微循环等等，在公交创新服务方面，取得了较好的效果。L4级自动驾驶微循环公交，通过基于360°覆盖的全天时全天候感知技术，可实现在晴、雨、雾等各类天气及不同路况下自动驾驶，同时结合智能化诊断和远程驾驶技术，高效保证车辆驾驶安全，实现无安全员运营。

3. 无人末端物流车

末端物流配送，即物流配送"最后一公里"，是指送达消费者的物流，以满足配送环节的终端（客户）为直接目的的物流活动。在物流整个运作流程中，大体指包裹从物流服务商最后一个配送网点直至消费者手中的这个阶段。典型的末端物流场景包括快递场景、商超零售场景、外卖场景、移动零售场景等。

中国汽车工业协会等联合发布的《汽车工业蓝皮书：中国商用汽车产业发展报告（2022）》显示，末端物流自动驾驶将在未来快速发展，到2025年中国无人末端物流车将达到6万辆。

无人末端物流车将从多方面带来价值：

（1）节省物流成本，提升配送效率

现阶段无人末端物流车成本还偏高，但随着供应链和解决方案逐步成熟、规模化应用，成本将快速下降，效率将逐步赶上并超过传统人工配送，这将为物流行业节省大量成本。

与此同时，在无人末端物流车使用过程中，除了充电、维修保养、保险外，较少涉及其他费用，而且各项费用都会随行业发展逐步下降。

无人配送网络可以实现消费者与无人末端物流车的联网功能，可提供定制化服务，减少重复配送，提高配送效率。

（2）降低配送安全事故，提升末端物流配送管理规范性

无人末端物流车可以较大程度缓解快递、外卖行业工作压力。车辆为无人驾驶，将有助于提升人员安全水平。并且能提前动态规划行驶路径，避开交通拥堵。还能避免各类逆行、闯红灯、占用机动车道等交通违法行为。

另外，无人末端物流车作为运力补充，在管理法规、相关标准、产品逐渐成熟后，将有助于末端物流配送管理规范性和城市整体管理水平提升。

（3）补充劳动力短缺

中国适龄劳动力人口在不断减少。国家统计局数据显示，中国劳动年龄人口（16～59岁）在2013年开始逐年下降，7年内减少2300万。然而，末端物流配送的用户需求却在逐年上涨。无人末端物流车有望成为"最后一公

里"难题的有效解决方案，减少对配送人员的需求，解决快递员流动大、雇佣难问题，对运力进行有效补充，提高总体作业效率。

末端物流自动驾驶产业链中，主要包含零部件供应商、解决方案服务商以及场景运营及需求商三大类型的企业。

末端物流自动驾驶场景涉及三种主要商业模式：

第一种，轻资产模式。不直接拥有无人末端物流车，而是提供硬件产品、整车、整车租赁，或软硬件解决方案给自己下游相关方，收取产品服务费和技术支持费。例如，无人末端物流车上游的线控底盘制造商提供硬件产品给中游的解决方案提供商；中游解决方案提供商售卖整车或者租赁整车给下游配送服务商。

第二种，重资产模式。拥有无人末端物流车，直接提供自动驾驶运营服务。在运营过程中，与下游配送服务商进行合作，以收取运营服务费、广告服务费等，目前生鲜、零售即时场景配送单价在6~9元/单，快递配送单价在1~3元/件。

第三种，自有模式。物流公司开发全套解决方案和车辆以满足自身需求。

4. 自动环卫车

根据《城市环境卫生质量标准》，环卫行业涵盖的作业包括生活垃圾清扫、收集、运输和建设垃圾中转站、公共场所环境卫生、道路清扫保洁、公厕运营等。环卫车类型包括扫路车、洒水车、洗扫车、垃圾清运车、雾炮车、除雪车、吸污车、吸尘车等。

环卫行业的客户主要为各级人民政府及其相关职能部门，即政府的环境卫生管理部门等具有市容环境卫生服务需求的单位，包括环境卫生管理局（所/处/站）、市容管理局、住房和城乡建设局等；此外，环卫服务客户还包括有保洁服务需求的大学院校、企事业单位等。近三年环卫服务行业市场增速为4%~5%，随着我国城镇化的发展，行业规模有望进一步提升。

自动驾驶环卫，即利用自动驾驶环卫车辆替代传统有人驾驶的环卫车辆，在普通道路、街道等开放道路及园区、学校等封闭道路实现道路清洁、洒水、消杀等环卫工作。行驶速度一般在30km/h以下，不仅安全降本，还能提高效率。此外，自动驾驶环卫车多为新能源汽车，可以有效减少污染物。

自动驾驶环卫车将从多方面带来价值：

（1）自动驾驶环卫车可以减少对环卫工人的人力需求

中国整体的劳动力成本均在上涨，各省市最低工资标准不断上调，环卫服务企业运营成本也在持续加大，环卫工人的人工成本是环卫服务企业运营最主要的开支，占比在60%～70%之间。自动驾驶环卫车将环卫工人从简单重复的劳动中解放出来，补足日益扩大的劳动力缺口。自动驾驶环卫车可为环卫服务节约60%以上的人力，缩减40%以上的成本。

（2）自动驾驶环卫车可以提升作业效率

一方面，自动驾驶环卫车作业不受时间限制，可以全天候执行清扫任务，包括深夜、凌晨以及节假日。自动驾驶环卫车除去充电及维护时间，每天有效作业时间可以长达16h。与传统人工作业相比极大提升了有效清扫作业时间、作业频次，从而增加作业效率。

另一方面，无人驾驶清扫车严格按照规定的路线和作业速度执行贴边清扫任务，确保清扫区域全覆盖，与人工方式相比，更能确保清扫质效。

（3）自动驾驶环卫车可以提升安全性

自动驾驶环卫车可以在危险的环境中进行作业，包括有核辐射、化学污染的环境中，也不受恶劣天气影响（比如重度雾霾、高温、严寒天气等）。并且还能减少凌晨和深夜，以及高温、严寒等恶劣天气下作业带来的安全危害。

（4）自动驾驶环卫车多为新能源汽车，可以有效降低污染

使用新能源环卫车，在进行清扫作业时将进一步提升环卫作业的机械化率，实现零污染，降低对周边环境的噪声影响。助力打造清洁、环保、宜居的城市生活环境。

自动驾驶环卫车（扫路车）的核心功能依靠的是自动驾驶和智能清扫的结合，可根据实际需求提供自动驾驶模式、智能辅助驾驶模式、智能跟随模式、远程接管控制模式。实现的是路径规划和车辆调度、自动苏醒、驶出车位、清扫作业（包括路沿石边缘检测并贴边清扫等）、自动循迹前行、通过信号灯、绕开路边障碍和停车、避让行人和行车、倾倒垃圾、驶回停车位、自动泊车和充电等基本功能。附加功能还包括，智能一键召回、远程遥控、OTA升级、智能语音交互、厘米级精确定位等。

对于自动驾驶环卫车，其商业模式大致可分为销售无人环卫车产品的轻模式和从事环卫运营的重模式，目前大部分自动驾驶科技公司采用轻资产模式。相比于驾驶路线和操作环境均较为复杂的出租车、公交车落地场景，自动驾驶环卫车由于路线相对固定，驾驶速度低，城市需求量高，其更易在短

期内实现大范围落地。目前，北京、上海、广州、长沙、成都、厦门等数十个城市都已经开始试运营自动驾驶环卫车项目，各个环境装备企业也牵手科技企业向无人环卫领域进发[20]。

3.3.4 自动驾驶发展趋势

（1）高阶自动驾驶进入量产阶段

近年来，搭载自动驾驶功能的智能网联汽车产品已具备一定量产应用条件，其发展正呈现核心技术加速突破、支撑能力快速提升、产业生态逐步成熟等特点。2023年11月，工信部、公安部、住建部、交通运输部发布《关于开展智能网联汽车准入和上路通行试点工作的通知》，在智能网联汽车道路测试与示范应用工作基础上，工业和信息化部、公安部、住房和城乡建设部、交通运输部遴选具备量产条件的搭载自动驾驶功能的智能网联汽车产品，开展准入试点；对取得准入的智能网联汽车产品，在限定区域内开展上路通行试点，车辆用于运输经营的需满足交通运输主管部门运营资质和运营管理要求。本通知中智能网联汽车搭载的自动驾驶功能是指国家标准《汽车驾驶自动化分级》（GB/T 40429—2021）定义的3级驾驶自动化（有条件自动驾驶）和4级驾驶自动化（高度自动驾驶）功能。

（2）自动驾驶积极探索多样化场景

2023年11月，交通运输部发布《自动驾驶汽车运输安全服务指南（试行)》，为保障运输安全，自动驾驶汽车开展道路运输服务应在指定区域内进行，并依法通过道路交通安全评估。使用自动驾驶汽车从事城市公共汽电车客运经营活动的，可在物理封闭、相对封闭或路况简单的固定线路、交通安全可控场景下进行；使用自动驾驶汽车从事出租汽车客运经营活动的，可在交通状况良好、交通安全可控场景下进行；审慎使用自动驾驶汽车从事道路旅客运输经营活动；可使用自动驾驶汽车在点对点干线公路运输或交通安全可控的城市道路等场景下从事道路货物运输经营活动；禁止使用自动驾驶汽车从事道路危险货物运输经营活动。

指南根据业务范围和车辆自动驾驶能力不同，规定了是否要在车内配备安全员，对于具备完全自动驾驶能力的出租车，经当地同意后，可在指定区域运营时使用远程安全员，也就是车内"真无人"。而对于有L3和L4能力的出租车，指南规定还是要随车配备1位安全员。城市公交和城区客车的要求与此相同，同样是要求配备 1 名安全员。而对于货车，指南要求则是原则上随车配备安全员。

3.4　智能网联

截至 2024 年 1 月，全国共建设 17 个国家级测试示范区、7 个车联网先导区、16 个智慧城市与智能网联汽车协同发展试点城市，开放测试示范道路 22000 多千米，发放测试示范牌照超过 5200 张，累计道路测试总里程 8800 万千米，自动驾驶出租车、干线物流、无人配送等多场景示范应用有序开展。

3.4.1　智能网联发展阶段

在中国，智能网联作为新生事物，从封闭园区测试阶段，到开放道路运行阶段，城市网联化的趋势越来越明显，已开展一系列探索，并取得阶段性建设成效。

1. 封闭园区测试阶段

封闭园区测试是智能网联发展的第一阶段，该阶段以科研机构和车企在封闭环境内进行测试试验为主导，主要目的是探索技术的可行性、产品的实用性，重点考核车辆对交通环境的感知及应对能力，是面向车 – 车、车 – 路、车 – 人等耦合系统的测试。

交通部 2018 年 7 月发布了自动驾驶封闭场地建设的指导性文件《自动驾驶封闭场地建设技术指南（暂行）》，对建设目标与原则、场地选择和设计、设施设备和管理等方面进行规范指导。目前，全国约有 50 个封闭测试场（已建成和待建），其中 30 余个具备智能网联汽车测试能力，见表 3 – 1。

表 3 – 1　封闭测试场列表

区域	省份	市/县	名称	所属单位
华东	上海		上海大众安亭试车场	上海大众
			国家智能网联汽车（上海）试点示范区封闭道路测试区 *	上海国际汽车城（集团）有限公司
			同济大学智能网联汽车测试评价基地 *	同济大学
			上海临港智能网联汽车综合测试示范区 *	上海临港智能网联汽车研究中心有限公司

（续）

区域	省份	市/县	名称	所属单位
华东	江苏	南京	高淳区福特测试中心	福特
		无锡	国家智能交通综合测试基地（无锡）*	公安部交通管理科学研究所
		常熟	中国智能车综合技术研发与测试中心*	中国科学院自动化研究所、西安交通大学、长安大学、青岛智能产业技术研究院
		常熟	丰田汽车中国研发中心	丰田
		东海	博世东海夏季测试场	博世
		泰兴	自动驾驶封闭场地测试基地（泰兴)*	国家ITS中心智能驾驶及智能交通研究院
		徐州	徐工集团贾汪试验场	徐工集团
		盐城	中汽中心盐城汽车试验场*	中国汽车技术研究中心
	浙江	宁波	吉利汽车试验场	吉利与沃尔沃
		嘉兴	嘉善智能网联汽车产业园5G封闭测试场*	嘉善产业新城
		杭州	杭州云栖小镇测试场	阿里云
		嘉兴	嘉兴桐乡封闭测试场*	中电海康集团有限公司
		德清	智能网联汽车封闭测试场*	德清车百高新智能汽车示范区运营有限公司
	安徽	定远	中国定远汽车试验场	解放军总装部
		广德	广德试车场	上海通用汽车有限公司
		合肥	江淮汽车新港试验场	江淮汽车
		合肥	智能网联汽车封闭测试场*	合肥市包河城市建设投资有限公司
	福建	福州	平潭无人驾驶汽车测试基地*	平潭综合实验区
	山东	济南	齐鲁交通智能网联高速公路测试基地	齐鲁交通发展集团
		烟台	现代汽车研发中心试验场	现代汽车
		东营	华东（东营）智能网联汽车试验场*	中国一汽、赛轮集团
		青岛	即墨智能网联汽车测试基地*	一汽大众西侧零部件园区
	江西	上饶	上饶新能源智能化汽车综合试验场*	上饶经开区

（续）

区域	省份	市/县	名称	所属单位
华中	湖南	长沙	湘江新区智能系统测试区*	湖南湘江新区未来智能科技发展有限公司
	湖北	武汉	智能网联汽车封闭测试场*	国家智能网联汽车（武汉）测试示范区
		襄阳	襄阳汽车试验场/襄阳市智能网联汽车道路测试封闭试验场*	东风汽车工程研究院
	河南	焦作	河南凯瑞车辆检测认证中心*	中国汽车工程研究院股份有限公司、黄河交通学院
华北	北京		交通部公路交通试验场/北京通州国家运营车辆自动驾驶与车路协同测试基地*	交通部公路科学研究所
			亦庄测试基地*	北京智能车联产业创新中心
			海淀测试基地*	北京智能车联产业创新中心
			顺义北小营镇无人驾驶封闭测试场*	北京顺创智能网联科技发展有限公司
	河北	保定	徐水长城汽车综合试验场*	长城汽车
	天津	天津	西青区王稳庄镇封闭测试场*	国家智能网联汽车质量监督检验中心（天津）
	内蒙古	呼伦贝尔	中汽中心呼伦贝尔冬季汽车试验场	中国汽车技术研究中心
	内蒙古	呼伦贝尔	博世（呼伦贝尔）汽车测试技术中心	博世
	内蒙古	满洲里	满洲里冬季试验场	上汽
东北	吉林	长春	国家智能网联汽车应用（北方）示范区净月测试场*	启明信息技术股份有限公司
		长春	一汽－大众汽车农安试验场	一汽大众
	辽宁	大连	东风日产大连试车场	东风日产
	黑龙江	黑河	黑河红河谷汽车测试中心	黑龙江红河谷股份有限公司
		黑河	黑龙江省黑河市自动驾驶测试场项目*	黑龙江省交投智能网联汽车产业创新有限公司

（续）

区域	省份	市/县	名称	所属单位
华南	广东	广州	增城区广州本田汽车试验场	广汽本田
		广州	番禺区广汽智能网联汽车封闭测试场*	广汽
		广州	南沙区庆盛智能网联汽车封闭测试场*	广州南沙开发区管委会、广东省交通集团有限公司、交通运输部公路科学研究院
		广州	花都区智能网联汽车封闭测试场*	东风日产
		广州	中国汽车技术研究中心华南基地项目*	中国汽车技术研究中心
		广州	增城区工信部电子五所测试场*	工信部电子五所
		韶关	南方（韶关）智能网联新能源汽车试验检测中心*	广汽
		肇庆	肇庆高新区测试基地	工信部电子五所（赛宝实验室）
		深圳	比亚迪汽车试验场	比亚迪
		汕尾	比亚迪陆河试车场	比亚迪
		惠州	惠南工业园自动驾驶测试场*	德赛西威
		深圳	坪山智能网联汽车封闭测试场*	深圳市未来智能网联交通系统产业创新中心
	广西	柳州	柳汽智能网联测试场*	东风柳州汽车有限公司
		柳州	上汽通用五菱研发与试验认证中心整车试验场*	上汽通用五菱
	海南	琼海	海南热带汽车试验场［国家智能网联汽车封闭测试基地（海南）］*	一汽集团
西南	重庆		城市模拟道路测试评价及试验示范区*	中国汽车工程研究院股份有限公司
			重庆西部汽车试验场	长安汽车
			中国汽研智能网联汽车试验基地（大足基地）*	中国汽车工程研究院股份有限公司
			重庆机动车强检试验场/重庆车检院自动驾驶测试应用示范基地*	重庆车检院
	四川	成都	中德合作智能网联汽车车联网四川试验基地*	成都市龙泉驿区
		德阳	德阳Dicity智能网联汽车测试与示范运营基地*	中国汽车技术研究中心、中国人工智能学会及密西根大学

（续）

区域	省份	市/县	名称	所属单位
西北	新疆	吐鲁番	上海大众新疆试车场	上海大众
		吐鲁番	中交火焰山新能源汽车检测中心试验场	中交火焰山汽车检测有限公司
	陕西	西安	长安大学车联网与智能汽车试验场*	长安大学
	宁夏	银川	中国银川智能网联汽车测试与示范运营基地*	中国汽车技术研究中心

注:"*"表示智能网联汽车封闭测试场。

封闭园区测试建设,通过抓取典型智能交通场景,真实还原实际路况和环境,模拟智能网联落地应用。一方面能够有效控制安全风险,防止因智能网联技术不成熟而出现安全事故,另一方面也可为持续研究和分析智能网联应用提供翔实的试验和测试数据,为后续的开放道路阶段提供成功的实践经验和技术储备。

2. 开放道路运行阶段

开放道路运行阶段是智能网联汽车从封闭园区进入实际应用的关键时期,涵盖了智能网联汽车的演化、测试、应用等全过程,主要是在特定的开放道路环境下运行,通过试点示范、先行先试,实践并验证技术成果,解决在公开道路上的交通环境复杂、人员车辆流动等问题,保证车辆的可控性。

开放道路测试与示范应用方面,国家部委、各省市均纷纷出台相关道路测试管理规范。不完全统计,全国40多个省和市出台了智能网联汽车测试管理规范或实施细则,其中北京、上海、天津、重庆、江苏、浙江、湖南、河南、广东、海南、吉林等出台了省(直辖市)级法规,见表3-2。上海、江苏、浙江、安徽出台了跨省市的《长江三角洲区域智能网联汽车道路测试互认合作协议》。

表3-2　各地智能网联测试政策汇总表

区域	省份	市/县	法规	时间
工信部、公安部、交通运输部		(国家级)	《智能网联汽车道路测试管理规范(试行)》	2018-4

（续）

区域	省份	市/县	法规	时间
公安部		（国家级）	《道路交通安全法（修订建议稿)》	2021－4
工信部		（国家级）	《智能网联汽车生产企业及产品准入管理指南（试行)》（征求意见稿）	2021－4
网信办		（国家级）	《汽车数据安全管理若干规定（征求意见稿)》	2021－5
工信部、公安部、交通运输部		（国家级）	《智能网联汽车道路测试与示范应用管理规范（试行)》	2021－7
工信部		（国家级）	《关于加强智能网联汽车生产企业及产品准入管理的意见》	2021－8
工信部		（国家级）	《关于加强车联网网络安全和数据安全工作的通知》	2021－9
交通运输部		（国家级）	《自动驾驶汽车运输安全服务指南（试行)》（征求意见稿）	2022－8
交通运输部		（国家级）	《自动驾驶汽车运输安全服务指南（试行)》	2023－12
工信部		（国家级）	《国家车联网产业标准体系建设指南（智能网联汽车）（2022年版)》（征求意见稿）	2022－9
工信部、公安部		（国家级）	《关于开展智能网联汽车准入和上路通行试点工作的通知（征求意见稿)》	2022－11
工信部、公安部、住建部、交通运输部		（国家级）	《关于开展智能网联汽车准入和上路通行试点工作的通知》	2023－11
中国智能网联汽车产业创新联盟等		（行业级）	《智能网联汽车自动驾驶功能测试规程（试行)》	2018－8
中国汽车工业协会		（行业级）	《智能网联汽车自动驾驶功能测试技术规范》	2019－10
中国汽车工程学会		（行业级）	《智能网联汽车测试场设计技术要求》	2020－4
上海、江苏、浙江、安徽		（区域级）	《长江三角洲区域智能网联汽车道路测试互认合作协议》	2019－9
华东	上海		《上海市智能网联汽车道路测试管理办法（试行)》	2018－2
			《上海市智能网联汽车测试与示范实施办法（征求意见稿)》	2021－7
			《上海市智能网联汽车示范运营实施细则》	2022－11
			《上海市智能网联汽车高快速路测试与示范实施方案》	2023－2

（续）

区域	省份	市/县	法规	时间
华东	江苏	（省级）	《江苏省智能网联汽车道路测试管理细则（试行）》	2018 – 9
		（省级）	《关于做好智能网联汽车公共测试道路管理有关工作的通知》	2019 – 4
		（省级）	《江苏省道路交通安全条例（修订草案）》	2022 – 11
		南京	《南京市智能网联汽车道路测试管理细则（试行）》	2019 – 11
		苏州	《关于苏州智能网联汽车公共测试道路的公告》	2019 – 11
		无锡	《无锡市智能网联汽车道路测试与示范应用管理实施细则（试行）》	2021 – 9
		无锡	《无锡市车联网发展促进条例（草案）》	2022 – 8
		无锡	《无锡市智能网联汽车道路测试与示范应用管理实施细则》	2022 – 9
	浙江	（省级）	《浙江省自动驾驶汽车道路测试管理办法（试行）》	2018 – 8
		杭州	《杭州市智能网联车辆道路测试管理实施细则（试行）》	2018 – 8
		杭州	《杭州市智能网联车辆道路测试与示范应用管理实施细则（试行）》	2021 – 6
		杭州	《杭州市人民政府办公厅关于印发杭州市智能网联车辆测试与应用管理办法的通知》	2023 – 4
		杭州	《杭州市促进智能网联车辆测试与应用规定（草案）》	2023 – 8
		嘉兴	《嘉兴市智能网联汽车道路测试管理办法实施细则（试行）》	2019 – 12
		湖州	《湖州市自动驾驶汽车道路测试管理实施细则（试行）》	2019 – 4
		德清	《德清县关于支持开展自动驾驶测试服务的七条意见》	2019 – 6
	安徽	合肥	《合肥市智能网联汽车道路测试管理规范实施细则（试行）》	2019 – 7
		合肥	《合肥市智能网联汽车道路测试管理实施细则（试行）》	2020 – 8
		合肥	《合肥市智能网联汽车测试全域开放方案》	2023 – 9
		芜湖	《芜湖市智能网联汽车道路测试与示范应用管理办法（试行）》	2022 – 8

（续）

区域	省份	市/县	法规	时间
华东	福建	平潭	《平潭综合实验区无人驾驶汽车道路测试管理办法（试行)》	2018－3
		莆田	《莆田市智能网联汽车道路测试管理办法（试行)》	2019－8
		福州	《福州市智能网联汽车道路测试与示范应用管理实施细则（试行)》	2023－8
	山东	济南	《济南市智能网联汽车道路测试管理办法（试行)》	2018－7
		济南	《济南市智能网联汽车道路测试与示范应用管理办法（试行)》	2021－9
		青岛	《青岛市智能网联汽车道路测试与示范应用管理实施细则（试行)》	2020－10
华中	湖南	（省级）	《湖南省智能网联汽车道路测试管理实施细则（试行)》	2019－11
		长沙	《长沙市智能网联汽车道路测试管理实施细则（试行)》	2018－4
		长沙	《长沙市智能网联汽车道路测试管理实施细则（试行）V2.0》	2019－7
		长沙	《长沙市智能网联汽车道路测试管理实施细则（试行）V3.0》	2020－7
	湖北	武汉	《武汉市智能网联汽车道路测试管理实施细则（试行)》	2018－11
		武汉	《武汉市智能网联汽车道路测试和示范应用管理实施细则（试行)》	2022－8
		襄阳	《襄阳市智能网联汽车道路测试管理实施细则（试行)》	2018－12
	河南	（省级）	《河南省智能网联汽车道路测试管理办法（试行)》	2018－11
		（省级）	《河南省智能网联汽车道路测试与示范管理办法（试行)》	2021－9
华北	北京		《北京市关于加快推进自动驾驶车辆道路测试有关工作的指导意见（试行)》	2018－8（修订）
			《北京市自动驾驶车辆道路测试能力评估内容与方法（试行)》	2018－2
			《北京市自动驾驶车辆封闭测试场地技术要求（试行)》	2018－2

（续）

区域	省份	市/县	法规	时间
华北	北京		《北京市自动驾驶车辆测试道路管理办法（试行)》	2019－6
			《北京市自动驾驶车辆模拟仿真测试平台技术要求》	2020－1
			《北京市自动驾驶车辆道路测试管理实施细则（试行)》	2020－11（修订)
			《北京市智能网联汽车政策先行区总体实施方案》	2021－4
			《无人配送车管理实施细则》（试行版)	2021－5
			《北京市智能网联汽车政策先行区高速公路及快速路道路测试及示范应用管理实施细则（试行)》	2021－7
			《北京市智能网联政策先行区智能网联客运巴士道路测试、示范应用管理实施细则（试行)》	2022－3
			《北京市智能网联汽车政策先行区乘用车无人化道路测试与示范应用管理实施细则（试行)》	2022－4
			《北京市智能网联汽车政策先行区自动驾驶出行服务商业化试点管理实施细则（试行)》	2022－7
			《北京市无人配送车道路测试与商业示范管理办法（试行)》	2023－1
	河北	沧州	《沧州市智能网联汽车道路测试管理办法（试行)》	2019－9
		沧州	《沧州市智能网联汽车道路测试和示范运营管理办法（试行)》	2020－12
		保定	《保定市人民政府关于做好自动驾驶车辆道路测试工作的指导意见》	2018－1
		保定	《保定市自动驾驶车辆道路测试管理实施细则》	2018－12
		雄安	《雄安新区智能网联汽车道路测试与示范应用管理规范（试行)》	2021－8
	山西	阳泉	《阳泉市智能网联汽车道路测试管理办法（试行)》	2020－9
		阳泉	《阳泉市智能网联汽车管理办法（草案)》（征求意见稿)	2023－3
	天津		《天津市智能网联汽车道路测试管理办法（试行)》	2018－7

（续）

区域	省份	市/县	法规	时间
东北	吉林	（省级）	《吉林省智能网联汽车道路测试与示范应用管理实施细则（试行)》	2022 – 10
	吉林	长春	《长春市智能网联汽车道路测试管理办法（试行)》	2018 – 4
	辽宁	大连	《大连市智能网联汽车道路测试管理实施细则（试行)》	2020 – 12
华南	广东	（省级）	《广东省智能网联汽车道路测试管理规范实施细则（试行)》	2018 – 12
		（省级）	《广东省智能网联汽车道路测试与示范应用管理办法（试行)》	2022 – 11
		广州	《关于智能网联汽车道路测试有关工作的指导意见》	2018 – 12
		广州	《广州市南沙区关于智能网联汽车道路测试有关工作的指导意见（试行)》	2018 – 4
		广州	《南沙区智能网联汽车道路测试实施细则（试行)》（征求意见稿）	2021 – 5
		广州	《关于逐步分区域先行先试不同混行环境下智能网联汽车（自动驾驶）应用示范运营政策的意见》《在不同混行环境下开展智能网联汽车（自动驾驶）应用示范运营的工作方案》	2021 – 7
		深圳	《深圳市关于规范智能驾驶车辆道路测试有关工作的指导意见（征求意见稿)》	2018 – 3
		深圳	《深圳市关于贯彻落实〈智能网联汽车道路测试管理规范（试行)〉的实施意见》	2018 – 5
		深圳	《深圳市智能网联汽车道路测试开放道路技术要求（试行)》	2018 – 10
		深圳	《深圳经济特区智能网联汽车管理条例（草案修改二稿)》	2021 – 8
		深圳	《深圳经济特区智能网联汽车管理条例》	2022 – 7
		深圳	《深圳市智能网联汽车道路测试与示范应用管理实施细则》	2022 – 11
		肇庆	《关于加快推进肇庆市自动驾驶车辆道路测试有关工作的指导意见》	2018 – 4
		肇庆	《肇庆市自动驾驶车辆道路测试管理实施细则（试行)》	2021 – 5

（续）

区域	省份	市/县	法规	时间
华南	广西	柳州	《柳州市智能网联汽车道路测试管理实施细则（试行）》	2019-2
		柳州	《柳州市智能网联汽车道路测试与示范应用管理实施细则（征求意见稿）》	2021-3
		柳州	《柳州市高速场景智能网联汽车封闭场地测试规程（征求意见稿）》	2021-3
	海南	（省级）	《海南省智能网联汽车道路测试实施细则（试行）（公开征求意见稿）》	2019-1
		（省级）	《海南省智能汽车道路测试和示范应用管理办法（征求意见稿）》	2023-6
		（省级）	《海南省智能汽车道路测试和示范应用管理办法（暂行）》	2023-11
西南	重庆	重庆	《重庆市自动驾驶道路测试管理实施细则（试行)》	2018-3
			《自动驾驶开放道路准入测试方案》	2018-5
			《自动驾驶道路测试远程监控与管理系统技术规范》	2018-5
			《重庆市自动驾驶道路测试管理办法（征求意见稿）》	2020-5
			《重庆市永川区智能网联汽车政策先行区道路测试与应用管理试行办法》	2022-8
			《重庆市智能网联汽车准入和上路通行试点管理办法（试行）》	2024-1
	四川	成都	《成都市智能网联汽车道路测试与示范应用管理规范实施细则（试行）（征求意见稿）》	2021-9
		成都	《成都市智能网联汽车道路测试与示范应用管理规范实施细则（试行）》	2022-6
		成都	《关于推进成都市智能网联汽车远程驾驶测试与示范应用的指导意见》	2023-5
	贵州	贵阳	《贵阳贵安智能网联汽车测试与示范应用实施细则（征求意见稿)》	2023-2
	云南	（省级）	《关于组织开展智能网联汽车准入和上路通行试点工作的通知》	2023-12

（续）

区域	省份	市/县	法规	时间
西北	陕西	西安	《西安市规范自动驾驶车辆测试指导意见（试行）》	2019 – 2
		西安	《西安市自动驾驶车辆道路测试实施细则（试行）》	2019 – 2
	宁夏	银川	《银川市智能网联汽车道路测试和示范应用管理实施细则（试行）》	2020 – 3
	内蒙古	鄂尔多斯	《鄂尔多斯市智能网联汽车测试与示范应用管理办法（试行）》	2023 – 5

从封闭测试区到开放道路建设阶段，一方面需要符合实际交通情况，考虑设计和建设的可行性，保证道路安全，另一方面，需要通过成功的示范应用，促进智能网联技术的发展，加速其在实际中的推广应用。

3.4.2 智能网联关键技术

C-V2X 是智能网联关键技术，其发展经历了从简单的车辆间通信到智能车联网系统的演变过程。目的是为了提高道路安全和交通效率，为未来的智慧交通打下坚实的基础。随着技术的不断升级和完善，C-V2X 技术发挥着越来越重要的作用，为人们的出行和生活带来更多的便利和创新。下面将阐述C-V2X 技术从 3GPP R14 到 R17 的几个发展阶段。

1. 3GPP R14

C-V2X 技术的发展历程可以追溯到 3GPP R14 版本，该版本最初被定义为一种用于车辆之间通信的技术，以实现实时数据交换和共享。该版本的规范包括 V2V 和 V2I 通信的基础架构和功能需求，并明确了相关术语和定义。在该版本中，C-V2X 的主要目标是提高道路安全和交通效率，从而实现更高的可靠性和更低的延迟。

首先，C-V2X 是一种无线通信技术，可以使车辆与其他车辆、交通信号灯、道路设施以及其他车辆上的传感器进行通信。这种通信可以实现更高效的交通流动、更安全的道路行驶以及更智能化的车辆控制。

其次，C-V2X 包括多个组件，如车载终端、路侧终端、云端服务和 API 等。这些组件可以通过无线信号进行通信，从而实现车辆之间的信息交换。此外，C-V2X 还包括一些安全机制，以确保通信的安全性和可靠性。

再次，C-V2X 可以支持多种应用，如车联网、自动驾驶、远程监控和智慧城市等。通过与其他车辆和基础设施进行通信，C-V2X 可以为这些应用提供更加精确和实时的数据。例如，在车联网应用中，C-V2X 可以帮助车辆更好地理解路况和交通状况，从而更加智能地规划路线。

最后，C-V2X 还涉及一些标准化问题。为了确保不同厂商的设备和应用程序能够相互通信，3GPP 组织制定了一系列的规范和协议。这些规范和协议确保了 C-V2X 的可靠性、安全性和互操作性。

2. 3GPP R15

2015 年 9 月，国际电联（International Telecommunication Union，ITU）正式确认了 5G 的三大应用场景，即增强移动宽带（Enhanced Mobile Broadband，eMBB）、超可靠低时延通信（Ultra-Reliable and Low-Latency Communications，uRLLC）和大规模机器通信（Massive Machine Type Communications，mMTC）。2016 年 3 月，3GPP 就正式启动了 5G 的标准化工作，旨在开发一个统一的、更强大的无线空口——5G 新空口（New Radio，NR）[21]。

R15 是 5G 标准制定的开端。R15 最重要的使命之一，是针对 eMBB 场景进行标准制定。ITU 针对 eMBB 的指标要求，是下行峰值速率必须达到 10Gbit/s 以上，用户体验速率必须达到 1Gbit/s 以上。3GPP 为了实现这一需求，采用了两个思路：一个是寻找更多的可用频谱资源，另一个是深入挖掘每兆赫兹频率资源的潜力。

在扩充频谱资源方面，3GPP 在 Sub-6GHz 频段的基础上，提出了移动毫米波技术。也就是说，将 5G 的工作频谱向更高频段延伸，覆盖到毫米波的频段。

移动毫米波带来的速率和容量提升非常明显，奠定了 5G 高速连接的基础。在毫米波技术的基础上，3GPP 又引入了大规模天线阵列（Massive Multiple Input Multiple Output，Massive MIMO）。这个技术是 5G 最具标志性的创新之一，它通过大量增加基站中的天线数量，从而对不同的用户形成独立的窄波束覆盖，可以数十倍地提升系统吞吐量，也改进了基站的覆盖效果（尤其弥补了毫米波覆盖能力的不足）。

5G NR 设计中最重要的决定之一，就是选择无线波形和多址接入技术[22]。在当时的方案评估过程中，通过广泛研究发现，正交频分复用（Orthogonal Frequency Division Multiplexing，OFDM）体系，具体来说包括循环前缀正交频分复用和离散傅里叶变换扩频正交频分复用，是面向 5G eMBB 和更多其他场景的最佳选择。在4G LTE已有的OFDM应用基础上，通过设计统一的子载波间隔指数扩展公式，实现了可扩展的OFDM参数配置。这一技术发明，被称为"可扩展参数集"，是R15的重大亮点之一。利用可扩展OFDM参数配置，可以实现子载波间隔能随信道宽度以2的 n 次方扩展。这样一来，在更大带宽的系统中，快速傅里叶变换点数大小也随之扩展，却不会增加处理的复杂性。

R15另一个令人耳目一新的设计是基于时隙的灵活框架。该灵活框架的关键技术发明就是5G NR自包含时隙结构。在新的自包含时隙结构中，每个5G NR传输都是模块化处理，具备独立解码的能力，避免了跨时隙的静态时序关系。

2018年6月，3GPP R15标准正式冻结。在3GPP R15版本中，C-V2X标准得到了进一步的发展和完善。该版本的规范主要包括增强版的V2V和V2I通信，以及引入智能路侧单元（Smart Road Side Unit，SRSU）的概念，以提高通信效率和可靠性。同时，该版本还针对车联网应用中的安全、隐私等问题进行了详细的考虑和规定。

第一，C-V2X增加了新的应用场景，如智能停车和交通灯控制等。通过这些新增的应用，C-V2X可以提供更加全面和细致的服务，为驾驶人和乘客带来更好的出行体验。

第二，C-V2X的性能得到了提升。在新的版本中，C-V2X的传输速率提高了数倍，使其更加适合高速移动的场景。同时，新版本还对信道进行了优化，以提高通信的可靠性和稳定性。

第三，C-V2X的安全机制也得到了加强。新的版本针对网络安全性和隐私保护等方面进行了改进，以增强C-V2X的安全性和可信度。

第四，C-V2X的标准化进程得到了进一步的推进。在新的版本中，3GPP组织进一步完善了C-V2X的标准和规范，使其更加具有互操作性和可扩展性。这将有助于促进不同厂商的设备和应用之间的互通和交流。

3. 3GPP R16

R15主要针对eMBB场景进行了标准制定。R16在R15的基础上，进一步完善了uRLLC和mMTC场景的标准规范，从而贡献了第一个5G完整标准，也是第一个5G演进标准。从本质上来说，实现对垂直行业的支持和赋能，是R16最重要的使命。

R16需要进行标准化的uRLLC场景，主要针对的就是工业互联网、车联网等垂直行业领域。ITU 针对 uRLLC 场景提出的指标目标，包括更严格的可靠性要求（高达 99.9999% 的可靠性），以及毫秒级的时延。

R16 需要通过进一步增强 5G 网络的基础能力，引入更多的网络新特性，以此更好地支持 toB 的关键业务型用例，满足智能制造、智能质检、无人驾驶等垂直行业需求。

在网络基础能力增强方面，R16 对频谱效率、网络的利用率和稳健性等方面都做了专门的优化和增强，包括大规模天线增强、载波聚合增强、切换技术增强等，极大地提升了 5G 的可用性和完善性[21]。

在新特性引入方面，R16 的表现更是可圈可点。以频谱扩展为例，R16 增加了对 5G NR 免许可频谱（New Radio in Unlicensed Spectrum，NR-U）的支持，包括两种模式：许可辅助接入（Licensed-Assisted Access，LAA），以及不需要任何许可频谱的独立部署。这不仅带来了更大的容量，也实现了更灵活的部署。

对于前面提到的可靠性和时延要求，多点协作通信（Coordinated Multiple Points，CoMP）是实现这一目标的关键赋能技术之一。在这个技术创新中，通过采用多个发射和接收点，创建有冗余通信路径的空间分集，实现高可靠性和低时延，构建可用的时间敏感网络（Time Sensitive Networking，TSN）。

R16 在组网技术方面则引入了远端干扰管理、无线中继以及网络组织和自优化技术，使得网络实际用户体验获得提升。具有代表性的例子，是新型干扰测量与抑制技术，以及集成接入与回传（Integrated Access Backhaul，IAB）。IAB 支持毫米波基站进行无线接入和回传，在部署密集网络时可有效减少新增光纤部署需求。

特别值得一提的是，为了更好地推动政企垂直行业的 5G 落地，R16 在专网部署模式上也进行了创新，推出了对非公共网络（Non-Public Networks，NPN）的支持，为 5G 专网通信的发展指明了方向。R16 引入的新特性很多，除了上述技术之外，还包括终端节能，终端移动性增强、高精度定位等。

2020 年 7 月，R16 标准正式冻结。如果说 R15 只是实现了一个"可用"的 5G，那么，R16 的作用，就是让"可用"的 5G 变成"好用"的 5G。它在成本、效率和功能上进行了深入增强和改进，为 5G 的全面落地铺平了道路。

在 3GPP R16 版本中，C-V2X 进一步发展成为智能车联网系统的重要组成部分。该版本的规范包括智能路侧单元（SRSU）的功能和能力，以及基于 SRSU 的智能车联网系统的架构和应用。该版本的目标是实现更高效、更安全、更可靠的车联网系统，并为未来的智慧交通打下坚实的基础。

R16 首次引入了 NR-V2X，针对 PC5 接口定义了全新的帧结构、资源调度、数据重传方式等，支持单播、组播和广播三种模式；在 Uu 口引入了 V2X 通信切片、边缘计算、服务质量（Quality of Service，QoS）预测等特性，满足车联网低时延、高可靠和大带宽等需求。R16 引入了车辆编队行驶、高级驾驶、传感器扩展和远程驾驶四类应用，定义支持 25 个 V2X 高级用例。

4.3GPP R17

2022 年 6 月初，通信标准组织 3GPP 第 96 次全会在匈牙利布达佩斯如期召开。在本次会议上，备受瞩目的 3GPP R17 标准被正式宣布冻结。这标志着，5G 的第一阶段演进已经全部完成，5G 技术发展，迈入崭新的第二阶段，如图 3-6 所示。

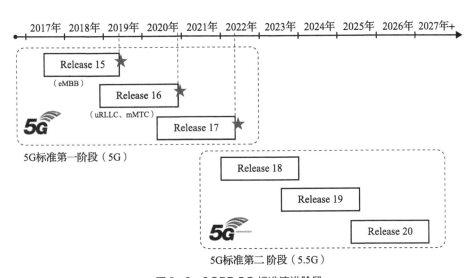

图3-6 3GPP 5G 标准演进阶段

作为全球 5G NR 标准的第三个主要版本，R17 进一步从网络覆盖、移动性、功耗和可靠性等方面扩展了 5G 技术基础，将 5G 拓宽至全新用例、部署方式和网络拓扑结构。R17 演进的关键词，可以分为"增强"和"扩展"。

（1）网络基础能力增强

R17 是在 5G 规模商用之后制定的标准。所以，它可以根据 5G 前期实际部署的经验，以及发现的不足，进行"查漏补缺"。R17 为 5G 系统的容量、覆盖、时延、能效和移动性等多项基础能力带来了更多增强特性，包括 Massive MIMO 增强、覆盖增强、终端节电、频谱扩展、IAB 增强、uRLLC 增强等。

R17 对 5G 毫米波进行了频谱扩展，定义了一个被称为 FR2 – 2（Frequency Range 2 – 2）的全新独特频率范围，将毫米波的频谱上限，推高到了 71GHz。这意味着，5G 毫米波的网络容量将变得更大，更多的用例和部署方式将得以实现。例如智能制造行业中支持通信和定位功能的毫米波企业专网[22]。得益于 5G NR 可扩展子载波间隔（Sub-Carrier Space，SCS）方案和基于时隙的灵活帧结构，这种频段扩展可将控制和数据信道的子载波间隔直接扩展到 480kHz 和 960kHz（以前低频段毫米波为 120kHz）。

除频段扩展之外，R17 还带来了其他毫米波增强特性，包括支持带间上行/下行载波聚合和增强移动性。IAB 增强，来自于同时发射/接收（即全双工）和增强的多跳操作等特性，可以进一步提升部署效率、覆盖和性能。这对于毫米波部署尤其有用，它能够更经济且高效地快速扩展覆盖范围。

终端能力增强方面，为了改善用户体验，R17 提出了一系列的增强特性。例如支持多达八根天线和额外的空间流，可实现更高吞吐量；先进的 MIMO 增强功能，可提升容量、吞吐量和电池续航；面向连接态和空闲态模式的节能新特性，可延长电池续航；重传和更高传输功率，可改善终端的网络覆盖范围；5G 定位技术增强，可改善定位精度和时延；双卡双待，可支持单个或两个运营商的两个订购服务并发等等。

（2）5G 网络和终端应用扩展

R17 作为 5G 第一阶段和第二阶段的过渡，既要对现有 5G 进行增强，也要探索更多的 5G 场景应用可能性。这些可能性，包括轻量化（Reduced Capability，RedCap）、非地面网络（Non Terrestrial Network，NTN）、扩展直连通信、厘米级定位、扩展广播/多播，以及无界扩展现实（Extended Reality，XR）。

5G R17 引入的最具代表性的技术，当然是面向中低速物联网应用的 RedCap，也就是 NR-Light。RedCap 是简化版的 5G，通过降低协议的复杂度，采用更好的节能技术，可以满足可穿戴设备、工业传感器和监控摄像头等物联网需求。

另一个值得关注的 R17 新特性，是非地面网络（NTN）。近年来，人们对卫星通信的关注度不断增加。为了让 5G 提供无处不在的连接，3GPP 也加强了非陆地区域网络覆盖的研究。在 R17 中，有两个并行的 NTN 工作组来应对移动宽带和低复杂度物联网（IoT）用例。第一个项目采用 5G NR 框架来进行卫星通信，实现从地面到卫星的固定无线接入（Fixed Wireless Access，FWA）回传，并为智能手机直接提供低速率数据服务和语音服务。第二个项目侧重支持低复杂度 eMTC 和窄带物联网（Narrow Band Internet of Things，NB-IoT）终端卫星接入，扩大了关键用例的网络覆盖范围，如全球资产追踪。

近年爆火的元宇宙，给我们展现了跨越实体世界和虚拟世界的个性化数字体验。作为元宇宙的底层支撑技术，以 VR、AR 为代表的 XR 扩展现实技术得到了更多的重视。R17 中的 XR 项目，专注于研究和界定各种类型的 XR 流量（AR、VR、云游戏）。此项研究为已经确定的 XR 流量类型定义需求和评估方法，并支持性能评估以确定未来的提升范畴[21]。

在 3GPP R17 版本中，C-V2X 继续完善和优化，以适应更加复杂和多样化的应用场景。该版本的规范主要针对智能车联网系统中的实时性、可靠性、安全性等方面进行了调整和升级，以支持更多的应用场景和需求。同时，该版本还强调了车联网系统与其他物联网设备之间的互操作性和互联互通的重要性，为实现智慧交通提供了有力的支撑。

R17 侧重研究弱势道路参与者的应用场景（V2P），研究直通链路中终端节电机制、节省功耗的资源选择机制以及终端之间资源协调机制，以提高直通链路的可靠性和降低传输的时延。R17 还将 NRSidelink 直接通信的应用场景从 V2X 扩展到公共安全、紧急服务，乃至手机与手机之间直接通信应用。

3.4.3 智能网联应用场景

随着以 C-V2X 为主体的通信技术发展，近年来在智能交通和智能网联汽车领域，为了提高驾驶安全性、交通效率以及提升用户体验，汽车与汽车、汽车与行人、汽车与交通设施均被互相连接，形成车、行人以及基础设施互联的应用场景。以汽车行驶安全、交通效率提升和信息服务为主要应用场景的智能网联汽车以及车路协同系统成为这种趋势中的焦点。

1. C-V2X 应用场景

中国基本完成了 C-V2X 相关总体架构、空中接口、网络层与消息层、多接入边缘计算、安全等相关技术标准和测试规范的立项研究和制定工作。在 C-V2X 场景方面，已完成和在研的主要有以下 5 个相关标准，可作为国内车联网场景分析的部分依据。

标准1：T/CSAE 53—2020《合作式智能运输系统 车用通信系统应用层及应用数据交互标准（第一阶段）》。

标准2：T/CSAE 157—2020《合作式智能运输系统 车用通信系统应用层及应用数据交互标准（第二阶段）》。

标准3：YD/T 3977—2021《增强的 V2X 业务应用层交互数据要求》。

标准4：T/CSAE 158—2020《基于车路协同的高等级自动驾驶应用层数据交互内容》。

标准5：JT/T 1324—2020《营运车辆 车路交互信息集》。

国内 C-V2X 标准场景见表 3 – 3[23]。

表 3-3　国内 C-V2X 标准场景

序号	场景分类	通信方式	场景名称	功能定义	预期效果
1.1	安全	V2V	前向碰撞预警	前向碰撞预警（Forward Collision Warning, FCW）是指，主车（Host Vehicle, HV）在车道上行驶，与在正前方同一车道的远车（Remote Vehicle, RV）存在追尾碰撞危险时，FCW 应用将对 HV 驾驶人进行预警	FCW 应用辅助驾驶人避免或减轻前向碰撞，提高道路行驶安全性
1.2	安全	V2V、V2I	交叉路口碰撞预警	交叉路口碰撞预警（Intersection Collision Warning, ICW）是指，主车（HV）驶向交叉路口，与侧向行驶的远车（RV）存在碰撞危险时，ICW 应用将对 HV 驾驶人进行预警	ICW 应用辅助驾驶人避免或减轻侧向碰撞，提高交叉路口通行安全性
1.3	安全	V2V、V2I	左转辅助	左转辅助（Left Turn Assist, LTA）是指，主车（HV）在交叉路口左转，与对向驶来的远车（RV）存在碰撞危险时，LTA 应用将对 HV 驾驶人进行预警	LTA 应用辅助驾驶人避免或减轻侧向碰撞，提高交叉路口通行安全性

（续）

序号	场景分类	通信方式	场景名称	功能定义	预期效果
1.4	安全	V2V	盲区预警/变道预警	盲区预警/变道预警（Blind Spot Warning/Lane Change Warning, BSW/LCW）是指，当主车（HV）的相邻车道上有同向行驶的远车（RV）出现在HV盲区时，BSW应用对HV驾驶人进行提醒；当主车（HV）准备实施变道操作时，若此时相邻车道上有同向行驶的远车（RV）处于或即将进入HV盲区，LCW应用对HV驾驶人进行预警	BSW/LCW应用避免车辆变道时，与相邻车道上的车辆发生侧向碰撞，提高变道安全性
1.5	安全	V2V	逆向超车预警	逆向超车预警（Do Not Pass Warning, DNPW）是指，主车（HV）行驶在道路上，因为借用逆向车道超车，与逆向车道上的逆向行驶远车（RV）存在碰撞危险时，DNPW应用对HV驾驶人进行预警	DNPW应用辅助驾驶人避免或减轻超车过程中产生的碰撞，提高逆向超车通行安全性
1.6	安全	V2V-Event	紧急制动预警	紧急制动预警（Emergency Brake Warning, EBW）是指，主车（HV）行驶在道路上，与前方行驶的远车（RV）存在一定距离，当前方RV进行紧急制动时，会将这一信息通过短程无线通信广播出来。HV检测到RV的紧急制动状态，若判断该RV事件与HV相关，则对HV驾驶人进行预警	EBW应用辅助驾驶人避免或减轻车辆追尾碰撞，提高道路行驶通行安全性
1.7	安全	V2V-Event	异常车辆提醒	异常车辆提醒（Abnormal Vehicle Warning, AVW）是指，当远车（RV）在行驶中，对外广播消息中显示当前"故障报警灯开启"，主车（HV）识别出其属于异常车辆；或者HV根据RV广播的消息，通过判断RV车速，识别出其属于异常车辆。当识别出的异常车辆可能影响本车行驶路线时，AVW应用提醒HV驾驶人注意	AVW应用辅助驾驶人及时发现前方异常车辆，从而避免或减轻碰撞，提高通行安全性

（续）

序号	场景分类	通信方式	场景名称	功能定义	预期效果
1.8	安全	V2V-Event	车辆失控预警	车辆失控预警（Control Loss Warning, CLW）是指，当远车（RV）出现制动防抱系统（Anti-lock Braking System，ABS）、车身电子稳定性系统（Electronic Stability Program，ESP）、牵引力控制系统（Traction Control System，TCS）、车道偏离预警系统（Lane Departure Warning，LDW）功能触发时，RV 对外广播此类状态信息，若主车（HV）根据收到的消息识别出该车属于车辆失控，且可能影响自身行驶路线时，则 CLW 应用对 HV 驾驶人进行提醒	CLW 基于通信的终端，可以将车辆内部电控系统的功能触发/失控等信息，及时对外广播，便于周边车辆迅速采取避让等处置措施，避免碰撞事故发生
1.9	安全	V2I	道路危险状况提示	道路危险状况提示（Hazardous Location Warning，HLW）是指，主车（HV）行驶到潜在危险状况路端，存在发生事故风险时，HLW 应用对 HV 驾驶人进行预警	HLW 应用将道路危险状况及时通知周围车辆，便于驾驶人提前进行处置，提高车辆对危险路况的感知能力，降低车辆发生事故的风险
1.10	安全	V2I	限速预警	限速预警（Speed Limit Warning，SLW）是指，主车（HV）行驶过程中，在超出限定速度的情况下，SLW 应用对 HV 驾驶人进行预警，提醒驾驶人减速行驶	SLW 应用辅助驾驶人避免超速行驶，消除安全隐患，减少事故的发生
1.11	安全	V2I	闯红灯预警	闯红灯预警（Red Light Violation Warning，RLVW）是指，主车（HV）经过有信号控制的交叉口（车道），车辆存在不按信号灯规定或指示行驶的风险时，RLVW 应用对驾驶人进行预警	RLVW 应用辅助驾驶人安全通过信号灯路口，提高信号灯路口的通行安全

（续）

序号	场景分类	通信方式	场景名称	功能定义	预期效果
1.12	安全	V2P/V2I	弱势交通参与者碰撞预警	弱势交通参与者碰撞预警（Vulnerable Road User Collision Warning, VRUCW）是指，主车（HV）在行驶中，与周边行人（Pedestrian，P。包括行人、自行车、电动自行车等）存在碰撞危险时，VRUCW应用对车辆驾驶人进行预警，也可对行人进行预警	VRUCW应用辅助驾驶人避免或减轻与侧向行人（P）碰撞危险，提高车辆及行人通行安全
2.1	安全	V2V/V2I	交通参与者感知共享	车辆（EV）以及路侧设备（Road Side Unit，RSU）通过自身搭载的感知设备探测到周围其他交通参与者，通过V2X发送给周围其他车辆	增强车辆的感知能力，有效减少交通事故和二次伤害
2.2	安全	V2V/V2I	协作式变道	车辆（EV）将变道行驶意图发送给相关车道的其他相关车辆或路侧设备（RSU），相关车辆调整驾驶行为，使得车辆（EV）能够安全完成变道或延迟变道	实现车辆之间安全高效的自行合作变道，提升通行效率和道路安全
2.3	安全/效率	V2I	协作式匝道汇入	匝道处的路侧单元（RSU）获取周围车辆运行信息和行驶意图，通过发送车辆引导信息、协调车辆，引导匝道车辆安全、高效地汇入主路	减少汇入车辆对主路车流的影响，提高匝道处通行安全和通行效率
2.4	安全/效率	V2I	协作式交叉口通行	EV向RSU发送车辆行驶信息，RSU为EV生成通过交叉路口的通行调度信息并发送给EV，调度EV安全通过交叉口	为路口车辆提供更精准的通行调度信息，安全、高效通行
2.5	效率/交通管理	V2I	动态车道管理	针对交叉口的拥堵问题，通过交叉口处的动态划分车道功能可以实现对交叉口进口道的空间资源进行实时地合理分配	实时匹配各流向的交通需求，缩减排队长度和次数

（续）

序号	场景分类	通信方式	场景名称	功能定义	预期效果
2.6	安全	V2I/V2V	道路异常状况提醒	车辆或路侧设备（RSU）通过传感器感知到道路交通事件（如交通事故等）、道路障碍物、路面状况等道路异常状况信息，并将探测出的信息发送给可能受此事件影响的其他车辆，从而避免二次事故发生，减少人员伤亡	道路异常状况提醒可以通过车辆或RSU向周围车辆发送提醒信息，使周围车辆间接获取前方道路异常状况，为车辆提供充足的反应时间，有效避免二次事故的发生
2.7	安全	V2P	慢行交通预警	慢行交通预警是指弱势交通参与者依靠自身具有无线通信能力的设备，实时发送其自身信息和运动状态等，支持车辆对弱势交通参与者的碰撞和风险预警	当路上的VRU接近时，慢行交通预警应用应能对车辆（EV）进行预警或输出VRU碰撞风险判定信息，从而达到碰撞风险告警或自主避让的目的
3.1	安全预警类	V2V/V2I/V2N/V2P	弱势交通参与者识别	弱势交通参与者识别是指为了增加对弱势交通参与者的感知，对弱势交通参与者碰撞等交通事故进行预警，从而对行驶缓慢的弱势交通参与者（Vulnerable Road User, VRU。包括行人、骑自行车的人，以及有动力驱动的两轮车驾驶人）进行识别，并对车辆进行预警	增加对弱势交通参与者的感知能力，并根据弱势交通参与者的数据信息，判断是否有交通风险，并根据判断结果对车辆进行预警，从而达到对碰撞等交通风险预警的目的
3.2	安全/效率	V2V/V2I	车辆编队行驶	编队行驶就是通过无线技术将同向行驶的载货汽车进行连接，尾随的车辆可接收到前面车辆加速、制动等信息，并提升反应效率。通常车队头车是有人驾驶，后面跟着的是基于实时信息交互并以一定速度保持稳定的车间距离的无人驾驶成员车辆	减少运输企业对于驾驶人的需求，降低驾驶人的劳动强度，减小车队行驶中的风阻，从而降低车辆油耗

（续）

序号	场景分类	通信方式	场景名称	功能定义	预期效果
3.3	安全/效率	V2V/V2I/V2N	协作式车队管理	该应用是指车队的车头从云端及周边车辆获取安全、交通环境、车载传感器等信息，形成车队行驶策略，从而完成整个车队的动态管理，确保车队安全、高效出行。本应用适用于在网络覆盖下的城市及郊区道路	既能够从云端获取基于整体交通状况的行驶建议，又能通过车队内车辆间信息的共享交互实现近距离安全行驶，并且能够实时进行车队内及车队间灵活调控
4.1	安全	V2I	危险品货物实时状态信息提醒	主车（HV）发现自身载有危险品货物状态异常，向驾驶人和RSU进行危险报警，RSU广播给周围车辆	提示驾驶人危险品货物的安全状态及周边车辆预警，保障安全行驶
4.2	安全	V2I	营运驾驶人疲劳驾驶提醒	主车（HV）将驾驶人状态周期性发送给RSU，当超过预置门限，则触发提醒	辅助驾驶人避免疲劳行驶，消除安全隐患，减少事故的发生
5.1	安全预警类	V2V/V2I	基于协同式感知的异常驾驶行为识别	在混合交通环境下，通过路侧设备/车端设备感知周边车辆的运行状况；经过相应设备处理后发送当前范围内存在的异常行驶的车辆给自动驾驶汽车；辅助自动驾驶车辆做出正确的决策控制	自动驾驶车辆可提前获取周边存在的异常驾驶车辆，可以提前进行减速、避让等操作，从而实现自动驾驶车辆安全高效的通行
5.2	安全	V2I	禁止特定车辆通行路段预警	本车（HV）指装有车载单元且运行车路交互应用程序的车辆。HV或车辆编队行驶在特定路段上游，若HV是危险品运输车辆、超限车辆、超载荷车辆等禁止通行的特定车辆，RSU通过车载单元（On-Board Unit, OBU）向驾驶人预警	提醒驾驶人特定路段禁止通行的特定车辆信息

（续）

序号	场景分类	通信方式	场景名称	功能定义	预期效果
5.3	安全	V2I	限速及超ров行驶提醒	HV 或车辆编队行驶在特定路段时, RSU 通过 OBU 提醒驾驶人该路段的限速值, 当 HV 行驶速度超过限速值时, RSU 通过 OBU 提醒驾驶人违法超速行驶	提示驾驶人该特定路段的限速值, 避免驾驶人超速行驶, 消除安全隐患
5.4	安全	V2I	异常天气实时预警	HV 或车辆编队行驶在特定路段上游一定区域内时, RSU 通过 OBU 提醒驾驶人特定路段的异常天气实时预警信息	提示驾驶人特定路段的异常天气实时预警信息
5.5	安全	V2I	危险路段越线行驶警告	HV 或车辆编队在危险路段行驶, 在行驶过程中与双实线、单实线交叉或跨越时, RSU 通过 OBU 向驾驶人	辅助驾驶人避免或减轻交通事故的发生, 提高道路行驶安全
5.6	安全	V2I	行车视距不良路段警告	HV 或车辆编队行驶在道路上, 遇视距不良路段, 如路段内有远车通行, RSU 通过 OBU 向驾驶人	辅助驾驶人避免或减轻交通事故的发生, 提高道路行驶安全
5.7	安全	V2I	专用车道偏离警告	HV 或车辆编队在专用车道行驶, 当车辆偏离专用车道时, RSU 通过 OBU 向驾驶人警告	辅助驾驶人按规定的专用车道行驶, 提高道路行驶安全和通行效率
5.8	安全	V2I	车辆偏离班线警告	HV 或车辆编队按照道路运输主管部门或运输责任部门批复的班线行驶, 当车辆偏离规定班线时, RSU 通过 OBU 向驾驶人警告	提示驾驶人按规定班线路线行驶, 维护道路运输秩序
5.9	安全	V2V/V2I	遇危险品运输车辆提醒	HV 或车辆编队在车道上行驶, 当 HV 或车辆编队的一定范围内存在危险品运输车辆 (RV), 且对其存在安全风险时, RSU 通过 OBU 对 HV 或车辆编队驾驶人提醒 RV 的具体位置	车辆与危险品运输车辆碰撞危险的提醒, 辅助驾驶人避免或减轻碰撞, 提高道路行驶安全

（续）

序号	场景分类	通信方式	场景名称	功能定义	预期效果
5.10	效率	V2I	营运班线事件提醒	HV 或车辆编队在营运班线上行驶过程中，班线上发生交通事故等突发性事件，或施工养护等计划性事件时，RSU 通过 OBU 向驾驶人提醒	辅助驾驶人提前获知营运班线上的事件信息，为及时采取行之有效的避让、分流等措施提供技术支持，提高营运班线通行效率
5.11	效率	V2I	路网运行状态提醒	当 HV 行驶的班线因发生拥堵、交通事故、异常抛洒物、地质灾害等突发性事件，或施工养护、封路、管制等计划性事件，需向相邻路网分流诱导时，RSU 通过 OBU 向驾驶人推送相邻路网运行状态信息提醒或分流路径建议	辅助驾驶人获取相邻路网运行状态信息或分流路径建议，为及时采取行之有效的分流诱导等措施提供技术支持，提高营运车辆通行效率
5.12	效率	V2V	紧急车辆提醒	HV 行驶中，RSU 通过 OBU 向驾驶人推送优先让行的紧急车辆（RV）提醒，HV 对消防车、救护车、警车、路政应急救援车或其他紧急车辆让行	辅助 HV 实现对消防车、救护车、警车、路政应急救援车或其他紧急呼叫车辆的让行
5.13	安全	V2V/V2I	危险车况警告	HV 或车辆编队在道路上行驶，当某辆车胎压、部件温度等指标超出预设阈值，或制动防抱系统（ABS）、车身电子稳定性系统（ESP）、牵引力控制系统（TCS）发生异常时，OBU 获取危险车况信息，向驾驶人警告，并将相关信息发送至 RSU	提示驾驶人车辆的安全状态及周边车辆预警，保障安全行驶
5.14	信息服务	V2I	服务区停车位诱导	HV 行驶在道路时，通过 OBU 向 RSU 主动发送服务区停车请求，RSU 基于本地预存及实时更新的服务区内营运车辆停车位的有无信息、尺寸、位置等信息，通过与 OBU 通信，完成服务区告知及营运车辆停车位诱导服务	辅助 HV 实现服务区停车位诱导，提升营运驾驶人用户的服务水平

2. 典型 C-V2X 应用场景

结合中国现有的特色交通状况及技术发展现状，同时考虑到部分应用场景存在的交叉，整体筛选出如下典型 C-V2X 应用场景：

（1）交叉路口碰撞预警

能对驶向交叉路口的主车驾驶人与侧向车辆存在碰撞危险进行预警。

（2）闯红灯预警

当主车经过信号控制的交叉口时，对驾驶人不按信号灯规定或指示行驶进行预警。

（3）左转辅助

主车在交叉路口左转，与对向驶来的远车存在碰撞危险时，对主车驾驶人进行预警。

（4）逆向超车预警

主车借用逆向车道超车时，与该车道的前车存在碰撞危险，对主车驾驶人进行预警。

（5）盲区预警/变道预警

当相邻车道上有同向行驶的远车出现在主车盲区时，对主车驾驶人进行提醒；或当主车准备实施变道操作时（例如激活转向灯等），相邻车道上有同向行驶的远车处于或即将进入主车盲区，对主车驾驶人进行预警。

（6）异常车辆提醒

远车在行驶中，打开故障警告灯并且主车接收远车的广播消息中含有"故障警告灯开启"的信息，或主车根据远车广播的消息，判断远车的车速为静止或慢速（显著低于周围其他车辆），识别其属于异常车辆，若可能影响主车行驶路线，对主车驾驶人进行预警。

（7）车辆失控预警

当远车有制动防抱系统、车身电子稳定性系统、牵引力控制系统、车道偏离预警系统功能触发并且对外广播状态信息，若主车根据接收的消息识别出该车属于车辆失控，且可能影响自身行驶路线时，对主车驾驶人进行提醒。

（8）前向碰撞预警

主车在行驶过程中，与前方车辆存在碰撞危险，对主车驾驶人进行预警。

（9）紧急制动预警

远车在主车前方行驶，远车进行紧急制动并对外广播信息，主车根据消息进行判断，若远车事件与主车相关，则对主车驾驶人进行预警。

（10）限速预警

主车行驶过程中，超出限定的速度，对主车驾驶人进行预警。

（11）道路危险状况提醒

主车行驶到潜在危险状况（如桥下存在较深积水、路面有深坑、道路湿滑、前方急转弯等）路段，存在发生事故风险，对主车驾驶人进行预警。

（12）道路施工提醒

类似道路危险状况。

（13）天气提醒

类似道路危险状况。

（14）协同式感知/感知数据共享

装载通信系统的车辆以及路侧设备通过自身搭载的感知设备（摄像头、雷达等传感器）获取到周围其他交通参与者（包括但不限于车辆、行人、骑行者等目标物）或道路异常状况信息并对外发送，如道路交通事件、车辆异常行为（超速、驶离车道、逆行、非常规行驶和异常静止等）、道路障碍物（如落石、遗撒物、枯枝等）及路面状况（如积水、结冰等）等信息，周围其他车辆根据接收到的状况信息提前获取不在感知范围内的交通参与者或道路异常状况，用于辅助自身做出正确的驾驶决策。

（15）协作式交叉口通行

装备通信系统的车辆和路侧设备进行协作，路侧设备根据车辆发送的行驶信息、目标交叉路口的信号灯信息、其他车辆上报的行驶信息，以及路侧感知信息，生成通行调度信息并发送给车辆，调度车辆安全通过交叉口。

（16）协作式变道

装备通信系统的车辆在行驶过程中需要变道并将行驶意图发送给相关车道（本车道和目标车道）的其他相关车辆或路侧设备，相关车辆根据接收到的行驶意图信息或路侧设备的调度信息，调整自身驾驶行为，使得车辆能够安全完成变道或延迟变道。

（17）协作式车辆汇入

在高速公路或快速道路入口匝道处，路侧单元获取周围车辆运行信息和行驶意图并发送车辆引导信息，协调匝道和主路汇入车道车辆，引导匝道车辆安全、高效地汇入主路。

（18）弱势交通参与者碰撞预警

主车行驶中，弱势交通参与者（包括行人、自行车、电动自行车等）存在碰撞危险，对主车驾驶人进行预警，也可对弱势交通参与者进行预警。

3.4.4　智能网联应用实践

1."四跨"活动简介

车联网 C-V2X"四跨"先导应用实践活动是 IMT – 2020（5G）推进组 C-V2X 工作组、中国智能网联汽车产业创新联盟等行业相关单位共同发起的技术验证和应用示范活动，旨在解决不同品牌不同型号 C-V2X 车辆间的互联互通问题，推进企业优化 C-V2X 产品性能功能，推动跨地域车联网路侧设施提供一致服务。C-V2X"四跨"即实现芯片模组、终端设备、整车应用、云控平台以及通信安全等多个层面互联互通。

自 2018 年以来，C-V2X"四跨"连续五年分别在上海、苏州、北京、无锡、柳州等地开展，2018—2020 年，实践活动主要聚焦一阶段安全、效率、信息服务三大类典型应用场景开展技术验证；2021—2022 年，逐步探索开展二阶段面向协同控制和自动驾驶类场景验证。历经五年，信息服务和效率类应用快速推广。长沙、无锡、襄阳、广州等地部署面向城市道路的信号灯状态提醒、绿波通行等应用规模化服务。福特（中国）、奥迪（中国）等发布支持信号灯信息推送、绿灯起步提醒等应用的量产车型。

2."四跨"测试验证内容

C-V2X"四跨"测试验证活动搭建了"实验室 – 封闭场地 – 开放道路"三级测试环境，分别开展通信终端级协议互联互通和通信性能测试、整车级封闭场地应用测试、整车级开放道路应用测试[24]。

（1）实验室测试内容

实验室测试内容包括射频协议一致性测试、上层协议一致性和互联互通测试以及大规模通信性能测试等。

1）射频协议一致性测试。中国信息通信研究院依据第三代合作计划和中国通信标准化协会规定的 C-V2X 物理层标准开展测试，测试内容见表 3 – 4，为活动参与终端设备提供发射机、接收机射频标准符合性及抗干扰测试，助力 C-V2X 终端和模组厂商发现射频相关问题，提升 C-V2X 产品射频性能。

表 3-4　射频协议一致性测试内容

最大发射功率	误差矢量幅度	接收灵敏度
最大功率回退（MPR）	载波泄漏	最大输入电平
终端配置发射功率	邻道抑制比	带内阻塞
最小输出功率	非分配 RB 的带内辐射	杂散发射
发射机关断功率	EVM 均衡器频谱平坦度	杂散发射带 UE 共存
发射开关时间模板	占用带宽	临道选择性
绝对功率容差	频谱发射模板	杂散响应
频率误差	杂散辐射	带宽互调

　　射频协议一致性测试主要参考标准如下：3GPP TS36.521-1《无线电收发一致性测试》、TS36.508《用户设备的通用测试环境一致性测试》、TS36.101-1《终端设备的收发一致性测试》、YD/T 3848—2021《基于 LTE 的车联网无线通信技术 支持直连通信的车载终端设备测试方法》、YD/T 3847—2021《基于 LTE 的车联网无线通信技术 支持直连通信的路侧设备测试方法》。

　　2）上层协议一致性和互联互通测试。上层协议一致性和互联互通测试依据国内 LTE-V2X 消息层（一阶段与二阶段）、网络层、安全层标准开展，支持发现不同厂商 C-V2X 车载终端和路侧设备的标准符合性和互联互通问题，协调解决不同厂商设备互联互通问题。

　　其中，网络层协议测试包括待测件发送专用消息（Dedicated Short Message，DSM）、被测实体（Device Under Test，DUT）解析 DSM 消息；应用注册测试、管理信息库（Management Information Base，MIB）维护测试。安全层协议测试包括待测件签发安全协议数据单元（Secured Protocol Data Unit，SPDU）、待测件验签 SPDU、安全消息验证测试。消息层协议测试包括一阶段辅助驾驶基础场景车辆基本安全消息（Basic Safety Message，BSM）测试、地图消息（Map，MAP）测试、信号灯消息（Signal Phase and Timing Message，SPAT）测试、路侧交通消息（Road Side Information，RSI）测试、路侧单元消息（Road Side Message，RSM）测试，以及二阶段协作式驾驶增强场景中车辆意图及请求消息（Vehicle Intention and Request，VIR）测试、路侧协调消息（Road Side Coordination，RSC）测试、感知数据共享消息（Sensor Sharing Message，SSM）测试。

　　3）大规模通信性能测试。实验室大规模通信测试是指在实验室环境下，利用综测仪模拟周围多车搭载 C-V2X 设备工作的真实物理信号环境，结合其他测试仪表，对被测 C-V2X 设备消息收发情况进行测试统计，分析被测设备接收和发送性能，助力企业检验产品在面临交通拥堵极端情况下的持续可靠稳定运行能力。

目前大规模通信性能测试支持自定义背景车数量和背景消息类型，支持构建 200 台车以上的严苛通信环境［即测试环境支持每秒发出 2000 条以上的车辆基础安全消息（BSM）］。大规模测试内容见表 3-5。

表 3-5　大规模测试内容

测试指标	指标描述
信道忙率	由终端直接实时上报至采集分析平台，反映当前车辆所处位置的信道状态
空口时延	终端 A 空口发送数据到终端 B 空口接收数据的时间延迟
端到端时延	终端 A 组装数据包并准备签名到终端 B 接收该数据包并验签的时间延迟
发包间隔	终端发送的前后两条连续的数据包的时间间隔
收包间隔	终端 A 接收终端 B 前后两条数据包的本地系统时间间隔
丢包率	终端 A 未能成功接收到终端 B 所发送的数据包个数与终端 B 发送总包数的比率
签名时延	终端对发送数据包签名的耗时
签名成功率	终端成功签名数据包个数与总签名次数的比率
验签时延	终端对接收到的数据包验签的耗时
验签成功率	终端成功验签数据包个数与总验签次数的比率

（2）封闭场地测试验证内容

1）封闭场地大规模通信性能测试。封闭场地大规模测试主要是指通过在封闭场地内部构建大规模背景车环境，一方面，测试被测单元与背景车、路侧设备，以及被测单元在多种车辆驾驶场景下的通信性能，重点统计丢包率、时延等技术指标；另一方面，测试被测单元车车、车路通信的典型场景触发情况。通过两方面的测试，验证被测单元在大规模环境下的通信性能与应用功能稳定触发能力。

2）封闭场地应用场景调试。封闭场地应用场景调试主要是在实验室上层协议一致性和互联互通测试的基础上，在封闭场地内搭建小型测试验证环境，供活动参与企业验证各字段填充的准确性，以及验证各应用场景是否正常触发。封闭场地应用场景调试主要为保障开放道路测试与演示场景的顺利开展，保障企业车辆和人员开放道路行驶安全。

（3）开放道路测试验证内容

1）一阶段辅助驾驶基础场景。在开放道路环境下，开展实车一阶段辅助驾驶基础场景测试验证，包括车车通信的前向碰撞预警、左右侧盲区预警/变道辅助、紧急车辆提醒、故障车辆预警等，车路通信的信号灯信息推送、绿波车速引导、闯红灯预警、弱势交通参与者碰撞预警、限速提醒、前方学校提醒、前方人行横道提醒、前方施工、注意合流提醒、游乐场提示、道路禁停提醒、事故多发提醒、减速让行等场景。

2）二阶段协作式驾驶增强场景。在开放道路环境下，开展实车二阶段协作式驾驶增强场景测试验证，包括车车通信协作式变道，车路通信感知数据共享、协作式变道、协作式汇入、车道预留、协作式优先车辆通行等。

3）前瞻新型应用场景。C-V2X 新型应用场景测试内容主要是指在车车/车路两侧实现互联互通，车路两侧感知、协作能力不断提升的情况下，开展面向智能化、网联化融合以及车联网商用闭环场景的前瞻技术测试验证，例如基于纯路端感知的 L4 无人驾驶应用场景、基于 ADAS + V2X 融合的协作式自适应巡航、车联网数字货币等。

3．"四跨"活动成效

2022 年 C-V2X "四跨" 见证了 C-V2X 产业发展取得的阶段性成效。一是车联网 C-V2X 标准体系不断完善，包括接入层、网络层、消息层、安全层等技术标准现阶段已基本能够支撑先导性产业应用。二是实车应用场景分阶段走向成熟，车联网一阶段辅助驾驶基础场景具备量产能力，二阶段协作式驾驶增强场景及新型应用场景持续验证，前瞻性应用场景不断探索。三是车联网 C-V2X 身份认证和安全信任体系基本建立，依托工业和信息化部车联网安全信任根管理平台实现跨企业、跨地区互信互任互通范围逐步扩大。四是车联网路侧基础设施服务日臻完善，路侧信息提示内容不断丰富，路侧感知精度不断提升。

3.4.5 智能网联发展趋势

2024 年 1 月，工信部、公安部、自然资源部、住建部、交通运输部联合发布《关于开展智能网联汽车 "车路云一体化" 应用试点工作的通知》，宣布将从 2024 年至 2026 年开展 "车路云一体化" 应用试点，明确推动建成一批架构相同、标准统一、业务互通、安全可靠的城市级应用试点项目，具体包括九方面内容。

（1）建设智能化路侧基础设施

实现试点区域 5G 通信网络全覆盖，部署 LTE-V2X 直连通信路侧单元（RSU）等在内的 C-V2X 基础设施。开展交通信号机和交通标志标识等联网改造，实现联网率90%以上。重点路口和路段同步部署路侧感知设备和边缘计算系统（MEC），实现与城市级平台互联互通，探索建立多杆合一、多感合一等发展模式。

（2）提升车载终端装配率

分类施策逐步提升车端联网率，试点运行车辆100%安装 C-V2X 车载终端和车辆数字身份证书载体；鼓励对城市公交车、公务车、出租车等公共领域存量车进行 C-V2X 车载终端搭载改造，新车车载终端搭载率达50%；鼓励试点城市内新销售具备 L2 及以上自动驾驶功能的量产车辆搭载 C-V2X 车载终端；支持车载终端与城市级平台互联互通。

（3）建立城市级服务管理平台

建设边缘云、区域云两级云控基础平台，具备向车辆提供融合感知、协同决策规划与控制的能力，并能够与车端设备、路侧设备、边缘计算系统、交通安全综合服务管理平台、交通信息管理公共服务平台、城市信息模型（CIM）平台等实现安全接入和数据联通。建设或复用城市智能网联汽车安全监测平台，对试点车辆运行安全状态进行实时监测，配合相关管理部门开展交通违法处理、事故调查、责任认定、原因分析等工作。

（4）开展规模化示范应用

鼓励在限定区域内开展智慧公交、智慧乘用车、自动泊车、城市物流、自动配送等多场景（任选一种或几种）应用试点。选取部分公交线路（含BRT），实现全线交通设施联网识别和自动驾驶模式运行；部署不少于200辆的智慧乘用车试点，部分可实现无人化示范运行；完成不少于10个停车场的智能化改造，每个停车场不少于30个车位支持自动泊车功能；部署不少于50辆的城市物流配送车试点，部分实现特定场景下自动化示范运行；部署不少于200辆的低速无人车试点，实现车路协同自动驾驶功能的示范应用。

（5）探索高精度地图安全应用

鼓励开展北斗高精度位置导航服务。开展高精度地图应用、众源采集及更新、高精度位置导航应用等先行先试和应用试点。构建高精度地图在"车路云一体化"场景中的地理信息安全防控技术体系。

（6）完善标准及测试评价体系

推动跨行业跨区域联合标准研究，建设完善智能网联汽车"车路云一体化"以及智能交通、车辆智能管理、基础地图等标准体系，支撑智能化路侧基础设施、云控基础平台建设，以及相应的高精度地图应用试点和道路环境标准化认定。构建"车路云一体化"场景数据库，研制数字身份、信息交互等相关技术标准，提升智能网联汽车的模拟仿真、封闭场地、实际道路等测试验证能力，推动形成相应的测试评价体系。

（7）建设跨域身份互认体系

健全 C-V2X 直连通信身份认证基础设施，建立路侧设备和车辆接入网络的认证机制，对 C-V2X 直连通信设备进行数字证书管理。建立基于可信任根证书列表的跨域互信互认机制以及跨部门数字证书互认体系，支持跨车型、跨城市互联互认互通。

（8）提升道路交通安全保障能力

确保自动驾驶系统激活状态下，遵守道路交通相关法律法规，支撑道路交通组织安全监管工作。健全安全员、平台安全监控人员等运行安全保障人员培训、考核及管理制度，具备车辆运行安全以及智能交通设施相关风险防控、隐患排查、应急处置等事前、事中、事后全流程保障能力。建立交通违法、交通事故、安全员异常干预等安全事件研判机制，及时上报安全事件原因及隐患消除对策，并编写月度报告以存档备查。

（9）探索新模式新业态

明确"车路云一体化"试点的商业化运营主体，探索基础设施投资、建设和运营模式，支持新型商业模式探索。在保障数据安全的前提下，鼓励数据要素流通与数据应用，推进跨地区数据共建共享共用。

参考文献

［1］党超. 智能网联汽车结构层次及技术分析［J］. 内燃机与配件，2022（5）：220－222.

［2］CAEV 汽车电子电气架构工作组，CAICV 电子电气信息架构与网络工作组. 智能网联汽车电子电气架构产业技术路线图［R］. 北京：电动汽车产业技术创新战略联盟，2023.

［3］郭维杰. 商用车电子电气架构与主动安全措施探讨［J］. 专用汽车，2022（1）：20－21.

[4] 郁淑聪，孟健，张渤. 浅谈汽车智能座舱发展现状及未来趋势[J]. 时代汽车，2021
(5)：10-11.

[5] 郭丽丽，菅少鹏，陈新，等. 智能网联汽车网络架构方案研究[J]. 汽车科技，2017
(3)：34-38.

[6] 张梅. 国内智能网联汽车操作系统发展现状与前景[J]. 时代汽车，2021(9)：25-26.

[7] 中国软件评测中心(工业和信息化部软件与集成电路促进中心)，等. 车载智能计算基础平台参考架构2.0[R]. 2023.

[8] 奚美丽，张远骏. 自动驾驶操作系统现状与发展趋势[J]. 汽车与配件，2021(12)：64-71.

[9] 亿欧智库. 2019汽车智能座舱产业发展研究报告[R]. 2019.

[10] 地平线. 2019年智能座舱发展趋势白皮书[R]. 2019.

[11] 李玉昆，孟健，郁淑聪，展望未来智能汽车人机交互：多模态融合感知技术成为趋势[J]. 汽车与配件，2022(21)：56-58.

[12] JESSIE. 智能座舱架构与功能开发流程详解[EB/OL]. (2021-10-12)[2024-03-11]. https://mp.weixin.qq.com/s/jPc_usfMit90fgWjJWo8Hw.

[13] 亿欧智库. 2021中国汽车座舱智能化发展市场需求研究报告[R]. 2022.

[14] 智驾最前沿. 一文聊聊如何实现OTA升级[EB/OL]. (2022-09-06)[2024-03-11]. https://www.eet-china.com/mp/a159323.html.

[15] 亿欧智库. 2020—2023中国高等级自动驾驶产业发展趋势研究[R]. 2020.

[16] AUTOSEMO. 中国汽车基础软件白皮书2.0[R]. 2021.

[17] 强生. 汽车行业线控底盘系列研究：线控转向，迈向高阶能驾驶，2023年迎量产元年[EB/OL]. (2022-12-11)[2024-03-11]. https://www.urpro.cn/document/report/automobile/QNQjWSdY.

[18] 甲子光年智库. 2022中国自动驾驶行业研究[R]. 2022.

[19] 毕马威. 角逐升级：中国速度引领自动驾驶崭新未来[R]. 2022.

[20] 麦肯锡. 让科幻照进现实：自动驾驶在中国的进展与趋势[R]. 2022.

[21] 小枣君. 从R15到R17，一文看懂5G的技术创新[EB/OL]. (2022-09-19)[2024-03-11]. https://zhuanlan.zhihu.com/p/565912900.

[22] 扎伊迪，等. 5G NR物理层技术详解：原理、模型和组件[M]. 李阳，等译. 北京：机械工业出版社，2021.

[23] 汽标委智能网联汽车分标委. 基于网联技术的汽车安全预警类应用场景标准化需求研究报告[R]. 2021.

[24] IMT-2020(5G)推进组C-V2X工作组. 车联网C-V2X"四跨"先导应用实践活动总结报告(2022)[R]. 北京：中国信息通信研究院，2023.

第 4 章
智慧城市与智能网联汽车融合创新发展建设内容

4.1 智能道路概述

智慧城市与智能网联汽车融合创新发展将全面提升城市智能基础设施建设，其中包括智能道路设施、新型能源基础设施、地理位置网、现代信息通信网，以及车城网平台建设。

城市道路智能化分级标准是智能道路建设的主要依据。2019 年 3 月，欧洲道路运输研究咨询委员会（European Road Transport Research Advisory Council，ERTRAC）发布 *Connected Automated Driving Roadmap*，定义自动驾驶的基础设施支持级别；2019 年 9 月，中国公路学会自动驾驶工作委员会、自动驾驶标准化工作委员会发布了《智能网联道路系统分级定义与解读报告（征求意见稿）》；2021 年 11 月，上海嘉定区发布标准化指导性技术文件《智慧道路建设技术导则》；2022 年 7 月，无锡市市场监督管理局发布 DB3202/T 1034.1—2022《智能网联道路基础设施建设指南 第 1 部分：总则》。

4.1.1 自动驾驶的基础设施支持级别

ERTRAC 在 INFRAMIX 项目和 ITS World Congress 2018 paper by AAE and ASFINAG 发布了自动驾驶的基础设施支持级别（Infrastructure Support levels for Automated Driving，ISAD），见表 4-1[1]。

智慧城市与智能网联汽车 融合创新发展之路

表 4-1 ERTRAC 发布的自动驾驶基础设施支持级别

	分级	名称	描述	可提供给自动驾驶车辆的数字化信息			
				具有静态道路标识的数字化地图	可变信息交通标志牌，告警，事故，天气	微观交通情况	导航：速度、间距、车道建议
数字化基础设施	A	协同驾驶	基于车辆移动的实时信息，基础设施可以引导自动驾驶车辆（单车或者编队）实现全局交通流优化	●	●	●	●
	B	协同感知	基础设施可以感知微观交通情况，并实时提供给自动驾驶车辆	●	●	●	
	C	动态数字化信息	所有动态和静态基础设施信息可以以数字化形式获取并提供给自动驾驶车辆	●	●		
传统基础设施	D	静态数字化信息/地图支持	可获取包括静态道路标识的数字化地图数据。地图数据可以通过物理参考点（地标标识）补充。而交通信号灯、短期道路工程和可变信息交通标志牌需要自动驾驶车辆识别	●			
	E	传统基础设施/不支持自动驾驶	无数字化信息的传统基础设施。自动驾驶车辆需要识别道路几何和道路标识				

E 级别最低，无数字化信息，不支持自动驾驶的传统基础设施，完全依赖于自动驾驶车辆本身；D 级别支持静态道路标识在内的静态数字化信息，而交通信号灯、短期道路工程和可变信息交通标识牌需要自动驾驶车辆识别；C 级别支持静态和动态基础设施信息，包括可变信息交通标识牌、告警、事故、天气等；B 级别支持协同感知，即可感知微观交通情况；A 级别支持协同驾驶，数字化基础设施可以引导自动驾驶车辆的速度、间距、车道。

基础设施部署的常见做法，流量控制系统通常部署在交通通行频繁达到通行能力限制的高速公路路段，而其他交通流很少中断的公路路段则不需要部署固定的交通控制系统。图 4-1 示例说明了 ISAD 级别是如何部署的，可用于简单描述自动驾驶车辆的期望公路网。对于容易出现交通阻塞的合流匝道位置，需要建设 A 级基础设施来进行交通控制；对于交通通行频繁的高速公路路段，需要建设 B 级基础设施来进行协同感知；对于一些交通运行较为顺畅的快速路段，仅需要建设 C 级基础设施来提供动态信息给行驶车辆；而对于二级公路网络可以建设 D 级基础设施；在一些乡村地区不需要建设智能化的基础设施配套。

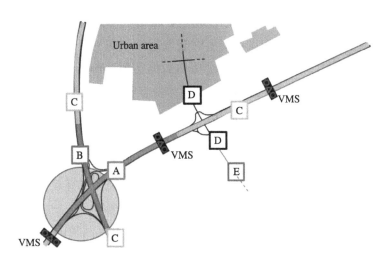

图4-1 自动驾驶的基础设施支持级别（ISAD）示例

4.1.2 智能网联道路系统分级

2019 年 9 月，中国公路学会自动驾驶工作委员会、自动驾驶标准化工作委员会发布了《智能网联道路系统分级定义与解读报告（征求意见稿)》[2]。从交通基础设施系统的信息化、智能化、自动化角度出发，结合应用场景、混合交通、主动安全系统等情况，把交通基础设施系统分为 I0 级到 I5 级，见表 4－2。

表 4－2　智能网联道路系统分级

分级	信息化（数字化/网联化）	智能化	自动化	服务对象
I0	无	无	无	驾驶人
I1	初步	初步	初步	驾驶人/车辆
I2	部分	部分	部分	驾驶人/车辆
I3	高度	有条件	有条件	驾驶人/车辆
I4	完全	高度	高度	车辆
I5	完全	完全	完全	车辆

I0 级（无信息化/无智能化/无自动化），交通基础设施无检测和传感功能，由驾驶人全程控制车辆完成驾驶任务和处理特殊情况，或者完全依赖于自动驾驶车辆本身。

I1 级（初步数字化/初步智能化/初步自动化），交通基础设施可以完成低精度感知及初级预测，感知设备能实时获取连续空间的车辆和环境等动态数据，自动处理非结构化数据，并结合历史数据实现车辆行驶的短时、微观预测，为单个自动驾驶车辆提供自动驾驶所需静态和动态信息。

I2 级（部分网联化/部分智能化/部分自动化），交通基础设施将高精度感知及深度预测结果传递给车辆，为自动驾驶车辆提供所需信息，在有限条件下可以初步实现自动驾驶控制、基础设施系统接管和控制自动驾驶车辆。基础设施系统依托 I2X 通信，为车辆提供横向和纵向控制的建议或指令，同时车辆向道路反馈其最新规划决策信息。

I3 级（基于交通基础设施的有条件自动驾驶和高度网联化），高度网联化的交通基础设施可以在数毫秒内为单个自动驾驶车辆（自动化等级大于或等于 1.5）提供周围车辆的动态信息和控制指令，可以在包括专用车道的主要道路上实现有条件的自动化驾驶。遇到特殊情况，需要驾驶人接管车辆进行控制。基础设施系统可实现对自动驾驶车辆的横向和纵向控制，要求自动驾驶车辆的自动化等级达到 1.5 或以上。

I4 级（基于交通基础设施的高度自动驾驶），交通基础设施为自动驾驶车辆（自动化等级大于或等于1.5）提供详细的驾驶指令，可以在特定场景/区域（如预先设定的时空域）实现高度自动化驾驶，实现对自动驾驶车辆的接管与控制，完成车辆的感知、预测、决策、控制等功能。遇到特殊情况，由交通基础设施系统进行控制，不需要驾驶人接管。

I5 级（基于交通基础设施的完全自动化驾驶），交通基础设施可以满足所有单个自动驾驶车辆（自动化等级大于或等于1.5）在所有场景下完全感知、预测、决策、控制、通信等功能，并优化部署整个交通基础设施网络，实现完全自动驾驶。完全自动驾驶所需的子系统无需在自动驾驶车辆设置备份系统。提供全主动安全功能。遇到特殊情况，由交通基础设施系统进行控制，不需要驾驶人参与。

4.1.3　道路智慧化分级

2021 年11 月，上海嘉定区发布标准化指导性技术文件《智慧道路建设技术导则》，其中给出道路智慧化分级标准，见表4 – 3[3]。

表 4 – 3　道路智慧化分级标准

分级	标准
基本智慧化	基本智慧化道路以提高道路的数字化、信息化水平为主，满足交通参与者对通行效率、安全和服务的基本需求，为更高层级的智慧化提供基础条件 能在拥堵、事故、施工、恶劣天气等事件发生时对交通采取主动管控措施，提升道路通行效率，提高道路安全水平 能为交通参与者提供实时基本的动态信息提示，包括车辆高精度定位、道路拥堵、事故、施工、周边停车场等信息 能获取道路的原始监控视频，能采集道路流量等数据，满足道路监管部门的数据采集和使用的基本需求
中级智慧化	中级智慧化道路在基本智慧化的基础上，实现车路协同的智能道路交通环境，能以智慧化的方式对道路交通运行进行管理，对交通参与者提供精准的信息服务 能实现车道级的流量统计，能对交通事件进行监测，对交通风险进行识别、处理并实时发布安全预警，能实现全量交通要素感知和交通流控制调节能力，对交通流进行智能协同管控 能为交通参与者提供高精准信息服务，包括但不限于提供车道级、伴随式的信息服务以及个性化交通信息定制服务 能对人工智能车辆提供安全辅助驾驶，满足自动驾驶智慧化的道路场景的基本需求

（续）

分级	标准
高级智慧化	高级智慧化道路在中级智慧化的基础上，实现网联协同的智慧化管控环境，具备对路网进行全自动、全方位的服务和监管的能力 能实现全时空高精度感知，对所有道路参与者轨迹的数字化处理并开展交通分析，对路网的交通运行状态进行精确计算，对不同路段、不同层级的交通运行系统进行精准决策和管控 能实现人工驾驶车辆和自动驾驶车辆混合交通流的协同管控，能满足自动驾驶车辆编队行驶和在线调度的需求

4.1.4 智能网联道路分级

2022 年 7 月，无锡市市场监督管理局发布 DB3202/T 1034.1—2022《智能网联道路基础设施建设指南 第 1 部分：总则》，规定了智能网联道路基础设施建设的道路分级标准[4]。

依据智能网联道路的基础设施、通信设施、感知与计算基础设施的构成和设施的数字化、信息化、智能化水平，以及支持的应用场景类别等要素进行能力等级划分，划分为基础智能网联道路、中级智能网联道路、高级智能网联道路。

基于以下要素对智能网联道路等级进行划分：

1）是否部署符合相关行业需求的道路基础设施，设施至少包括：交通标志标线、交通信号控制、交通运行状态监测、交通违法行为监测等设施。

2）是否具备联网及信息交互能力，交互信息至少包括：设备基本属性信息、静态信息和动态运行信息。

3）是否具备感知、全域交通信息采集和感知融合能力，设施至少包括：道路基础状态监测、气象环境监测、道路桥梁监测、交通事件检测等设施，感知融合信息应能支撑车路协同信息服务应用。

4）是否具备高精度的全域信息采集和数据融合感知能力，设施至少包括：高精度的定位设备，路侧感知设备、路侧计算单元，高精度信息至少包括：道路全息信息、车辆运行信息、交通事件信息，应能支撑辅助驾驶、自动驾驶功能以及高精度的车路协同信息服务应用

基础智能网联道路设施应满足对应行业的基本智能化需求，设施独立

接入各行业专用平台。部署交通标志标线、交通信号控制设备、交通运行状态监测设施、交通违法行为监测设施等，通过公网或行业专网，获取道路的监控视频，采集道路交通流量等数据，满足相关部门管理和服务的需求。

中级智能网联道路在基础智能网联道路基础上支持全域交通信息采集和感知融合，可提供车路协同和支撑精细化行业管理的信息服务能力。部署道路基础状态监测、气象环境监测、道路桥梁监测、交通事件检测等设施，通过基于移动蜂窝网络的车用无线通信技术直连通信或蜂窝通信，获取道路信息、交通参与者、交通事件等静态与动态信息，支持安全类、效率类车路协同应用；车联网应用服务平台汇聚路侧融合感知数据，对行业平台提供开放服务，通过信息发布、交通出行诱导、事件预警、行驶安全辅助信息实时传输推送等，实现路网均衡畅通、提高交通安全系数。

高级智能网联道路在中级智能网联道路基础上支持高精度的全域信息采集和数据融合感知能力，可提供全天候、高可靠、全方位的路网服务及监管能力。部署高精度的定位、感知、路侧计算单元等设施，获取道路全息信息、精准的交通参与者、交通事件等静态与动态信息，支持面向自动驾驶车辆的协同决策、调度和控制；车联网应用服务平台对行业平台提供开放服务，支持城市数字孪生、道路智慧养护、智慧城管等涉及城市数字化治理的各类应用。

4.2 智能道路设施

智能道路基础设施是综合交通运输体系的重要组成部分，随着《交通强国建设纲要》《数字交通发展规划纲要》《关于推动交通运输领域新型基础设施建设的指导意见》《关于促进道路交通自动驾驶技术发展和应用的指导意见》等国家、部省重要文件落地实施，将采用智能化的手段提升智能网联路侧设施感知、管控和服务水平。

全国陆续出台了智能道路基础设施相关行业标准、地方标准、团体标准、技术指南等，见表4-4。

表4-4　智能道路基础设施建设标准和指南

序号	发布部门	标准分类	标准名称	状态	发布年份	适用地区	适用道路
1	交通运输部	行业标准	JTG/T 2430—2023《公路工程设施支持自动驾驶技术指南》	发布	2023	全国	公路
2	IMT2020 C-V2X 工作组	技术指南	《车联网基础设施参考技术指南 1.0》	发布	2022	全国	全部道路
3	中国电动汽车百人会	技术指南	《智慧城市基础设施与智能网联汽车协同发展建设指南》	发布	2023	全国	全部道路
4	中国道路交通安全协会	团体标准	T/CTS 1—2020《车联网路侧设施设置指南》	发布	2020	会员单位	全部道路
5	广东省汽车工程学会	团体标准	T/GDSAE 00003—2022《车联网先导区路侧协同设施设备建设指南》	发布	2022	广州	城市道路
6	广东省车联网产业联盟	团体标准	T/KJDL 002—2021《粤港澳大湾区城市道路智能网联设施技术规范》	发布	2021	大湾区	城市道路
7	广东省车联网产业联盟	团体标准	T/KJDL 003—2022《粤港澳大湾区公路智能网联设施技术规范》	发布	2022	大湾区	公路
8	上海市交通工程学会	团体标准	T/SHJTGCXH 001—2022《智慧道路建设技术指南》	发布	2022	上海	城市道路
9	江苏省交通运输厅	地方标准	JSITS/T 0008—2023《智慧公路车路协同路侧设施建设及应用技术指南》	发布	2023	江苏	公路
10	江苏省市场监督管理局	地方标准	DB32/T 4192—2022《车路协同路侧设施设置指南》	发布	2022	江苏	城市道路和公路
11	武汉市市场监督管理局	地方标准	DB4201/T 654—2022《智能网联道路建设规范（总则)》	发布	2022	武汉	城市道路和公路
12	德清县市场监督管理局	地方标准	DB330521/T 64—2020《智能网联道路基础设施建设规范》	发布	2020	德清	全部道路

4.2.1　公路工程设施支持自动驾驶技术指南

JTG/T 2430—2023《公路工程设施支持自动驾驶技术指南》规定，公路工程设施中的自动驾驶云控平台、交通感知设施、交通控制与诱导设施、通信设施、定位设施、路侧计算设施、供配电设施、网络安全设施等联合或单独实现支持自动驾驶的功能。公路工程设施支持自动驾驶总体架构如图4-2所示。

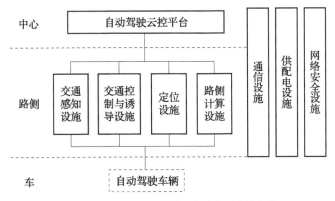

图4-2　公路工程设施支持自动驾驶总体架构

公路工程设施支持自动驾驶的基本功能应符合表4-5的规定。

表4-5　公路工程设施支持自动驾驶的基本功能

设施类别	支持自动驾驶的基本功能
自动驾驶云控平台	汇聚、分析、处理、计算、存储、发布与交换所辖路段中与自动驾驶相关信息，统筹管理其他设施向自动驾驶车辆提供辅助信息
交通感知设施	采集公路交通流、交通事件、基础设施状态、气象环境、交通参与者状态等信息，支撑自动驾驶云控平台或路侧计算设施向自动驾驶车辆提供辅助信息
交通控制与诱导设施	向自动驾驶车辆提供交通控制与诱导辅助信息
通信设施	实现自动驾驶云控平台、路侧设施与自动驾驶车辆之间的信息交互
定位设施	提供定位信息
路侧计算设施	按需完成部分现场信息的本地快速计算与处理
供配电设施	为相关设施提供电能供给
网络安全设施	保护公路工程设施支持自动驾驶的硬件、软件、数据不被破坏、篡改和泄露

4.2.2　车联网基础设施参考技术指南

《车联网基础设施参考技术指南 1.0》针对车联网基础设施，从 C-V2X RSU、路侧感知与计算设备及系统、道路交通信号控制机设备、回传网络、应用服务平台、安全证书管理系统和定位服务等方面给出了参考性技术要求。

给出车联网功能场景定义，包括十字路口/丁字路口/匝道口场景的绿波车速引导、闯红灯预警、基于路侧辅助的交叉路口/丁字路口碰撞预警、基于路侧辅助的匝道汇入汇出预警、公交优先通行；城市道路/长路段场景的动态车道通知；全路段场景的路侧辅助的盲区预警、路侧辅助的弱势交通参与者碰撞预警、限速预警、拥堵提醒、路侧辅助的车辆异常行为提醒、交通态势感知。

给出车联网路侧基础设施部署参考方案，包括十字路口部署方案、丁字路口部署方案、长路段部署方案、特定区域部署方案（环岛部署、匝道部署、急弯部署、隧道部署）。

4.2.3　智慧城市基础设施与智能网联汽车协同发展建设指南

《智慧城市基础设施与智能网联汽车协同发展建设指南》适用于智慧城市基础设施与智能网联汽车协同发展，规范"双智"的建设原则、建设要求、总体架构、建设内容、配套工程和管理要求等，为城市开展"双智"建设提供参考和依据。

"双智"总体架构可分为城市智能基础设施、智能网联汽车、支撑与服务、车城网平台和场景应用五部分，各部分组成内容及关系如图 4-3 所示。

城市智能基础设施包含感知基础设施、信息基础设施、算力基础设施、定位基础设施以及能源基础设施，实现融合感知、动静态数据实时采集、支撑车路城信息交互以及能源及时补给等，是"双智"建设的核心支撑。

车城网平台包含数据中台、基础服务中台、车路协同平台、仿真平台、数字孪生平台、出行服务平台、开放平台以及数据安全合规平台，实现充分挖掘车城数据价值，夯实平台基础能力，支撑各类应用场景。

场景应用包含面向智慧出行、智慧交通和运输管理、智慧城市的应用，主要服务安全高效出行、民生改善和提升城市管理水平。智慧出行应用包括自动驾驶出租车、智慧公交、智慧停车和城市慢行系统等。智慧交通和运输管理应用包括交通治理、重点车辆管理、交通道路占道施工管理和无人配送等。智慧城市应用包括城市安全监测和城市灾害预警与应急救援等。鼓励根据地域特点探索多样化的应用场景。

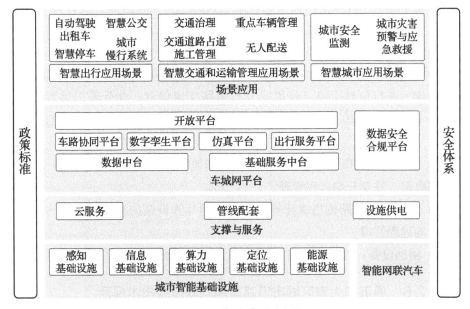

图4-3 "双智"总体架构

4.2.4 车联网路侧设施设置指南

T/CTS 1—2020《车联网路侧设施设置指南》规定了车联网环境下路侧设施的构成、设置原则、设置要求以及质量控制等，适用于基于 C-V2X 的车联网道路交通环境下车联网路侧设施的设置，其他智慧道路交通环境可参照执行。

车联网路侧设施由数据采集装置、通信与运算单元、交通信息载体、交通照明与安全防护等部件或设备构成，具体如下：

1）数据采集装置包括视频、红外、激光雷达、微波或毫米波雷达、气象监测设备等。

2）通信与运算单元包括通信模组、边缘计算设备等。

3）交通信息载体包括交通标志、标线、信号灯等。

4）交通照明与安全防护包括路灯、隔离设施、防撞设施、减速设施等。

4.2.5 车联网先导区路侧协同设施设备建设指南

广州市 T/GDSAE 00003—2022《车联网先导区路侧协同设施设备建设指南》规定了车联网环境下路侧协同设施建设的主要设备构成、设备要求及部署要求等。适用于车联网先导区路侧协同设施的开发及建设。

路侧协同设施具体内容包括：

1）通信设备：路侧通信终端。通过通信设施与其他附属设施、车辆建立网络连接，进行信息交换，收集或发布道路交通信息，并受云端远程管理。根据 T/GDSAE 00001《车联网先导区建设总体技术规范》，本文件通信设备指 RSU。

2）感知设备：摄像头、激光雷达、毫米波雷达等。通过计算设备上传路侧监测数据，并受云端远程管理。

3）计算单元：路侧边缘计算单元。路侧计算设施向车联网云上传数据，并受云端远程管理。

4）辅助设备：灯杆、管道、线缆等。为路侧协同设施提供物理支撑。

4.2.6 粤港澳大湾区城市道路智能网联设施技术规范

T/KJDL 002—2021《粤港澳大湾区城市道路智能网联设施技术规范》规定了粤港澳大湾区城市道路智能网联设施的有关技术要求，包括总则、交通信息感知、网联通信设施通信网络、路侧计算设施、交通大数据平台、信息发布设施、信息安全、照明及供电设施、车路协同及自动驾驶支持等，适用于粤港澳大湾区快速路、主干路、次干路和支路智能网联设施规划和建设，也可供国内其他地区城市道路参照。

总体架构分为基础设施体系、服务体系、技术支撑体系三部分：

1）基础设施体系包括基础设施感知、气象和环境感知、交通运行状态感知、交通事件检测；信息发布、通信设施和供电设施。

2）服务体系包括伴随式信息服务、交通管控、应急保障、车路协同与自动驾驶支持等。

3）技术支撑体系包括高精度定位与时间同步、路侧边缘计算、联邦机器学习、云计算数据中心、信息安全、时间同步系统。

4.2.7　粤港澳大湾区公路智能网联设施技术规范

T/KJDL 003—2022《粤港澳大湾区公路智能网联设施技术规范》规定了粤港澳大湾区公路智能网联设施的有关技术要求，包括总则、交通信息感知、智能网联设施通信网络、路侧计算设施、云控平台、信息发布设施、信息安全、隧道设施、服务设施、车路协同和自动驾驶支持等，适用于粤港澳大湾区高速公路、一级公路及二级公路智能网联设施规划和建设，也可供国内其他地区公路参照。

具体建设内容包括：

1）智能网联设施系统功能架构应充分利用在建或在役的监控设施、通信设施、收费设施、供配电设施、隧道机电设施、监控中心、收费中心功能或设施升级，进行数字化升级改造。

2）智能网联设施系统功能应有利于公路养护和运营管理的自动化检测、智能化监测、科学化决策，实现养护和运营管理全过程、全要素的数字化、智能化管理，提升基础设施耐久性、安全性和服务质量，优化资源和节约全寿命资金投入。

3）智能网联设施建设内容应包括交通信息感知设施、通信网络、路侧计算设施、云控平台、信息安全、服务设施、车路协同和自动驾驶支持支撑环境。

4）交通信息感知设施宜具备全路段、区域路网动态监测交通流运行状态、车辆实时状态、公路基础设施状态信息、气象环境信息等功能。

5）通信网络建设应实现通信网络全覆盖，为信息和数据传输提供低时延、高可靠、高速率服务。

6）路侧计算设施建设应满足所在区域感知设施采集的数据快速分析和处理能力。

7）云控平台或云计算中心建设应满足交通大数据存储、计算和管理的能力，提供接入其他平台数据的能力。

8）信息安全建设包括网络设备防护、数据存储和传输的保密性、访问控制和身份鉴别等设施或软件。

9）服务设施建设应包括出行伴随式信息服务、车路协同与自动驾驶信息服务、交通管控和应急保障信息服务等终端设施和软件。

10）智能网联设施应在保持各自功能、特性的基础上，相互配合协调联动，设施之间进行有效的信息交互。

4.2.8　智慧道路建设技术指南

上海市 T/SHJTGCXH 001—2022《智慧道路建设技术指南》规定了智慧道路的框架，道路智慧化分级以及智慧道路建设的内容及技术要求，适用于上海市基于智能网联技术开展智慧化交通建设的城市道路新建和改（扩）建工程。

智慧道路由中心子系统、路侧子系统及交通参与者子系统组成。各系统的组成和连接关系如图 4-4 所示。其中与智慧道路相关的系统主要为路侧子系统和中心子系统。

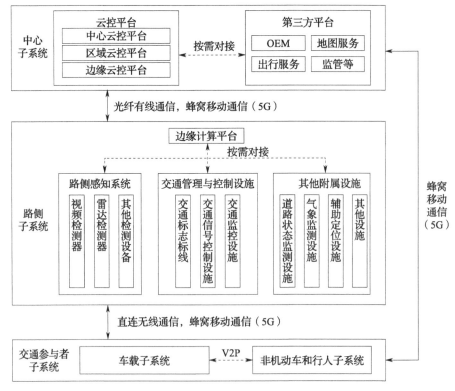

图 4-4　智慧道路框架

4.2.9 智慧公路车路协同路侧设施建设及应用技术指南

江苏省 JSITS/T 0008—2023《智慧公路车路协同路侧设施建设及应用技术指南》规定了智慧公路车路协同路侧设施建设及应用有关技术要求，包括总体要求、外场设施、支撑平台、应用服务、安全保障等要求，适用于指导和规范智慧公路车路协同路侧设施智能化建设及应用，其他同类型道路可参考借鉴。

智慧公路车路协同路侧设施建设内容包含外场设施层、支撑平台层、应用服务层和安全保障层，如图4-5所示。外场设施层包括感知设施、通信设施、边缘计算设施和其他路侧设施；支撑平台层包括边缘云、区域云和中心云，中心云主要是指车路协同中心云控平台建设；应用服务层包括面向行业管理、公众出行和企业用户的应用功能建设；安全保障层包括物理安全、数据安全、V2X证书安全、通信安全和云控安全。

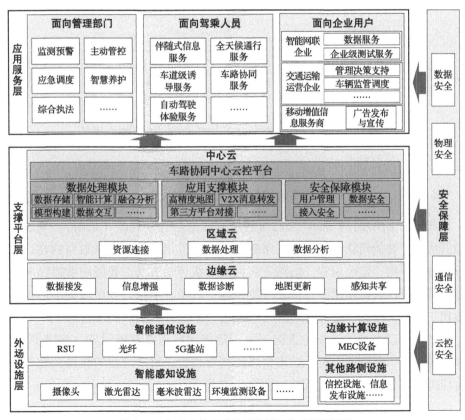

图4-5 智慧公路车路协同路侧设施建设框架图

4.2.10　车路协同路侧设施设置指南

江苏省 DB32/T 4192—2022《车路协同路侧设施设置指南》提供了车路协同路侧设施基本组成、路侧设施道路场景分类、路侧设施设置等内容的指导，适用于城市道路和公路的车路协同路侧设施设置；适用于车路协同环境下自动驾驶等级不高于等级 3，高于 3 级自动驾驶道路环境设置可参照此文件，车路协同场景支持 T/CSAE 53—2017 中规定的应用场景。

路侧设施由路侧单元、边缘计算单元、视频检测设备、毫米波雷达、激光雷达、信号机、交通标志、交通护栏、照明设备、环境监测设备、差分基站、网络组成。车路协同路侧设施由 C-V2X 平台统一管理，其组成示意图如图 4 - 6 所示。

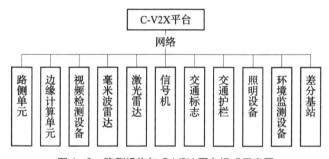

图 4 - 6　路侧设施与 C-V2X 平台组成示意图

4.2.11　智能网联道路建设规范

武汉市 DB4201/T 654—2022《智能网联道路建设规范（总则）》规定了拟开放用于智能网联汽车进行道路测试和示范应用的智能网联道路的建设目标、建设原则、建设流程、道路安全风险等级评估方法、智能网联道路准入要求及智能网联道路建设总体要求等内容，适用于本市行政区域范围内拟开放用于智能网联汽车进行道路测试和示范应用的城市道路和公路。

智能网联道路建设应包含但不限于智能网联道路基础设施、支撑平台、高精度地图、高精度定位、城市信息模型等建设，对于已建的相关设施和平台应遵循充分整合利旧的原则，如图 4 - 7 所示。

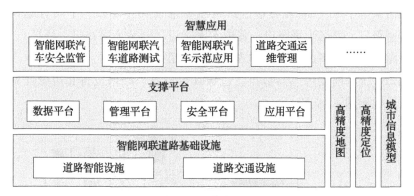

图4-7 智能网联道路建设总体框架

4.2.12 智能网联道路基础设施建设规范

德清县 DB330521/T 64—2020《智能网联道路基础设施建设规范》规定了智能网联道路基础设施建设的术语、总体架构、智能化基础设施等要求。

智能化路侧基础设施建设内容应包括"通信系统""感知系统""边缘计算系统""车路协同系统"和"微气象和道路环境系统",对智能网联车辆的开放测试和试运营环境提供支持。智能化路侧基础设施整体架构如图4-8所示。

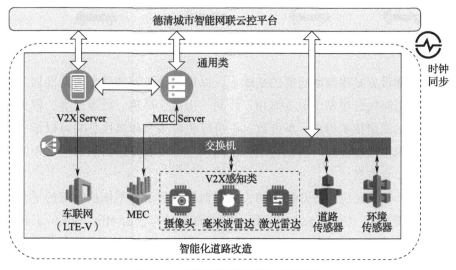

图4-8 智能化路侧基础设施整体架构

通信系统中 RSU 部署规划包括城市场景（典型道路、中间有遮挡的道路、丁字路口、郊区十字路口、普通十字路口、复杂十字路口、环岛）、乡村场景、山区场景、高速场景（常规路段、匝道、隧道）等。

感知系统由前端传感器节点、边缘计算设备、网络设备和边缘计算平台组成，架构如图 4-9 所示。

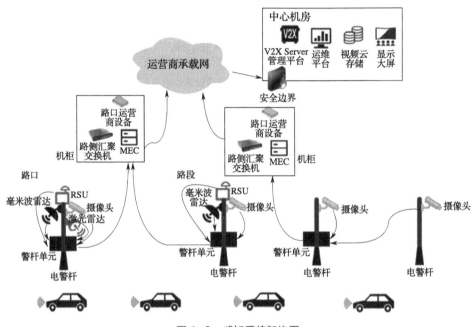

图 4-9　感知系统架构图

场景建设方案在典型配置的基础上，以摄像设备感知能力为基准划分道路场景。道路场景类型可分为城市、乡村、山区、高速、隧道五类。根据路口或路段的道路技术等级、车道数、中央绿化带等具体属性总共可以细分为二十多种风险程度不同的测试场景，不同风险程度的道路场景对应着不同的感知设备布设方案。

边缘计算单元应具备开放架构，其数据输出和管控不依赖特定的平台或软件，应能够向"MEC Server"平台提供直连接口，由 MEC Server 实现对 MEC 的数据接入和统一管理，同时支持 NTP 时钟同步。边缘计算单元应提供设备就近接入、数据处理、本地闭环管理等服务和满足行业在实时业务、应用智能、安全与隐私保护等方面的基本应求。

MEC Server 平台应具备管理 MEC 设备接入和 MEC 边缘算法更新等能力，应具有对路侧 MEC 设备的接入管理服务、边缘算法管理、通信调度、数据开放和统一运维等业务功能，如图 4-10 所示。

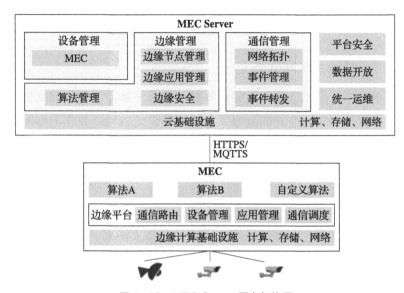

图 4-10 MEC Server 平台架构图

车路协同系统 V2X Server 平台，应具备对路侧设备的接入管理、证书管理、V2X 算法管理、数据管理、事件管理等业务功能，如图 4-11 所示。

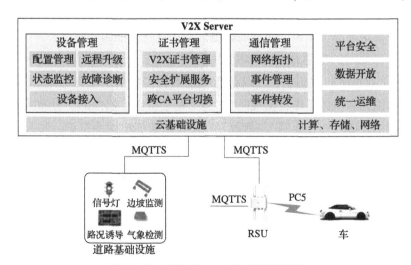

图 4-11 V2X Server 平台系统架构图

微型气象站集成多类气象传感器，可实时监测风速、风向、气温、气湿、气压、降水量、能见度、天气现象等各类气象数据。

4.3 新型能源基础设施

4.3.1 能源互联网概述

能源电力作为保障日常民生的重要基础资源，是经济创新和文明进步的催化剂，能源革命的持续发展改变了全球能源供给结构，并深刻影响着全球经济发展进程。中国在碳中和行动蓝图规划下，奠定了未来绿色能源和可持续能源发展的主基调，从而进一步加速了能源从粗放、低效向节约、高效方向转变，这不仅对中国能源结构提出了新的挑战，同样对中国能源电力体制亦是重大挑战。

未来，以风电、光电等新能源为代表的分布式能源将进入全新发展期，构建清洁、低碳、高效的能源互联网成为必然趋势。在新基建的推动下，能源革命与数字革命融合成为必然趋势，数字化发展将对能源电力进行数字贯通和价值整合，推动能源电力业务在线化、智能化和数字化，重塑电力业务模式和商业模式，通过提升能源生产效率和供给效率，降低能源电力经营成本，激发新的服务模式。分布式能源、去中心化、能源即服务等新概念在碳中和目标下，将对中国能源电力生态产生重大影响，通过能源电力数字化转型进一步重塑能源价值链，引领能源电力市场进入良性循环阶段。

能源互联网的概念最早于2011年由美国学者杰里米·里夫金在其著作《第三次工业革命》中提出，"以新能源技术和信息技术的深入结合为特征，一种新的能源利用体系即将出现"，它是"基于可再生能源的、分布式、开放共享的网络，即能源互联网"。能源互联网是以智能电网为基础、特高压电网为骨干网架、清洁能源为根本的新型能源体系，依托先进的电力电子技术、新一代信息通信技术和管理技术，推动能源转型发展，提升绿色能源应用占比并提高资源利用效率。

能源互联网分为物理互联和数据互联。数据互联包括：能源物联，即通过数据互联有效管理能源系统中各种资源；能源管理，利用大数据、物联网等技术为用户提供更便捷的服务；能源行业去中心化，形成自由交易的能源互联网市场。物理互联包括：电、热、冷、气、油等多能互联，提高能源使用效率和可再生能源消纳能力；电力自由跨区传输，实现全球能源高效配置；开放对等接入，实现各种负荷（电动车、分布式能源等）即插即用。

能源互联网核心围绕智能发电、智能储能、智能电网、智能管理和服务、智能电力市场、智能用电六大板块展开。通过电力基础设施、电力通信网络、前后端平台系统软件，以及智能终端应用四大体系，构造能源互联网整体系统架构。

能源电力产业围绕发、输、配、售、用展开，产业链以此不断延伸，由于电力作为国家经济核心发展命脉，能源电力企业集中度高，上游发电企业以国有集团为主要代表，中游则由三大电网公司组成，电力服务生态围绕输配售环节重点发展。由于中游电网高度集中，企业在创新服务和智能化升级方面投入力度大，除外部生态服务商支持外，内部不断衍生新兴服务体系[5]。

4.3.2 能源互联网发展重点

在"双碳"政策及新能源产业蓬勃发展的背景下，能源互联网系统迎来重大发展机遇。电力能源系统的智能化、信息化升级由来已久，"双碳"能带来的增量环节和增量空间，主要体现在以下三个方面[6]。

1. 分布式结构

能源系统的结构将转变为集中式与分布式相协调。分布式结构在能源互联网的演变趋势中将产生巨大的增量发展空间。"能源不可能三角"面临的挑战主要是解决能源"清洁、可靠、经济"三者之间的矛盾，由于大量分布式清洁能源的加入加大了供需波动，能源的可靠性要求用户侧深度参与系统的平衡，而经济性要求电力交易主导调度体系。这意味着，传统能源系统和主体间是自上而下集中式决策的资源配置模式，而新型能源系统需要构建区域性的分布式自平衡体，在先达到自我平衡的基础上实现与源网荷储的智能互动。具体而言，自平衡体（微网）首先通过"能源就近利用"实现分布式自我平衡，然后通过"能源自远方来"实现不平衡能量交换。能源主体由单一能源的生产、传输、存储和消费，向集多种能源生产、传输、存储和消费为一身的自平衡体转变。

能源系统分布式结构中，储能及储能系统是核心，储能云网作为连接储能系统的平台将在多领域发挥作用；储能系统是微网的组成单元之一，微网是分布式结构不可或缺的部分，"储能云网＋微网"实现区域内功率和电力的平衡；虚拟电厂是储能云网的重要应用之一，强调数据分析和运营，参与电力交易市场，微网可以看作是其职能单元。

2. 数字化转型

根据全球能源互联网发展合作组织预测，中国2025年全社会用电量在8.8万~9.5万亿千瓦·时之间，结合中国经济发展情况、城镇化建设、电气化等因素，保守估计在9.2万亿千瓦·时。而随着经济发展方式和产业结构的调整变化，战略性新兴产业和现代服务业将成为用电增长的主要动力，第二产业2025年用电占比下降至60%左右，未来在能源技术变革下，清洁能源将主导能源生产方式。同时，新型基础设施建设、传统产业智能化和数字化改造等，都对能源电力提出新的更高的要求，与此同时能源供需结构优化、创新供给技术应用都给能源电力发展带来了诸多挑战，而相应的电力技术升级、能源网络升级和新兴技术成熟落地成为推动能源电力数字化转型的重要驱动。

能源电力自动化改造经过多年发展，已形成软硬结合的创新路径，由智能化设备、智能仪表及传感器、自动化系统及自动化解决方案共同组成电力体系的自动化发展架构，为电力信息化、智能化、数字化升级转型提供了基础支撑。

数字电网以数据为关键生产要素，小微传感、芯片化智能终端和智能网关将得到大量部署。具有间歇性和波动性的能源大规模并网将会给现有电网的电能质量和安全运行造成一定压力，提高电力运维与监测的效率与质量是必然要求。

能源电力企业在数字化转型的驱使下，首先围绕企业的生产运行展开一系列升级优化，依托自动化进行覆盖延伸，通过新兴技术赋能，提升能源供给水平及效率，同时经过内部数字化改造，在设备资产管理、供应链生态平台搭建、数据信息全域互联方向上进行整合创新；对消费服务端而言，企业自身数字化水平提升为终端消费服务方式变革打下了底层基础，能源电力企业将以多元化、多层级的电力需求为入手点，进行精细化运行决策和营销管理，通过数据分析驱动不同领域的业务流程再造，并以用户体验为第一基准水平，改善服务方式，最终实现能源电力的商业模式创新。

能源革命的先后顺序为保障能源供给、缓解环境污染、稳定能源价格和完善监管，以此保障能源可持续稳定供给，但从实际出发，三者的共同实现需经过复杂社会经济活动，并且受到一定生产条件限制，因此数字化引领的能源转型变革有望从平台、系统、数据方面对企业的成本、安全、稳定进行把控，从而达到真实的市场价格水平及低碳化能源。

能源即服务（EaaS）作为新的电力消费模式，有望进一步丰富发展并成为未来趋势。能源即服务作为新的能源服务模式，一定程度上改变了能源产业链参与者的上下游关系，使得分布式能源在消费方式和消费体验上不断改变提升，而数字化则成为能源即服务的重要依托，通过数字化驱动，促进服务模式创新发展。能源即服务模式是指为消费者提供各种与能源相关的服务。由于分布式能源部署的增加，以及智能设备的广泛应用，为创新商业模式的出现创造了空间，基于数字化转型的应用探索，将能源价值从电力销售转移到多元化服务，而非仅仅局限于供电。

（1）数字化升级路径及进展

能源电力企业以"双轮驱动"加速产业数字化升级。数字化升级路径包括两个方面：

第一是产业数字化创新，包括产业体系生态化、用户服务敏捷化、生产运营智能化、产品创新数字化。具体来讲，就是推动产品和服务的数字化改造，提升产品与服务策划、实施和优化过程的数字化水平，打造差异化、场景化、智能化的数字产品和服务。推进5G、大数据、人工智能、数字孪生等技术规模化集成应用，实现作业现场全要素、全过程自动感知、实时分析和自适应优化决策，提高生产质量、效率和资产运营水平，赋能企业提质增效。加快建设数字营销网络，实现用户需求的实时感知、分析和预测。推动供应链、产业链上下游企业间数据贯通、资源共享和业务协同，提升产业链资源优化配置和动态协调水平。

第二是基础设施数字化转型，包括运用新一代信息技术，探索构建适应企业业务特点和发展需求的"数据中台""业务中台"等新型IT架构模式。加快建立数字化转型闭环管理机制，以两化融合管理体系促进企业形成并完善数字化转型战略架构。加强生产现场、服务过程等数据动态采集，建立覆盖全业务链条的数据采集、传输和汇聚体系，加强平台、系统、数据等安全管理。

南方电网率先开启数字化转型之路，并明确了建设方向及完成时间。2019 年，南方电网公司《公司数字化转型和数字南网建设行动方案（2019 年版）》正式印发，明确提出"数字南网"建设要求，将数字化作为公司发展战略路径之一，加快部署数字化建设和转型工作。南方电网公司聚焦电网数字化、运营数字化和能源生态数字化三个重点，将电网生产、管理、运营等能力进行有效集成并实现数字化、智慧化，通过"4321"建设方案，即建设电网管理平台、客户服务平台、调度运行平台、企业级运营管控平台四大业务平台，建设南网云平台、数字电网和物联网三大基础平台，实现与国家工业互联网、数字政府及粤港澳大湾区利益相关方的两个对接，建设完善公司统一的数据中心，最终实现"电网状态全感知、企业管理全在线、运营数据全管控、客户服务全新体验、能源发展合作共赢"的数字南网。

国家电网以泛在电力物联网为主要抓手，围绕泛在物联网打造新型能源生态，提升数字化水平。2019 年，国家电网公司发布《泛在电力物联网白皮书 2019》，围绕电力系统各环节，充分应用移动互联、人工智能等现代信息技术、先进通信技术，实现电力系统各个环节万物互联、人机交互，具有状态全面感知、信息高效处理、应用便捷灵活特征的智慧服务系统，打造能源互联网生态圈，适应社会形态，打造行业生态，培育新兴业态。泛在电力物联网的建设分为两个阶段，2021 年初步建成泛在电力物联网，到 2024 年建成泛在电力物联网。

（2）新兴技术在能源互联网中的应用

以 5G、人工智能、大数据、云计算、数字孪生和区块链为代表的数字化技术为数字化转型提供了融合技术服务平台，并由点向面发挥技术创新价值。

5G 助力电力通信网络发展，支撑电力智能化变革应用。分布式清洁能源接入需求快速提升、智能电网精准控制对时延要求更低，以及新型商业模式对网络要求标准更高，使得电力通信网络建设面临诸多新的需求。5G 具有大带宽、低延时、高可靠、广连接的特性，面对电网多样化业务需求，5G 网络切片技术可以满足电网信息采集类及工控类业务连接诉求，同时通过高传输速率，拓展无人化设备应用，依托"端到端网络保障 SLA、业务隔离、网络功能按需定制、自动化"的典型特征，助力能源电力数字化转型，保障电力网络连接需求从而创造全新的商业模式。

人工智能技术提升对电力场景复杂问题的处理能力，简化业务流程并提升智能水平。人工智能技术的成熟发展及商业化应用为能源电力行业提供了新的智能化解决方案，在人员解放、效率提升方面发挥着重要价值，基于机器学习、深度学习、大模型的负荷感知预测及可再生能源预测提高了能源供给的稳定性，保障了电力系统的高效运行。此外，人工智能技术也为电网业务的多元化发展改进提供了有效支撑，通过计算机视觉、语音识别、机器人、无人机等实现智能化巡检、客服、营销等工作，最大限度地提高了电网精益化运行水平，提升工作效率的同时降低了安全隐患，通过智能化升级帮助企业降本增效。

大数据技术盘活电力领域海量原始数据，充分发挥电力数据价值。对于电力领域来说，能源互联网发展使其积累的海量能源数据能够进一步运用，并且随着电力需求增加，电力设备数据、电网运行数据、用户行为数据都将呈指数级增长；而借助大数据技术对能源电力数据进行深层挖掘分析，将充分发挥电力数据价值，实现电力设备的数字化运行，提高能源利用效率，保障电力系统供应稳定，同时向用户提供精准的个性化服务。

云计算由中央向边缘不断延伸，以此解决实时性安全服务问题。智慧能源云平台在泛在电力物联网体系建设中扮演重要角色，是开展综合能源服务的重要基础平台与对外窗口，具有规模大、可靠性高、通用性强等特点。而随着边缘计算的发展，利用云边协同、边边协同、边缘智能等技术解决电力系统面临的实时性高、数据周期短、任务复杂等难题成为新的应用方向，为电力系统提供边缘端的安全可靠应用服务。

数字孪生将有效提高电力企业运营效率。随着云计算、大数据等新一代信息技术快速发展，数字孪生技术在智慧能源行业拥有广阔的发展前景，基于数字孪生技术构建的生态体系贯穿智慧能源系统全生命周期过程，通过服务和模式创新，显著提升智慧能源生态系统的工作效率，降低能源产销成本，实现智慧能源系统规划、运行和控制方面的提质增效。

区块链为能源交易改革创新奠定了可信基础。区块链技术将极大改变能源系统生产和交易模式，能源交易主体可以点对点实现能源产品生产和交易、能源基础设施共享；能源区块链还可实现数字化精准管理，未来将延伸到分布式交易微电网、能源金融、碳证交易和绿证核发、电动汽车等能源互联场景，区块链的去中心化、智能合约等特征正在被应用至能源价值链的多个环节，成为能源行业数字化转型的重要驱动力之一。

（3）能源领域数字化分析

亿欧智库根据公开数据统计测算，受数字化技术推广及电力企业数字化服务开展影响，2020年中国能源电力数字化市场规模达到2213亿元，其中电力数字化服务市场占比约为82%，涉及智能电网、自动化控制、巡检运维、灵活性服务、能源管理系统等；能源电力数字化升级约占18%，包括大数据、人工智能、云计算、区块链等技术应用改造。未来受电网"十四五"投资影响，预计到2025年，中国能源电力领域数字化市场规模增长至约3700亿元，年均复合增长率为10.8%。

能源电力数字化转型主要面向四大方向，包括数字化资产、数字化技术、数字化经营和数字化服务。根据能源电力数字化转型方向，能源电力领域数字化实施路径整体可以分为五步，分别是数字化采集、数字化分析、数字化改造、数字化安全和数字化生态，围绕关键核心数据进行最大价值挖掘，形成进阶式转型提升。

电力工业互联网平台成为数字化转型的核心脉络。工业互联网平台是融合互联网、新一代信息技术以及工业生产技术的综合产业生态平台，在智能制造、智慧供应、智能运维以及智慧服务方面，都将发挥重要的价值作用。搭建能源电力工业互联网平台需围绕四大层次，分别是物理设施层次体系、通信网络层次体系、能源平台层次体系以及安全防御层次体系，依托平台接入源、网、荷实时数据，利用大数据分析建模，开展体系性的调度、管控等服务，一方面提高新能源并网率与整体用电效率，另一方面以"数字驱动"方式贯通全产业链构建能源生态圈。

3.需求侧孕育新场景

随着能源互联网加快推进，能源需求侧也逐渐孕育出了新的运营场景，其中城市充电站、智慧园区较为典型。

充电桩产业向智能化发展，打造城市智能充电网。作为新基建国家战略的重要组成部分，充电桩产业数字化、智能化是国家政策支持的重点方向和新能源汽车产业发展的核心环节，充电桩产业一方面可以满足基本的电动车充电需求，另一方面还是未来能源互联网的重要基础环节，智能化将成为其重要发展趋势。通过深度融合5G、大数据、云计算、人工智能、区块链和车联网等数字技术，充电桩作为数据接口可以实现大规模组网，打造"车-

桩－电网－互联网－增值业务"的智能充电网，扩展数据增值、充电安全、能源交易、电商服务等多种商业模式，进而实现经济效益与社会效益的良性循环。

（1）历经十余年发展，我国充电设施步入新的发展机遇期

2006—2009 年是我国充电桩行业萌芽期。2006 年，比亚迪在深圳总部建设了第一座汽车充电站，此阶段充电设施主要是由政府参与建设；2010—2014 年经历了几年的培育期，国家提出适度超前的充电设施建设规划；2015—2019 年为快速成长期，大量民间资本涌入充电设施建设市场，国家提出 2020 年 480 万台充电桩的建设目标，同时新国标实施，掀起新一轮大规模投资建设高潮，车企、出行公司大范围布局充电桩，不少新的玩家入局，部分企业此时首次实现盈亏平衡，同时市场竞争加剧，部分企业被市场淘汰；2020 年至今，充电桩行业迈入新的发展机遇期，充电设施被纳入"新基建"范畴，政府多次颁布政策鼓励充电桩行业发展，这为充电设施市场发展带来新的机遇[7]。

（2）充电设施技术多元化发展

新能源汽车充电设施根据充电方式可分为交流充电桩和直流充电桩。交流充电桩俗称"慢充"，采用常规电压、充电功率小、充电慢，但结构简单、体积小、成本低，通常安装于城市公共停车场、商场和居民小区；直流充电桩俗称"快充"，采用高电压、充电功率大、充电快，但成本高且电压电流大，影响电池寿命。直流充电桩通常安装于运营车充电站、快速充电站等场所。截至 2023 年 4 月，我国公共充电桩中交流充电桩达 116.9 万台，占比 57.76%，直流充电桩数量达 85.5 万台，占比 42.24%。从 2022 年 5 月到 2023 年 4 月，月均新增公共充电桩约 5.8 万台。此外，为配合各类应用场景，新能源汽车充电桩行业积极探索多元化的充电模式，如换电充电、无线充电等模式。为提高充电效率，大功率充电技术也获得逐步推广。

（3）我国充电桩产业链日趋完善，目前已形成比较完整的产业链

上游为充电桩设备元器件供应商，包括充电模块、配电滤波、熔断器、断路器、线缆、计费设备等零部件，其中充电模块又包含功率器件、磁性材料、电容等元器件；中游为充电桩生产商；下游为运营服务商及终端客户，运营商包括专业化运营企业，以国家电网、南方电网、中国普天为代表的国有企业，以及以比亚迪、特斯拉、蔚来、小鹏为代表的整车企业三大类。此

外，许多企业为更好地发挥协同效应，融合设备制造、充电建设和运营服务为一体。产业链不断向后延伸，开拓各种大数据和增值服务，为充电桩行业带来新的盈利模式。

（4）汽车电动化趋势不断演进，带动充电设施需求高增

根据中国汽车工业协会数据显示，2023 年我国新能源车销量增长至 949.5 万辆，同比增长 33.5%，延续高速增长势头，是 2021 年 351 万台销量的近三倍。新能源汽车销量渗透率达到 31.6%，2030 年或升至 80%。根据我国《新能源汽车产业发展规划（2021—2035 年）》，到 2035 年，纯电动汽车成为新销售车辆的主流，公共领域用车全面电动化。

我国公共充电桩仍存在较大缺口。公共桩保有量从 2017 年的 21.4 万台增长至 2023 年底的 272 万台，私人充电桩从 2017 年的 23.18 万台增长至 2022 年的 587 万台。截至 2023 年底，车桩比为 2.8∶1，这距离工业和信息化部此前提出的"2025 年实现车桩比 2∶1，2030 年实现车桩比 1∶1"的目标仍有较大差距，并且具有明显的公共充电桩不足的结构性问题。

（5）高压快充或成未来主流

充电时长是影响新能源汽车用户体验的关键因素，具体方案上，高电压和大电流都可缩短电池充电时间，而高压大功率比大电流方案更有效率，高压快充或将成未来趋势。

从充电技术发展历程来看，在电动车推广初期，消费者对电动汽车充电速度关注不多，电动汽车补能方式以慢充为主，直流充电的电压/电流普遍在 350V/125A 以下。随着电动汽车快速上量，原有补能效率已不能满足用户需求。2015 年发布的 GB/T 20234.3《电动汽车传导充电用连接装置 第 3 部分：直流充电接口要求》，将直流充电接口电流从原来的 125A 提升至上限 250A，以满足电池容量增加带来的充电功率增加。随后车企主要通过提升车辆电压平台实现基于 250A 电流下的快充。电压平台由 350V 逐步向 450V、750V 演进。随着耐高压、低损耗、高功率密度的 SiC 功率器件的逐步深入应用，950V 左右的电压平台逐步被车企提上日程，并将成为未来 3~5 年的重要趋势。950V/500A 的高压快充桩可达 480kW 的充电功率，实现 5min 左右的快速补能，真正实现"充电像加油一样快捷"。国家有关部门也已将 1000V 纳入乘用车下一代大功率快充充电接口标准，以适应未来"千伏"高压平台落地。

目前，主流车企纷纷布局高压快充车型。2020 年，保时捷首次推出支持

800V 高压快充的 Taycan 后，广汽、小鹏、北汽、东风、长安等均已推出基于 800V 及以上高压平台的车型，快充性能可以达到"充电 10 分钟续航 200 公里左右"。

（6）光储充一体化或成下一个发展趋势

"光储充一体化充电站"是指把光伏发电、储能设备、充电桩及电池检测集成为一体的智能化充电站。其中光伏负责发电，充电桩负责充电，储能是二者之间的桥梁。它利用了夜间低谷电价进行储能，在充电高峰期通过储能和市电一起为充电站供电，满足高峰期用电需求，既实现了削峰填谷，又节省了配电增容费用，增加新能源的消纳，弥补了太阳能发电不连续性的不足。它是新能源、储能、智能充电互相协调支撑的一种高科技绿色充电模式，也是国家大力推广电动汽车、充电桩市场扩大、储能被列入能源发展重大工程等背景下产生的一个新的业态模式。光储充一体化具备多重优势，具备推广价值。光储充电站削峰填谷，有效提升电网运营效率，同时充电桩可以被远程调控，提高运维效率。另外，通过提供多元服务，客户充电服务体验得到提升。

4.3.3　能源互联网发展趋势

"十四五"期间，清洁能源将成为中国能源领域的重要发展部分，助力国家能源转型和碳中和目标实现，绿色能源将成为构建智慧能源体系、推动绿色数字经济发展的核心方向，与之相对应的分布式技术、新兴技术等将快速推动产业整合。能源市场围绕能源形态变革，在市场机制和市场功能上将持续深入完善，能源服务立场日益鲜明，商业化服务方式更加多元丰富。清洁能源和分布式技术的发展加速了能源供给形式分化，新能源的大规模推广应用依然存在诸多考验，如长时间稳定供给及恶劣突发性调控。

在能源变革深入影响下，能源电力领域数字化转型地位和转型迫切度持续提高，数字化转型成为应对能源危机和提升能源供应稳定的重要手段，作为数字化技术融合应用的综合体现，电力企业在数字化转型方向、转型路径、转型模式上均面临着严峻考验。数字化转型作为电力企业数字化技术融合应用的重大实践，在转型思路和转型方式上都是全新探索，如何衡量企业数字化转型带来的能源价值变现和商业价值提升均是转型成果的重大挑战。

4.4　地理位置网

4.4.1　地理位置网概述

古往今来，人类以及所有地球生命体的几乎所有活动都发生在地球上，都与地球表面位置，即地理空间位置，息息相关，也都进化出了感知并记忆自己及周围环境位置、方向、速度、时间和距离等信息的能力，比如鸟类能够感知地球磁场和太阳光偏振光，从而确定自己的位置、方向和时间，以便在不同季节迁徙到合适的地方。古代中国，人们通过观察太阳、月亮、星星等天体的运行，创立了二十四节气、农历等时间划分和度量方法，为农业生产、节令变化、日常生活提供指导。人类还发明了很多时空感知的工具和技术，如指南针、地图、日晷天文测时仪、陀螺仪和加速度计等，为远航、探险、商贸等活动确定方向和位置。

20世纪中叶以来，随着新一轮科技革命和产业变革快速发展，无线电、光学乃至量子测量学科推动空间信息技术（Spatial Information Technology）的成熟，以"3S"技术为代表的系统出现，极大提高了人类感知时空的效率和准确度。

"3S"指的是：遥感系统（Remote Sensing，RS），以电磁波与地球表面物质相互作用为基础，利用遥感器和数据处理、分析系统，探测、分析和研究地球资源与环境，揭示地球表面各要素的空间分布特征和时空变化规律；全球导航卫星系统（Global Navigation Satellite System，GNSS），以卫星为基础，可发送高精度、全天时、全天候、连续实时的导航、定位和授时信息，让全球各处的人可以准确感知自己所在的位置；地理信息系统（Geographic Information Systems，GIS），采集、存储、管理、分析、显示与应用地理信息，帮助人们分析和处理现实世界（资源与环境）的海量地理数据。遥感系统提供地面属性信息、全球导航卫星系统确定位置、地理信息系统处理地面位置和属性数据，并根据不同的需求提供时空位置服务，三者的融合促进了地理信息产业的大发展。

进入21世纪的二十余年时间，随着大数据、人工智能技术发展，逐渐渗入地理空间智能、城市空间智能、时空大数据智能、数字孪生城市等应用领域，时空智能成为空间信息技术新的发展方向。时空智能以时空为"索引"，对多源异构数据进行时空化治理和融合，并借助知识工程和人工智能算法进行智能化分析，从而挖掘知识和辅助决策。时空智能包括时空感知、认知到决策的多项核心技术，可应用到智慧城市、智慧交通、智慧园区、智能零售、智能地产、智能商业等多个领域[8]。

在智慧交通领域，时空信息技术与传统交通基础设施的深度融合是当前的新趋势。以北斗系统的实际应用为例，能看到时空智能赋能交通出行具有如下特色和优势。

1）时空一体化。时空智能技术能够利用卫星导航系统提供全球高精度一体化时空基准，为道路等交通基础设施提供厘米至毫米级的精准空间位置，微秒至纳秒级的网络时间同步服务，为汽车等交通工具提供亚米、分米、厘米级空间位置，毫秒、微秒级时间同步服务。通过时空智能技术，全球用户可以根据场景变化自主或智能选择，实现全球范围内空间位置的精准定位、导航与时间同步。

2）通导遥融合。利用北斗系统的全球定位导航、双向通信和搜救功能，加上交通沿线"北斗+5G"地基增强的高精度时空位置服务，兼有暴风、雨、雪及雷电等气象环境遥感功能，再与人工智能和大算力网络连成一体，就构成了交通通导遥融合实时服务设施体系。这一体系可以为陆路、水路和空中各类交通工具提供实时智能数据采集、风险分析和场景识别等服务，同时与交通运控中心协同，报送交通工具的时空位置数据与事件状况信息，辅助决策相应事件管控处置，确保交通服务质量和安全需求。

3）智能化服务。通过规划和建设"北斗+5G"+"AI+大算力（云中心）"，在铁路线路侧及相应大型枢纽、民航枢纽机场、高速公路和通航河道两侧、大型海港海运枢纽、电力输送网、油气能源网、城乡上下水道的综合管廊等沿途布设含北斗地基增强和AI云服务的网络系统。"北斗+5G"将北斗系统的时空基准延伸到隧道、管廊等各类地下空间，可为传统交通基础设施提供地上、地下与北斗系统一致的时空基准服务。这样，交通及能源设施产生的各类流式数据，如物流、人流、车流、船舶流、航飞流等，以及基础设施中桥梁、隧道、大型空间构形构件的时空位置形变监测数据等，均可被赋予精确的时空流量、流转及变化信息。通过对这些数据的智能分析、关联和挖掘，不仅可以对交通基础设施的运行维护进行模型优化和流程再造，还可以了解其中包含的各类交通、能源等经济和社会信息的时空规律，提升经济运行控制及社会治理的科学化、智能化水平。

时空位置与人工智能等信息技术的加速融合，还将使各类交通基础设施成为从勘测、设计、施工、建造到运维管控，全生命周期的融合创新交通基础设施。时空智能将不断开拓交通发展新领域，创新出行服务新模式。如为未来高速磁悬浮列车路网的设计、建造及运维提供精准、实时、可靠的定位、导航、时统和通信服务，实现全线路智能驾驶、智慧调度和安全监控。再如探索通用航空新领域，为低空空域提供精准管理服务，对空域内的无人机、通航飞机甚至未来空水地三栖飞行汽车等各类飞行器进行实时监测、识别、跟踪，以提高低空空域的容量和安全性等。无人驾驶技术方向，中国率先提出"智能网联汽车 + 车联网 + 高精度地图"三大关键技术协同的思路。这三大技术分别包括：集成北斗系统时空定位、场景感知和认知技术的时空智能；"北斗 +5G"构成车联网提供云、边、端协同，形成人、车、路、环境联动的交通流智能；"AI + 大算力（云中心）"生成实时动态高精地图的交通环境认知智能[9]。

时空智能技术的基础设施是 GNSS，在中国即北斗系统，可以提供 5m 精度的标准服务，超过 GPS 的 10m 标准服务精度，同时具有全球任意两地 40 个汉字双向短报文通信功能，以及中国及其周边，一帧 1000 个汉字，一小时 1000 万同时在线用户的双向通信能力。这种通信服务，也可传送图像和音视频，不仅能满足用户群体间的信息互联，还可实现时空位置互联，使信息交流更便捷精准。北斗不仅是导航工具，更是智能的时空信息基础设施，其可以产生海量的时空信息和时空大数据。

4.4.2 高精度地图

高精度地图也称为高分辨率地图（High Definition Map，HD Map）或高度自动驾驶地图（Highly Automated Driving Map，HAD Map），是和普通导航电子地图相对而言的服务于自动驾驶系统的专题地图。

1. 高精度地图与普通导航地图区别

使用场景上，高精度地图主要面向自动驾驶车辆。它以精细化描述道路及其车道线、路沿护栏、交通标志牌、动态信息为主要内容，通过一套特有的定位导航体系，为自动驾驶车辆的定位、规划、决策、控制等应用提供安全保障，是自动驾驶解决方案的核心和基础之一。

高精度地图作为普通导航地图的延伸，在精度、数据维度、时效性以及使用对象等方面与普通导航地图有着很大不同。在精度方面，普通导航地图一般为米级，高精度地图可达到厘米级；在使用对象方面，普通导航地图面向的是人类驾驶人，高精度地图面向的是机器；在时效性方面，普通导航地图要求静态数据的更新为月度或季度级别，动态数据不做要求，高精度地图要求静态数据为周级或天级更新，动态数据则要求实时更新；在数据维度方面，普通导航记录道路级别数据，高精度地图则更为详细，需要达到车道级别，比如记录车道、车道线类型、宽度等。普通导航地图和高精度地图的对比见表 4 - 6。

表 4 - 6 普通导航地图和高精度地图对比

	普通导航地图	高精度地图
精度	绝对精度 5m 左右，误差 10 ~ 15m，只描绘位置和形态，不含细节信息	绝对精度优于 1m，相对精度 10 ~ 20cm，包含车道边界线、中心线、车道限制信息等丰富信息
要素和属性	道路兴趣点（POI）——涉密 POI 禁止表达、重点 POI 必须表达；背景——国界、省界等行政区划边界必须准确表达	详细车道模型——曲率、坡度航向、限高、限重、限宽；定位地物和 Feature 图层
所属系统	信息娱乐系统	车载安全系统
用途	导航、搜索、目视	辅助环境感知、定位、车道级路径规划、车辆控制
使用者	人，有显示	计算机，无显示
显示要求	相对低，人可以良好应对	高，机器较难良好应对
数据量	每千米的数据量约 1KB	每千米的数据量约为 100MB，是普通地图的 100000 倍且数据种类复杂多样
数据来源	主要为采集车	采集车 + 众包实时数据 + 云端信息

2. 高精度地图作用

高精度地图作为自动驾驶的稀缺资源和必备构件，能够满足自动驾驶汽车在行驶过程中辅助环境感知、辅助定位、辅助路径规划、辅助决策控制的需求，并在每个环节都发挥着至关重要的作用。

辅助环境感知方面，高精度地图可以实现实时状况的检测及外部信息的反馈，获取当前位置精准的交通状况。高精度地图能够提高自动驾驶车辆数据处理效率，自动驾驶车辆感知重构周围三维场景时，可以利用高精度地图作为先验知识减小数据处理时的搜索范围。在高精度三维地图上标记详细的道路信息，可以为自动驾驶车辆感知系统提供有效的辅助识别，优化感知系统的计算效率，提高识别精度、减少发生误识别。

辅助定位方面。由于存在各种定位误差，地图上的移动汽车并不能与周围环境始终保持正确的位置关系。高精度地图可以提供道路中特征物（如标志牌、龙门架等）的形状、尺寸、高精度位置等语义信息，车载传感器在检测到相应特征物时，就可根据检测到的特征物信息去匹配上述语义信息，由车辆与特征物间的相对位置推算出当前车辆的绝对高精度位置信息。高精度定位是高精度地图有效应用的重要方向，也是自动驾驶系统自主导航、自动驾驶的重要前提。在车载传感器定位受限情况下，高精度地图可以为自动驾驶系统提供有效的辅助定位信息。

辅助路径规划方面。普通导航地图仅能够给出道路级的路径规划，而高精度地图的路径规划导航能力提高到了车道级，例如高精度地图可以确定车道的中心线，可以保证汽车尽可能地靠近车道中心行驶。在人行横道、低速限制或减速带等区域，高精度地图可使汽车能够提前查看并预先减速。对于汽车行驶附近的障碍物，高精度地图可帮助自动驾驶车辆缩小路径选择范围，以便选择最佳避障方案。高精度地图可以看成一种超视距传感器，它提供了极远距离的道路信息，用于智能驾驶系统的全局路径规划，并对局部路径规划做出有效的辅助。

辅助决策控制方面。高精度地图是对物理环境道路信息的精准还原，可为汽车加减速、并道和转弯等驾驶决策提供关键道路信息。而且，高精度地图能给汽车提供超视距的信息，并与其他传感器形成互补，辅助系统对车辆进行控制。

3. 高精度地图层级

高精度地图可以分为两个层级：静态高精度地图和动态高精度地图。静态高精度地图处于底层，一般由含有语义信息的车道模型、道路部件（Object）、道路属性三类矢量信息，以及用于多传感器定位的特征（Feature）图层构成。

动态高精度地图建立于静态高精度地图基础之上，它主要包括实时动态信息，既有其他交通参与者的信息（如道路拥堵情况、施工情况、是否有交通事故、交通管制情况、天气情况等），也有交通参与物的信息（如信号灯、人行横道等）。

4. 高精度地图标准

国际主要高精度地图标准包括 GDF（Geographic Data File）、NDS（Navigation Data Standard）、ADASIS（Advance Driver Assist System Interface Specification）、SENSORIS（Sensor Interface Specification）、OpenDRIVE 和 KIWI。

GDF 为获取数据及标准特征、属性和关系的扩展分类提供更多详细的规则，主要用于汽车导航系统中，对于其他运输和交通应用也十分有效，如车队管理、调度管理、道路交通分析、交通管理和车辆自动定位。

NDS 是一种广泛应用在嵌入式汽车导航系统中的物理存储标准，不仅包含地图格式的定义，同时也提供了一整套读写文件格式的接口程序，兼容性强，数据规格灵活，支持扩展，还可以支持部分或者增量的数据更新。NDS 采用了层级划分策略，将部分构建块的导航数据划分为多个层级，层级越高，空间尺寸越大，所包含的数据内容越小，有效提高了地图显示与长距离路径计算的效率。

ADASIS 是地图数据提供给 ADAS 定义的一种接口规格，主要是发送出基于当前车辆位置前方的道路属性信息，例如曲率、坡度等等，协助 ADAS 做出更好的判断。ADASIS v3 支持车载以太网协议，可以支持发送更多的地图信息，例如车道级别、车道形状、车道曲率等属性，还可以实现更多高级功能，例如车道级的地理围栏、车辆的横纵向控制等。

SENSORIS 定义了接口规范，用于从车辆向云以及跨云请求和发送车辆传感器数据，该规范及其标准化集中在接口的内容和编码上，成员主要包括 ADAS 供应商、位置内容和服务提供商、导航系统提供商、电信和云基础设施提供商、汽车制造商等，该规格定义了一整套的上传数据结构，同时也提供访问该数据结构的接口。

OpenDRIVE 是自动化及测量系统标准协会（Association for Standardization of Automation and Measuring Systems，ASAM）的 OpenX 系列标准之一，是一种用于对仿真测试场景的静态部分进行描述的开放文件格式，是目前主流的地图数据格式。

KIWI 标准是由日本 KIWI 协会制定的日系标准。主要目的是提供一种通用地图数据存储格式以满足嵌入式应用快速精确与高效的需求。KIWI 按照分层、分块的结构来组织地图，各层逻辑结构与其物理存储相关联，进而实现数据在纵向上不同层之间的快速引用、在横向上相邻地块间的快速取用。

5.高精度地图制作

高精地图制作可以分为两种，一种是专业集中制图，另一种是众包制图。专业集中制图由专业的人员，采用专业的方法，使用高精度设备，自主进行数据采集而后加工建图。专业集中制图采集成本较高，包括采集车设备成本和人力时间成本；采集精度较高，如绝对精度小于1m，相对精度小于20cm。众包制图是将地图数据的采集分配给普通人及设备分别进行，然后收集合并数据的方式来构建地图。众包的方式具备快速制图、成本低廉等显著优势，但精度相对较低。

高精地图制作可以分为数据采集、数据处理、对象检测、人工验证及地图发布五个基本步骤。

数据采集：高精度地图的数据采集是多个传感器数据融合的过程，采集硬件决定了数据信息的质量，主要有平装和仰装的激光雷达，用于空间信息采集，生成点云地图；GPS + IMU + RTK 采集位置信息；长焦摄像头获取偏远距离的视觉图像；短焦摄像头获取偏近距离的视觉图像。

数据处理：数据主要分为点云和图像两类，因为高精度要求，所以制图以点云为主。创建点云地图需定位信息和点云信息。通过 GNSS、IMU 及轮速计可以高频率地获取当前采集车的定位，需要将各传感器数据进行融合，再运用即时定位与地图构建（Simultaneous Localization and Mapping，SLAM）算法，对位置进行矫正，得出相对精确的定位信息；点云信息来自激光雷达，是对环境的扫描，包括 X、Y、Z、I、T（X、Y、Z 坐标，光强度，时间戳）等信息。最后把点云信息通过时间关联匹配融合到定位信息中，从而构建点云地图。

对象检测：基于反射地图深度学习，提取车道线、灯杆、信号灯等信息，获取这些道路设施的形状特征，结合使用人工的方式，标注一些复杂的对象。利用摄像融合激光雷达的方案，前者提供丰富的语义信息、颜色信息（如道路虚实线、黄白线、路口标识等），后者提供精确的信息，最终得出一个非常精确的高精地图。

人工验证：自动化和算法无法解决所有问题，比如有些道路本身没有画车道线，算法无法理解车道和信号灯的对应关系，这就需要人工进行校验和补充。

地图发布：完成了以上的工作，就可以发布高精度地图了。需要注意的是，高精度地图的制作需要资质。2022年9月，国家自然资源部下发了《关于促进智能网联汽车发展维护测绘地理信息安全的通知》，对高精地图测绘制作进行了明确的规定和要求。其中就要求高精地图的测绘和制图，仅能由国家颁发甲级导航电子地图制作资质证书的企业合法操作。

4.4.3　高精度定位

依托"3S"系统构建的地理位置网为人们提供地理位置服务（Location Based Services，LBS）。LBS通过无线电通信网络（如通信运营商的4G、5G或者Wi-Fi网络）或外部定位方式（如北斗定位）获取移动终端用户的位置信息，在GIS平台的支持下，为用户提供位置相关的各类信息服务（如O2O、社交、游戏等）。

1. 高精度定位需求

智能网联汽车也需要位置服务。车联网主要涉及三大业务应用，包括交通安全、交通效率和信息服务。对于不同业务应用，有不同的定位性能指标需求。同时，车辆作为移动的实体会经历不同的应用场景，包括高速公路、城市道路、封闭园区以及地下车库等。不同的应用场景，对定位的技术要求也各不相同。典型的交通安全类业务包括交叉路口碰撞预警、紧急制动预警等；典型的交通效率业务包括车速引导、紧急车辆避让等；典型的信息服务业务包括近场支付、地图下载等，具体的定位性能指标见表4-7[10]。

表4-7　车联网业务定位性能指标

应用场景	典型场景	通信方式	定位精度/m
交通安全	紧急制动预警	V2V	≤1.5
	交叉路口碰撞预警	V2V	≤5
	路面异常预警	V2I	≤5
交通效率	车速引导	V2I	≤5
	前方拥堵预警	V2V，V2I	≤5
	紧急车辆让行	V2V	≤5

（续）

应用场景	典型场景	通信方式	定位精度/m
信息服务	汽车近场支付	V2I，V2V	≤3
	动态地图下载	V2N	≤10
	泊车引导	V2V，V2P，V2I	≤2

同时，高精度定位是实现无人驾驶或者远程驾驶的基本前提，因此对定位性能的要求也非常严苛，其中 L4/L5 级自动驾驶对于定位的要求见表 4-8。

表 4-8　L4/L5 级自动驾驶定位性能指标

项目	指标	理想值
位置精度	误差均值	<10cm
位置鲁棒性	最大误差	<30cm
姿态精度	误差均值	<0.5°
姿态鲁棒性	最大误差	<2.0°
场景	覆盖场景	全天候

2. 高精度定位技术

定位从场景上可分为室外定位和室内定位，从技术上大致有卫星定位技术、局域网定位技术、蜂窝网定位技术和其他定位技术等几类。

全球卫星导航系统是应用最广泛的室外定位系统。以北斗、GPS 为代表的 GNSS 能在地球表面或近地空间的任何地点为用户提供全天候的三维坐标和速度以及时间信息的空基无线电导航定位系统。北斗卫星导航系统由空间段、地面段和用户段三部分组成，可在全球范围内全天候、全天时为各类用户提供高精度、高可靠定位、导航、授时服务，并且具备短报文通信能力，已经具备区域导航、定位和授时能力，定位精度为分米、厘米级别，测速精度 0.2m/s，授时精度 10ns。北斗三号系统空间段采用三种轨道卫星组成的混合星座，由 24 颗地球中圆轨道卫星（MEO）、3 颗倾斜地球同步轨道卫星（IGSO）和 3 颗地球静止轨道卫星（GEO）组成，与其他卫星导航系统相比，高轨卫星更多，抗遮挡能力强，尤其在低纬度地区性能优势更为明显。

为提高卫星导航系统的定位精度，满足用户对高精度定位的需求，出现了高精度卫星定位技术。主要包括基于载波相位差分（Real-Time Kinematic，RTK）技术的连续运行参考站系统（Continuously Operating Reference Stations，

CORS）为代表的地基增强技术、以美国广域增强系统（Wide Area Augmentation System，WAAS）为代表的区域星基增强系统，以及基于实时精密单点定位技术（Precise Point Positioning，PPP）的商业全球星站差分增强技术。

针对室内定位场景，广泛使用局域网定位技术，Wi-Fi定位、蓝牙定位是其中广泛使用的两种局域网定位技术。Wi-Fi室内定位技术按照定位方式的不同可以分为三类：基于指纹匹配的Wi-Fi定位技术、基于接收信号强度（Received Signal Strength，RSS）测距的Wi-Fi定位技术和基于往返时间（Round Trip Time，RTT）测距的Wi-Fi定位技术。Wi-Fi定位精度在1~20m的范围内，无法满足室内亚米级定位需求。蓝牙定位采用最多的是基于接收信号强度（RSS）的定位方法，室内定位精度最高可接近1m。

超宽带（Ultra Wideband，UWB）是一种快速、安全、低功耗的无线电技术，虽然与蓝牙类似，但它更准确、可靠、有效。UWB技术具有对信道衰落不敏感、发射信号功率谱密度低、低截获能力、系统复杂度低、能提供数厘米的定位精度等优点。它可以通过发送纳秒级的非正弦波窄脉冲来传输数据，基于飞行时间（Time of Flight，ToF）技术计算无线电波返回设备的时间，进而测算设备间的距离，测距精度极高，可以达到厘米级。此外，与传统的窄带系统相比，UWB系统具有收发时间短、抗多径效果好、系统安全性高、整体功耗低等优点。因此，UWB技术能够应用于室内静止或移动的人和物的快速高精度定位跟踪与导航，近年来也开始被用于近距离精确室内定位。同时，UWB也可以应用于近距离高速数据传输。

基于蜂窝网的定位技术定位精度在5G之前只能达到米级，实际上室外基本在10m以上，室内可以达到5m。随着5G及其演进，也成为一种高精度定位技术，5G NR提出了亚米级高精度定位需求，推动在工业互联网等行业应用；5G-Advanced和6G更是以厘米级高精度定位为目标，并推动通信与定位感知一体化研究。5G常见的定位方式包括下行到达时间差定位（DL-TDOA）、下行离开角度定位（DL-AoD）、上行到达时间差定位（UL-TDOA）、上行到达角度定位（UL-AoA）、多小区往返时间定位（Multi-cell RTT）、增强小区标识定位（E-CID），并发展出了大量定位增强技术，具体如下：

DL-TDOA：5G R16版本引入了新参考信号，定位参考信号（Positioning Reference Signal，PRS），用来供UE对每个基站的PRS执行下行链路参考信号时间差测量。这些测量结果将上报给位置服务器。

DL-AoD（下行离开角度）：UE 测量每波束/gNB 的下行链路参考信号接收功率，然后将测量报告发送到位置服务器，位置服务器根据每个波束的下行链路参考信号接收功率来确定 AoD，再根据 AoD 估计 UE 位置。

UL-TDOA：5G R16 版本增强了信道探测参考信号（Sounding Reference Signal，SRS），以允许每个基站测量上行链路相对到达时间，并将测量结果报告给位置服务器。

UL-AoA（上行到达角度）：gNB 根据 UE 所在的波束测量到达角度，并将测量报告发送到位置服务器。

Multi-cell RTT：gNB 和 UE 对每个小区的信号执行 Rx-Tx 时差测量。来自 UE 和 gNB 的测量报告会上报到位置服务器，以确定每个小区的往返时间并得出 UE 位置。

E-CID：UE 对每个 gNB 的无线资源管理（Radio Resource Management，RRM）测量，例如下行链路参考信号接收功率，测量报告将发送到位置服务器。

其他定位技术包括 IMU、地磁定位、可见光定位、超声波定位技术、SLAM 等，也各有其应用场景。

智能网联汽车由于其对定位精度的高度依赖性，往往采用各种增强定位、融合定位技术。在 GNSS + RTK + IMU 组合定位的基础上，融合车身信号、视觉感知信息与高精度地图数据，可将位置、速度、时间、航向信息，以及车辆本身的方向盘转角、轮速、转向灯信号等，传递至计算单元进行实时数据融合计算，来达到优势互补、提高稳定性和获取更高精度的定位结果。

自动驾驶系统在定位领域的最后一道防线是 IMU，主要原因如下。第一，IMU 对相对和绝对位置的推演没有任何外部依赖，是一个类似于黑匣子的完备系统；相比而言，基于 GPS 的绝对定位依赖于卫星信号的覆盖效果，基于高精地图的绝对定位依赖于感知的质量和算法的性能，而感知的质量与天气有关，都有一定的不确定性。第二，同样是由于 IMU 不需要任何外部信号，它可以被安装在汽车底盘等不外露的区域，可以对抗外来的电子或机械攻击；相比而言，视觉、激光和毫米波在提供相对或绝对定位时必须接收来自汽车外部的电磁波或光波信号，这样就很容易被来自攻击者的电磁波或强光信号干扰而致盲，也容易被石子、刮蹭等意外情况损坏。第三，IMU 对角速度和加速度的测量值本就具有一定的冗余性，再加上轮速计和方向盘转角等冗余信息，使其输出结果的置信度远高于其他传感器提供的绝对或相对定位结果。

4.5 现代信息通信网

4.5.1 5G和6G网络

第五代移动通信系统（5th Generation Mobile Communication System，5G）的大规模商用正在加速促进经济社会向数字化、网络化、智能化转型，推动网络跨入万物互联新时代。快速涌现的智慧城市、智慧交通、智慧工业生产等方面的应用需求，使得网络设备能力差异化、网络功能多样化、网络管控智能化的发展趋势持续增强。当前5G网络正在向5G-Advanced演进，同时进一步推动了万物智联的第六代移动通信系统（6th Generation Mobile Communication System，6G）的到来。

车联网领域，基于蜂窝网的C-V2X具备从LTE-V2X演进到NR-V2X的技术路线，以及5G URLLC、5G网络切片等技术能够更好地支持车联网V2V、V2I、V2P、V2N业务，基于5G的车联网研究和试验大量展开。在向5G-A和6G演进的过程中，针对车联网场景的需求和技术研究仍是热点，通感算一体化是其中最受关注的技术和应用。

1. 通感算一体化概述

通感算一体化是指网络同时具备物理–数字空间感知、泛在智能通信与计算能力。具备通感算一体的网络内的各网元设备通过通感算软硬件资源的协同与共享，实现多维感知、协作通信、智能计算功能的深度融合、互惠增强，进而使网络具备新型闭环信息流智能交互与处理及广域智能协作的能力，为5G-A、6G的智慧城市、智慧交通、智能家居等典型应用场景提供支持[11]。

感知：如同人体的感官，感知是指物理–数字多维空间的感知，包含网络外部感知和网络内生感知两大部分。计算：如同人体的大脑，在通感算一体化网络中，计算是指增强感知与通信后可协同分配调用的分布式泛在智算。通信：如同人体的神经，通信是赋予智能网络节点间多维感知信息共享、分布式智能计算等信息交互的载体，也是实现网络广域智能协作的基础。

车联网对于通信和感知能力都具有极高要求，通信方面，需要超低时延、高数据速率；感知方面，要求实时探测车辆行驶环境。现有的通信、感知分离设计解决方案中，借助大带宽通信网络及大规模传感器部署，不仅价格高昂，且数据共享可靠与实时性成为痛点问题。尽管毫米波已经被大量研究用于自动驾驶感知，但频谱是稀缺资源，通感一体化应用比独立应用设计需要更高的频谱利用效率。

通过多车环境感知数据共享，道路上的驾驶人可以获得其当前位置以及自身视野之外的空间信息，并在此基础上执行导航和路径规划。传统 SLAM 技术依赖摄像头或激光雷达，通感一体化设备将利用通信信号的传播特性作为构建周围环境的一种数据源，车 – 车间通过 Gbit/s 量级的大带宽传输实现多传感器数据的毫秒级 V2V 通信。

在车辆编队方面，当前的车辆编队方案大多基于多跳 V2V 通信，在所有车辆上共享全部车辆的状态信息，实现协作自适应巡航控制。然而多跳通信的高延迟会导致编队车辆的信息不同步，尤其当车队较长且行驶状态动态变化时，车辆编队的自动驾驶控制风险将大幅提高。针对这个问题，通感算一体化路侧单元（RSU）具备了部署位置优势和设施智能算力优势，可快速获取多车的行驶状态并下发控制信息，车辆编队借助具备通感算一体化能力的 RSU，可以为车辆编队的自动驾驶控制提供更可靠的服务保障。因此，通感算一体化网络将以更快速、更低成本的方式实现车辆编队状态更新，车辆与 RSU 的端到端通信时延将有望降至 10ms 以下，V2V 时延有望降至 1ms 以下，同时通信的可靠性将能够达到 99.999%。

2. 通感算一体化技术

技术方面，通信和感知各自的发展逐渐趋同，存在融合的可行性。在早期，由于两者需求存在较大的差异性，通信和感知完全分离设计，随着不断提升的通信吞吐量需求，大规模天线技术在通信网络中得到广泛应用，超大规模天线为通信提供了空间分集，可以突破香农定理的限制，极大地提升了用户数据容量，同时多天线发射和接收可以提供多样化的空间变换信息，则是对定位和成像创造了条件。另一方面，通信的频率向着高频大带宽发展，如毫米波和 THz，丰富的高频带宽和电波特性更加适合进行感知，为通信和感知提供了进一步融合的可能。最后，由于人工智能和算力网络的出现，未来的通信系统可以实现大规模、快速计算，可以进行多参数融合分析，算法可以实现智能化、复杂化和自适应化，为通信和感知融合提供了架构和计算基础[12]。

从通信与感知融合的阶段来看，可以分为 2 个阶段：5G-A 阶段和 6G 阶段，两个阶段的通感算一体化架构有着较大的差异性。5G-A 阶段主要考虑与现在 5G 网络的协调性，需要考虑网络架构的向下兼容性。6G 阶段更多考虑新技术、新业务的融入，进行新架构的开发或者原有架构的深度调整。

5G-A 阶段使用 5G 来服务感知，也就是"5G for 感知"。在这个阶段主要通过复用 5G 架构和小幅度的网元更新来实现感知的功能，并不会过度要求实现感知对通信的优化。这个阶段，通信、感知、算力、智能化的关系可以归纳如下：通信辅助感知，实现一机多用；算力作为感知处理的基础，高效协同感知处理资源；智能化作为融合的初步引擎，实现高精度感知。

6G 阶段又称为"感知 for 通信"。考虑进行高精度感知的情况下，同时使用感知进行通信性能的提升。在这个阶段通感、智能和算力将是一种强力融合的阶段，业务的耦合化和技术的深度内生加持将成为通信感知融合的特色。通信、感知、算力、智能化的关系可以归纳如下：实现一机多用，精细化的感知辅助高效能的通信，实现无线资源的合理调度；算力作为通信和感知协同的底座，实现分布式、高效化、低时延的通感融合网络；智能化作为内生网络的大脑，实现高质量通信与感知[13]。

关键技术方面，包括：空口融合技术，主要有新型通信感知一体化波形设计，联合通信和感知两类波形设计目标需求，基于相应的基础理论提出一体化设计准则，形成全新的符合联合目标的波形；帧结构设计，结合一体化系统工作频段、业务场景、数据传输准确性、感知精度、及时性、干扰及设备能力等特点，对一体化帧结构进行差异性设计，让感知能力作为内生能力与通信能力深度融合；波束管理，设计基于空分的波束管理策略，通过同时发射多个波束，将通信波束与感知波束从空间域进行隔离；感知算法，利用周期图法、基于子空间的谱分析法、压缩感知、张量分析法等，提高感知的精准度；以及网络融合技术，包括多频段协同技术、组网干扰协调技术等[14]。

3. 通感算一体化实践

通感算一体化技术在实践方面，目前主要集中在 5G-Advanced 阶段，进一步改进及提升定位功能的精度和其他性能，这包括采用智能超表面（Reconfigurable Intelligence Surface，RIS）、高频、大带宽、大规模 MIMO 的无线通信系统，同时展开其他基于蜂窝网的通感算一体化应用的研究与评估，探索更多适合基于蜂窝网的通感算一体化应用（ToB、ToC 和蜂窝网络优化)[15]，车联网是其中重要的一个方向。

多地开展通感算一体化技术测试实践。2023 年 6 月，中国移动联合中兴通信、华为发布了 5G 通感算一体车联网架构，具有连接到车、算力到边、感知到网的优势和亮点。该架构具备空口统一、通感一体、通算融合三大亮点。连接方面，将原有分散的 PC5 网络迁移至 5G 网络，统一承载 V2X 车路信息，以更低成本实现广域全网连接，基于 5G 的 QoS、切片实现高可靠连接保障，网络性能进一步提升，建设成本更低，部署更快；感知方面，通过通感一体基站替代路侧毫米波雷达等感知设备，具备无线通感一体能力，提供全程全网无线感知计算，同时通过空口资源共享实现一网多能，感知性能进一步提升；算力方面，包括云端和无线边缘两级算力，实现 V2X 云边协同，一级算力实现广域管控，二级算力与基站实现通算融合，支持实时业务下沉，数据智能卸载，可实现低时延边缘计算和本地精准推送。通过空口统一、通感一体、通算融合，该架构可达到更低成本、更优性能、更快部署的效果，为车联网建设和商用落地提供了更加经济高效的解决方案[16]。

中国移动联合中兴通信，基于该架构在珠海外场完成了业界首个基于 5G 全 Uu 的"鬼探头"业务测试验证，通过 5G 基站边缘算力敏捷实现路边感知数据采集、车路协同计算和 V2X 预警信息精准推送，成功实现全 Uu 的"鬼探头"实时业务预警，实测端到端全流程时延小于 70ms，其中空口环回时延 15ms，实时性成倍提升，充分体现了该架构的先进性和有效性，为低成本、高效能解决交通安全痛点提供了全新路径。

中国电信集团有限公司河北分公司携手中电信数城科技、华为在雄安完成全球首个 5G-Advanced 通感算一体智慧道路试验。利用无线信号提供实时的环境感知，将移动通信、雷达、算力等多种技术进行融合，实现通信、感知和计算一体化，对目标对象跟踪定位、测距测速、成像识别，突破传统通信维度，提供泛在通感算融合服务。该试验中攻克了"通信传感波形集成""多站协同传感""多传感器数据融合"和"自动校正"四大技术难点，构建车联网数字孪生场景，实现对车辆、道路和人员的多目标监测、识别和跟踪。根据现场实测验证，5G-A 通感一体的道路移动目标识别准确率超过 95%，定位与速度精度达到亚米级[17]。

上海联通携手合作伙伴率先在上海嘉定完成 5.5G 通感算一体车联网连片组网试验区建设，攻克"通信感知波形一体化技术""多站协同感知技术"

"多传感器数据融合技术"和"自动纠偏技术",构建车联网数字孪生场景,实现了对车辆、道路和人员的多目标监测识别跟踪,同时借助现网5G SA网络,将融合算力引擎汇聚的多方信息高效快速地传递至各道路相关方。经现场实测验证,道路移动目标识别准确率超过93%,平均端到端时延达到10ms内,定位精度达到亚米级,速度精度达到0.3m/s,角度精度0.25°,覆盖嘉定区两条道路近5km区段,多站协同感知时延达到微秒级,相比传统雷达在覆盖、距离、分辨率、测角精度方面领先3倍以上,实现对道路移动目标的精准识别[18]。

4.5.2　C-V2X网络

车路云一体化能有效弥补单车智能的短板,通过车路云协同提供智能网联辅助驾驶服务,最终逐步实现智能网联自动驾驶。

1. C-V2X网络概述

在大多数人的认知中,容易将车联网认为是3G/4G时期的远程信息服务,随着车路协同概念逐渐普及,很多人认为车联网就是车路协同(V2I)。实际上,远程信息服务、车路协同都只是车联网的一部分,蜂窝车联网(C-V2X)主要由V2I、V2V、V2N、V2P各部分组成,各网络相互有机结合为智能网联汽车服务。

蜂窝车联网通信形式有两种,分别是基于广域通信的Uu通信和基于直通/短距离的PC5通信,V2N之间为Uu通信,V2I、V2V、V2P之间为PC5通信。

Uu通信,蜂窝网络通信接口,车端与云平台之间的通信接口,中间通过基站转发,可实现长距离和更大范围的可靠通信,通信前需要建立信令链接,适合时延要求相对较低的场景。

PC5通信,直连通信接口,车与路、车与车、车与行人之间的短距离直接通信接口,通过直连接口广播形式实现低时延、高容量、高可靠的通信,通信不需要建立信令链接,时延比Uu通信更低,在高速场景下链接更稳定。

C-V2X技术是为了解决车辆在高速移动过程中的通信问题。在C-V2X主要应用场景中,车辆处于移动状态,特别是车辆相对行驶时,相对速度可高达200～300km/h,传统5G方案为广域网通信,用户数据传输需要终端先与基站建立信令,经由核心网转发,时延较大,适合对时延要求相对宽松的

V2N 业务。V2V/V2I 等多对多的业务场景中，车辆在路端行驶，道路交通环境复杂多变，对业务的时延要求更高，PC5 直连通信无需与终端建立信令，无需经过核心网转发，路侧和车端、车端和车端直接通信，可大大降低通信时延，支撑 V2V/V2I 相关业务。

在 C-V2X 网络中，PC5 接口和 Uu 接口共同存在，Uu 通信需要蜂窝网络覆盖，依赖于运营商的基站，PC5 不需要蜂窝网络覆盖，直接点对点通信，两者相互配合，提供完整的 C-V2X 服务。

2. C-V2X 网络架构

C-V2X 基于端、边、云架构组网，端侧主要为车载终端（OBU）；边侧主要为路侧感知系统及路侧通信系统，路侧感知系统主要由摄像头、毫米波雷达、激光雷达、边缘计算设备等组成，路侧通信系统则主要为路侧通信单元 C-V2X RSU 和 4G/5G 基站等；云端建立 V2X 业务平台。端、边、云协同架构如图 4 – 12 所示。

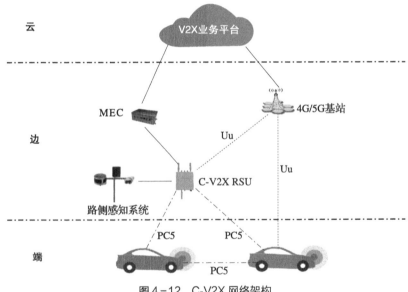

图 4-12　C-V2X 网络架构

（1）端

端主要为车载终端（OBU），车载终端是组成智能网联汽车车联网应用的核心数据交互设备，其主要功能如下：

1）实时采集车辆行驶状态信息，获取车辆的定位、速度、航向角、加速度、转向灯、加速踏板、制动踏板、故障数据等实时状态信息。

2）通过 Uu 通信实现车端数据与云端平台数据交互，实现车云协同等业务。

3）通过 PC5 通信实现车端数据与路侧数据交互，实现车路协同安全预警、效率提升、信息服务等应用场景。

4）通过 PC5 通信实现车端数据其他智能网联车辆数据交互，实现安全预警、协同变道、协同编队行驶等应用。

车载终端（OBU）的产品形态大致可分为前装和后装两种，前装设备由主机厂新车出厂前就安装完成，优势在于设备就是车辆的一部分，C-V2X 功能与车机系统完全融合，可更大程度地支持智能网联辅助驾驶及自动驾驶。后装设备与前装设备相比，存在适配工作量大、功能完整度较低等问题，但后装市场也具有前装所不具备的优势，一是可以为原本不具备 C-V2X 的车辆提供车联网服务，二是在测试验证等场景，后装设备研发验证时可以更灵活地响应市场需求，快速迭代，探索更全面的智能网联服务。

（2）边

边主要为部署在路侧的系统，包括路侧通信单元 C-V2X RSU 及路侧感知系统，路侧设备多数部署在交通路口和交通黑点、堵点，通过感知设备实时感知道路信息，采集交通信号灯信息，为交通参与者提供超视距的上帝视角信息，帮助车辆提前规划驾驶策略，提升交通安全、交通效率及驾乘舒适性。

蜂窝车联网中，路侧通信单元主要是指 C-V2X RSU，是路侧通信系统核心设备。路侧感知系统实时获取交通参与者及道路信息，需通过 C-V2X RSU 实现车与路之间的信息共享和交互，实现车辆和路侧间的车路协同。

路侧感知设备行业常见的有视频、毫米波雷达、激光雷达，设备感知能力见表 4-9[19]。

表 4-9　路侧感知设备能力

项目	视频	毫米波雷达	激光雷达
探测范围	约 100m，多车道	250~500m，多车道	100~250m，多车道
检测精度	精度低	精度较高	精度高
环境干扰	受天气、光线干扰明显	对低速目标不敏感	受恶劣天气影响明显

（续）

项目	视频	毫米波雷达	激光雷达
流量检测	√	√	√
速度检测	×	√	√
占有率检测	√	√	√
排队长度	×	√	√
区域密度	√	√	√
交通事件	√	√	√
车辆结构化	√	×	√

因为每一种感知设备都有其局限性，目前感知系统通常采用融合感知方案，视频 + 激光雷达 + 毫米波雷达三者融合方案可以相互取长补短，可实现全时、全域、全量、精准的全息数据感知，但其造价也相对高昂，业内常用毫米波雷达 + 视频，或者纯视频的感知方案。

路侧感知系统重要的一环是边缘计算设备（MEC），C-V2X 要解决高速移动下多车对多车间且高频度通信的低时延、高可靠难题，对路侧设备感知能力也提出了更高的时效性要求。路侧感知系统部署了大量的高清摄像头、雷达用于感知道路交通信息，如果信息全部上传到云端计算分析处理，时延难以满足车联网高速运行的低时延要求，还会存在网络传输带宽成本高昂等问题，所以边缘计算设备（MEC）一般与路侧感知设备部署在同一局域网内。部分项目建设时边缘计算方案是通过建设边缘计算节点实现，其本质还是将路侧感知计算下放到路侧，降低时延以达到车联网应用场景的需求。

路侧感知系统将交通参与者及道路环境信息数字化后业务分两部分：

1）通过 Uu 通信上传至云端（I2N）支持云端实现区域联网联控、交通策略优化等业务。

2）通过 PC5 通信广播至车载终端（OBU）（I2V），支撑车路协同应用，实现车辆和交通基础设施间的智能协同，提供前向碰撞预警、行人"鬼探头"预警等系列服务，实现提高道路安全性、降低交通事故率、优化交通效率、缓解交通拥堵的目标。

信号灯系统一般安装在公安视频专网，视频专网内信息经边界传输到互联网会存在较大时延，无法满足 C-V2X 业务对时延要求，业内常见做法是安装信号灯信号采集器或通过接口对接信控主机，通过信号采集器将信号灯灯态信息传递给路侧通信设备，路侧通信单元 C-V2X RSU 再将信号灯信息通过广播（PC5 直连通信）形式提供给智能网联车辆，实现信号灯信息服务、闯红灯预警、绿灯起步提醒等应用。

（3）云

V2X 业务平台包含数据平台、应用平台，具备智能计算/分析、数据存储/开放、能力聚合/开放等多种能力，为智能网联汽车提供协同感知、协同决策、协同控制服务。通过 V2X 平台与车端及路侧协同，提高交通运输效率，降低交通事故发生率，改善出行体验，实现车路云协同闭环。V2X 平台采集了海量的路侧及车端数据，还可应用于城市交通精准治理、智能网联公交、智能网联车辆运营监管、智慧高速等场景，为交警、运输管理部门、应急救援部门等第三方提供数据或应用服务。

3. C-V2X 网络发展趋势

通过 C-V2X 网络实现智能网联辅助驾驶是当前阶段重点探索的业务场景，这类场景依然面临较多问题，例如路侧和车端数据标准、数据格式、数据接口不统一的问题；路侧感知数据置信度问题；C-V2X 业务停留在提示、预警层面，并未结合域控制器实现控制功能；智能网联辅助驾驶功能与 ADAS 功能重叠时如何处理等一系列的问题，目前仍处于探索验证阶段。

C-V2X 网络应用可从简单的特定场景到复杂的场景逐步推进，优先落地技术成熟的场景。同时，逐步提升 C-V2X RSU 覆盖率和 OBU 渗透率，提升民众对 C-V2X 应用的获得感，逐步完善直至最终实现智能网联自动驾驶业务。

4.5.3　物联网

"物联网（Internet of Things，IoT）"是指通过感知设备，按照约定协议，连接物、人、系统和信息资源，实现对物理和虚拟世界的信息处理，并做出反应的智能服务系统，具有全面感知、稳定连接和智能处理三大基本特征。IDC 数据显示，2022 年全球物联网市场规模约为 7300 亿美元，2027 年预计接近 1.2 万亿美元，五年复合增长率为 10.4%。

1. 物联网概述

我国物联网用户规模快速扩大。据工信部数据，截至 2022 年底，连接数达 18.45 亿户，比 2021 年底净增 4.47 亿户，占全球总数的 70%。移动物联网连接数快速增长，"物"连接快速超过"人"连接。截至2022年底，我国移动网络的终端连接总数已达35.28亿户，其中代表"物"连接数的移动物联网终端用户数较移动电话用户数高1.61亿户，占移动网终端连接数的比重达52.3%。

我国物联网产业链持续完善。已形成涵盖芯片、模组、终端、软件、平台和服务等环节的较为完整的移动物联网产业链。窄带物联网已形成水表、气表、烟感、追踪类4个千万级应用，白色家电、路灯、停车、农业等7个百万级应用。移动物联网终端应用于公共服务、车联网、智慧零售、智能家居等领域的规模分别达4.96亿、3.75亿、2.5亿和1.92亿户。

我国物联网应用场景不断丰富。物联网应用主要分为产业、公共和生活三大类，下游细分市场主要集中在智慧城市、工业互联网、健康物联网、智能家居、车联网等领域。其中智慧城市、工业互联网和健康物联网三项所占份额较大，为物联网在我国的主要应用领域，如图4-13所示。

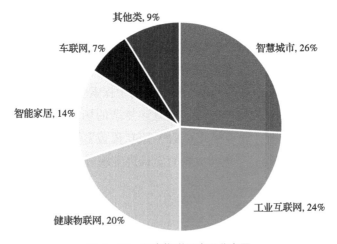

图4-13 国内物联网应用分布图

"十四五"时期，将面向重点场景实现移动物联网网络深度覆盖，形成固移融合、宽窄结合的基础网络，加快移动物联网技术与千行百业的协同融合，推动经济发展提质增效、社会服务智能高效、百姓生活方便快捷。

2. 物联网技术架构

物联网技术架构分为四层，分别为感知层、网络层、平台层和应用层。感知层的功能是实现智能终端的信息采集，主要涉及芯片、模组及传感器等感知设备，其中无线通信模组是连接物联网感知层和网络层的关键环节；网络层实现信息、数据的传输，通信网络为核心技术，分为短距离即局域网传输（Wi-Fi、蓝牙和Zigbee等）和长距离即广域网传输（NB-IoT、LoRa、2G/3G/4G/5G等）；平台层对数据、信息进行存储和分析，物联网云平台和操作系统是核心，分为连接管理、设备管理；应用层利用有价值的数据发展应用软件和行业解决方案，实现数据增值，包括物流、交通、安防、能源等各行各业。

（1）感知层

感知层主要功能为采集外部信息，具有感知与收集信息的能力。主要包括各类基础芯片、传感器及射频识别技术、二维码技术和蓝牙技术等感知装置。目前较为重要的技术包括微机电系统及射频识别技术。

微机电系统（Micro-Electro-Mechanical System，MEMS）具有高性能、低功耗和高集成度优势，成为感知层最重要的技术之一。随着新型传感器出现，以及芯片制程和功能更加先进，对MEMS尺寸和功耗要求更高。传感器将各种物理量、化学量、生物量转化为可测量的电信号，满足信息的传输、处理、存储、显示、记录和控制等要求。目前传感器与MEMS结合成为趋势，MEMS传感器集成通信、CPU、电池等组件及多种传感器，具有体积小、重量轻、成本低、可批量生产、易集成等特性，能够使产品更加智能，在消费电子和医疗领域应用广泛。随着MEMS、数据算法等技术的发展并与传感器深入结合，未来的传感器系统将更加微型化、综合化、多功能化、智能化和系统化。

射频识别（Radio Frequency IDentification，RFID）已经比较成熟，在物流、销售领域大规模应用多年。RFID是一种无线通信技术，无需识别系统与特定目标之间建立机械或者光学接触就可通过无线电信号识别特定目标并读写相关数据。信号通过调成无线电频率的电磁场，把数据从附着在物品上的标签上传送出去，以自动辨识与追踪该物品。一条完整的RFID产业链包括标准、芯片、天线、标签封装、读写设备、中间件、应用软件、系统集成等，其中最关键的技术是芯片的设计与制造。

（2）网络层

网络层是物联网设备实现连接的通道，也是目前物联网产业链中最成熟的环节，包括蜂窝通信网、局域网、广域网等，核心包括通信技术及承载通信技术的模组。物联网通信技术分为有线通信技术和无线通信技术，由于有线通信技术难以满足万物互联的要求，因此主流为无线通信技术，主要分为两大类：第一类是短距离通信技术，包括蓝牙（Bluetooth）、Zigbee、Wi-Fi、NFC，目前主要应用于室内智能家居、消费电子等场景；第二类是远距离通信技术，包括蜂窝通信技术（2G/3G/4G/5G）及低功率广域网络（Low-Power Wide-Area Network，LPWAN）技术（LoRa、Sigfox），而 eMTC 和 NB-IoT 既属于蜂窝通信技术，又属于 LPWAN 技术。

不同的行业应用或设备要求的通信距离和数据传输速度不同，所需的网络条件质量不一。一般来说，终端固定，对网络延迟要求较低的行业如传感器、智能停车场、智能农业等，低速率（<1Mbit/s）即可；而对于移动终端，对网络延迟要求高，或者传输数据量大的应用，如视频监控、车联网等，则需要高速率（>10Mbit/s）。

多样化需求催生了 LPWAN 技术的发展。LPWAN 技术是专为低速率、低功耗、广覆盖及大连接的物联网应用场景而设计，目前主流的 LPWAN 技术有 NB-IoT（Narrow Band Internet of Things）、eMTC、LoRa（Long Range）和 Sigfox。

eMTC 被看作是国际标准 LTE 技术（4G）的一种特性，相较于其他三种技术能提供更高的速率与更强的移动性支撑；NB-IoT 由通信行业最具权威的标准化组织 3GPP 制定，并由国际电信联盟（ITU）批准，属于国际标准；Sigfox 与 LoRa 的核心技术分别掌握在法国 Sigfox 与美国 Semtech 公司手中。

eMTC 和 NB-IoT 在技术参数上存在明显不同，其中最主要的差异点在带宽、速率和覆盖增强。eMTC 是基于 LTE 演进的物联网接入技术，与 NB-IoT 一样使用的是授权频谱，但 eMTC 支持高速移动可靠性，较 NB-IoT 而言，eMTC 在时延和吞吐量方面有较大优势。NB-IoT 追求更低的成本、更长的续航时间，比较适合对成本敏感但是终端数量较大，且无移动性的应用场景如水、电、热、气表等，与 eMTC 形成互补。

NB-IoT 拥有四大特点，完美契合物联网要求。首先，低功耗，NB-IoT 聚焦小数据量、小速率应用，因此 NB-IoT 设备功耗极低；其次，低成本，NB-IoT 可以在现有的 LTE 网络基础上进行改造，进而快速完成组网；第三，大连接数，在一定的空间内，多设备不会产生互相干扰，NB-IoT 足以轻松满足未来智慧家庭中大量设备联网需求；第四，广覆盖，可满足空旷地区与地下覆盖。事实上，NB-IoT 也是最适合于运营商的 LPWAN 技术，优势明显。

5G 在物联网领域的应用潜力尚未完全发掘，其中最主要的制约因素之一就是居高不下的成本。在 5G 物联网技术体系中，5G NR 能力最强，可提供高速率、高性能的连接，满足 100Mbit/s 以上超高速率需求的物联网业务。而物联网应用场景复杂、各行各业甚至个别客户的诉求差异化明显，导致实际用户对网络指标要求并不一致，有些商用场景并不需要那么极致的性能，全部采用 5G NR 将造成较大的性能溢出，提高终端使用成本，影响网络普及进程，影响 5G 网络发展。

比如，在高度自动化的智慧工厂里，虽然 5G 的超大带宽和超低时延、高可靠特性，能够满足工业机器人精准控制的需求，但工厂中往往还有很大一部分设备如视频传输、工业传感设备等，往往不需要那么极致的性能，但又需要比 mMTC（NB-IoT 和 eMTC）更高的性能，比 4G 网络更低时延的连接支持。

因此，为了兼顾 5G 网络性能与成本，3GPP 在 R17 中提出 5G 轻量级（Reduced-Capability，RedCap）终端。在继承 5G NR 关键特性的同时，RedCap 降低了对数据速率、时延等的要求，同时降低设备成本、复杂性和功耗等。RedCap 与 eMBB、uRLLC 和 mMTC 典型性能比较如图 4-14 所示。

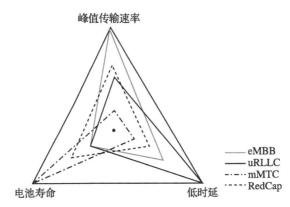

图 4-14 RedCap 与 eMBB、uRLLC 和 mMTC 典型性能比较

时延方面，uRLLC 的目标时延为 1ms，RedCap 应用在工业传感器的目标时延低于 100ms，视频监控的目标时延低于 500ms；传输速率方面，eMBB 的目标峰值速率在下行链路中可达 20Gbit/s，在上行链路中可达 10Gbit/s，而要求最高的 RedCap 应用，例如可穿戴设备，其下行链路要求为 150Mbit/s，上行链路要求为 50Mbit/s；在电池寿命方面，mMTC 的目标是 10~15 年，而对于 RedCap 应用来说，工业传感器的目标是几年，可穿戴设备的目标是一到

两周。

RedCap 技术的提出，补齐了 5G 移动物联网技术体系，形成能够满足低、中、高不同速率要求，兼顾不同性能与成本，且 4G/5G 协同的网络体系。随着 5G-Advanced 技术的发展和商用，RedCap 还将支持当前 Cat 1 所覆盖的中速率场景，蜂窝无源互联网可支持更低速率、零功耗的千亿级物联，形成全场景 5G 移动物联网技术体系，全面助力行业数字化转型。移动物联网技术体系如图 4-15 所示。

图 4-15　移动物联网技术体系

具体来看，在移动物联网技术体系中：

1）面向超高速率场景（>100Mbit/s），由 5G NR 承载。

2）面向高速率场景（10~100Mbit/s），由 4G Cat 4 和 5G RedCap 承载，未来逐步全部由 5G RedCap 承载。

3）面向中速率场景（100kbit/s~10Mbit/s），由 4G Cat 1 承载，未来随着 5G R18 标准版本完善，RedCap 也具备承载该场景的能力。

4）面向低速率场景（10~100kbit/s），由 NB-IoT 承载，是 5G 低功耗、大连接场景的主要技术。

5）面向更低速率场景（<10kbit/s），正在研究的蜂窝无源物联网技术，是 5G-Advanced 关键技术方向之一，以其更低成本、零功耗的优势可支持物流仓储管理、货物追踪、资产盘存等千亿级物联场景。

在众多 5G 应用场景中，3GPP 提出了三类 RedCap 典型应用场景：工业无线传感器、视频监控、可穿戴设备，关键指标要求见表 4-10。

表 4 – 10　3GPP RedCap 典型场景及关键指标要求

应用场景	数据速率	端到端时延	可用性/可靠性	电池寿命
工业无线传感器	<2Mbit/s	<100ms, 安全相关的传感器 5~10ms	可用性99.99%	至少几年
视频监控	经济型2~4Mbit/s 高端型7.5~25Mbit/s	<500ms	可靠性 99%~99.9%	—
可穿戴设备	参考速率: 下行 5~50Mbit/s 上行 2~5Mbit/s 峰值速率: 下行 150Mbit/s 上行 50Mbit/s	—	—	1~2周

　　工业无线传感器场景，覆盖行业较为广泛，包含制造业、钢铁、矿山、石化等行业，RedCap 在工业领域主要是以数据采集类应用为主。这类数据采集类应用对接企业平台系统，特点是数量规模较大，对终端成本控制要求严。设备包括工业环境中的工业控制类、传感器数采类、预测性维护、物流 AGV、扫码枪、打印机、AI 机器视觉等，数据速率往往小于 2Mbit/s，电池使用寿命要求至少可持续几年。预估 5G 的市场空间在 20 万/年，逐步提升到百万/年的连接数。

　　广域的视频监控场景是 RedCap 规模发展的重要领域，预估监控摄像头规模可突破亿级。通过将 5G 终端模组与监控摄像头集成，为视频监控提供灵活、低成本的回传手段，其典型业务需求如下：经济型视频监控的参考速率要求为 2~4Mbit/s，高端型视频监控的速率要求为 7.5~25Mbit/s，业务量以上行为主；视频监控业务的时延要求小于 500ms；通信可靠性要求在 99%~99.9% 之间。

　　可穿戴设备场景，主要特点是尺寸比较小，采用电池供电，对 5G 模组的尺寸和功耗有较高要求，且对广覆盖有要求。主要包括智能手表、智能手环、医疗监控设备等，普遍要求设备体积小、功耗低。下行参考速率为 5~50Mbit/s、上行参考速率为 2~5Mbit/s，下行峰值速率为 150Mbit/s、上行峰值速率为 50Mbit/s；电池的理想工作续航为数天甚至 1~2 周。

　　（3）平台层

　　物联网云平台以 PaaS 平台为主，向下通过网络层与感知层相连，汇聚终端收集到的信息流并对数据进行处理、分析、优化等，向上服务于应用层，为应用服务商提供应用开发的基础平台及连接物理世界的统一数据接口。功能包括云计算、数据管理、应用使能、连接管理、设备管理、业务分析等。

平台层是整个物联网体系中承上启下的关键部分。一方面，它能够帮助底层终端设备实现"管、控、营"的一体化，从而为上层提供应用开发和统一接口，将设备端和业务端连接起来。另一方面，为业务融合、数据价值孵化提供了条件，有利于产业整体价值的提升。主要包括连接管理平台（Connectivity Management Platform，CMP）、设备管理平台（Device Management Platform，DMP）、应用使能平台（Application Enablement Platform，AEP）和业务分析平台（Business Analytics Platform，BAP）四部分。

（4）应用层

应用层位于物联网最顶层，可以对感知层采集数据进行计算、处理和知识挖掘，从而实现对物理世界的实时控制、精确管理和科学决策。在物联网应用领域，从不同的驱动力出发，可分为消费驱动型、政府驱动型以及产业驱动型应用。其中，消费驱动型主要面向个人消费者，如智慧家庭、智能穿戴等；政策驱动型则与城市管理、民生有关，如智慧消防、照明等；产业驱动型则更多由相关企业看好并推动，如工业互联网、车联网等。

3. 物联网的智慧城市应用

在智慧城市领域，物联网作为技术支撑，可以有效融合信息技术与城市建设，提升城市管理效率，改善人民生活质量。可以说，智慧城市发展是建立在物联网"万物互联"基础之上，物联网为智慧城市提供了庞大的感知网络，是实现智慧城市建设的关键因素和技术基石，而智慧城市则是物联网发展的具体应用，对比物联网技术架构与智慧城市架构也可发现二者较为相似。

AIoT（AI + IoT），即人工智能物联网，是人工智能技术与物联网在实际场景落地中相互融合的产物，其并非新技术，而是一种新的物联网应用形态，是通往真正意义上的"万物智联"的必经之路。智慧城市 ICT 信息技术架构与 AIoT 产业架构高度适配，是 AIoT 应用最佳实验场，随着智慧城市进入全面发展期，AIoT 应用解决方案将在民生服务、城市治理、产业经济、生态宜居四大场景中大规模落地。

民生服务场景由群众"点菜"，政府"送餐"，"十四五"期间，居民对就业、医疗、养老、教育四大民生福祉最为关注，政府推动民生服务数字化转型重点关注数据共享、一网通办、智能技术普惠。整体解决方案中，感知层需扩大数据采集覆盖度，网络层及平台层注重优化数据共享整合，应用层面向主体及场景高度碎片化，需利用模块化思维降低方案成本，提高交付效率。

城市治理以政府为主、企业参与为辅，从数据资源化角度看，当前城市政务数据与社会数据之间融合利用存在鸿沟，急需推动两者有效融合，形成城市治理强大合力，从而促进城市要素集约化治理。整体解决方案中，需推动人工智能与物联感知融合，实现城市物理空间与数字空间精准映射、智能运行，最终建成"万物智联"的城市全要素感知体系，例如城市信息模型、三维实景建模、数字孪生城市等。

产业经济主要发展方向为数字经济，智慧城市是数字经济发展的重要载体，随着产业数字化占比不断提升，农业、工业继服务业之后将加速数字化转型，具体建设需求主要受城市数字经济发展路径影响。整体解决方案中，需要促进行业、企业全生产力要素数字化转型，围绕业务形态、流程、平台等创新应用模式，在垂直细分领域打造出行业标杆案例。

生态宜居场景。中国宣布要在2030年前实现碳达峰，在2060年实现碳中和。城市二氧化碳排放量占整体排放量的60%以上，是碳中和的主阵地，具体建设将以建筑、电力、生物资源、工业、交通等场景作为重要载体。整体解决方案中，需要AIoT服务商主动将节能减排技术融入数字化转型解决方案中，整体交付给用户，原因在于除重污染、高耗能类企业外，当前大部分行业和企业缺乏自主节能减排能力，并且缺乏动力投入建设。

在物联网连接数增长驱动下，AIoT最终应用将经历单品智能、互联智能、主动智能三大阶段。单品智能阶段，单机设备精准感知、识别和理解用户指令，设备间无法主动互联，由用户发起交互需求，此阶段下可通过改善单个设备的用户体验，提升具体场景下特定设备的智能化水平；互联智能阶段，采用"一个云/中控，多个终端/传感器"模式，打破单品智能的孤岛效应，不断升级智能化场景体验，人工智能软件算法和硬件算力逐步完善，随之在物联网领域持续渗透，场景化互联智能将成为现实；主动智能阶段，智能系统具备自感应、自学习、自适应、自提高能力，无需等待用户提出需求，人工智能技术由"弱人工智能"向"强人工智能"发展，推动主动智能实现。

在智慧城市领域中，AIoT产业正处于由单品智能向互联智能过渡的关键阶段，优化方向为提高人工智能技术渗透率，升级场景化智能体验。

智慧城市领域的 AIoT 参与者包括通信企业、互联网企业、IT 服务类企业、运营商及垂直行业企业。通信企业在物联网专有网络及基础设施上具备核心优势，掌握物联网芯片、LPWAN 等核心技术；互联网企业具备庞大的用户群（个体消费者或企业）及技术优势，结合企业基因及战略规划布局物联网业务；IT 服务类企业的核心优势是云服务业务；运营商基于数量庞大的物联网连接设备发展管理平台；垂直行业企业重点深挖物联网在各自所在行业的创新应用。

4. 物联网发展趋势

物联网呈现如下发展趋势：

1）物联网结构将发生变化。随着物联网加速向各行业渗透，行业的信息化和联网水平不断提升，产业物联网连接数占比将提速。据 GSMA 预测，产业互联网设备的联网数将在 2024 年超过消费者互联网的连接数。2019 年中国互联网连接数中产业互联网和消费者市场各占一半，预计到 2025 年，物联网连接数的大部分增长来自产业市场，产业物联网的连接数将占到总体的 61.2%。

2）产业融合促进物联网形成"链式效应"。产业物联网的进一步发展对产品设计、生产、流通等各环节的互通提出新的需求，而"物联网 + 区块链"（BIoT）为企业内和关联企业间的环节打通提供了重要方式。链式效应主要体现在两个方面：一是基于 BIoT 完成产品某一环节的链式信息互通，如产品出厂后物流状态的全程可信追踪；二是基于 BIoT 的更大范围的不同企业间价值链共享，如多个企业协同完成复杂产品的大规模出厂，其中涉及产品不同部件协同生产，包括设计、供应、制造、物流等更多环节互通。

3）智能化促进物联网部分环节价值凸显。一是端侧，随着物联网应用的行业渗透面不断加大，数据实时分析、处理、决策和自治等边缘智能化需求增加。据 IDC 相关数据显示，未来超过 50% 的数据需要在网络边缘侧分析、处理和存储。边缘智能的重要性获得普遍重视，产业界正在积极探索边侧智能化能力提升和云边协同发展；二是业务侧，据 GSMA 最新预测显示，到 2025 年，物联网上层的平台、应用和服务带来的收入占比将超过物联网收入的 67%，成为价值增速最快的环节，而物联网连接收入占比仅为 5%，因此物联网数量的指数级增加，以服务为核心、以业务为导向的新型智能化业务应用将获得更多发展。

4）互动化促进物联网向"可定义基础设施"迈进，与上层应用形成闭环迭代。"可定义物联网基础设施"是指用户可基于自身需求定制物联网软硬件基础设施的支撑能力。可定义基础设施包括面向不同行业需求的基础设施资源池，提供应用开发管理、网络资源调度、硬件设置等覆盖全面的共性支撑能力。现阶段，运营商等企业已经开始探索以业务需求为导向的网络基础设施自动配置能力，如意图网络、算力网络等。可定义基础设施有助于降低物联网应用开发复杂性，推动物联网规模化应用拓展，而物联网规模应用拓展则反向促进可定义基础设施持续升级、能力完备及整合，形成闭环迭代，实现能力的螺旋式上升。

4.6 车城网平台

4.6.1 车城网平台概述

建设车城网平台是智慧城市基础设施与智能网联汽车协同发展工作的重点内容之一。如果说道路是一个城市纵横交错的血管，那么汽车必然是维持城市运行必不可少的细胞。过去车联网主要承载的是个人服务，如辅助驾驶等智能网联应用以及部分城市交通效率、城市治理等服务。但随着智慧城市的发展，现有交通及其相关主体、设施难以协同；城市街道元素复杂，有限空间需要承担更多设施和功能；相关规范标准多、涉及组织多、统筹难；干扰环境的复杂及增强应用对通信更严苛的需求等。因此智慧城市建设需要传统产业体系升级，将原来相对隔离发展的汽车产业（车）、城建产业（城）、信息技术产业（网）全面结合协同发展，这本质上是从基建到数字基建的变化[20]。

以车城网平台作为核心，可以建立车和城之间的互动，为智能网联汽车技术创新、产业聚集、规模化应用提供支撑，加速数字化转型工作开展，助力城市治理增效提能、降本优化，打造未来城市治理、交通管理、智慧出行样板。

车城网的内涵可分成三个层面：

1）物理层面：实现城市智能基础设施与智能网联汽车的互通互联以及数

据共享。

2）应用层面：基于车城网平台，开展城市基础设施管理和车辆运行管理的应用，开展车城融合的应用，如智能网联公交、重点车辆监管、智慧停车等。

3）价值层面：通过车城网平台，可以实现多源异构数据的汇聚、处理以及融合应用，实现数据价值最大化。

4.6.2 车城网平台相关政策

2020 年 8 月，住建部会同中央网信办、科技部、工业和信息化部、人力资源和社会保障部、商务部、银保监会六部委联合印发了《关于加快推进新型城市基础设施建设的指导意见》，要求推进新型城市基础设施建设，其中提到协同发展智慧城市和智能网联汽车。以支撑智能网联汽车应用和改善城市出行为切入点，建设城市道路、建筑、公共设施融合感知体系，打造智慧出行平台"车城网"，推动智慧城市与智能网联汽车协同发展。深入推进"5G + 车联网"发展，加快布设城市道路基础设施智能感知系统，对车道线、交通标识、护栏等进行数字化改造，与智能网联汽车实现互联互通，提升车路协同水平。推动智能网联汽车在城市公交、景区游览、特种作业、物流运输等多场景应用，满足多样化智能交通运输需求。加快停车设施智能化改造和建设。依托城市信息模型模块（CIM 平台），建设集城市动态数据与静态数据于一体的"车城网"平台，聚合智能网联汽车、智能道路、城市建筑等多类城市数据，支撑智能交通、智能停车、城市管理等多项应用。

2020 年 11 月，《住房和城乡建设部办公厅 工业和信息化部办公厅关于组织开展智慧城市基础设施与智能网联汽车协同发展试点工作的通知》指出，为加快推进新型城镇化，加快汽车强国，推动形成智慧城市基础设施与智慧网联汽车发展，经研究决定组织开展智慧城市基础设施与智能网联汽车协同发展试点工作。住建部将支持试点城市探索建设车城网平台，将城市道路设施、市政设施、通信设施、感知设施、车辆等进一步数字化，并接入统一平台进行管理，实现全面感知和车城互联。

4.6.3 车城网平台整体架构

车城网平台依托城市智能基础设施，广泛汇聚车端和城端的动静态数据，实现平台、汽车、基础设施等要素的对接，通过搭建多类功能模块，支撑多样化应用场景落地。车城网平台整体架构如图4-16所示。

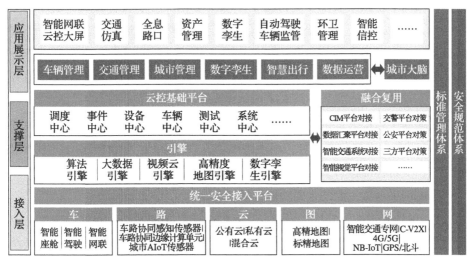

图4-16　车城网平台整体架构

车城网平台架构主要分为三层，包括接入层、支撑层、应用展示层。支撑体系包括标准管理与安全规范体系。

接入层通过统一安全接入平台接入车、路、云、图、网各类数据，支持多类数据高并发实时接入，支持终端接入鉴权、协议适配等功能。

支撑层包括云控基础平台及各类引擎支撑，大量接入城市智能基础设施与智能网联汽车数据后，可支撑城市管理部门开展基础设施和车辆运行管理，赋能智慧交通和智慧城市应用。

应用层包括车辆管理应用、交通管理应用、城市管理应用、智慧出行应用、数字孪生应用、数据运营应用等各类车城网相关应用。

展示层包括智能网联云控大屏、交通仿真、全息路口、资产管理、数字孪生、自动驾驶车辆监管、环卫管理、智能信控等各类型应用展示。

支撑体系以协同创新为核心，围绕智慧城市基础设施智能化与汽车网联化发展，关注生态建设和政府监管需要，推进技术协同创新与安全保障，构建科学合理、融合创新的标准体系和安全体系，为车城网平台提供引导与支撑作用。

4.6.4 车城网平台接入层

车城网平台接入层主要支持海量车城网数据及终端设备接入，通过统一安全接入平台来保证设备端和云端可以稳定地进行双向通信，支持基于证书的设备认证以及加密通信机制；提供设备在线状态的实时监控，及时更新设备上下线状态；提供硬件设备全生命周期的管理；支撑数据接入和应用开发等。

车城网平台接入层的应用特点包括：满足大量应用需要；运行于多种硬件和 OS 平台；支持分布计算，提供跨网络、硬件和 OS 平台的透明应用和服务交互；支持标准接口；支持标准协议。

车城网平台接入层的主要功能包括：

1）屏蔽异构性。异构性表现在接入的终端设备软硬件之间的异构性，包括硬件、操作系统、数据库等。异构的原因多来自市场竞争、技术升级以及保护投资等因素。

2）实现互操作。在车城网数据接入服务中，同一个信息采集设备所采集的信息可能要供给多个应用系统，不同的应用系统之间的数据也需要相互共享和互通。

3）数据预处理。车城网接入服务将会接入海量信息，如果把这些信息直接输送给应用系统，那么应用系统处理这些信息将会不堪重负。应用系统需要得到的并不是原始数据，而是综合性信息。

车城网平台接入层设计的重点与难点主要包括：

1）分布式异构的网络环境。车城网终端设备中存在许多不同类型的硬件设备，如视频、雷达、物联网终端、RFID 标签及读卡器等，这些信息采集设备及其网关具有不同的硬件结构、驱动程序、操作系统等，同时用于嵌入式感知设备连接到车城网的各种接入网络，以及进行智能化处理的核心网络也不尽相同，这些分布式异构特性使得很难为车城网提供一个统一的解决方案。因此，如何构建一个能自适应跨平台的车城网数据及终端设备接入服务，使接入服务底层协议接口能完全兼容各种传感器、物联网终端等绝非易事。这种底层的差异性要求车城网数据及终端设备接入服务设计要能够屏蔽各种异构软硬件资源的具体参数及异构网络带来的设计细节。

2）应用与服务之间的重复调用与互操作。目前，许多传统的数据及终端接入服务设计都是针对某类特定应用的，采用特定的数据标准和通信平台，这使得不同行业应用软件难以重复使用，从而造成大量的资源浪费。车城网应用领域极其广泛，而传统的数据及终端接入服务的专业性和专有性太强，公众性和公用性较弱，标准化程度低，这使得它们无法直接适用于目前的车城网数据接入环境。由于车城网的异构特性，不同应用依赖于不同的运行环境，这给各应用程序间的互操作带来极大的不便。因此，要求车城网数据及终端设备接入服务建立通用的标准体系，实现应用平台间的互操作与互通信，并能够支持车城网数据及终端设备接入服务的动态发现，以及动态定位与调用。

3）海量异构数据的融合。车城网数据及终端设备由各种异构感知设备构成，要实现使用不同采集数据格式的不同设备相互通信，则车城网数据及终端设备接入服务首先要解决这些异构数据间的格式转化问题，以便应用系统能更高效、更方便地处理这些数据。同时车城网中采集各种感知数据将产生海量信息，若直接将这些原始的海量数据直接发送给上层应用，势必导致上层应用系统计算处理量的急剧增加，甚至造成系统崩溃，且由于原始数据中包含大量冗余信息，也会极大地浪费通信带宽和能量资源。因此，要求车城网数据及终端设备接入服务能够解决数据融合和智能处理等问题。

4）车城网的各种"大"规模因素。其中影响车城网数据及终端设备接入服务最主要的几个因素是更大的网络规模、更多的事件活动，以及更快的移动速度等。

5）通信范式。通信范式是支撑车城网数据及终端设备接入服务的关键技术之一，普通的同步通信难以适应大规模分布式的车城网架构，而以发布/订阅为代表的异步通信机制也难以满足像车城网这种实时性较高的要求，因此车城网数据及终端设备接入服务通信范式也是接入服务实际运行所面临的重要挑战。

此外，由于车城网用户的服务质量要求、大量感知设备的可靠性要求等，传统通用的中间件无法完全满足车城网应用开发需求。与此同时，在车城网数据及终端设备接入服务技术开发中还存在着安全、实时数据服务、容错性和其他组件的引入等设计难题。

4.6.5 车城网平台支撑层

1. 云控基础平台

云控基础平台包括调度中心、事件中心、设备中心、车辆中心、测试中心及系统中心等。

（1）调度中心

支持多设备的调度管理及联动业务，根据用户业务需求拓展创新展示、调度管控、V2X 场景等业务模块。智能调度中心实现海量智能网联终端连接到车城网平台，实现设备和平台之间数据采集和命令下发的双向通信，对设备进行高效、可视化的管理，对数据进行整合分析，并通过调用平台面向行业强大的开放能力，快速构建创新的联动协同业务。

（2）事件中心

提供道路事件全流程综合管理，支持事件统筹与下发，实现云端到路侧、车端的事件管理，如交通事件发布等。

（3）设备中心

平台接入多类路侧设备，包括 MEC、RSU、摄像头、雷达等设备，兼容旧设备接入，实现利旧效果。支持对 MEC/RSU/OBU 等设备的档案管理及远程升级等，实现云端对设备的统筹管理；支持路侧设备实时状态监测、设备线上升级、故障自动报警、设备离线告警等功能；支持边缘计算单元在线率统计、RSU 在线率统计、摄像头在线率统计、设备故障率统计等。

（4）车辆中心

平台接入智能网联车辆、自动驾驶车辆、巡检车、重点货运车辆等数据进行管理，实现车辆信息管理、车载设备（OBU）接入、状态监测及轨迹回溯等，用户可对各类网联车辆、运营线路、运营人员进行统一信息管理。

（5）测试中心

提供测试管理业务服务，实时监测管理各项车路协同测试场景。从预约测试开始到测试报告给出，进行全面评价，全流程数据可控可见，测试结果符合相关的国家或行业标准。

（6）系统中心

实现云控基础平台的系统配置及权限管理，包括字典类型、字典项、用户管理、角色管理、菜单管理、机构管理、岗位管理、系统参数配置功能。

2. 支撑引擎

（1）视频引擎

以视频＋AI＋AR技术为基础，为用户提供海量视频统一接入、统一管理和统一应用，可实现跨区域、多层级的视频资源汇聚和共享。系统支持实时预览、云台控制、录像存储及回放、电子地图、视频上墙、图像管理、告警管理、平台级联等功能，支持电脑客户端、网页端和手机App多端应用。

（2）大数据引擎

大数据引擎融合多种主流的大数据框架，如Hadoop、HBase、MongoDB、Greenplum、Spark、Flink、Solr、Elasticsearch等，适应多种应用场景，实现大数据集群快速构建，轻量化部署，支持GPU、容器化、虚拟机等轻量化的运行环境，具有高性能的数据存储、检索及分析等特点，支持大规模车辆及监控数据存储，毫秒级精准查询，秒级精准分析。

（3）高精度地图引擎

高精度地图引擎为智慧出行、智慧交通和智慧城市业务应用等提供高精地图资源获取服务，实现地图数据资源动态管理以及地图服务实时供给等，进行高精度地图可视化动态仿真，结合二维GIS地图引擎，实现二维/三维数据灵活切换。

（4）算法引擎

算法引擎提供一种可靠且高效的方式来执行复杂的计算任务，并且可以根据需要进行定制和扩展，提供一种灵活且可重用的方式来处理各种算法需求，从而简化开发过程并提高计算效率。

（5）数字孪生引擎

数字孪生引擎提供数字化建模、感知数据标准接口，支持数字道路三维化呈现，实现交通场景全要素的拟真、验证、预测与控制，及交通仿真。

3. 融合复用

车城网平台可以与多个现有平台或系统进行对接，包括城市信息模型模块（CIM平台）、公安交管平台、智慧交通系统、智慧停车系统等多个平台，从而进行数据和应用的融合复用。

以CIM平台为例，车城网平台与CIM平台融合复用可以产生广泛的应用场景。在智能网联方面，CIM平台可以提供三维数字模型，用于呈现城市的立体空间、建筑物、基础设施等信息，同时可以支持智能交通系统的规划和设计。例如，通过建立道路和车辆的三维模型，可以模拟车辆在城市中的行驶情况，优化交通流和交通信号灯的设计，提高交通效率，实现更高效的城市交通管理。在智慧城市方面，CIM 平台可以为城市规划和设计提供三维数字模型，这种三维数字模型可以直观地呈现城市的现状和特征，为城市规划和管理工作提供基础数据和支持，实现城市建设的精细化管理。同时，CIM 平台还可以支持智慧城市运营和管理，包括城市公共安全、城市管理、基础设施、生态环境、应急管理、民生工程等关键领域的实时可视化监督。此外，CIM 平台还可以与智慧能源系统、智慧环保系统等其他智慧系统进行集成，实现更高效的城市管理和资源利用。总之，平台之间的融合复用在智慧城市基础设施与智能网联汽车协同发展建设中具有广泛的应用前景，可以提供更高效、更智能的城市管理和服务。

4.6.6 车城网平台应用与展示层

1. 车辆管理应用

通过接入 OBU 等车载终端，以及 RSU、摄像头、毫米波雷达、激光雷达、数字化交通标识、MEC、充电桩、市政监测等设备，全方面掌握智能网联汽车运行情况，对智能网联汽车进行动态管理和预警，多维度回放还原事件真相，并建立绩效评价体系，加强风险评估，为政府监管提供有效监管手段。车城网平台基于约定的通信协议实现车辆数据和基础设施数据等各类数据的实时采集和调用，为数据中台提供数据接口，实现动静态数据的流转。

智能网联汽车作为重要的被服务对象，车辆的本质属性决定了其最重要的应用需求是运行安全、行驶高效、节能减排、乘坐舒适。车城网平台将采集的实时交通动态数据与感知、决策与控制标准件融合所产生的服务能力，为智能网联汽车提供满足其增强行驶安全与提升能效等赋能服务，如超视距危险预警、盲区碰撞预警、多车协同避障、路口多车协同、行驶车道建议、绿波通行、匝道汇入汇出引导等。车城网平台对相关数据的融合，也可以为网联汽车提供如道路施工及交通事故提醒、节能与舒适车速引导、高效出行路径规划、停车位与充电桩引导、最优参考轨迹、车辆起停速度控制、特定区域强制接管、高速节能巡航等赋能服务。其服务的内容根据车辆驾驶自动化等级与驾驶方式的不同，其时效性也有很大的差异[21]。

基于车城网平台重点车辆管理应用实现对重点车辆行为的监管、运行信息的实时查看以及电子围栏的设置。通过将现有监控设备数据以及重点车辆车载监控设备数据统一汇入车城网平台，可实现对重点车辆运行情况以及驾驶人状态的全面监控，大幅提高城市重点车辆管理的智能化、精细化水平，减少不文明驾驶行为，提升城市交通安全。重点车辆管理应用也可以为车辆及运输企业提供服务。通过车城网平台为车辆提供闯红灯预警、盲区碰撞预警、匝道汇入预警、绿波车速引导等超视距安全提醒服务，提升车辆行驶安全和通行效率；为企业提供驾驶人行为分析和风险评估、高风险车辆识别和预警、车辆违规行为记录和判定等车辆管理服务。

对于城市公交车，通过智能化、网联化改造公交，公交具有实时信息交互能力，再基于智能网联公交管理模块实现对公交运营调度、出行安全、效率等的优化，助力公交准点率提升，进而提升载客率，提升公交分担率，逐步减少私家车出行，减低环境污染。

车城网平台可以为无安全员 Robotaxi 的测试应用提供技术保障。基于 5G 通信技术支持，一方面依托远程控制中心模块可在特殊情况下接收车端请求并对车辆及时介入并远程接管帮助车辆进行脱困，为实现无安全员 Robotaxi 测试运营提供技术保障，保障路测过程安全可控。另一方面平台可下发占道施工提醒、前方拥堵提醒、路面抛洒物提醒等超视距信息，提升 Robotaxi 的安全性、降低车辆感知成本，助力推动 Robotaxi 商业化落地进程。

车城网平台还可以赋能无人配送物流车。无人配送物流车与平台、路侧进行信息交互，实现远程监控，降低运营成本，同时防止在路口意外停车，提升行驶安全和效率。一方面，基于 5G 通信的远程监控允许一个安全员监控多辆车，降低运营成本。另一方面，利用路侧摄像头等多种传感器加上边缘计算设备获取到的实时信息，无人配送物流车可提前进行决策并加减速，安全通过交叉路口，有效解决信号灯读秒问题。

2. 交通管理应用

交通管理应用主要包含来源于政府职能部门工作推进的各类应用需求。核心单位包括交通秩序管理、公交与客货运输管理、公路或市政道路维护、交通及城市规划部门等。

面向交通秩序管理部门，车城网平台基于车端、路侧以及其他动态交通数据与感知、决策、控制、交通管控标准件融合所产生的服务能力，为其提供区域路网实时交通态势感知、交通事故评估、交通流量统计、交通拥堵分析、数字孪生、态势推演、交通流诱导与道路交通管控等应用服务支撑。结合区域级的协同决策和协同控制技术，还可以疏解交通拥堵、提升路网利用率、减少交通事故发生、降低温室气体与污染物排放、应对突发事件与重大活动等为目标，提供制定交通组织优化方案、交通信息发布、信号灯绿波协调控制、区域信号协同优化、可变车道控制、临时交通管制、应急预案管理等服务。

在交通微观层面，车城网平台能够将车辆行驶的环境信息、附近的交通运行情况、周边的交通事件等信息及时传送给车辆，从而使得车辆能够做到及时感知、快速合理决策，提高了车辆行驶的安全性，并提升了出行效率。同时，由于多源感知和通信手段的存在，交通管理部门可以对微观交通态势进行全面掌握，有利于进行交通指挥及应急事件处置。

在交通中观层面，由于可以及时获取大量联网数据，并通过车城网平台等支撑，车辆本身及交通管理部门都可以获得及时的区域交通态势信息。再与传统的智能交通控制手段结合，可以更加有效地进行区域交通调度，并适时提供交通信号自适应调节、绿波通行、特殊车辆优先通行等服务，从而有效提升区域交通效率。

在交通全局（城市或者区域）层面，随着道路智慧化改造逐渐完善、车载终端渗透率不断提升、云控平台逐渐部署，车辆等交通参与者、道路感知、环境信息、交通事件等各种信息将汇聚于车城网平台，由车城网平台进行协同感知、集中分析决策、反馈控制等，从而实现全局的决策和控制，全面提升交通安全性和交通通行效率，并为L3/L4/L5级的自动驾驶提供支撑。

面向公交与客货运管理部门，车城网平台在交通态势感知的基础上，结合车端、路侧感知数据以及公交与客货运相关支撑平台数据，可通过对居民出行特征和出行方式进行时空特征分析，协助编制公交线路和班次安排，优化公交运力配置，形成实时公交信息和公交出行建议，引导居民公交出行，缓解路网交通压力。还可对辖区内客货运流向进行分析，协助规划客货运通道，支持对客货运业务包括"两客一危"的运行监管工作等。

面向公路或市政道路维护部门，车城网平台可根据车端和路侧感知数据，针对其覆盖区域内的路面状态进行监测，定期生成道路维护方案，提供道路设备、设施与资产监管等支撑服务。还可对道路破损、结冰、湿滑、泼洒物覆盖等异常情况提供识别、预警，及时生成应急维护方案服务，确保路面状态不影响通行效率和行车安全。

面向交通及城市规划部门，车城网平台基于历史交通大数据，对其路网承载能力、路口负荷、交通生成量、交通发生与吸引量等关键指标数据的时空特征进行挖掘，为预测路网交通应用需求提供支撑服务。还可利用相关支撑平台提供的路网信息和地块信息，协助交通规划部门，规划新的路段和路口，并对交通规划方案进行评估。

3. 城市管理应用

车城网可以应用在城市各个领域，传统市政设施智能化改造后可支撑构建城市感知体系。传统市政设施主要服务于城市交通、供水、排水、供气、供热等，保障城市安全平稳运行。传统市政设施经数字化、智能化改造，既可以保留原有功能，又能增加智能感知功能。例如，智慧井盖可采集井盖的开合状态、路面积水以及井下水位等信息，地下管网可采集水、电、热、气等各类管线实时运行情况，智慧垃圾桶可以对垃圾桶的满溢状况、温度、烟雾情况进行监测。这类市政感知信息可作为重要的信息输入，辅助智能网联汽车应对道路积水、井盖丢失、路面塌陷等隐患，同时也可支撑城市管理部门科学决策。

车城网视频平台通过动态感知、智能视频分析等手段对社区里的人、车、房、物进行日常安防维护。社区内的实有单位，室内的水、电、燃气、烟感，室外的门禁、车辆、消防等一切设施均接入车城网平台，车城网平台对社区布控告警、接报事件、人口感知、车辆感知、告警感知等警情事件的智能分析和流转处理，做到管理闭环。一旦出现安全隐患或紧急情况，相关人员就能立刻获知并上门处置。

依托车城联动开展智慧城市综合管理，实现城市关键事件场景的智能化治理，充分发挥"双智"协同的优势。一方面将公交车升级改造成城市扫描仪，另一方面在自动驾驶汽车日常运行中同步开展城市巡检，同时配合巡逻机器人，以及城市智能基础设施所采集的监测数据，将相关数据进行融合，实现文明出行监管、交通事件监测、市容市貌监管、道路资产管理、消防应急监管等功能，形成对城市事件的精细化管理服务，实现城市隐患及早发现，尽早排查。

依托车城网平台对停车资源进行优化和整合，汇聚各类停车场的实时相关数据，实时全方位展示静态交通运行态势，并开展研判分析，助力城市提升静态交通泊位治理能力。

车城网平台还可以整合非机动车管理，依托路侧基础设施实现对非机动车辆超载、闯红灯、违法变道、占用机动车道或人行道、不佩戴头盔、打晴雨伞等交通违法行为自动识别抓拍，相关行为上传至车城网平台后，实现对非机动车辆行为分析与全过程可视化监管。

以云计算、大数据、物联网等技术为基础，依托车城网平台对充电桩资源进行优化和整合，通过实时接入充电桩相关管理系统的设备运行信息、用户信息、运营数据信息等，为出行者、管理者、运营商按需提供充电桩信息服务。

以云计算、大数据、5G 技术等现代化信息技术为基础，结合智能接驳车、无人售卖车、智慧灯杆、出行 App 等智慧化终端，通过车城网平台赋能，实现与游客端的感知互动、高效信息服务，为游客提供高效便捷的旅游信息化服务，具体包括文旅引导、出行接驳、实时提醒、地图打卡、积分兑换、三维 AR 互动等。

4. 数字孪生应用

车城网数字孪生应用主要是面向智能网联汽车"车路云一体"数字化设施建设，是智慧交通的综合管理支撑平台。通过定义互相可靠的信息交互规则，实现车与车、车与基础设施、车与平台之间数据的互联互通，将各种实时的动态信息汇集到数字孪生平台，为车城网的各种应用场景，车辆监控、交通管理等提供基础的平台应用呈现。

数字孪生可以理解为通过对物理世界的人、物、事等所有要素数字化，在网络空间再造一个与之对应的"虚拟世界"，形成物理维度的实体世界和信息维度上的数字世界同生共存、虚实交融的格局，实现车城网全要素数字化和虚拟化、车城网全状态实时化和可视化、管理决策系统化和智能化。

车城网数字孪生应用是基于车城网业务构建的一个复杂巨系统，车城网数字孪生应用将所采集到的交通流视频、态势、事件、车辆位置、车型、事件等各类数据进行数字可视化还原，实现对路面交通设备、设施、标志、标识、道路标记线等交通相关元素的数字孪生，以及对交通态势、事件响应呈现和交通车辆流的仿真呈现。更为重要的是，在仿真呈现的基础上，还具备一定的预测能力和控制能力，这样才能具备对车城网平台涉及的物理场景和物理世界进行实时反馈和优化物理世界的能力。

例如，数字孪生应用可以通过分析车辆历史轨迹，寻找车辆潜在的运行规律，并对车辆行为做出大概率的精准预测。也可以将系统内实时感知的车辆、非机动车等轨迹，以及基于个体行为的交通模型通过大数据获取的预测信息导入交通仿真系统，从而准确做出短时交通路网变化情况预测，实现精准预测交通事件对现有路况的影响。通过将城市中的物理基础设施、信息技术设施、社会基础设施和商业基础设施连接起来，对数据进行收集、清洗、存储和标准化，基于数字孪生实现交通的精准预测和决策[22]。

数字孪生路口强调虚实之间的交互，即数字孪生模型能生成一定的策略，对物理对象进行动态控制，并对物理世界的作用结果以数据的形式反馈回来，从而进一步优化模型，实现模型的实时更新与动态演化，也就是持续改进。具备实时性、闭环性的数字孪生进入交通领域，进一步提升了交通管理决策的系统化和智能化。

5. 智慧出行应用

智慧出行应用主要包括出行即服务（Mobility as a Service，MaaS）应用，车城网平台通过整合各类交通数据，满足 MaaS 出行应用的需求。MaaS 能实现以用户为中心的各种公共和私人运输服务的整合与集成，其运输服务可包含多个层面，如包括公共汽电车、轨道交通、有轨电车、渡轮、出租汽车、分时租赁汽车、网约车、共享单车等在内的城市客运，涉及民航、铁路、城际巴士、农村巴士等的城际和农村客运，同时还需要支撑不同类型客运服务方式的支撑性服务体系，如停车、收费、充电、导航服务等，最终通过一个统一的信息服务平台和移动应用程序（App）实现用户全链条出行服务的统一查询、统一规划、统一预定、统一支付、统一评价。

MaaS 模式与传统出行服务模式的特征差异体现在多个方面，包括账户管理、票价体系、身份认证、票务清分、出行规划与预定、票务支付方式、出行信息服务、出行服务评价、出行历史追溯等，具体区别见表 4 – 11[23]。

表4-11　传统出行服务模式与MaaS模式特征比较

项目	传统出行服务模式	MaaS模式
注册账户	匿名或单一出行方式注册账户	面向各种出行模式的统一账户
票价体系	一张票对应一种出行服务方式	一张票全链条出行，面向不同服务整合的套餐
身份认证	各种出行方式分开进行身份认证	基于账户的一体化身份认证，后台记录与统一识别
票务清分	预存费用，车辆或站台收费设备上完成支付	前端身份认证，收费全部由后台来完成
出行规划	各种运输方式单独路径规划	整合型出行服务体系下一体化出行服务规划
支付方式	针对各种运输方式通过预存费用方式单一支付	针对全出行链的各种运输方式实现一次支付
信息服务	各种运输方式提供各自的信息服务	针对全出行链的各种运输方式提供一体化实时信息服务
服务评价	缺乏账户化管理，不能及时对各种运输方式进行服务评价	账户化管理，易于对全出行链的各种运输方式进行服务评价
历史追溯	各种出行模式分段记录对应的出行轨迹	可实现全出行链条所有出行方式出行轨迹的记录

MaaS出行应用的本质是将目前单一零散的出行模式进行有效整合，使之变成一项端到端的高效服务，在深刻理解出行需求的基础上，将各种交通模式整合在统一的服务体系和平台中，实现规划、预定、支付、清分、评价等业务链条的一体化，精准满足出行者需求的大交通出行服务生态体系。

MaaS出行应用基于公共交通智能调度、个人习惯分析、绿色出行优先等，将各种交通模式及资源整合在统一的服务体系，通过信息集成、运营集成、支付集成，优化资源配置，为用户提供个性化、全链条综合出行需求的交通相关服务。用户通过电子交互界面获取和管理交通相关服务，在出行全程中，享受无缝换乘衔接的高品质出行服务，用户通过单一平台实现交通出行行程预定、路径一键规划、公共交通无缝衔接、费用一键支付等功能，整体提升公众公共交通出行满意度，提高公众绿色出行良好体验[24]。

车城网平台通过促进 MaaS 出行应用，以数据衔接出行需求与服务资源，使出行成为一种按需获取的即时服务，让出行更简单。打造旅客出行与公务商务、购物消费、休闲娱乐相互渗透的"智能移动空间"，带来全新出行体验。

车城网平台可以将 MaaS 出行应用与自动驾驶示范区的智能共享汽车、自动接驳、自动泊车、市内导航等功能对接融合，MaaS 出行应用成为车城网平台示范应用的重要流量入口，同时在 MaaS 管理后台可与交通信号与应急绿路、重点区域交通疏导对接，有效利用车辆态势、实时路网、交通管制等数据信息，提升一体化出行服务成效，将"人－车－路－云"与商业服务有机结合。

6.数据运营应用

车城网平台数据运营应用，主要是满足商业化数据应用要求，探索智能网联汽车数据交易、流通和开发利用，聚焦智能网联汽车的数据分析、出行服务、金融保险等领域数据服务企业，为车企、零部件供应商、共享出行服务商、车辆销售与售后服务商、保险业务提供商、高校科研机构等提供相关应用需求服务和数据集，助力产品研发，支撑业务拓展，从而有效发挥智能网联汽车数据利用价值，激发数字经济活力。

面向车企，车城网平台基于对海量数据的分析、挖掘和建模，可为车企提供车辆全生命周期质量分析、生产制造优化分析、新产品研发仿真、供应链风险评估等数据赋能服务。可通过驾驶行为分类分析，细分客户群体，为车辆设置提供建议，优化出厂配置，强化用户黏性，扩大车辆销售。

面向零部件供应商，车城网平台可以基于车辆大数据，分析网联车辆的行驶工况，判断易损零部件的预估寿命，指导相关零部件供应商完成对车辆的优化调整或车身零部件的改进升级。其典型应用包括传感器自适应标定、轮胎匹配性调整、制动片寿命增强、刮水器强度升级等易损件强度改进优化，以及重度用车场景下非易损件可靠性分析等。分析结果支撑相关零部件供应商研发迭代和生产改进，提升车辆零部件安全性和可靠性。

面向其他用户，车城网平台基于所采集、存储的类别齐全、数据完整连续的交通大数据，通过对其进行汇聚、融合、深度挖掘处理，实现面向产业链其他有需求的用户提供数据赋能服务，推动相关产业发展。如面向物流运输与车险动态定价需求的定制化出行服务、车辆画像、驾驶行为画像、车险动态定价分析等，面向车辆销售与售后服务需求的用户群体分析，维修用零部件库存规划分析等，面向关键技术攻关与前瞻性技术研发的科研单位对各种仿真、测试及验证数据集等需求的支撑，面向推进产业发展的各类创意、创新、创业活动所需的基础数据、数据赋能、测试评价等需求的支撑等。

4.6.7 车城网平台标准与安全规范管理体系

1. 车城网平台标准体系

车城网平台标准体系包含架构与功能、接口与数据及运营与维护三部分标准。

架构与功能类标准是描述车城网平台总体性、框架性、基础性的标准与规范，主要包括平台架构和基础服务。平台架构标准主要用于描述车城网平台总体框架、系统架构、功能要求、性能要求、数据流程等，用于指导车城网平台的设计、开发、实施等工作。基础服务标准主要用于描述车城网平台基础能力，明确车城网平台的基础服务系统能力要求，为车城网平台设计、开发、部署、实施提供基础性、共性的参考依据。

接口与数据类标准是针对车城网平台涉及的与智能网联汽车、智慧城市相关系统及数据的接口定义，数据接入、处理、应用、管理的规范化，主要包括数据接口和数据管理。数据接口标准主要用于规范车城网平台数据交换活动的技术标准，包括数据交换通信协议、数据内容和报文格式等。数据管理标准主要用于规范车城网数据管理活动的技术标准，主要包括元数据、主数据、基础数据，及业务数据的在采集、加工、传输、处理、检索、服务等过程中的管理要求。

运营与维护类标准包括平台运营和平台维护。平台运营标准主要用于规范车城网平台能力的服务化标准，指导平台支撑自动驾驶车辆营运、城市交通管理、城市道路管养、市政环卫清扫、城市物流运输等领域的运营能力和服务水平提升。平台维护标准主要用于规范车城网平台运行期间的维护保障工作，指导构建完善的平台运行维护体系和运行维护要求，保障车城网平台持续正常稳定运行。

2. 车城网平台安全体系

车城网平台安全体系满足数据采集、传输、存储、使用、共享、销毁等阶段的业务需求，符合法律法规、标准规范、地方政策、规章制度要求，配套覆盖数据全生命周期的安全合规技术，实现对信息和数据的全方位保护。平台主要包括数字证书、数据脱敏、安全监测、安全运维等功能模块。

数字证书为车城网平台提供身份认证和安全信任体系，解决车、路、云等各方身份认证与互信互认问题。通过数字证书服务、证书吊销列表（Certificate Revocation List，CRL）下载、证书链下载、证书吊销、签名验签和加密解密等服务，实现车与车、车与路、车与云、云与云之间的安全认证，保障消息真实性、完整性和可追溯性。

数据脱敏可对车城网平台涉及的相关敏感信息进行去标识化、匿名化处理，以及业务数据、共享数据的集中脱敏，能够自动识别目标对象中存在的敏感数据，在高效动态脱敏的基础上，保证原有数据业务一致性与数据可用性，避免对业务应用产生影响。

安全监测应当全面覆盖车城网平台核心组成部分，包含海量终端、泛在网络、广连云端等，能够实时掌控安全数据、规律、动向和趋势；具备运行状态监测、安全风险识别、异常攻击溯源、非法访问控制、非法外联预警等功能，形成宏观、中观、微观多维度的安全监测能力体系。

安全运维通过一定的组织架构、管理标准、技术手段、制度、流程和文档等方式，实现对车城网平台系统运行环境，如软硬件环境、网络环境等，以及业务系统和运维人员进行综合管理，构建常态化安全运行维护体系。

参考文献

[1] ERTRAC Working Group. Connected automated driving roadmap[R/OL]. (2019-08-03) [2024-03-11]. https://www.ertrac.org/wp-content/uploads/2022/07/ERTRAC-CAD-Road-map-2019.pdf.

[2] 中国公路学会自动驾驶工作委员会，自动驾驶标准化工作委员会. 智能网联道路系统分级定义与解读报告[R]. 2019.

[3] 王雪松，吴兵. 智慧道路建设技术导则[R]. 2021.

[4] 无锡市工业和信息化局. 智能网联道路基础设施建设指南　第1部分：总则：DB3202/T 1034.1—2022[S]. 无锡：无锡市市场监督管理局，2022.

[5] 亿欧智库. 2021能源电力数字化转型研究报告[R]. 2021.

[6] 银河证券. 寻找"双碳"背景下能源互联网的增量[R]. 2022.

[7] 长城证券. 新能源、新政策、新市场，助力充电桩行业新发展[R]. 2022.

[8] 维智科技. 时空人工智能赋能数字孪生城市白皮书（2021）[R]. 2021.

[9] 刘经南，高柯夫. 时空人工智能赋能智慧交通[N]. 人民日报，2024-02-23(20).

［10］IMT－2020(5G)推进组. 车辆高精度定位白皮书［R］. 2019.

［11］中国通信学会. 通感算一体化网络前沿报告(2021 年)［R］. 2022.

［12］中国联通. 5G－A 通感算融合技术白皮书(2022 年)［R］. 2022.

［13］中国联通研究院. 6G 通感智算一体化无线网络白皮书［R］. 2023.

［14］刘光毅，楼梦婷，王启星，等. 面向 6G 的通信感知一体化架构与关键技术［J］. 移动通信，2022，46(6)：8－16.

［15］中兴通信. 中兴通信 B5G 技术白皮书［R］. 2022.

［16］中国移动发布 5G 通感算一体车联网架构，助力智慧交通再升级［EB/OL］. (2023－06－29)［2024－03－11］. https://www.c114.com.cn/news/118/a1236093.html.

［17］辛文. 河北电信携手中电信数城科技、华为完成全球首个 5G－A 通感算一体智慧道路试验［EB/OL］. (2023－10－17)［2024－03－11］. http://iot.china.com.cn/content/2023－10/17/content_42554949.html.

［18］上海联通率先商用全球首个 5.5G 通感算一体车联网［EB/OL］. (2023－05－17)［2024－03－11］. http://www.cww.net.cn/article? id＝577768.

［19］蔡刚强，吴冬升，邝文华，智能网联全息路口应用探索［J］. 广东通信技术，2022，42(11)：54－58.

［20］中国电动汽车百人会，中国城市规划设计研究院，中国信通院. 智慧城市基础设施与智能网联汽车协同发展年度研究报告(2022)［R］. 2022.

［21］中国智能网联汽车产业创新联盟. 车路云一体化系统白皮书［R］. 2023.

［22］吴冬升. 从全息路口到数字孪生路口的技术演进［EB/OL］. (2022－05－05)［2022－10－31］. https://mp.weixin.qq.com/s/Tslg9b5iPFNF0j5UCm2cvQ.

［23］刘向龙，刘好德，李香静，等. 中国出行即服务 (MaaS) 体系框架与发展路径研究［J］. 交通运输研究，2019，5 (3)：1－9.

［24］李亚飞，郭亚茹，段成民. 面向 MaaS 的 TOCC 总体设计 ［J］. 交通世界，2019 (35)：3－6.

第5章
智慧城市与智能网联汽车融合创新发展案例

5.1 智能网联公交

城市公共交通，作为向人民群众提供基本出行服务的公益性事业，不仅承担着为广大市民提供便捷、高效、安全出行服务的使命，满足广大市民多样化的出行需求，更是一种公共资源，确保了每一位市民平等的使用机会。它如同城市的血脉，成为连接城市各角落的桥梁，为城市的可持续发展注入源源不断的活力。长期以来，国家始终将城市公共交通的发展视为重中之重，强调转变城市交通方式，以公共交通为优先，保障其在城市交通体系中的主导地位，从而推动城市的繁荣与进步。

自改革开放以来，我国城镇化与机动化的发展步伐异常迅速。截至2023年末，我国城镇常住人口已高达93267万人，城镇化率攀升至66.16%，标志着我国城市化的显著成果。同时，全国机动车保有量也达到了惊人的4.35亿辆，其中94个城市汽车保有量突破100万辆。据中国社会科学院人口与劳动经济研究所与社会科学文献出版社联合发布的《人口与劳动绿皮书：中国人口与劳动问题报告 No. 22》预测，中国在"十四五"期间将迎来城镇化进程的"拐点"，即从高速推进转向逐步放缓。预计在2035年后，我国城镇化将进入一个相对稳定的发展阶段，城镇化率峰值可能落在75%~80%的区间内。

与西方发达国家相比，我国城市规模更为庞大，人口密度也更高，但人均能源资源占有率却相对较低。随着城镇化和机动化进程的加速，超大特大城市将不断增多，导致土地、能源、资源、环境等各方面的约束日益凸显。城市交通供需矛盾愈发尖锐，城市交通拥堵等"城市病"问题也引起了社会的广泛关注。在此背景下，大力发展城市公共交通不仅对于缓解城市交通拥堵问题具有关键作用，更是推动城市交通可持续发展和实现碳中和目标的必由之路。

城市公共交通系统通过提供高效、大容量的运输服务，能够显著降低私家车的使用频率，有效缓解城市交通拥堵问题。相较于私家车，公共交通工具的人均能源消耗和碳排放量明显降低。通过大力发展城市公共交通，可以减少对化石燃料的依赖，降低交通领域的碳排放，进而改善城市空气质量、减少环境污染。

为深入贯彻国家城市公共交通优先发展战略，我国于 2012 年启动了公交都市创建示范工程，旨在通过科学的规划调控、线网优化、设施建设以及信息服务等手段，持续增强公共交通系统的吸引力，从源头上调控城市交通需求总量和出行结构，从而优化城市交通运行效率。经过十多年的不懈努力和创新实践，这一工程取得了显著的阶段性成果。不仅城市的绿色出行环境得到了持续优化，而且数字技术为公交行业的创新转型注入了新动力，推动了行业共享共治格局的形成。截至 2023 年 1 月，我国已成功命名了 76 个国家公交都市建设示范城市，这些城市在公共交通建设和发展方面取得了显著成效，为全国乃至全球的城市公共交通发展提供了宝贵的经验和启示。

在国家部委和地市的规定范畴内，城市公共交通主要包括城市公共汽电车、城市轨道交通以及公共自行车等具有"公共"属性的交通方式。随着移动互联网的迅猛发展，新型交通方式如网约车、共享单车等也应运而生，虽然它们并未被纳入传统的城市公共交通范畴，但已对城市出行模式产生了深远的影响。

城市公共汽电车，即人们常说的公交车，作为最普遍、最基础的公共交通方式，相对其他公共交通方式，面临着最为复杂的运营条件和管理条件。本章将围绕城市公共汽电车（以下简称城市公交）发展来阐述存在的问题、现实需求和解决方案。

5.1.1　智能网联公交概述

城市公交系统，作为广大市民日常出行的关键支撑，其公益性质至关重要。无论是国有还是民营，公交服务都受到政府的严格监管，以确保其普及性、公平性和对弱势群体的支持。长期以来，为了维持公交服务的低票价，公交运营极度依赖城市政府的财政补贴。这种补贴不仅是为了维持公交服务的运行，更是政府向企业购买服务，并均等地提供给市民的一种方式。

然而，当前公交系统在不同类型城市的发展状态与"公交优化"的设想之间存在一些偏差。近年来，各大城市的公交企业正面临日益严峻的经营挑战和客运量的逐年下降。运营亏损补贴不足以维持企业经营，通过公交停运等极端戏剧化的形式表现出来。这不仅影响了公交服务的稳定性和持续性，也引发了社会对公交行业可持续发展的担忧。

1. 城市公交发展现状

根据交通运输部发布的年度交通运输行业发展统计公报，自2014年以来，全国城市公共汽电车客运量呈现逐年下滑的趋势。从2014年的781.88亿人次，降至2022年的353.37亿人次，降幅高达50%以上，见表5-1。客流的显著减少，不仅揭示了人民群众出行选择和依赖公共交通方式的转变，还反映了出行方式的多样化和出行需求的变迁[1]。

表5-1 2014—2022年全国城市公共汽电车客运量

年份	全国城市公共汽电车客运量/亿人次	同比变化
2014	781.88	1.40%
2015	765.40	-2.10%
2016	745.35	-2.60%
2017	722.87	-3.00%
2018	697	-3.60%
2019	691.76	-0.80%
2020	442.36	-36.10%
2021	489.16	10.60%
2022	353.37	-27.76%

（1）城市交通出行方式呈现多元化趋势

全国城市公交客流的下降，反映了人民群众在出行选择上对公共交通的排序和依赖度的转变。自2014年以来，中国的城市综合交通运输体系已经历了深刻的结构性变革。城市轨道交通步入了发展快车道，其迅猛扩展对地面公交的客流量构成了显著影响。

随着城市化快速推进和科技飞速发展，出租车、网约车、共享单车、两轮电动车出行方式纷纷涌现，城市公共交通市场呈现出更加多元化、个性化的趋势，各种出行方式相互竞争、相互融合，大城市的公共交通市场正经历着前所未有的分流挑战，不仅改变了人们的出行习惯，也在一定程度上重塑了城市的交通格局。出租车作为传统的出行方式，在城市交通中占据重要地位，而网约车的高效灵活使其成为新的出行热门。与此同时，共享单车因环保、健康的特点受到市民喜爱，解决了城市"最后一千米"难题。两轮电动车因其轻便灵活，满足短途出行需求，也在城市中逐渐普及。

同时，随着新能源政策的广泛推广和电动汽车技术的飞速进步，私人汽车的购置成本逐渐变得亲民。特别是纯电动汽车政策的实施，进一步削弱了大城市汽车限牌政策的调控效果。这导致越来越多的市民倾向于选择私家车作为出行方式，这无疑给城市公交系统带来了更大的竞争压力。

（2）市民出行需求偏好变化

随着新时代技术的不断发展以及消费观念的升级，人们出行需求偏好逐步发生改变，出行服务需求加速升级，高品质、多样化、个性化的出行需求不断增加，对出行服务的便捷性、舒适性、安全性都提出了更高要求。相较于传统公交车固定的线路和时间表，私家车、网约车等出行方式为市民提供了更为灵活、便捷的选择，让市民能够根据自己的需求和时间自由安排出行，而且在舒适性和出行自由度上也具有显著优势。

2. 城市公交系统面临运营模式和服务方式挑战

从城市公交系统的视角来看，其吸引力源自多个相互关联且协同作用的因素，这些因素共同铸就了城市公交服务质量的坚实基石。运行速度、到站准点率或时间确定性、乘坐舒适性，以及公交线网和站点的覆盖广度、公共交通系统之间的换乘效率等，均是构成公交吸引力不可或缺的部分。这些要素不仅直接影响市民的出行体验，同时也对公交行业在运营模式和服务方式上的创新与变革提出挑战。

（1）公交运行速度慢，服务可靠性低

在经济繁荣的省市，城乡居民对常规公交的期待已超越简单的搭乘需求，转而追求更为舒适、快捷和准时的出行体验。然而，传统公共交通系统在精准调度、精细服务以及动态调整方面存在明显短板，导致服务可靠性低下和供需失衡的问题日益突出。特别是传统公交系统长期以来受到时间不稳定和漫长等待的困扰，乘客对此多有不满。

为了优化公交线路运营效益，公交运营企业采取了一系列措施，包括增加线路的非直线系数、延长乘客绕行距离、加大发车间隔和减少配车数量。然而，这些调整在平衡运营效益的同时，却导致沿线居民的出行时间增加。特别是在交通拥堵和道路施工等多重因素影响下，公交车辆到站时间变得极不稳定，乘客难以预测。

在高峰时段，传统公交系统的问题尤为突出。"半天等不来一辆车"的现象加剧了乘客的出行焦虑，尤其是在急需出行时却发现公交车迟迟不来。而在非高峰时段，又常常出现"一来就来几辆车"的情况，这不仅浪费了运力资源，也让乘客感到困惑。这种不稳定的服务不仅损害了乘客的出行体验，还可能影响他们对公交系统的信任。

此外，路面公共交通的路权保障不足也是一个重要问题。空间路权和时间路权的优先权不足，以及枢纽用地的优先保障不充分，都制约了公交系统的发展。这些问题不仅影响了公交车的运营效率，也限制了公交系统为乘客提供更高质量服务的能力。

根据高德地图联合多家权威机构发布的《2023年度中国主要城市交通分析报告》，中国超大、特大和大型城市的公交运营速度与社会车辆相比，在高峰期社会车辆速度是公交车的两倍左右。同时，这些城市的高峰时段平均候车时间均超过7min。这些统计数据进一步凸显了传统公交系统面临的挑战和优化的紧迫性。

（2）传统公交系统缺乏科学决策

随着城市规模的不断扩张，公共交通线网覆盖面日益扩大，然而，一系列问题也随之浮现。目前，公共交通线网存在严重的重复性，网络结构单调，功能层次划分不清，缺乏统一性和协调性的一体化设计。这些问题严重制约了公共交通系统整体效能的提升，使得城市公共交通系统的科学决策变得尤为关键和紧迫。

公交路网，作为城市公共交通体系的核心组成部分，其决策过程需要全面考量城市人口分布、土地利用情况及交通状况等多种复杂因素。人口分布决定了公交线路的需求量和分布情况，土地利用情况直接关系到公交线路的走向和站点设置，而城市的道路状况、交通流量的分布情况以及变化规律能帮助精准规划公交线路，有效避开拥堵路段。此外，随着城市交通的多元化发展，公交路网需要注重与地铁、轻轨、出租车等其他公共交通系统之间的协同合作，实现无缝衔接和便捷转换，从而提高公共交通的整体效率和服务水平。

（3）传统公交运营模式单一，服务均质化

公共交通，作为一种典型的公共产品，正面临着人民日益增长的多样化、个性化和品质化出行需求的挑战。这种需求转变要求公交服务的理念进行根本性的转变，即从过去重设施的建设转向重服务的提供。这意味着公共交通系统不再仅仅追求基础设施的扩张，而是需要更加注重"以人为本"的服务理念，将乘客的需求和体验放在首位。

传统的公交运营模式，其固定的线路、站点、车辆配置和发车频率，虽然在一定程度上满足了公众的出行需求，但其高成本、低灵活性和实时性的不足，以及受道路条件限制的可达性和便捷性问题日益凸显。特别是在低客流密度的区域，传统的公交运营模式在平衡运营成本和服务效率方面面临着巨大的挑战，难以满足乘客个性化、定制化的出行要求。

3. 城市公交系统面临安全管理与人员困境挑战

（1）运营安全问题

公共交通的安全稳定运行，不仅直接关系到每一位市民的福祉，更是整个城市交通体系稳健运行的基石。然而，遗憾的是，公交安全事故仍时有发生，这些事故的背后原因错综复杂。它们可能是由于乘客与驾驶人之间的争执冲突，也可能是公交车与其他车辆发生的交通事故，又或者是公交车本身出现了机械故障。在极端的情况下，甚至会发生公交车纵火爆炸等极端事件，给人们的生命安全带来严重威胁。

对于地面常规公交和轨道交通车辆而言，技术安全和运行安全始终是企业经营管理者最为关心的核心问题。他们迫切希望借助先进的科技手段，实现对安全隐患的有效预防、精准预测和及时发现，从而确保公共交通系统的持续稳定运行。

虽然当前的公共交通企业已经构建了相对完善的安全风控体系，但在车辆安全技术相关总成和组件的全生命周期监测与管理方面仍有待加强，需要继续在科技创新和智能化管理上加大投入，以提升公共交通系统的安全性和可靠性，为市民提供更加安全、便捷的出行服务。

（2）人员问题

地面常规公交的驾驶人队伍建设，是长期以来全国公交行业内面临的挑战。其中，招聘难和老龄化问题尤为突出，对公交服务的稳定性和可靠性造成了不小的影响。

公交驾驶人的工作强度相对较大，他们通常需要早出晚归，长时间的工作和单调的行车线路容易使他们感到疲劳。如厕难等问题也给他们的日常工作带来了不小的困扰。这些因素共同导致了公交驾驶人的工作压力增大，降低了这一职业对年轻人的吸引力。

此外，驾驶公交车辆需要具备较高的驾驶技能，驾驶人需要持有 A3 级及以上的驾照。这一要求使得公交企业在招聘驾驶人时面临更大的挑战，因为符合条件的驾驶人数量相对较少。同时，为确保驾驶人的身心健康和行车安全，公交企业还需要投入大量的人力、技术和资金来加强驾驶人的身体健康管理、心理健康辅导以及行车安全培训等方面的工作。

4. 智能网联公交

智能网联技术，作为公共交通领域的前沿科技手段，为公共交通的革新与发展注入了源源不断的活力，成为推动智慧公交建设的关键技术之一。智能网联公交的本质在于实现公交系统的智能化与网联化，其中智能化代表着公交车的自动化水平，而网联化代表着公交车的信息交互能力。

智能化和网联化技术的融合为城市公交系统注入了安全可靠、高效精准的特质，引领公交服务迈向更加科学决策的新时代。

通过配备车载传感器、控制器、执行器等设备，并融合现代通信技术，智能网联公交车实现了与人、车、路、云等智能实体的信息交换与共享。这不仅赋予了公交车卓越的环境感知能力、智能决策和协同控制能力，还通过与交通路口路侧设备、交通信号控制系统的实时互动，保证了高效顺畅的运行和精准的到站时间。此外，通过实时上传并分析公交车的位置、速度、运行状态等关键信息，以及道路状况、交通流量、乘客需求等实时动态数据，为公交车的科学调度提供了强有力的支持，从而进一步提升了公交系统的整体运行效率和服务品质。

5.1.2　智能网联公交建设内容

1. 智能网联公交重点建设内容

智能网联公交系统按照车路云一体化架构，包括公交车辆智能网联化升级、道路智能网联系统改造、智能云控平台建设，以及专业应用建设，例如智能网联公交信号优先策略。

（1）公交车辆智能网联化升级

公交车辆的智能网联化升级既可以通过整车厂前装的方式一步到位，也可以通过灵活的后装改造方式来实现。加装智能网联车载终端后，公交车能够与外部环境实现低延迟、高可靠、高密度的数据交换，完成 V2V、V2I、V2P、V2N 等多元化交互，不仅能够接收来自路侧的交通实时信息，还能与其他智能网联公交车进行互动信息交换。

同时，智能网联车载终端能够与车内相关总线系统进行对接，实时采集公交车辆的状态数据。智能网联车载终端可以实现车辆厘米级的精准定位，并具备距离计算和所在车道判断的能力，以确保为导航、调度和应急响应等提供准确无误的数据支持。此外，公交车还可以安装客流仪等红外传感设备来精确统计上下车客流，同时配备视频监控设备实时监控车内情况和驾驶人的驾驶状态，确保乘客的出行安全。

（2）道路智能网联系统改造

道路智能网联系统改造，是在公交沿线的关键路口、路段以及公交站、场进行的。这一改造以城市道路系统现有的联网信号机、卡口监控等设备为基础，通过新增智能感知设备、通信单元和边缘计算设备等智能化设备，旨在显著提升路侧数据采集能力，并提供超低时延、超高可靠、超大带宽的无线通信和边缘计算能力。

具体来说，路侧智能感知设备，如摄像头、毫米波雷达和激光雷达等传感设备，实时监测车辆、行人等交通参与者的信息，以确保交通的顺畅与安全。路侧通信单元与公交车的智能网联车载终端进行高效的信息传输，确保数据能够顺畅地在网络和云端之间流通。路侧边缘计算设备负责接收并处理来自各类路侧感知设备的信息，如雷达、视频、交通信号、环境信息等，通过高效的分析、检测、跟踪与识别等处理，实现数据的一体化融合，为车路协同提供全时空动态交通信息。

（3）智能云控平台建设

智能云控平台具备强大的数据整合与分析能力，可以全面处理车侧和路侧采集的各类数据。依托云端的大数据计算技术，能够实时生成车辆运行状态、道路交通流状态以及信号动态管控方案，为智能网联公交运行提供精准决策支持。该平台的核心组件涵盖地图（包括场景化高精度地图）、路侧设施与车载单元的状态管理和数据交互、交通管理平台间的信息交互、道路交通环境协同感知管理、行车安全协同控制策略管理、交通运行效率协同管理策略、交通信息服务协同发布策略以及智能网联可视化应用分析和数据开放管理等。这些组件共同为智能网联公交车、路侧智能网联基础设施、通信网络、交通运行指挥等提供全面的平台侧服务，实现车路协同的全局管控和运行态势监测，提供更加安全、高效、便捷的交通出行解决方案。

（4）智能网联公交信号优先策略

随着智能网联技术的不断创新和进步，公交信号优化策略与智能网联技术的深度融合已经成为保障公交车辆优先通行的核心技术之一。当智能网联公交车逐渐驶近路口时，智能车载终端迅速接收路侧通信单元发送的地图信息，并精确匹配公交车自身的行驶路径。通过对车辆到达路口时间的精确分析，公交车的位置、速度、行驶方向、载客人数等基本数据被实时传输到智能云控平台。在智能云控平台上，这些数据经过严格的筛验和排序，根据公交车的优先级、优先请求进行智能匹配，生成精确的信号配时方案，并立即将其发送给信号控制机。通过灵活运用相位保持、绿灯延长、红灯截断、相位插入以及相序跳动等策略，确保智能网联公交车能够尽可能快速地通过路口，进一步提升公共交通的运行效率和服务质量。

相较于依赖地感线圈、地磁和视频进行被动式检测的传统非智能网联公交信号优先技术，智能网联公交信号优先技术展现出了显著的优势。它不仅能够实现对公交车位置和速度的实时精准跟踪，还能够基于这一信息，使绿灯延长时间的计算更加精确，从而提高信号配时的效率。

为了制定更为合理且高效的优先策略，智能网联公交信号优先策略必须全面考虑路口各方向社会车辆的通行需求，并在面对多方向公交优先请求时，实现路口通行效率的最大化。在策略制定过程中，需依据交叉路口车辆的位置、速度、行驶方向，以及公交车的载客率、正点率和驾驶人的驾驶意图等关键信息，对各辆公交车进行精确的优先等级排序，并制定出相应的优先方案。这样的综合考量不仅确保了公交系统的顺畅运行，同时也兼顾了其他社会车辆的通行需求，从而提升了整个交通系统的运行效率和服务质量。

2. 智能网联公交建设成效

智能网联技术赋能城市公交安全可靠、高效精准、科学决策。

（1）智能网联技术赋能城市公交安全可靠

智能网联技术为城市公交提供了坚实的行驶安全保障。通过车用无线通信技术实现实时信息交互，构建一个安全、高效的城市公交出行网络，成为智慧交通体系的核心支柱之一。当公交车搭载智能网联系统后，能够精准获取路侧通信单元发送的实时交通状态信息，包括信号灯状态、标志标牌以及周边交通参与者的实时动态，公交车能够迅速做出反应，及时获取行驶建议及危险预警，有效避免潜在的安全风险。以下是智能网联公交的典型应用场景。

1）行人及非机动车检测。路侧智能感知设备检测到有行人及非机动车辆进入车道，存在碰撞风险时，就会向附近的智能网联公交广播该信息，提醒车辆注意行人，智能网联公交根据预警信息提前减速避让行人及非机动车，保障行人和车辆的安全。

2）交叉路口防碰撞。智能网联公交车通过复杂路口时，路侧智能感知设备采集路口交通信息，生成路口交通态势，通过路侧的协同决策及时告知车辆的行驶建议，广播给公交车，帮助车辆理解路口交通状况，提前做出行驶决策，减小交通事故发生的概率。

3）道路危险情况提醒。道路存在易发生交通事故的危险状况，例如路面有坑洼、道路湿滑、井盖缺失、隧道下有积水等，道路智能网联系统采集到相关的道路危险信息并对外实时广播，以提示附近的智能网联公交车谨慎驾驶。

此外，智能网联公交车还能够通过车载终端从 CAN 数据总线获取公交车辆的行驶及健康数据信息，包括发动机工况、制动、开关门、车内灯、冷却液温度、机油压力等，并将这些信息实时上传至网络。同时，公交车内的实时视频、驾驶人的驾驶情况以及车内客流量等数据也会被上传，方便管理部门及时了解车辆的运行状态和驾驶人的驾驶行为，从而进行科学的调度和管理。这不仅提高了公交车的运行效率，还有效减少了因驾驶人疲劳驾驶、违规操作等人为因素导致的安全事故。

（2）智能网联技术赋能城市公交高效精准

传统公交系统常常受到地面交通的严重制约，导致到站时间不稳定、行驶速度缓慢，其服务可靠性也广受质疑。然而，随着智能网联技术的引入，这一状况得到了显著改善，为城市公交的高效精准运营提供了坚实保障。

一方面，路侧智能网联系统实时向智能网联公交车发送交通信号灯相位信息，即使在恶劣天气条件下，如大雨、大雾等，或者当视线受到遮挡时，智能车载终端依然能够准确接收并显示这些关键信息，结合车辆的速度、位置和信号剩余时间，系统可以为驾驶人提供建议的行驶速度，确保公交车能够迅速而安全地通过交叉路口，有效避免了闯黄灯、闯红灯以及因紧急制动而可能引发的追尾事故。此外，智能网联公交车还可以通过尾屏展示实时交通信号灯态和读秒信息，使社会车辆驾驶人及时获取前方路口的信号灯状态和倒计时，从而有效减少因前方公交车遮挡视野而导致的交通违规事件。值得一提的是，当道路连续路段都部署了智能网联基础设施时，借助智能网联技术，公交车能够获得连续路口的绿波车速引导，确保公交车在每个交叉路口都能以最优速度通过，显著提升了公交车的运行效率。

另一方面，智能网联技术与公交信号优化策略的深度融合可以为公交车辆在沿线的交叉路口赋予相对的优先通行权，减少智能网联公交车在交叉路口的通过时间。

通过绿波车速引导和信号动态控制等手段，公交智能网联系统能够更准确地预测公交车到站时间。乘客通过移动端应用或电子站牌，便能实时了解公交车的到站时间和车内拥挤度等信息，从而更加合理地安排出行时间，降低候车时的焦虑感，提升出行体验。

（3）智能网联技术赋能城市公交科学决策

智能网联技术为城市公交系统的科学决策提供了前所未有的支持，助力公交系统迈向更加智能化、高效化的新时代。

具体而言，智能网联公交系统能够实时上传并分析公交车的位置、速度、运行状态等关键信息，同时与道路状况、交通流量、乘客需求等实时动态数据进行融合，使公交系统能够根据实际情况迅速做出科学决策，如灵活调整车辆间隔、优化线路布局等，从而确保公交车的顺畅运行，极大提升乘客的出行体验。

进一步地，智能网联公交系统通过与互联网位置大数据的深度整合，能够全面而深入地剖析城市居民的出行需求和特性。这涵盖了省际/城际客流迁徙、城市客流 OD 分析、热门出行区域等宏观层面的研究，以及从微观层面进行的实时客流监测、通勤模式探究、人群画像构建等细致入微的分析。这种全面的数据分析不仅为公交系统的精细化、智能化管理提供了坚实的数据基础，还为城市规划和交通管理提供了重要的决策参考。

通过与行业业务大数据的紧密结合，智能网联公交系统能够精确识别城市中出行服务的空白区域和低覆盖区域。基于这些洞察，系统通过智能算法对公交线网布局和调度策略进行优化，从而增强公交系统的服务能力和效率。这种创新的管理方式不仅大幅提升了公交系统的服务水平和覆盖率，还为缓解城市交通拥堵问题提供了有效的解决方案。

5.1.3 智能网联公交发展趋势

（1）融合新一代信息技术，推动公交系统进一步智能化升级

在交通强国建设战略的引领下，互联网、物联网、人工智能、大数据、云计算、数字孪生等新一代信息技术的深度融合和集成应用，正在推动公交体系结构性能、运营服务水平以及经济效益水平的跨越式提升，引领公共交通进入一个全新的智能化时代。

其中，智能网联技术作为关键技术之一，通过与互联网、人工智能、大数据、数字孪生和云计算等前沿技术的深度融合，正在推动公交系统逐步迈向智能化新时代。例如，互联网大数据应用深度挖掘了城市居民出行需求和特征，为交通行业提供了科学、可靠的数据分析和决策支持。数字孪生技术则通过构建公交系统的数字孪生模型，实时监测车辆运行状态、道路状况等信息，预测未来交通流量和乘客需求，为公交公司提供更加精准的运营策略和管理手段。云计算技术的应用则为公交系统提供了强大的数据存储、处理和分析能力，为公交系统的智能化升级提供了有力支持。

同时，自动驾驶技术的快速发展为公交系统带来了运营模式、成本结构、服务质量以及未来发展方向的全面革新。自动驾驶公交车通过综合运用人工智能、视觉计算、雷达、监控装置、无线通信和全球定位系统等尖端技术，实现了机动车辆的完全自主和安全操作，无需任何人为干预。采用这一技术不仅极大减轻了驾驶人的驾驶负担，使他们能够将更多精力投入到提升乘客服务质量上，而且通过精准的感知和智能决策，为公交系统创造了更高效、

安全的运营环境。这不仅显著减少了人为失误，还极大提升了整体运营效率。此外，自动驾驶公交车具备全天候不间断服务的能力，进一步拓展了公交系统的服务范围与水平。随着自动驾驶技术的不断普及，其经济效益也日益显现。通过减少驾驶人数量、降低人工成本、智能调度与优化降低空驶率和能耗，自动驾驶技术将为公交系统带来更加经济、环保的运营模式。

通过实现车辆与道路基础设施的智能交互，智能网联系统的引入为自动驾驶汽车提供高精度地图、实时交通信息、安全预警等关键服务，使自动驾驶汽车能在更加安全、高效的环境中行驶。这种协同作用为自动驾驶汽车增添安全冗余，提升自动驾驶系统的稳定性和鲁棒性，为全面实现无人驾驶公交出行奠定了坚实的基础。

（2）加强公交网络的协同服务能力，打造无缝衔接的公共交通一体化服务

随着城市化步伐的加快和居民出行需求的持续攀升，传统公交系统的局限性日益凸显，如服务模式单一、结构层次不足和服务覆盖不全等问题。这些问题不仅影响了乘客的出行体验，更成为了制约城市公共交通发展的瓶颈。

为了应对这些挑战，现代公共交通系统积极拥抱移动互联网、数字通信等前沿技术，将轨道交通、常规公交、灵活公交等多种出行方式进行深度整合，实现信息交互与资源共享。通过一体化规划和协同运营，现代公共交通系统正努力构建一个更加完善、高效的服务体系。在这个体系中，轨道交通作为骨架，常规公交为主体，灵活公交为补充，共同构成了一个多层次、一体化的集约城市公共交通网络，全方位满足乘客的出行需求。

此外，集约化公交与需求响应式灵活公交的协同发展成为了解决资源约束条件下个性化需求与集约化供给之间矛盾的关键。通过优化公交系统配置，实现多模式公交与其他交通方式的精准衔接，不仅大幅提升了服务可靠性和准点率，更提高了乘客的出行效率，进一步增强了公共交通系统的吸引力。

同时，以乘客需求为导向，开展多模式公交协同运营研究和技术攻关也成为提升公共交通系统效能的重要举措。通过深入研究乘客的出行需求和行为特点，结合先进的技术手段，实现出行方案的个性化定制、出行方式的无缝衔接以及出行信息的全流程引导。这不仅将为乘客提供更加便捷、舒适的出行体验，更将为公共交通系统的发展注入新的活力，推动城市公共交通迈向更加智能化、多元化的新时代。

（3）创新公交运营和服务模式，满足市民多元化出行需求

随着社会飞速进步和人民生活质量的稳步提升，市民对出行的期望正在发生深刻变革。公共交通系统必须紧跟城市发展的新趋势，紧密围绕人民出行需求的变化，深入挖掘并细分公交出行市场。创新运营模式和服务模式成为关键，以满足市民多样化的出行需求。例如，推出更多元化、个性化的服务产品，如网约公交、动态公交和响应式停靠公交服务等。这些新型公交服务不仅提供了便捷的在线预约功能，还融合了公交车和网约车的双重优势，实现了"点对点"接送，为市民带来更加高效、舒适的出行体验。

为了进一步提升公交服务的吸引力和竞争力，部分城市已经先行先试，推出了创新的公交服务举措。以北京为例，依托北京定制公交网络平台，开通了"合乘"定制公交，乘客通过手机预约，即可享受低于出租车价格的合乘出行。在无锡，动态公交和响应式停靠公交服务应运而生，这种公交服务类似于网约车，市民只需在手机服务页面预约，便可享受公交车和网约车的双重优势，无需每站必停，主打"点对点"接送，实现"随叫随到"。广州、武汉、苏州等地则通过出行大数据分析和定制公交等方式，为企业职工提供便捷、高效的通勤公交服务。

智能网联公交作为一种技术改革方式，与这些创新型运营方式相得益彰。以长沙市梅溪湖片区为例，该地区开展的定制公交试点，通过引入位置大数据分析，精准挖掘通勤出行规律，并据此定制了专供梅溪湖和高新区片区居民通勤的公交线路。这种班车点对点式站点设计，具备"信号绝对优先、专用 App 预约、智慧公交都市平台"三大特点，不仅提高了公交道路优先权与网联化程度，还为通勤人员提供了更加精准、高效的服务。

5.2 电动自行车管理

电动自行车以其经济、便捷等特点，受到人们的普遍欢迎，已成为群众日常短途出行的重要交通工具。加之，近年来快递、外卖等即时配送物流市场发展，电动自行车保有量迅猛增加。根据中国自行车协会的数据，2022 年我国电动自行车社会保有量达到 3.5 亿辆，年生产销售电动自行车超过 3000 万辆，我国已成为全球电动自行车生产和销售第一大国。

在电动自行车快速增长的背后，是居高不下的交通事故率。在全国整体

道路交通事故死亡人数稳步下降态势下，电动自行车骑行者的伤亡人数却呈逆势增长趋势，死伤率不断攀升。超速、闯红灯、不按规定车道行驶、甚至是酒后驾驶等电动自行车违法行为更是数不胜数，电动自行车已成为制约我国道路交通安全的突出问题。此外，由于电动自行车产品质量不过关、违规改装改造、停放充电不规范、安全意识不强等原因引发的火灾也在逐渐增多，对人身安全及财产安全造成极大的威胁。电动自行车已成为城市道路交通安全及消防安全的重大隐患，加强电动自行车管理，已成为近年来各地政府城市管理的一项迫切工作。

5.2.1　电动自行车管理概述

电动自行车快速增长的背后，是居高不下的交通事故率、充电引发的火灾等事故，同时，也暴露出针对电动自行车的生产销售、道路行驶、停放充电、安全管理等方面的监管存在着一些问题，具体体现在以下几个方面。

（1）缺乏统一管理规范，纳管缺失

虽然电动自行车的生产、销售和使用有国标、省规定目录作为管理依据，但受利益驱动，厂家为了迎合消费者需求违规生产，电动自行车超重、超速、非法改装现象严重，"电摩化"趋势明显。同时，除少数城市出台相关政策规定电动自行车管理外，多数城市未出台统一的管理规范，没有强制登记、过户、报废等管理制度，上路无需上牌发证，致使超标车辆随意销售。加之，没有信息化管理系统，导致配套管理手段缺乏数据支撑，对于电动自行车二手交易难以管控，电动自行车整体处于"盲治"状态。

（2）电动自行车交通违法严重，缺乏有效监管

由于电动自行车无驾驶资格要求，缺乏必要的学习培训，驾驶人交通安全意识淡薄，闯红灯、占用机动车道、随意转弯变道、超速行驶、逆向行驶等违法骑行屡禁不止，已严重扰乱交通秩序管理，致使交通安全隐患突出。与此同时，虽然《道路交通安全法》对非机动车道路行驶进行了规定，但对应的罚则等配套政策不健全，致使公安交警部门执法无依据。同时，各地没有全面开展登记上牌工作，造成无牌无证车辆难监管，更无法利用技术手段实现违法监控，加之，前期视频识别技术对非机动车违法识别及分析能力有限，无法实现智能分析及非现场执法，只能靠交警人工查验，急需科技手段提升电动自行车违法监控能力，规范交通通行秩序。

（3）对超标车辆、快递外卖行业车辆缺乏有效的重点监控

2019 年 4 月 15 日新国标开始正式实施，据统计，我国 3.5 亿辆存量电动自行车中有超过 2.5 亿辆都是超标车，超标车速度快、重量大、制动性能不稳定，严重影响道路交通安全。同时，1999 年出台的旧国标未列入防火阻燃性能指标要求，致使超标车也成为火灾事故的重要隐患。所以，对超标车实施重点监控尤为重要。

此外，电动自行车作为快递、外卖骑手工作首选交通工具，伴随快递外卖行业的蓬勃发展，电动自行车出行需求量也在急速增长。据统计，2019 年，中国快递业务从业人数已突破 1000 万人，全国每天快递量超 2 亿；外卖员总数已突破 700 万人，路上疾驰的快递外卖小哥已成为街道风景。但在给广大群众带来快捷方便的同时，快递外卖小哥却成了道路交通安全的最大隐患。由于交通安全意识淡薄，加之为了避免配送超时罚款，超速、逆行、闯红灯、占机动车道行驶等违法行为频繁发生，近年来涉及快递外卖小哥的交通事故也呈高发频发态势。因此，加强对快递外卖行业车辆的重点监控，规范驾驶行为，对维护道路交通秩序、消除交通安全隐患具有重要意义。

（4）消防安全意识淡薄、社区管理责任落实不到位

随着电动自行车迅速普及，社区电动自行车管理压力不断增大。电动自行车充电设施建设不配套，居民的消防安全意识淡薄，电动自行车进楼入户、私拉乱接电线、堵占消防通道安全出口以及电动自行车电池、充电器不达标等问题屡见不鲜。近年来电动自行车引发的火灾事故更是呈现多发频发趋势，造成严重人身伤亡及财产损失。

2019 年 9 月 24 日，应急管理部、工业和信息化部、公安部、住房和城乡建设部、市场监管总局联合发布《关于进一步加强电动自行车消防安全管理工作的通知》，要求加强电动自行车使用管理，村（居）民委员会、建设管理单位、物业服务企业落实安全管理责任，强化电动自行车社区管理。但由于管理人力受限，加之车辆未全面进行上牌及登记，日常排查中发现问题，无法追溯到人，严重影响监管效果。

（5）对于电动自行车缺乏体系化治理

由于长期以来针对电动自行车管理的配套政策缺失，管理部门多、监管职责不明，制度执行落实不到位，存在"头痛医头，脚痛医脚"的治理误区。

使得电动自行车违规超标生产销售、无牌无证无备案、交通违法难监控、盗窃案件难侦破、乱停乱放难治理、火灾事故频繁发生等各类矛盾长期反复出现，亟待以系统性思维、协同统筹各相关部门资源力量，齐抓共管、疏堵并举，达到综合治理、提升成效的目的[2]。

为加强电动自行车管理，各部委及地方政府相继出台了一系列政策法律、管理办法，规范电动自行车的生产、销售、使用。2018年5月15日，工业和信息化部组织修订的《电动自行车安全技术规范》（GB 17761—2018）强制性国家标准正式发布，并于2019年4月15日正式实施。新国标从结构、性能、车速、质量、电压、功率、材质、防撞、防爆等方面对电动自行车提出了严格的要求，为电动自行车使用管理和治理提供支撑依据。

为推进新标准实施，切实解决电动自行车治理难题，2019年3月20日，市场监管总局、工业和信息化部、公安部联合发布《关于加强电动自行车国家标准实施监督的意见》，要求严格电动自行车生产管理、严格电动自行车销售监管。同时，新标准实施后，各地公安机关要严格按照地方规定对电动自行车进行登记上牌，建设电动自行车登记管理系统，对符合条件的电动自行车及时登记上牌，上传全国公安交通管理综合应用平台。鼓励采取智能化技术管理电动自行车。严管通行秩序，严查电动自行车违法上路行驶、闯红灯、逆向行驶、占用机动车道等违法行为。稳妥解决在用不符合新标准的电动自行车，建立长效监管机制等。

2020年4月16日，公安部召开道路交通事故预防"减量控大"工作部署会议，会议提出"减量控大"六大工程，有两项与电动自行车相关，即"大力实施城市交通出行安全水平提升工程，规范通行秩序，减少行人、摩托车、电动自行车骑乘人等三大群体交通事故死亡人数""大力实施全民交通安全文明意识提升工程，组织开展'一盔一带'安全守护行动"，随即各地交警开始启动执法预案，专项整治电动自行车违法行为。

与此同时，各地政府也开始积极制定、修改电动自行车地方法规，出台相关管理政策，从生产销售、登记上牌、道路通行、停放充电等多方面，明确政府部门管理职责及管理规定。其中，各地均设立了电动自行车登记管理制度，对电动自行车进行登记上牌，建立电动自行车登记管理系统。同时，对超标车设置过渡期，强化过渡期通行管理，并对电动自行车违法加大监管力度，强化电动自行车监管。

为破解城市电动自行车管理难题，提升电动自行车智能化管理能力，需要充分利用 RFID、人工智能、大数据、互联网等先进技术，建设电动自行车综合管理服务系统。电动自行车综合管理服务系统基于汽车电子标识技术，通过为电动自行车发放数字化牌照，建设登记备案系统，实现人、车、牌、证信息融合。通过建设新型电子警察监控设备，精准采集电动自行车通行信息，有利打击交通违法行为，规范行车秩序。通过对社区电动自行车日常停放、充电、治安防盗及入户预警的管控，强化社区安全管控。同时，结合宣传教育、信用奖惩体制、跨部门信息共享，构建电动自行车综合治理体系，通过创新管理手段变被动防御为主动防御，形成部门联动的多元共治格局，提升城市的精细化治理水平。具体内容包括：

（1）严控注册登记备案

系统建设应以服务各地公安机关交通部门执行"严格登记备案管理"为目标，利用信息化手段，实现人车信息智能核验，严审门店销售，严格车辆查验，严控装牌环节，全过程监管留痕，确保"人、车、牌"合一，避免为未获 CCC 认证车辆登记上牌，依托号牌可溯源追踪，扎紧源头，为电动自行车治理夯实基础。

（2）提升违法监控能力

利用先进的 RFID 感知＋视频识别的双基匹配技术，依托建设的道路交通感知网络，实时采集及分析目标对象的"时间""空间""行为"要素，为非现场执法的两大要素"身份＋证据"提供更加全面的数据支持，提高电动自行车身份识别的准确率和取证的有效性，通过动态精准的非现场执法，有效打击各类违法行为，消除路面管控盲点，提升驾驶人的交通安全意识。同时，数字化号牌提供车辆信息、号牌种类、使用类型等多样化信息，将为现场执法带来便捷。

（3）提升交通研判分析能力

通过对电动自行车通行信息及违法信息的实时监测，依托大数据智能分析，可对违法态势进行研判，对车辆轨迹进行回溯，服务于违法积分预警、交通预案设置、治安防盗管控，为交通肇事逃逸和涉车案件等违法行为提供线索和证据，为相关部门快速决策、智能化管理提供支撑。

（4）强化重点行业管理

通过分类备案及分类管理，扎紧源头，抓好超标车过渡期管理，并对快递外卖行业车辆实施重点监管,利用信息化系统建立企业人员车辆档案,对交通违法数据进行智能分析,对企业车辆违法率、违法及事故控制完成率、教育培训率等指标进行定期考评,并与企业征信挂钩,压实企业安全生产主体责任。同时,通过信息化系统对从业人员实施积分管理,依托限制接单及限制从业等手段,强化从业人员交通安全意识。

(5)提升交通安全水平和交通文明秩序

结合电动自行车牌证办理,通过线上安全学习,多渠道宣传电动自行车管理相关法律法规,加强交通安全教育,通过违法曝光及劝导,提升驾驶人交通安全意识。推动驾驶人违法行为与信用体系挂钩,加大震慑力度。

(6)提升交通信号优化

通过对电动自行车通行信息的实时监测,对车辆通行频度及流量进行分析,为相关部门快速决策、智能化管理提供支撑,提升交通秩序管理能力,科学合理分配路权,优化电动自行车通行条件,保障电动自行车安全、畅通、便捷出行。

(7)提升消防安全防范能力

以电动自行车备案信息化为基础,建设社区管理平台,辅助社区对辖区电动自行车进行有效管控,对于违规停车充电行为可追踪到人,便于隐患排查,通过广泛开展普法及消防安全宣传教育活动,强化居民消防安全意识,抵制乱停乱放、违规充电违法行为,形成全民共管共治氛围,消除消防安全隐患。

(8)加快综合治理体系的形成

电动自行车综合管理服务系统的建设充分考虑了交警、社区、消防、治安、城管等多部门管理应用需求,系统搭建的涵盖企业、人员、车辆、号牌、证照的备案数据、通行数据、违法数据的电动自行车信息库,将全面服务于各部门,通过部门间数据共享交互、协同配合,加强生产销售、登记备案、道路行驶、治安防盗、社区管理、停车充电等环节全链条监管,形成一个多部门协同联动的治理体系,从根本上解决当前城市电动自行车监管面临的问题[3]。

5.2.2 电动自行车管理建设内容

1.电动自行车综合管理服务系统建设内容

(1)电动自行车电子车牌发放及安装

电动自行车电子车牌是内嵌符合汽车电子标识国家标准的电子标签芯片的一体化号牌，号牌出厂时写入电动自行车相关信息，同时，可根据实际需要进行定制。一般情况下，为合标车安装合标车辆号牌，为超标车安装临时备案标识（号牌），快递外卖等民生行业用车可安装专门的行业用车号牌。

（2）电动自行车登记备案管理服务系统的建设

电动自行车登记备案管理服务系统由移动端系统、PC 用户端系统、PC 审核端系统组成。实现注册登录、居民登记备案、民生行业登记备案、企事业单位登记备案、经销商登记备案及带牌销售、预约管理、车牌管理、邮寄管理、电子备案凭证签发及管理、安全学习教育、保险办理、违法缴费、以旧换新、一键报失、人车牌审核、安装照片上传、登记备案管理、3C 核验、行业用户信息核验、号牌管理、车辆管理、电子备案凭证签发、统计分析、接口服务、基础配置、权限管理等功能。

（3）电动自行车道路行驶管理系统的建设

电动自行车道路行驶管理系统包括前端采集系统和平台及应用系统。前端采集系统由射频与视频一体化车辆识别设备、RFID 天线单元、电动自行车高清抓拍单元、补光灯、交通信号检测器、智能分析终端等硬件设备组成，部署在城市道路路口，实现电动自行车身份识别、通行信息采集及违法行为监测等功能；后端系统包括分布式网络中间件系统、大数据平台、智能交通综合管理系统等数据平台层系统以及应用系统，对前端采集到的射频、图片及视频信息进行接入、存储、分析、共享，并实现车辆查询、数据适配、违法行为管理、布控管理、黑名单管理、规则配置管理、闯限行告警管理、设备过车监控、违法统计分析、行业企业监管、车辆分析服务等功能。

（4）电动自行车社区管理系统的建设

电动自行车社区管理系统包括电动自行车社区移动端系统（社区居民）、电动自行车社区移动端系统（管理人员）、PC 管理端系统。实现车辆出入智能管控、充电停放违规上报、报失车辆布控管理、社区便民服务等功能。

2. 电动自行车综合管理服务系统架构

电动自行车综合管理服务系统从功能层次上可分为感知层、传输层、数据支撑层和应用层四个层次。

（1）感知层

感知层是整个系统的基础，通过感知层采集的各类信息为系统应用提供数据来源。电动自行车综合管理服务系统感知层构筑以 RFID 技术和视频识别技术为基础的多源信息采集系统，涵盖电动自行车道路行驶（路面）前端采集系统，以及社区出入管理前端采集系统。

道路行驶（路面）前端采集系统是电动自行车道路行驶管理系统的前端感知硬件设备，主要部署在城市主干道路段、路口以及电动自行车禁行、禁停区域等重点监控区域，主要包括射频与视频一体化车辆识别设备、RFID 天线单元、电动自行车高清抓拍单元、智能分析终端、交通灯信号检测器、音柱、LED 显示屏等设备，通过基于 RFID 技术的新型电子警察监控系统，对电动自行车身份进行核验、对电动自行车通行信息进行实时采集，充分发挥射频视频双基结合优势，利用射频数据对视频数据进行补充和校正，系统自动识别、抓拍电动自行车的闯红灯、逆行、占用机动车道、不佩戴头盔、加装伞棚等违法行为，并通过音柱、LED 显示屏等设备进行声光提示、告警和曝光，提升电动自行车非现场执法的精准性。

社区出入管理前端采集系统是电动自行车社区管理系统的前端感知硬件设备，主要部署在小区出入口，包括射频与视频一体化车辆识别设备、RFID 天线单元、道闸等设备，实现电动自行车身份自动核验，并通过权限设置，可建立内部合规车自动放行，无牌车、外部车辆禁止入内或登记后限时进入等常态管理机制，源头强化社区车辆管控能力。同时，通过对电动自行车出入信息采集，可实现实际位置定位，为公安提供过车记录，协助寻找丢失车辆，有效预防盗抢藏匿。

与此同时，通过向公安交警配备便携式识读设备，实现车辆号牌信息查询，用于现场执法及车辆身份查验。

（2）传输层

传输层负责感知层采集系统与数据支撑层各系统之间的数据传输和系统交互，各类采集系统，包括道路行驶（路面）前端采集系统、社区出入管理前端采集系统，以及电动自行车登记备案管理服务系统，原则上均利用有线方式接入视频专网、互联网，同时可提供无线网络接入方式进行补充，各网络之间采用相关安全设备/系统进行安全隔离。

（3）数据支撑层

数据支撑层打造的是统一共享的电动自行车信息资源库，集数据接入、数据存储、基础加工于一体，完成各类数据支撑和服务等相关工作。数据接入完成前端识读设备的设备接入、数据接入及设备管理维护等相关功能，并可通过内置式负载均衡，灵活完成各项核心工作。通过视频管理，对实时视频接入、录像管理、视频编解码以及视频接口进行统一接入分析管理工作。

系统完成射频、图像、视频数据上传后，将会对电动自行车相关信息进行数据存储，统一存放于数据库内。并对数据进行抽取、清洗、转换、加工形成涵盖企业、人员、车辆、号牌、电子备案凭证、备案数据的登记备案管理服务数据库，车辆通行数据、违法数据、重点企业车辆通行数据等道路行驶管理数据库，社区出入数据、违规停放数据、违规充电数据等社区管理服务数据库，最终构建起城市级电动自行车信息资源库。

数据共享交换以数据交换引擎为基础支撑，对外提供数据查询及数据推送服务，并支持对各类数据服务进行订阅，实现内外部系统的数据交换服务。

（4）应用层

电动自行车综合管理服务系统应用层包括电动自行车登记备案管理服务系统、电动自行车道路行驶管理系统、电动自行车社区管理系统，实现电动自行车登记备案、违法监控、道路行驶管控、治安防盗、停放充电管理、便民服务，全面提升电动自行车智能化管控水平，助力电动自行车综合治理体系构建。

5.2.3　电动自行车管理发展趋势

（1）备案信息化

建设标准规范的登记管理系统，通过人口信息比对完成车主身份真实性认证，通过车辆生产合格证 3C 核验完成车辆信息认证，现场人车牌合一审核，全过程监管留痕，支撑各地严格登记备案的管理目标达成。构建涵盖"一人、一车、一牌、一证"备案信息库的电动自行车备案信息资源库，为交管、社区、消防、治安、城管等多部门管理应用提供数据共享及协同服务，为电动自行车治理夯实基础。以服务促管理，开展在线备案申报、信息录入、信息审核、学习考试，简化线下流程，提升现场查验效率，提供带牌销售、警邮合作、报销购买、一键报失、以旧换新等便民惠民服务。

（2）牌证数字化

电子备案凭证线上核发，查验便捷，不易遗失，使用方便。电动自行车电子车牌内嵌 RFID 芯片，符合国家标准，安全性高，防伪、防复制，支持号牌信息识读及合法性验证，避免盗用、套用车牌，为防盗侦缉提供支撑，保护市民的合法权益。根据电动自行车种类制作不同式样的号牌，设置不同通行权限，实现车辆分类管理。以数字化号牌为依托，分权限信息访问，服务交警、消防、治安、城管等不同用户，支撑构建共享、共治的电动自行车社会化管理模式。

（3）执法智能化

利用先进的 RFID 感知 + 视频识别的双基匹配技术，破解电动自行车身份认定和违法行为识别精准性的难题，全面提升非现场执法的精准性，有效打击各类违法行为。支持二维码扫码及 RFID 便携式识读等多种方式，可快速查询电动自行车备案信息、通行违法信息，有效支撑现场执法。

（4）管理重点化

通过分类备案及分类管理，针对快递外卖行业车辆和超标车辆实施重点监控，严把登记备案关，从业车辆安装电子车牌，发放电子备案凭证，建立一车一档，依托信用奖惩机制，通过交通安全积分设计，建立入职学习、累积记分、违法处罚、从业限制、守法奖励及学习消分的全流程闭环管理，强化快递外卖从业人员交通安全意识。建立企业档案，对企业车辆违法率、违法及事故控制完成率、教育培训率等指标进行定期考评，并与企业征信挂钩，压实企业安全生产主体责任。在信息化系统支撑下，严审门店销售资格、登记环节，严核车辆信息、装牌环节，确保"人、车、牌"合一、超标号牌印刷"有效期"，逾期不得上路，有效规避超标车从门店流入市场，扎紧源头，抓好超标车过渡期治理。

（5）教育常态化

通过流程规划及信息化系统设计保障宣传教育作用的达成，在登记备案过程中通过观看安全教育视频，学习安全驾驶资料，线上考试对驾驶人进行交通安全教育。通过曝光违法违规行为，对违法驾驶人进行劝导教育，纠正群众交通陋习，增强交通安全意识及文明出行意识。以社区为阵地，线上线下开展交通安全及消防安全宣传教育，广泛开展普法宣传，营造全民共管共治氛围。

（6）治理体系化

以安全生产、文明城市测评作为切入，跨部门联动、数据共享、协同配合，提供信息化管理及数据支撑，加强生产销售、登记备案、道路行驶、治安防盗、社区管理、停车充电等环节全链条监管，形成部门联动的多元共治格局，提升城市的精细化治理水平，助力文明城市建设。

5.3 重点车辆监管

随着国民经济的持续发展，道路交通作为交通运输的重要组成部分，依然面临严峻的安全形势。每年都发生大量的道路交通事故和重特大交通事故，其中超载、超速和违章操作等违规行为是主要原因。这需要企业、交警、运管和安监等部门共同实施对重点车辆的安全监管。

重点车辆通常指的是那些在道路交通安全管理中被特别关注的车辆，因为它们一旦存在安全隐患，可能会导致严重的后果。这些车辆包括但不限于大型公路客车、大型旅游客车、危险货物运输车、重型货车、重型挂车、"营转非"大客车、校车、面包车。

为了确保道路货物运输和客运的安全高效，各政府部门需加大执法力度和投入更多精力进行治理，同时运输企业也应加强安全生产管理工作，最大限度地控制各类安全隐患，杜绝事故发生。

5.3.1 重点车辆监管概述

国家陆续出台相关政策引导重点车辆监管。

（1）加装卫星定位系统车载视频终端

2018 年 8 月，交通运输部印发《关于推广应用智能视频监控报警技术的通知》，"两客一危一重"等道路运输车辆按要求安装智能视频监控报警装置，实现对驾驶人不安全驾驶行为的自动识别和实时报警并上传至监管平台，形成一定的监管体系[4]。

（2）深化交通管理大数据分析研判建设

2020 年 10 月，公安部交管局印发《公安交通管理科技发展规划（2021—2023 年)》，要求加强交通安全数据共享应用，研究建立驾驶人、运输企业交通安全风险、信用评价方法及指标。

（3）提升公路安全防控能力

2022 年全国道路交通管理工作要点中提到扎实推进事故预防"减量控大"。动态开展重点车辆、重点违法、重要时段公路交通安全集中整治。联合交通运输等部门进一步规范货车超限超载治理，推动加强源头治超、科技治超。深入推进危险货物运输交通安全协同监管试点，分级分类评估企业安全风险，建立黑白名单制度，落实约束激励措施。

（4）进一步提升重点车辆安全性能

2022 年 7 月，国务院安委会印发《"十四五"全国道路交通安全规划》，要求研究制定经营性机动车运营安全国家标准，推进客货运车辆辅助安全、主被动安全标准升级。推动重点车辆装备车道偏离预警系统、车辆前向碰撞预警系统、右侧盲区预警、缓速器等安全装置[5]，探索驾驶行为动态监测、酒精锁等辅助安全装置应用。

重点车辆存在如下治理需求：

（1）定期技术检查

营运车辆应定期进行安全技术检验，主要包括车辆的外观、灯光、机械、电气、制动、悬架、轮胎和安全设备等方面，以确保营运车辆的各项安全设备和系统正常工作。

（2）运营证件监督

重点营运车辆的运营证件监督是指对从事重点运输行业的车辆进行证件合规性的监督和管理。这些证件包括车辆行驶证、营运许可证、车辆保险、道路运输证、危险品运输许可证等，旨在确保车辆及其运营者合法经营，并保障公众和乘客的安全和权益。监管部门应当定期进行证件检查、抽查和审核。

（3）驾驶人资质认证

对重点营运车辆的驾驶人进行资质认证是为了确保驾驶人具备从事相关运营活动所需的技能、知识和素质，并能够安全、高效地操作车辆，为乘客和公众提供安全、高质量的服务。包括驾驶证、从业资格证书、健康证明、培训和继续教育等资质认证，这些资质认证通常由相关政府部门或机构负责管理和监督，应定期进行资质审核和检查。

（4）实时监控

监管部门可通过车载监控系统实时了解车辆的位置、状态和运营情况，及时发现违规行为和安全隐患，并采取相应的管理和处置措施。这有助于提高运营车辆的安全性、减少事故发生，并提升行业的管理水平和服务质量。

（5）巡查和监督

加强对重点营运车辆的巡查和监督，包括交通执法部门、行业监管部门的巡查和抽查，以及监控系统、投诉举报等渠道的监测，及时发现和处理违规行为。

（6）处罚制度

建立健全处罚制度，对违反相关规定的重点营运车辆和相关责任人进行严肃处理，包括罚款、吊销执照、暂停运营等，以起到威慑作用。

（7）安全宣传和普及

通过各种宣传活动、安全提示等途径，向驾驶人、乘客和公众普及安全知识，提高大家对重点营运车辆安全的关注和重视程度。

通过以上的监管手段，可以全面管理和监督重点营运车辆，确保其安全运营，保障乘客的生命财产安全。

5.3.2　重点车辆监管建设内容

1. 重点车辆监管建设体系

（1）建立全域车辆分级管控体系

通过对本地和外地频繁过车的车辆进行分类统计和分析，将全域车辆分为不同级别，针对不同级别的车辆采取不同的管控措施，例如对频繁过车且存在安全隐患的车辆进行重点追踪和干预。

（2）建立车辆轨迹追踪和精准干预体系

通过结合 GNSS 和卡口点位数据，实现对重点车辆的轨迹追踪，并通过数据分析和算法预测，实现对车辆行驶过程的精准干预，例如对于存在超速、闯红灯等违法行为的车辆进行及时的警告和制止。

（3）建立重点场所及资源可视化监控体系

在重点场所周边设置监控设备和传感器，将区域内的重点场所进行数字化呈现，实现对重点车辆在重点场所周边的运行情况实时监控和可视化展示，从而及时发现和解决安全隐患。

（4）建立全方位监督和预警体系

通过路网感知和 ADAS 等技术的运用，实现对车辆行驶过程中的全方位监督，对于驾驶人不系安全带、开车打电话、开车抽烟、疲劳驾驶等行为进行及时的预警和干预，从而保障车辆行驶的安全性和规范性。

（5）建立人车企整治的自闭环管理体系

以人车企分级管理为抓手，结合事故和违法数据，构造严谨、客观、科学的自循环、全闭环管控体系，加强对人车企安全隐患的洞察力与约束力，从而实现对人车企的有效管理和整治。

2. 重点车辆监管平台建设

重点车辆监管平台实现对重点车辆出车前、出车中和出车后的全过程管控。系统首先将数据汇聚，形成人车企档案，作为重点车辆管控的基础，并通过融合计算获取各对象的风险系数，实现对中高风险对象快速定位。通过通行证管理应用，实现对特定区域和特定类型车辆通行的数字化管理。平台为企业走访、宣教、整改等业务提供工具，辅助交警日常业务开展。通过接入智能网联路侧设施、卡口、电子警察、车载终端等设备数据，感知车辆行驶过程中的违法及异常行为，并提供后续的处置工具。通过违法、事故等数据的分析研判，帮助交警掌握区域重点车辆整体的运行规律，为管控措施制定提供依据。

重点车辆监管平台可以实现如下功能：

（1）车载监控终端管理

重点车辆监管平台通过对车载终端的集中管理和监控，提高对重点车辆的监管效率和准确性，同时为决策者提供数据支持，有助于加强道路交通安全和管理。

1）实时监视：可对图像进行实时浏览及切换控制，对指定视频窗口进行实时抓拍、实时录像以及即时回放。

2）录像回放：支持前端设备录像、中心录像、报警录像及本地录像的查询，并进行回放和下载。

3）定位轨迹：支持提供基于GIS的全业务操作、轨迹回放、电子围栏。

4）车辆状态：车辆实时状态查看，包括车牌、车辆速度、车辆位置，同时可使用快捷按钮，实现视频实时预览、语音对讲、文本信息下发、轨迹回放、重点监控等功能。

5）主动安全：支持主动安全报警展示和回放，支持DMS、ADAS等主动安全类报警数据上传，包含报警事件和报警附件。

6）语音对讲：支持对现有的部标机、网络摄像头（IP Camera，IPC）、NVR、网络视频录像机（Network Video Recorder，NVR）等接入，支持双向语音对讲以及语音广播。可以自动根据设备匹配相应的语音对讲参数，也可以自行配置相应的语音对讲参数。

（2）不停车超限检测

不停车超限检测系统可以实现实时、高效的车辆超限检测，无需车辆停车，减小对交通流量的影响，提高道路通行效率。同时，系统能够自动获取车辆信息，减少人工操作需求，提高检测准确性和效率。

1）精准称重：实现全天候 24 小时实时监测，自动识别和采集过往车辆的车轴数、重量、号牌、号牌颜色、超限行驶等特征数据，发现超限运输，车载设备后台功能自动预警。

2）超限诱导：通过引导超限车辆选择合适的通行路线或采取其他措施，以避免进入限制条件的区域或设施的行为。通过提前告知和引导，减少超限车辆的数量和频率，保护交通设施的安全和可持续性。

3）流程化处理：具备事件采集、识别、告警和派单等功能，旨在减少人员位置限制，促进治超工作的及时办理。同时，系统还能够建立完善的治超业务处理流程，通过提供多维数据支持，为公路管理者的决策提供有力的依据。

（3）源头管理

通过接入人员、车辆、企业的数据，形成重点车辆管理抓手。针对本地重点车辆，形成人车企档案，并生成相应的企业体检单。针对外地重点车辆，通过人工录入形式形成基础档案，实现外地车辆本地化管理。

1）运输企业交通安全治理：针对重点车辆运输企业，通过人车企基础信息管理、企业综治监管排行、企业运营体检单和企业走访录入工具，实现重点车辆监管业务开展由纸质化到电子化的转变，更快速定位到问题企业，提升管控水平。

2）外地重点车辆研判建档：针对频繁出入辖区的外地重点车辆，系统提供识别能力以及建档工具，建档材料完成审批后，补充至企业基础信息和重点车辆基础信息中，实现对外地车辆的本地化管理。

（4）通行管理

通行管理为通行证申请者提供线上申请渠道，提升车辆审核与管理效率，并为闯禁违法提供数据过滤能力。系统对在途重点车辆实时监控，统计在途重点车辆总数，并对每辆重点车辆的危险行为进行预警，包括抽烟、打电话、疲劳驾驶等行为。

1）重点车辆通行证管理：系统接收企业或个人在互联网端或办事窗口的通行证申请，实现从源头端对企业、车辆状态的核查判定。针对企业或者车辆状态不合规或异常的情况，监管部门可以限制其办理通行证并告知申请者具体原因，退回后申请者可进行申诉。对符合要求的申请，审批确认通行的时间及路线后，生成通行证。

2）重点车辆互联网信息服务：通过重点车辆互联网信息服务，为通行证申请者提供便捷的申请渠道，同时系统提供互联网端的管理工具。

3）道路限行管控：为了加强对重点车辆的管理，通过限制特定车辆在特定时间段或特定区域的通行，减少交通拥堵，改善道路通行能力，确保城市道路的安全与秩序。

4）车辆非现场执法：针对重点车辆闯禁等可以采用非现场执法手段进行处置，进行非现场执法配置、违法数据检索、违法数据初审、违法数据复审、违法数据录入、过车数据分析、工作量统计等操作。

（5）异常运行监管

异常运行监管对外廓改装、车辆闯禁等行为提供研判工具，同时为危险车辆的拦截与处置提供工具，实现对于异常行为的闭环管理。系统可通过接入的实时感知数据或"六合一"系统数据，对重点车辆的危险预警、行驶轨迹、违法、事故等进行多维度的研判，为管理提供支撑。

1）重点车辆运行规律分析：系统支持统计时段内，重点车辆历史违法事件按车辆使用性质、违法类型、违法发生空间、车辆所属企业等维度统计变化趋势及规律，为交管部门重点车辆专项整治活动提供参考依据。

2）车辆外廓改装研判：通过智能网联路侧设备，对于过车的长宽高进行检测，通过建模的方式还原车辆的外廓，并同时记录车牌信息。智能网联路侧设备检测到的车辆长宽高数据与登记数据进行比对，系统上传疑似改装车辆信息。对上传的疑似违法信息，系统进行实时预警，并提供审核工具对违法行为进行确认，同时从企业维度进行车辆改装统计。交警根据企业维度的统计数据，对涉及车辆改装的企业下发整改令，实现管控业务闭环。

3）重点车辆预警处置：系统对路面重点车辆的危险行为实时预警，并将信息推送至指挥中心，根据报警原因、报警地点、报警车辆信息等因素，确定现场处置民警，并推送任务。路面民警对车辆进行拦截并进行处置，处置完毕后，通过人工录入结果的方式形成处置档案。

（6）分级赋码管理

通过对人车企的各类行为及状态采用积分或打标签管理的方式，实现不同对象的安全等级赋码，可通过赋码结果快速定位到高风险对象。针对特殊场景或特殊的管控措施，可通过预案管理进行赋码规则的编辑，实现个性化、精细化管控。

1）人车企积分管理：可通过配置工具，自定义人车企赋分规则。通过后台计算得到每个对象的风险积分，可快速定位高风险对象，实现对人车企分级分类精细化管控的目的。人车企积分管理包括重点运输企业积分管理、重点车辆积分管理、重点驾驶人积分管理等。

2）人车企打标签管理：可通过配置工具，自定义人车企打标签规则。通过后台数据处理得到每个对象的打标签结果，可快速定位高风险对象，实现对人车企分级分类精细化管控的目的。人车企打标签管理包括重点运输企业打标签管理、重点车辆打标签管理、重点驾驶人打标签管理、可视化赋码规则配置引擎、赋码规则超市和赋码规则预案管理等。

重点车辆监管平台可以实现重点车辆管理的信息化、智能化，提高审批效率、加强监管和防控能力，减小事故发生概率，确保道路安全和秩序，平台具有如下特点：

（1）服务便民

优化通行证办理流程，使民众可以通过互联网信息服务进行线上通行证申办。通过引入多维数据和地图能力，提升审批效率，实现通行证业务的便捷化、智能化，促进"放管服"政策的快速实施。

（2）闭环监管

针对重点车辆管理业务，提供出车前源头管理、出车中过程监督和出车后分析研判的全过程监管能力。通过监管手段在各个环节降低事故发生概率，最终实现减少事故、提升安全的目标。

（3）多维感知

针对重点车辆的多种违法行为，提供丰富的智能网联路侧感知能力，可以对闯禁、违法改装、不系安全带、抽烟、疲劳驾驶等违法行为进行非现场取证。当智能网联路侧设施识别到车辆违章、事故等事件发生时，可以同时调用车辆智能网联终端数据，采集事件发生前后车内驾驶人信息和车辆状态信息，实现杜绝代扣分、事故证据自动化采集、驾驶人及车辆异常状态判断等功能。

（4）异常车辆身份识别

在车牌被遮挡、污损等情况下，智能网联路侧设施无法识别违法车辆的车牌时，可结合车载终端的实时位置和轨迹数据，利用轨迹拟合算法，对涉事车辆的身份进行确认。

（5）管教结合

提供运输企业管理工具，支持开展企业走访、宣教、整改等业务。同时，系统提供互联网端应用，使企业能够通过系统完成自查自纠等工作，并与交通、交警等管理部门信息互通，打破原有的信息壁垒。通过政企合作，从源头消除人车企潜在风险。

5.3.3　重点车辆监管发展趋势

未来，随着人工智能、大数据和物联网等技术的不断发展，重点车辆监管将更加智能化和网联化。预计将出现更多高精度的违规监测设备和智能化的决策支持系统，同时加强跨部门数据共享和合作机制，以实现更加全面和一体化的监管效果。同时，隐私保护和法律规范将得到更多关注，确保监管措施的合法性和公正性。重点车辆监管的未来展望是建立一个高效、智能、协同的监管体系，为道路交通安全和秩序提供更好的保障。

（1）车联网和物联网整合

车联网和物联网的发展将为重点车辆监管提供更广阔的可能性。通过将车辆与其他设备和传感器连接起来，监管部门可以实时获取车辆的各种数据，包括位置、速度、行驶状态等，从而更好地监测和管理重点车辆。

（2）更加智能化和自动化

随着人工智能、机器学习和自动化技术的不断发展，重点车辆监管将更加智能化和自动化。例如，利用图像识别和视频监控技术，可以实时监测重点车辆的行为和违规行为，提高监管效率和准确性。

（3）强化监管与惩罚措施

为了提高重点车辆监管的有效性，监管部门将加强对违规行为的监测和执法力度，并采取更严厉的惩罚措施。这旨在提高违规成本，增强重点车辆管理的约束力，维护道路交通秩序和安全。

（4）数据驱动的决策

重点车辆监管将越来越依赖数据分析和决策支持系统。通过收集、整合和分析大规模数据，监管部门可以更准确地评估重点车辆的风险和合规情况，制定更有效的监管策略和措施。

（5）数据隐私和安全保护

随着重点车辆监管中涉及的数据量增加，数据隐私和安全保护将变得更为重要。监管部门需要加强对数据的隐私保护，确保合规性和个人信息的保密性，同时采取措施防止数据泄露和黑客攻击等安全风险。

这些方向将进一步推动重点车辆监管的发展，促进监管效果的提升、安全性的增强和便捷性的改进。同时，也需要关注相应的技术、法律和政策配套措施，以确保监管的可持续性和社会的接受度。

5.4 非现场执法治超管理

近年来，公路货运车辆超限超载运输已成为危及全国道路交通安全的一个严重问题。一方面使得公路、桥梁不堪重负，大大降低了道路、桥梁的使用寿命。同时，车辆安全系数在大幅度降低，不断引发交通事故，还容易造成交通拥堵，引发环境污染。

全国各级政府不断加大治理公路车辆超限超载运输的力度，取得了重要的阶段性成果。但是由于复杂的社会经济因素，全国超限超载运输形势仍很严峻，反弹的隐患并未消除，巩固治理成果，持久推进超限检测工作压力依然很大。因此治理车辆超限超载运输是一项长期性、日常性工作，必须持之以恒，把治理超限超载工作纳入长效机制至关重要。一个布局合理、良性运转的非现场执法治超系统是科学检测、规范执法、遏制公路"三乱"的物质基础，同时对超限超载车辆起到法律威慑作用，还可以扩充功能使之成为道路稽查的重要手段，及时把控和消除包括超限超载运输在内的各种非法运输经营行为[6]。

5.4.1 非现场执法治超管理概述

超限超载车辆作为公路运输的"第一杀手"，严重影响了人民生命财产安全和公路和谐健康发展，具体体现在以下几个方面。

（1）超限会严重缩短公路使用寿命

公路承受的荷载以及设计使用寿命都是依据国家对行驶在公路上的车辆轴载质量和长宽高限值来设计的。如果行驶在公路上的车辆超限，远远超过公路的承受能力，必将造成公路的损坏，大大缩短其使用寿命，造成柔性路面出现沉陷、车辙、疲劳、开裂、推移和壅包等病害，刚性路面则容易出现面板断裂等损坏，造成裂缝、墩台沉降，严重时造成公路断裂而无法通行。超限运输对公路的损害程度，随着载重吨位的增加，相当于正常荷载的几何倍数增长，每年政府要为此支付的养护成本数以亿计。

（2）超限会严重影响公路使用效能

在利益驱动下，多装货不需要多缴费，货运车辆铤而走险，超限运输以降低营运成本。而且由于超限运输是在超负荷的状态下运行，其车辆行驶速度远低于正常车辆速度，往往只有 20~30km/h，同时其路面占有率为正常运行车辆的 3~4 倍。超限运输越严重，通行能力越低，越容易造成交通拥堵。同时由于超限车辆是在超负荷状态下运行，发动机燃料燃烧水平极其不充分，废弃排污水平相当高，对公路沿线的生态和环保造成严重破坏。

（3）超限会导致交通事故频发

超限运输车辆维护保养较差，机械故障频发，导致恶性交通事故时有发生，安全保障效能无法体现。因超限运输诱发的交通事故常常造成交通拥堵，尤其是超限车大多超重一倍以上，一旦发生交通事故给排障带来严重困难，并导致占道时间延长，严重制约了公路效能的发挥。

目前在道路上常见的超限超载治理手段主要是有人值守的低速超限超载检测系统和精确较低的高低速检测系统。但是在公路交通安全管理中，由于高速公路、国/省道、桥梁路线长、机动车流动性大，仅仅依靠路政部门拦截车辆进入固定超限检测站点接受检查和当场处罚的执法工作方式，已不能适应当前道路交通安全管理形势发展的需要。

从以往建设运营的固定超限检测站点可以发现，超限检测站检测方式仍存在诸多问题，主要表现为：检测程序繁琐、环节多、速度慢、人工可干预；设备性能不稳定、受自然环境干扰大、维修困难；称重数据与车牌识别数据不匹配等，由此带来了超限检测工作"堵、乱、难、差"四大问题。

利用无人值守，且能在车辆高速运行状态下达到国标要求的称重精度，便捷的超限超载检测系统来查处交通超限超载违法行为，并辅之以非现场执法手段，将成为整治超限超载、预防道路交通事故、保护路桥安全的重要手段[7]。

在主要公路超限车辆密集路段安装非现场执法治超管理系统，通过公网或专网将各系统融合成一个有机整体，实现整个系统科学、高效、可靠、协调的管理与运行，达到实时监视、联网布控、自动报警、快速响应、信息共享，监控、威慑、防范与打击并重的综合管理效能与目标。

非现场执法治超管理系统可以实时提供现场所有车辆的高清全景图像，能够辨别车辆的细节特征，能清晰地识别、记录车辆号牌、日期、时间、地点、轴数、重量、车速等信息，同时可以看清前排驾乘人员的面部特征，增强证据的说服力，也可以按照车辆总重、超限率选择性地保存数据[8]。

5.4.2 非现场执法治超管理建设内容

非现场执法治超管理系统通过使用高精度称重传感器，结合先进的称重算法，实现对车重数据的准确获取；使用智能抓拍机，完成车辆多维特征数据采集，包括侧后方抓拍和短视频功能实现超载事件可视化管理；使用交通诱导屏，完成编排节目和超限信息的及时发布和智能切换；使用数据处理中心，完成采集、运算、控制、显示、报警、存储等功能要求，减少人员位置限制，促进治超工作第一时间办理，建立完善的治超业务处理流程，为公路管理者决策提供多维数据支持。

非现场执法治超管理系统总体功能主要包括：

1）不停车超限检测：系统 24 小时不间断自动检测车辆称重信息，获取和计算车辆车轴数、轴重、总重等信息，按照《超限运输车辆行驶公路管理规定》（交通运输部令 2016 年第 62 号）标准判断有关车辆是否超限超载；提供车辆行驶时的基本信息，同时作为车辆称重系统进行计算时的一个重要参数。

2）车牌抓拍与识别：对所有经过车辆的车头照片进行拍摄并保留图片信息，对车牌信息进行识别从而获取车牌信息。

3）车貌抓拍：对经过的车辆进行尾部、正侧向、尾侧向车貌的抓拍。

4）视频监控：在检测区域监控车辆行驶过程，对称重系统主要设备进行防盗监控。

5）视频片段取证：对车辆进入动态检测区和离开动态检测区的过程进行视频片段取证。

6）超限超载信息发布：采用可变情报板，以警示文字形式发布，直观地告知驾驶人员存在超限超载行为。

7）数据上传：对接上端统一软件完成现场检测数据的传输。

8）数据管理：可对数据进行分析、统计、生成报表等功能，为路网调度、超限超载管理、路政管理、工程养护等部门提供分析数据[9]。

非现场执法治超管理系统由前端不停车超限检测系统、传输与辅助配套设施、数据处理中心系统组成。

（1）前端不停车超限检测系统

前端不停车超限检测系统能够实现动态称重、车辆轨迹跟踪、车辆号牌识别、车头、侧面、车尾照片抓拍、视频全面监控、信息发布与提示、数据上传等功能。前端超限检测系统部署如图5-1所示。

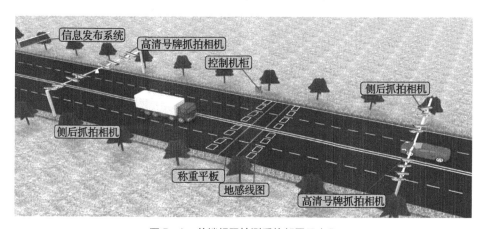

图5-1 前端超限检测系统部署示意图

前端不停车超限检测系统通过设置在车道上的精确称重设备、车辆检测器（含地感线圈）将采集到的通过检测区车辆的完整称重数据、车辆类型信息集中到称重数据处理单元内，经过称重数据处理单元处理后，发送至现场处理的工控机。同时，车牌识别系统识别被检测车辆的号牌数据，并且抓拍图像，发送给工控机。工控机对两者的数据进行匹配，最终发送匹配后的称重数据、车牌识别数据等信息至中心服务器，从而对通过超限检测区域的货车按照统一标准实施准确的车重检测。结合道路的特征，对称重设备类型进行选择，各种称重设备的技术特征见表5-2。

表 5 - 2　各种称重设备的技术特征

技术特征	平板式	弯板式	小弯板式	窄条式	石英式
称重原理	电阻应变式传感器，完全轮载力测量，检测主梁形变	电阻应变式传感器，完全轮载力测量，检测上面板形变	电阻应变式传感器，完全轮载力测量，检测上面板形变	电阻应变式传感器，不完全轮载力测量，检测传感器形变	压电式传感器，不完全轮载力测量，检测晶体传感器形变
准确称重速度范围	0～100km/h	0～90km/h	0～80km/h	0～100km/h	1～200km/h
有效称重区域（垂直行车方向）	直接式布局可定制道路尺寸实现断面完全满铺，称重无缝隙	直列式布局，弯板固定长度，无法满铺　相邻弯板之间有边框结构，无法准确称量	直列式布局，弯板固定长度，无法满铺　相邻弯板之间有边框结构，无法准确称量	前后交错布局　条形传感器多尺寸长度　相邻传感器错开，有缝隙	前后交错布局　条形传感器多尺寸长度　相邻传感器错开，有缝隙
称重设备安装要求	开挖宽度200cm，深度45cm，金属框架及特种水泥浇筑，12h完成通车	开挖宽度100cm，深度50cm，金属框架及混凝土浇筑，2天通车	开槽宽度240cm，深度7cm，树脂粘接，12h通车	开槽宽度7～10cm，深度7cm，树脂粘接，8h通车	开槽宽度7～10cm，深度5cm，树脂粘接，8h通车
是否要求排水	需要	需要	无需	无需	无需
是否需要路面硬化过渡	无需	无需	无需	需要	需要
可维护性能	内置传感器更换　可拆除重复利用	内置传感器更换　可拆除重复利用	整块更换道路整修不可拆除重复利用	整条更换道路整修不可拆除重复利用	整条更换道路整修不可拆除重复利用
维护成本	维修方便，维护费用一般	维修方便，有零部件为损耗件，维护费用较高	维修需破损路面，费用较高	维修需破损路面，费用较高	维修需破损路面，费用较高

前端不停车超限检测系统包括动态称重子系统、图像取证子系统、视频监控子系统、信息发布子系统、数据处理子系统等[10]。

1）动态称重子系统：动态称重子系统主要通过地感线圈和称重传感器，计算出包括车辆轴数、轴距、单轴重量、总重、车速、车型等实时数据，将超限车辆信息发送到发布系统中，并通过信息发布平台提醒执法人员对超限车辆进行拦截。

2）图像取证子系统：图像取证子系统通过动态称重子系统给予的触发信号，完成对检测车辆车头的精确抓拍和车牌识别。通过配置多个摄像头，还支持对车身、车尾抓拍，以及过车短视频的截取，前端检测软件将车牌结果、图片、视频信息与称重信息精确匹配，最终实现路政或执法人员对超限车辆精确执法和取证的功能。

3）视频监控子系统：通过视频监控子系统能够实现对检测区域24小时不间断监测，为执法现场取证、设备防盗、设备监控等方面提供支撑。

4）信息发布子系统：LED情报板主要是用于发布超限信息，提示超限车辆驾驶人员接受执法。在无超限车辆时，可以显示交通安全提示语等信息。

5）数据处理子系统：数据处理子系统主要用于将动态称重子系统、图像取证子系统的数据整合，将超限信息实时发布到信息发布子系统第一时间提醒驾驶人超限。同时将数据上传至综合管理平台，用于数据存储及执法业务。

（2）传输与辅助配套设施

传输与辅助配套设施包含供电配套设施、图像数据传输子系统、施工用管材辅料等相关内容。非现场执法前端检测系统与中心的网络传输通常按照接入–汇聚二级管理节点的架构设计，实现治超管理、视频监控等所有功能，满足科技治超的深度应用以及信息共享设计。接入网络根据各检测点实际情况选择合适的组网方式。

（3）数据处理中心系统

数据处理中心系统实现治超数据汇聚、治超业务处理、治超工作监管、治超视频管理及执法App等功能。主要由数据库服务器、数据备份服务器、Web Service等数据接收处理软件、管理平台Web服务软件、数据库等模块构成。数据处理中心系统可接收前端不停车超限检测系统上传的数据，并对数据进行安全的存储和管理，提供功能强大的Web服务应用，包括超载车辆的数据查询、统计、数据分析、站点查询管理等。主要的软件功能包括：

1）数据接收接口：能够接收多个前端不停车超限检测系统软件上传的数据信息，同时能够分辨数据是否符合规范。

2）数据管理：通过企业名称在系统中查询存储的企业全方位信息，包括基本资料、相关车辆、运输许可、超限记录等。

3）数据统计：案件统计、车辆统计、运输企业统计等。

4）大屏展示：办公场所液晶大屏展示内容，顺序显示多项指标内容，或在某个时间点单项显示其中一项指标内容，展示实现方式为网页，通过框架控制内容切换，全屏展示。

5）报表统计与打印：系统能按预先规定的格式和内容，定时进行日、周、旬、月、季、年报表的统计处理，并且进行打印。

6）自动数据备份和系统恢复：系统具有数据自动备份功能，能实时自动将重要数据进行备份，一旦系统受到破坏，可以尽快地恢复系统运行。

7）安全功能：系统对不同层次和职责的人员，分别设置不同的操作使用权限和不同的操作口令和密码，系统口令密码经过 md5 等方式严格加密，提升系统安全等级，防止越权存取和修改及非法侵入，保障数据的完整性、系统的安全性，并且对所有人员的操作进行存储、记录。

8）信息存储功能：实时接收前端不停车超限检测系统上传数据，将数据封装为统一格式的数据包，提供接口供公路管理局中心服务器调用。

9）执法数据传输功能：具有执法数据上传接口可将超限车辆的取证信息上传至交通执法部门。

10）系统扩展功能：预留一定扩展接口，在后期可方便地进行站点扩展和接入。

5.4.3　非现场执法治超管理发展趋势

非现场执法治超系统属于智慧城市与智慧交通建设的重要组成部分，系统建设将采用更先进的技术手段和方法，结合大数据、物联网、云计算、5G等前沿技术的应用不断地完善，在确保违法认定的客观性、公正性的前提下，让执法和综合治超监管工作越来越智能化、智慧化。

1）传感技术升级：随着科技的进步，新一代的传感器技术将不断涌现，如高精度称重传感器、三维激光扫描仪等，能够更准确地测量车辆的重量和尺寸。

2）通信技术改进：非现场执法治超管理系统可以利用5G网络实现更快速的数据传输和实时监测，提高执法效率和反应速度。

3）数据处理与人工智能：人工智能技术应用将更加广泛，通过深度学习和机器视觉算法，可以实现自动识别和判别超限超载行为，减少人工干预，并提高执法的准确性。

4）大数据分析与预测：非现场执法治超管理系统将积累大量的车辆数据，利用大数据分析技术，可以挖掘出更多有价值的信息，提供预警和决策支持，帮助交通管理部门加强执法和规划。

5）视频监控与智能识别：摄像头技术的发展将使得视频监控更加普及和智能化，可以实时监测道路上的车辆情况，结合图像识别技术，准确识别超限超载车辆，提高执法的便捷性和精确度。

6）云计算与边缘计算：云计算和边缘计算的结合将更好地支持非现场执法治超管理系统的数据存储和处理，实现数据的实时共享和远程访问，提高系统的可用性和灵活性。

非现场执法治超系统的建设，使社会和环境效益均得到了显著的提高，既保障了道路运输市场的正常秩序，有效遏制了非正常营运车辆的通行，同时也提高了社会资源利用率，保证了公路及相关设施的使用寿命，大大减少了因超载车辆而引发的一系列交通事故的发生，在很大程度上降低了交通拥堵的发生概率，促进道路交通的安全和畅通。

5.5 停车管理

智慧停车是指一段时间内需要在固定车位进行车辆停放，将无线通信、卫星定位和室内定位、地理信息系统、视觉感知、大数据、云计算、物联网、互联网、智能终端等技术综合应用于城市车位信息的采集、管理、查询、预订与导航服务等，实现停车位资源的实时更新、查询、预订与导航服务一体化，同时实现停车位资源利用率的最大化、停车服务利润的最大化和车主停车体验的最优化。

智慧停车核心是优化停车资源和提升停车效率，解决停车难的问题。一方面是对停车资源进行优化和整合，消除停车信息系统孤岛现象，将分散的停车位数据实时互联，使系统能及时知道空余泊位并进行发布和停车诱导，在不增设停车位的情况下，减小车位空置率；另一方面，是通过定位、感知计算和无线通信等技术形成车辆到车位的路径轨迹，引导车辆到达目的车位，或者进行反向寻车的路径引导，减少车找位、人找车的时间，实现停车效率和体验的显著提升[11]。

5.5.1 智慧停车概述

1. 智慧停车发展现状

近年来，我国汽车保有量持续增加，"停车难、乱停车"问题日益突出。面对我国城市停车供给缺口大、泊位利用率低的特点，智慧停车发展成为解决交通问题、改善人们出行的重要环节，也是打造智慧城市的关键环节之一。

在国家及地方政策的引导下，智慧停车建设趋于市场化、智能化、集成化，城市级停车服务当前向智慧产品升级、解决方案优化设计、系统建设和运营一体化方向发展，通过提供完整的停车运营产品与服务，在助力政府化解停车难的同时，也为车主打造良好的停车体验。

智慧停车发展整体上可分为两个阶段。第一阶段，对停车场进行智能化、网联化改造，实现车位使用状况信息采集及整合，并通过停车场电子屏幕或用户终端 App 进行发布，对车主进行停车诱导，优化停车体验，缓解找车位难题，目前已初步实现落地。第二阶段，通过车场协同加速自主代客泊车（Automated Valet Parking，AVP）测试运营，由场端提供感知、地图定位等辅助信息，并对停车路线进行规划、突发状况预警播报，对于具备自动泊车功能的车型，可提供一键停车、取车的服务，同时也可为普通汽车提供车位导航、反向寻车服务[12]。

目前，国内智慧停车主要存在以下问题：

（1）停车位供给严重失衡，时间和空间上分布不均

许多老的住宅区车位规划先天不足，以及近年来激增的机动车数量之间的不协调是导致当前停车难的最主要原因。

现有车位未发挥最大功效，停车资源利用不平衡、不充分，错时共享尚未实现，各物业类型停车场停车需求在时间、空间分布上具有差异性和互补性，许多停车场晚上很多停车位经常空置，而其他车辆却无地方可停。如居住类停车需求高峰时段为工作日晚上，办公类停车需求高峰时段为工作日白天。

各区之间小汽车停车设施分布及使用不均衡性差异较大，存在部分区域

停车繁忙，部分区域较为闲置的情况。

（2）停车场孤岛现象显著，难以挖掘现有资源潜力

由于停车场归属以及停车位信息化建设等问题，停车场数据无法联网，无法实现剩余停车位信息实时共享发布。对于公众，停车场空车位信息无法整合共享，导致信息不对称，出行者只能盲目前往目的地的唯一停车场，加剧了停车难问题；车辆在一些车位饱和区域需在市政道路频繁绕行找寻空闲停车位，影响道路通行效率，无法实现自主的错时适配。对于政府，停车场信息孤岛导致无法掌握不同时空维度的停车资源分布和利用率，难以科学支撑停车场/位的规划，无法实现错峰停车引导，无法支撑动态经济杠杆对停车资源的进一步挖掘和利用。

（3）停车乱，造成公共资源浪费

城市部分道路泊位被附近商家长期占据，导致公共资源被个人长期占用。单靠执法人员人工进行整治，工作量大且效果不明显。

（4）收费效率低，导致收费区域堵塞

在停车场收费方面，效率低下的传统收费方式（找零、回票、扫码）在车流量较大时往往使车辆在收费区域滞留，造成了拥堵。收费区域车辆的堵塞所浪费的不仅仅是时间，更加浪费了大量资源，同时造成了严重污染。

（5）停车场无法互联互通，无法实现一账通行服务

众多智能停车公司采用不同的体系标准，无法实现支付互通，难以形成行业闭环，非政府整合难以实现互联互通。市民在不同停车场系统中需要安装不同的 App 客户端，无法实现互联互通，无法享用便利的停车服务。

（6）停车标准化体系落后，无法满足智慧停车需求

停车场建设方面，标准缺失，已不能适应城市发展的需要。停车场相关技术标准和管理规范需要进一步完善。修订现有相关规范的不足，形成涉及停车规划、建设与管理的技术规范文件已刻不容缓。

2. 智慧停车政策情况

从 2015 年至今，国家到地方陆续出台了多项政策鼓励发展智慧停车。

2015 年，七部委联合发布《关于加强城市停车设施建设的指导性意见》，大力推广政府和社会资本合作模式，推动停车智能化、信息化，管理信息系统互联互通。

2021 年 5 月 24 日，国务院办公厅转发国家发展改革委等部门《关于推动城

市停车设施发展意见的通知》。到 2025 年，全国大中小城市基本建成配建停车设施为主、路外公共停车设施为辅、路内停车为补充的城市停车系统，社会资本广泛参与，信息技术与停车产业深度融合，停车资源高效利用，城市停车规范有序，依法治理、社会共治局面基本形成，居住社区、医院、学校、交通枢纽等重点区域停车需求基本得到满足。到 2035 年，布局合理、供给充足、智能高效、便捷可及的城市停车系统全面建成，为现代城市发展提供有力支撑。

国家在"十四五"规划和 2035 年远景目标中明确指出，"分级分类推进新型智慧城市建设""建设智慧城市和数字乡村"。智慧城市建设中，交通出行方面是重点领域，智慧停车被认为是智慧城市建设的基石之一。

3. 智慧停车发展需求

（1）业务需求

1）突破信息孤岛，打造统一平台。信息不互通导致在政府层面无法实现对车位资源的宏观调控，在市场层面无法实现通过经济杠杆手段进行资源的平衡，车位资源存在较大浪费。

制定发布全市统一的城市停车运营管理平台技术标准体系，通过市场、行政、法律等手段将全市各类停车设施分批统一接入城市停车运营管理平台，推动行政管理部门间数据交换共享，实现全市停车信息全面联网。

2）停车资源整合，形成全城一个停车场。打造全城一个停车场，从来不是一蹴而就的，必须分步实施。前期从政府资源入手，整合政府路内停车场及公共停车场，建设样板点，形成快速统一服务体系，后期整合全城停车资源，开发智慧停车应用，实现资源统筹利用和信息精准推送，建设"全城一个停车场"。

（2）用户需求

1）运营企业需求。改变传统运营管理模式，提升系统智能化程度，减少人力投入，降低管理成本，减少收费纠纷。借助于畅通的信息渠道，向公众发布实时的车场资费信息和泊位诱导信息，提供一站式停车服务，实现"寻位、分流、导航、停车、驶离、扣费"全程自助，保证运营有序进行。获得实时、全面的运营数据，了解泊位资源使用情况、营收数据和系统运行状况等信息，辅助停车运营业务水平提升。扩展商业引流等增值应用，如汽车维修、保养、充电等服务，为停车运营提供更丰富的盈利模式。

2）公众需求。能够实时获取出行目的地附近停车位信息，实现车位查询、车位预订和路线导航等停车服务，让出行和停车更便捷。并希望城市停车价格透明、流程规范、支付便捷，停车服务质量能评价，有问题可申诉维护权利，从而让停车更舒心。

5.5.2 智慧停车建设内容

1. 城市停车运营管理系统

城市停车运营管理系统围绕城市级智慧停车需求，整合路外、路内停车、城市诱导等一体化服务，以互联网、物联网、云计算、大数据、支付清算、场景金融技术为核心，采用分层分布式网络结构建立智慧型城市停车运营管理平台，实现对各级系统数据综合处理，并发布至各级显示系统，达到停车数据的实时更新，城市停车资源的高效利用。

通过市场、行政、法律等手段将全城各类停车设施分批统一接入城市停车运营管理系统，推动行政管理部门间数据交换共享，实现全城停车信息全面联网和统一运营。城市停车运营管理系统实现运营管理、财务管理、客户服务、运维管理、公众服务等，如图5-2所示。

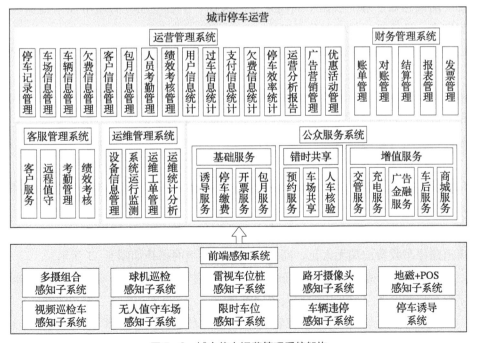

图5-2 城市停车运营管理系统架构

运营管理系统，提供运营收费业务相关功能，为经营管理单位管理停车运营提供支持，保证城市停车长效运营，提高运营效率。

财务管理系统，为经营管理单位财务人员提供记账、对账、结算服务，方便财务人员系统性掌握城市停车运营收费情况，提高财务管理效率。

客服管理系统，提供问题咨询、问题处理服务，及时响应车主在停车过程中面临的问题。

运维管理系统，为运维工作全流程开展提供保障，使运维技术人员能够及时响应系统故障，并完整记录运维过程。

公众服务系统，为车主提供诱导、缴费、开票等基础服务，充电、广告、车后等增值服务。

前端感知系统，通过高位摄像头、地磁、卡口摄像头、视频终端等先进智能硬件设施实现停车、充电等数据信息采集，数据汇集到城市停车运营管理系统。

2. 路内停车系统

目前国内主流的路内停车系统，包括高位视频子系统和雷视车位桩子系统。前端感知子系统根据不同场景灵活选择、组合应用，为城市停车提供匹配度高、性能良好的定制化方案。

（1）高位视频子系统

高位视频子系统采用智能车位检测摄像头作为前端车位管理感知设备，采用深度学习算法，通过视频识别方式实现泊位状态检测、车牌号识别及抓拍，以图片和视频形式记录车辆停车全过程，全程无需人工干预并支持车主驶离前后进行停车缴费。

高位视频子系统前端采用无人值守模式，可以大幅度降低停车运营成本，每次的停车行为都有对应图片和视频进行保留，为停车运营商或监管单位对停车逃费进行追缴提供有力保障。

同时系统支持无感支付、扫码支付、后支付等多渠道线上支付方式，实现道路停车收费前端无人化。高位视频子系统组网拓扑如图5-3所示。

高位视频子系统主要应用于道路停车泊位管理，适用于一字形车位、非字形车位和斜非字形车位的无人值守管理。

对于一字形车位，远端车位管理摄像头可以管理5个连贯车位，近端管理3个连续车位，同方向可架设2台摄像头管理8个连贯车位。设备架设安装于车

位的同侧，有效检测距离达66m，对车辆的停入和驶出进行实时检测及识别
抓拍。

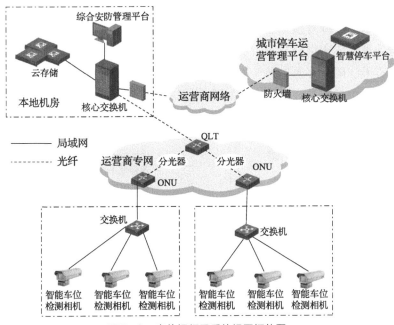

图5-3　高位视频子系统组网拓扑图

对于非字形车位，摄像头部署在泊位延长线上距离车牌3.5~30m的距离
范围，单个相机最多管理5个车位，具体管理数量与相机到车牌距离、相机
与车牌偏移距离相关，需根据具体场景判断安装位置与相机数量。

对于斜非字形车位，摄像头部署在泊位延长线上距离车牌5~30m的距离
范围，单个相机最多管理5个车位，具体管理数量与相机到车牌距离、相机
与车牌偏移距离相关，需根据具体场景判断安装位置与相机数量。

（2）雷视车位桩子系统

雷视车位桩子系统采用雷视车位桩作为前端车位管理感知设备。雷视车
位桩内置摄像头、雷达，采用高清晰逐行扫描，具有清晰度高、星光级低照
度、帧率高、色彩还原度好等特点。前端采用先进的深度学习智能算法，结
合雷达检测，实现路边车位高精度抓拍，支持车辆驶入、驶出检测和车牌识
别。后台提供前端数据核验功能模块，对错误数据、低置信度数据、超长停
车、超上限停车等状况报警和处理机制，输出最终的正确账单。通过支持无
感支付、扫码支付、后支付等多渠道线上支付方式，实现道路停车收费前端

无人化。

雷视车位桩安装位置贴近泊位，受干扰可能性较低，能灵活部署于其他远距离视频方案无法适配的场景。雷视车位桩采用先进的背景建模与运动前景提取技术，支持复杂场景下的抓拍，避免了阴影带来的误检影响。同时采取图像处理与雷达融合技术，有效改善了低对比度情况下目标的检测率，提升了在雾天、雨天等恶劣天气条件下系统检测的可靠性。

雷视车位桩子系统组网拓扑如图 5 - 4 所示。

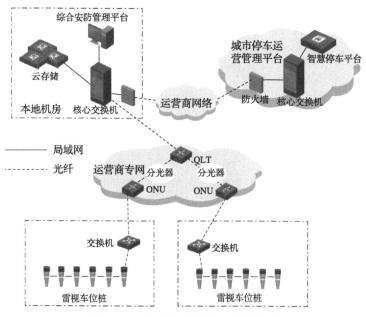

图 5-4　雷视车位桩子系统组网拓扑图

该子系统主要应用于道路停车泊位管理，适用于一字形车位、非字形车位（含斜非字形车位）的无人值守管理。

对于一字形车位，雷视车位桩安装于车位边路肩，与目标车位的水平偏移距离为 1m，垂直距离约为 1m，每个泊位配置一根雷视车位桩。

对于非字形车位（含斜非字形车位），雷视车位桩安装于倒车限位柱后，每个泊位配置一根雷视车位桩，雷视车位桩距离车牌约 1.5m。

3. AVP 停车场系统

AVP 停车场是指有场端设施及服务平台支持的自主代客泊车规范化停车场，范围包括室内停车场及停车场出入口连接道路。

AVP 停车场包括场端设施和服务平台。场端设施又可分为基础设施和智能设施两部分。其中，基础设施指停车场内用于 AVP 停车引导的标志标线和所需的供电照明设施，以及充电基础设施等；智能设施主要指在场端部署的感知计算、高精度定位、车场通信等相关设施，支持停车场进行车辆识别、车位识别和车辆监控，并为 AVP 车辆提供感知和定位辅助。服务平台按照业务逻辑可包括停车及管理服务平台、地图服务平台等，结合场端设施和 AVP 车辆及其车企服务平台提供的信息，进行 AVP 停车服务。

AVP 停车场系统的应用场景包括：

（1）一键泊车

用户驾驶 AVP 车辆至下客区，AVP 车辆完成初始化定位和系统自检。用户通过移动终端一键开启泊车功能，并指定可用停车位；用户也可以选择不指定停车位，由停车场分配可用车位，AVP 车辆自动巡航至停车位并自动泊入。

（2）一键召回

AVP 车辆在自动巡航和泊入车位过程中，或泊入停车位后，用户通过移动终端一键开启召回功能，并指定上客区。AVP 车辆由当前位置自动巡航至停车场上客区。

（3）车位重新分配

AVP 车辆检测到停车位被占用、停车位空间受限、泊入次数超限等导致 AVP 车辆无法泊入指定停车位时，AVP 车辆自动请求停车场重新分配车位。停车场向 AVP 车辆重新分配停车位与全局路线，并通知 AVP 用户。AVP 车辆自动巡航至重新分配的停车位并自动泊入。

（4）车位预约

停车场可提供"车位预约"服务。用户驾驶 AVP 车辆至停车场下客区，通过移动终端进行车位预约服务下单，并指定停车位；用户也可以选择不指定停车位，由停车场分配可用车位。

（5）自动巡航

AVP 车辆自动巡航至停车位并自动泊入，或由停车位自动泊出并自动巡航至上客区，期间可能遇到以下特殊应用场景。

安全决策：AVP 车辆通过上下坡、跨层通道、弯道、螺旋弯道、路口、出入口等特殊场景前，自动将车速降至安全速度。AVP 车辆自动巡航途中遇到影响 AVP 车辆正常行驶的障碍物，AVP 车辆自主决策，通过停车、减速或绕行等方式，躲避障碍物。

更换路线：AVP车辆自动巡航途中遇前方道路拥堵或封闭，若前方道路有其他路口可通行，AVP停车场提前更换全局路线，并通知AVP车辆，AVP车辆更新巡航路线。AVP车辆自动巡航途中遇前方道路拥堵或封闭，若前方道路没有其他可通行路口，但存在掉头、倒车行驶空间，AVP车辆通过掉头、倒车行驶等方式，更换行驶路线。

（6）异常情况处理

AVP车辆在自动巡航或泊车过程中，如遇到异常情况导致AVP车辆停止并无法继续行驶，停车场应通知AVP车辆的用户进行处理；也可优先安排运营人员对异常AVP车辆进行处理。

（7）远程驾驶

车企平台可提供"远程驾驶"服务。AVP车辆自主巡航或泊车过程中，因外部因素导致AVP车辆无法继续行驶时，可通知用户通过移动终端，远程遥控车辆继续行驶；也可优先由停车场运营人员远程遥控车辆继续行驶。

（8）一键充电

停车场可为AVP车辆提供"一键充电"服务。用户通过移动终端下单充电服务，并指定可用充电车位；用户也可以选择不指定充电车位，由停车场分配充电车位。停车场自动调度充电设备或安排运营人员给AVP车辆提供充电服务。

若停车场提供移动充电机器人，用户下单充电服务时，可通过移动终端指定AVP停车区任意车位。移动充电机器人自动驾驶至AVP车辆停车位，给AVP车辆提供自动充电服务。

（9）一键洗车

停车场可为AVP用户提供"一键洗车"服务。用户通过移动终端下单洗车服务，并指定可用洗车服务点；用户也可以选择不指定洗车服务点，由停车场分配洗车服务点。停车场自动安排自动洗车设备或运营人员为AVP车辆提供洗车服务。

4. 停车诱导系统

停车诱导子系统前端由城市一二三级诱导屏组成，向公众实时发布城市路边停车泊位信息，引导驾驶人规划停车路线。同时驾驶人也可通过手机App查询区域内泊位信息。

一级诱导屏用于发布停车信息、指示停车场方位的信息，设置于进入城区范围内的主要道路侧面,在城区主干道的进入方向;二级诱导屏建议布设在次干道与次干道交叉口和次干道与支路交叉口的进口道上游一段距离处,主要实时显示相应诱导子区的热点区域泊位信息,向驾驶人提示合适的出行路线;三级诱导屏位于各收费道路出入口及停车场出入口附近,通过接收服务器的输出信息,用数字、箭头和文字等形式显示区域空车位数目、方位,以便车主在进场之前知道该区域剩余车位的情况,避免因车主犹豫引发的入口堵车情况,提高寻找车位的效率。

5. 车位引导及反向寻车管理系统

车位引导及反向寻车管理系统主要由数字视频车位检测终端、网络控制器、服务器、车位引导屏及寻车查询终端等设备组成,通过系统后台软件实现车位监控、车位实时状态查询、车位导航等功能,并可结合蓝牙定位、AR和 VR 技术为车主提供多样化寻车服务[13]。

5.5.3　智慧停车发展趋势

城市级智慧停车管理系统通过整合全市路内、路外停车资源和各类停车数据信息,采用大数据、云计算、物联网、人工智能等新技术建设全市统一智慧停车平台,同时通过接入城市动态交通数据,完成城市停车资源智能互联互通,实现数据集中共享,构建"全市停车一张网、静态交通一张图",为政府方及车场管理方提供数据及决策支持,实现全市停车资源精细化管理,促进停车资源高效利用,完善城市智慧交通,实现快速停车、智慧停车,推进智慧城市建设[14]。

目前智慧停车有如下发展趋势:

(1) 联网化

随着互联网技术发展,数字化管理是大势所趋,实现全面数字化、云端化管理,已成为智慧停车的标配。未来停车场将逐步实现联网共享数据,打破信息孤岛,建设智慧停车物联网平台,管理位于不同位置的停车场,并将分散的数据进行集中,实现停车场的远程在线管理,实现停车诱导、车位预定、电子自助付费、快速出入等功能。

(2) 视频智能化

停车技术发展将向全视频智能停车的方向迈进。管理、服务一体化的"智能停车"模式逐渐得到更多消费者青睐。全视频智能停车场作为一个解决停车问题的综合解决方案，在集成停车系统资源方面有着卓越的优势。实现从车辆快速进场、快速停车，再到车主出场时快速找车、快速缴费等一系列完整的、全自动化的功能，从而有效解决包括道路泊位、商场、机场等公共场所的停车场，由于车流量大造成的停车慢、缴费慢、停车难、找车难等社会问题，将停车位的资源最优化。

（3）定制化

根据停车服务对象不同，可将停车资源分为配建停车设施、路外公共停车设施、路内停车设施等。不同应用领域的停车场对系统软、硬件要求有所差异。此外，针对特殊场所，如政府机关大院、企业厂区，车辆出入管理就要求同车辆的日常调度管理系统相关联；军队、安防、航天各涉密单位则要求对特种车辆有着更高的安全管理和突发事件响应机制。随着停车场应用领域的逐步细分，智慧停车功能也将趋于个性化和定制化。

（4）人性化

在停车智能管理系统设计上，工程开发人员将更多出于便捷性和车辆人员安全的考量，人机交互及互动性将逐渐增强。消费折扣管理、VIP积分管理，以及多媒体信息发布和显示等，将成为未来智慧停车相关行业的重要发展方向。

（5）数据共享化

智慧停车在数据平台上通过停车资源时间空间分析、停车需求规划研判、停车综合改善方案、停车盲点挖掘、停车数据与警务数据碰撞，将数据提供给如公安、交警、城管等管理部门做数据深入挖掘，充分发挥停车数据价值，为管理者提供实时、全面、准确的管理与决策支撑。

5.6 城市智能巡检系统

随着城市化进程不断加快，城市建设和运营管理中存在大量需要进行巡检的设备和设施，如路灯、道路、桥梁等。传统的人工巡检方式往往需要大量的人力、物力、时间和财力投入，效率较低，且难以实现全面、精准的巡检。因此，如何提高城市设施的管理效率，保障城市的正常运转，成为一个亟待解决的问题。城市智能巡检系统作为一种新型的管理手段，利用各种自动化技术，如图像识别、传感器技术等，可以对城市设施进行全面、精准的巡检，提高城市设施的管理效率，为城市运行提供可靠的支撑。

5.6.1　城市智能巡检概述

在城市智能巡检中，人工巡检和智能巡检各有优缺点。人工巡检具有灵活性高、精度高和适用性广等优点，但也存在工作量大、容易出错和反应时间慢等缺点。相比之下，智能巡检具有自动化程度高、节约成本和实时性好等优点，但需要依赖监测系统、需要专业技术、误判率高等缺点也需要考虑。因此，在实际应用中，需要根据具体情况和需求选择合适的巡检方式，或者采用人工巡检和智能巡检相结合的方式，以达到更好的效果和效益。

城市智能巡检的对象可以包括城市设施、交通、环境、气象、管网设施、高空设施、建筑物、管道等，这些巡检对象涵盖了城市管理的各个方面，通过巡检和监测技术的应用，可以提高城市管理部门的效率和质量，为城市可持续发展提供重要支持。

1）城市安防监控：识别行人、车辆、物品等异常行为和安全隐患，维护社会治安，防止违法犯罪行为的发生。

2）城市设施巡检：巡检城市道路、路面、路灯、交通标志、交通信号灯等，以及发现和解决道路设施问题，维护道路交通秩序，确保交通安全。

3）交通巡检：对城市道路交通安全进行实时监测和管控，包括交通事故预警、交通违法行为监测等。

4）城市环境巡检：对城市环境进行实时监测和数据分析，包括空气质量、噪声、水质、土壤污染等，以便提供环境预警和决策支持。

5）城市气象巡检：对城市气象情况进行实时监测和数据分析，包括温度、湿度、风速、降雨量等，以便提供气象预警和决策支持。

6）管网设施巡检：对城市的水、气、电、通信管网设施及地铁保护区等设施进行巡检，发现和解决管网设施问题，保障城市的正常运行和居民的生活质量。

7）高空设施巡检：对高压输电线路、桥梁等高空设施进行巡检，及时发现异常情况。

8）建筑物巡检：检查建筑物外墙、广告牌、屋顶结构及违章建筑等问题。

9）管道巡检：检查石油、天然气等输送管道的泄漏和腐蚀问题。

10）自然灾害监测：在地震、洪水等自然灾害发生时，对受灾地区进行勘察，评估灾情。

城市智能巡检技术是利用先进的信息技术、通信技术、自动化技术等手段，对城市基础设施设备进行自动化、智能化的检测和管理，以提高巡检效率，降低运维成本，并确保城市安全运行。城市智能巡检包括如下几类技术：

（1）图像识别技术

图像识别技术是指通过采集城市设施的图像信息，利用计算机视觉算法对图像进行处理和分析，从而实现对城市设施的监测和巡检[15]。该技术可以应用于城市交通、环境、安防等领域。具体步骤包括：

1）图像采集：智能巡检设备通过摄像头等设备采集城市街景图像。

2）图像预处理：对采集到的图像进行预处理，包括图像去噪、图像增强、图像分割等操作，以提高图像的质量和准确性。

3）特征提取：对预处理后的图像进行特征提取，即从图像中提取出有意义的特征，如形状、颜色、纹理等，以便后续的识别任务。

4）分类器训练：利用人工智能算法，将提取出的特征与相应的分类标签进行训练，生成分类器模型。

5）图像识别：将新采集的图像输入已经训练好的分类器模型中，将图像分类为相应的类别。

（2）传感器技术

传感器技术是指通过安装传感器设备，采集城市设施的物理量信息，如温度、湿度、压力、振动等，利用数据采集、传输和处理技术，实现对城市设施的监测和巡检。该技术可以应用于城市基础设施、环境监测等领域。具体步骤包括：

1）传感器采集数据：智能巡检设备通过安装各种传感器，如温度、湿度、气体、声音、光线等传感器，采集城市环境和设施的实时数据。

2）数据传输和存储：采集到的传感器数据通过网络传输到后台服务器，并进行存储和处理。

3）数据分析：利用数据分析技术，对传感器数据进行处理和分析，发现城市存在的问题和异常情况。

4）预警和优化：根据数据分析的结果，提供实时预警和优化方案，帮助城市管理者及时发现并解决问题。

（3）雷达技术

雷达技术是指利用雷达原理进行城市设施的无损检测和监测。该技术可以应用于城市建筑、桥梁、道路等设施的检测和监测，具有高精度、高效率、非接触式、不易受环境影响等特点。具体步骤包括：

1）电磁波的发射和接收：雷达设备通过发射电磁波来探测目标，电磁波经目标表面反射后被雷达设备接收。

2）目标的位置和特征提取：雷达设备接收到反射回来的电磁波信号后，可以通过信号处理算法提取出目标的位置和特征信息，包括目标的形状、大小、表面纹理等。

3）数据处理和分析：收集到的雷达数据可以通过算法进行处理和分析，生成高分辨率的三维图像和热成像图，以帮助工程师和城市管理人员判断目标的安全状况。

三种技术各有优缺点，同时也可以结合使用，以实现更全面、精确的城市智能巡检。图像识别技术可以实现对城市设施的外观、形状、颜色等方面的监测，传感器技术可以实现对城市设施的物理量信息监测，而雷达技术则可以实现对城市设施的内部结构、材料等方面的无损检测。结合使用这三种技术可以实现对城市设施的全面监测和巡检，提高巡检效率和准确性，并实现对城市设施的智能化管理。

5.6.2　城市智能巡检建设内容

1. 城市智能巡检方案

（1）传感器网络巡检

基于传感器的城市智能巡检方案，利用装载在城市设施、环境等方面的传感器，例如温度传感器、湿度传感器、空气质量传感器、交通监测传感器等，实现对城市各个方面数据的采集和监测。这些传感器可以通过无线通信技术将采集到的数据传输到城市智能巡检云平台，为城市管理提供实时、准确的数据支持。

（2）视频监控巡检

基于视频监控的城市智能巡检方案，通过在城市各个角落安装视频监控设备，实现对城市设施、交通等方面的视频监控。通过机器学习、深度学习和大模型等技术手段对视频数据进行智能处理和分析，自动识别和分析设施损坏、交通拥堵等问题，提供实时的预警和处理方案。这些监控设备可以通过网络将感知到的事件信息传输到城市智能巡检云平台，为城市管理提供实时、准确的数据支持。

（3）无人机巡检

基于无人机的城市智能巡检方案，利用装载在无人机上的多种传感器，如摄像头、红外线摄像头、激光雷达等，采集城市设施、交通、环境等方面的数据和图像，通过智能处理和分析实现自动识别和分析设施损坏、交通拥堵、环境污染等问题，并利用路径规划技术自动规划巡检路径，最终通过无线通信技术将采集到的数据传输到城市智能巡检云平台，从而实现对城市设施、交通、环境等方面的全面、高效、准确的巡检和监测。无人机巡检方案可以提高城市管理的效率和质量，为城市的可持续发展提供重要支持。

（4）机器人巡检

基于巡逻机器人的城市智能巡检方案，利用装载在巡逻机器人上的多种传感器和智能控制系统，例如摄像头、红外线摄像头、激光雷达等，实现对城市设施、交通、环境等方面的数据采集和图像获取，并对采集到的数据进行智能处理和分析，自动识别和分析设施损坏、交通拥堵、环境污染等问题。通过巡逻机器人自主巡逻和路径规划技术，实现对城市区域的全面、高效、准确的巡检和监测。

（5）巡逻车巡检

基于巡逻车的城市智能巡检方案，通过装载在巡逻车上的多种传感器和智能控制系统，例如摄像头、红外线摄像头、激光雷达等，实现对城市设施、交通、环境等方面的数据采集和图像获取。巡逻车采集到的数据经过车载边缘计算设备的智能处理和分析，自动识别和分析设施损坏、交通拥堵、环境污染等问题。

2. 基于公交车的城市智能巡检系统应用创新

基于公交车的城市智能巡检系统是一种利用公交车作为移动平台来进行城市巡检的智能系统。由于公交车在城市中广泛运营，这使得基于公交车的巡检系统可以覆盖城市的各个角落，对城市的道路、桥梁、建筑等设施进行全面的巡查。同时，公交车的运行时间长、频率高，因此基于公交车的智能巡检系统可以实时获取城市的各类信息，及时发现问题并进行处理。

与传统智能巡检方式相比，基于公交车的智能巡检系统利用现有的公交车辆资源，减少对传统巡查车辆的依赖，无需额外投入大量的人力和物力，能显著降低巡检成本，同时降低碳排放，有利于城市的环保和可持续发展。

在公交车上安装车载智能摄像头、环保气象等传感器，通过融合感知的方式扫描城市道路信息，连接边缘计算平台与云端进行通信。在城市空间要素识别核心算法方面，云端接收公交的城市数据后，加载到城市智能巡检云平台进行分析，并通过各业务应用平台对外提供服务。云端可辅助城市综合管理决策，实现城市状态感知及运行趋势预测，赋能市政、公安交警、城管、环保等部门的管理及执法工作。具体包括如下内容：

1）数据感知：在公交车上加装 AI 视频、空气质量传感器、气象传感器、噪声传感器、惯性传感器、GNSS 位置等传感器，并通过车载边缘计算设备进行数据融合和事件感知。

2）数据传输层：实时事件产生的数据通过运营商4G 或5G 网络实时上传至平台，当公交车运营结束回到公交站场后，自动连上公交站场指定 Wi-Fi 网络，自动备份运行过程中的全部数据。

3）平台层：通过数据传输网络、网关等设备将采集到的各类数据传输到数据库服务器上，包括基础设施数据、基本设备数据、监测数据、视频数据、管理数据、统计分析数据、分析数据等，实现数据共享和交互。同时，平台层也提供公共基础服务，包括数据访问服务、数据集成服务、工作流服务、视频服务、消息服务、用户权限服务、数据加密服务、系统日志服务、系统监控服务等功能[16]。

4）应用层：提供道路设施巡检、交通事件感知、交通违法处罚、气象/环保监测、城市公共管理等功能。

基于公交车的智能巡检系统具有模块化设计，便于维护和升级。随着技术的不断发展，可以通过升级软硬件来提高系统的性能和功能。

3. 基于自动驾驶感知技术的城市智能巡检系统应用创新

基于自动驾驶感知技术的城市智能巡检系统实现了数据采集、数据处理、路径规划、自主导航、数据分析和诊断、数据共享和交互等多个环节，从而实现对城市设施和交通的全方位监测和诊断，提高城市管理的效率和精度。

基于自动驾驶技术，城市智能巡检系统可以根据不同的巡检需求和场景实现自主导航和智能感知，无需人工操作，提高巡检效率和安全性，减少人工巡检的时间和成本。

同时可以复用自动驾驶车辆自带的各种传感器、高精度定位及高精度地图等软硬件设施，无需额外感知成本，即可实现对城市环境的全方位感知和监测。

基于自动驾驶感知技术的城市智能巡检系统通常包括以下几个步骤：

1）数据采集：系统复用自动驾驶车辆的多种传感器，包括激光雷达、毫米波雷达、摄像头、超声波传感器等，获取城市设施和交通的实时数据。同时，系统还可以采集气象数据等外部数据，实现多源数据融合。

2）事件感知：自动驾驶车辆的域控制器对采集到的数据进行处理和分析，例如进行图像识别、目标检测、运动轨迹分析等，提取关键信息，生成事件结果并上传至云平台。

3）路径规划：系统根据巡检需求和场景，利用地图和路径规划算法，生成最优的巡检路径。

4）自主导航：系统利用自动驾驶技术，自主驾驶巡检车辆在城市中行驶，无需人工操作。

5）数据分析和诊断：云平台对采集到的数据进行分析和诊断，例如对设施的使用情况、交通流量、气象变化等进行分析，提供数据支持和决策建议。

6）数据共享和交互：云平台可以将采集到的数据共享给其他城市管理部门或企业，以实现更加细致和全面的城市管理和服务。同时，系统也可以接收其他部门或企业提供的数据，实现数据交互和协同。

基于自动驾驶感知技术的城市智能巡检系统应用创新，可以实现对城市设施和交通的全方位监测和诊断，提高城市管理的效率和精度，为城市的可持续发展做出贡献。

4. 城市智能巡检云平台

城市智能巡检云平台是一种利用物联网、云计算、大数据等技术，以城市管理为应用场景，实现城市管理自动化、智能化的平台。其主要目的是提高城市管理的效率、降低人力成本和管理成本，并为城市管理部门提供更加便捷、高效的管理手段，平台应具备以下功能：

1）基础设施信息管理：对城市基础设施进行信息管理，包括设施的位置、类型、属性、状态等信息。

2）巡检计划管理：可以制定、编辑和管理巡检计划，包括巡检时间、巡检区域、巡检内容等。

3）巡检任务派发：将巡检计划分配给相应的巡检人员，并安排巡检路线。

4）巡检数据采集：巡检人员在巡检过程中采集相关数据，如设备运行状态、异常信息等。

5）异常报告管理：对巡检过程中发现的异常情况进行记录和处理，并及时向相关人员报告。

6）巡检数据分析：对巡检数据进行分析和统计，以便于评估设备的运行状态和维护需求。

7）设备管理：对巡检的设备进行管理，包括设备档案、设备维护记录、设备维修记录等。

8）巡检报告生成：自动生成巡检报告，包括巡检数据、巡检结果、异常情况等。

9）数据共享和交互：平台可以将采集到的数据共享给其他城市管理部门或企业。

5.6.3　城市智能巡检发展趋势

城市智能巡检作为城市管理领域的一个重要应用场景，具有广阔的发展前景和潜力。以下是城市智能巡检的发展趋势：

1）智能化：城市智能巡检将更加智能化，利用机器学习、深度学习和大模型等技术，实现自主学习和优化，提高巡检效率和准确率。

2）自动化：城市智能巡检将更加自动化，利用物联网、传感器等技术，实现设备自动巡检和数据自动采集，降低人力成本和管理成本。

3）数据化：城市智能巡检将更加数据化，利用大数据技术，对巡检数据进行深度挖掘和分析，为城市管理决策提供数据支持。

4）共享化：城市智能巡检将更加共享化，实现与其他城市管理系统的数据共享和互通，为城市管理提供全面、准确的数据支持。

5）个性化：城市智能巡检将更加个性化，针对不同城市管理需求，实现定制化的巡检方案和巡检路线，提高巡检效率和准确率。

6）生态化：城市智能巡检将更加生态化，与城市管理的其他领域相互协同，形成一个完整的城市管理生态系统，实现全面的城市管理。

参考文献

[1] 于滨，李欣，刘好德. 现代公共交通系统变革与发展[J]. 前瞻科技，2023，2(3)：86-96.

[2] 中华人民共和国工业和信息化部. 电动自行车安全技术规范：GB 17761—2018[S].

北京：中国标准出版社，2018.

[3] 市场监管总局，工业和信息化部，公安部. 关于加强电动自行车国家标准实施监督的意见：国市监标创[2019]53 号[A/OL]. (2019 – 03 – 14)[2022 – 10 – 31]. https://www. gov. cn/gongbao/content/2019/content_5407678. htm.

[4] 中华人民共和国交通运输部办公厅. 关于推广应用智能视频监控报警技术的通知：交办运[2018]115 号[A/OL]. (2018 – 08 – 22)[2024 – 03 – 11]. https://www. hunan. gov. cn/xxgk/wjk/zcfgk/202007/t20200730_14a9c642 – 377e – 4dd7 – b76d – fc19b8c63352. html.

[5] 肖献法，张奉勇. 未来 8 年我国商用车关键零部件 10 大领域政策取向（下）[J]. 商用汽车，2022(12)：13 – 23.

[6] 中华人民共和国交通运输部. 超限运输车辆行驶公路管理规定[A/OL]. (2016 – 08 – 19)[2024 – 03 – 11]. https://xxgk. mot. gov. cn/2020/jigou/fgs/202006/t20200623_3307801. html.

[7] 中华人民共和国交通运输部. 交通运输部关于印发 2018 年全国治理车辆超限超载工作要点的通知：交公路明电[2018]4 号[A/OL]. (2018 – 04 – 18)[2024 – 03 – 11]. https://www. sohu. com/a/230519017_679175.

[8] 中华人民共和国交通运输部. 交通运输部办公厅关于进一步严格规范公路治超执法行为的紧急通知：交办公路明电[2018]4 号[A/OL]. (2018 – 01 – 24)[2024 – 03 – 11]. http://www. fj56. org/contents/view? aid =4562.

[9] 广东省人民政府. 广东省道路货物运输超限超载治理办法[A/OL]. (2023 – 11 – 29)[2024 – 03 – 11]. http://www. gd. gov. cn/xxts/content/post_4292414. html.

[10] 禹波. 非现场执法治超系统设计要点研究[J]. 中文科技期刊数据库(引文版)工程技术，2022(7)：245 – 251.

[11] 全国智能建筑及居住区数字化标准化技术委员会智能网联基础设施标准工作组(SAC/TC426/WG8). 智慧停车发展及智慧停车系统白皮书[R]. 2022：15 – 22.

[12] 中国电动汽车百人会，中国城市规划设计研究院，中国信通院. 智慧城市基础设施与智能网联汽车协同发展年度研究报告(2022)[R]. 2022：6 – 9.

[13] 杨波，车辉，邢慧芬，等. 基于物联网的智慧停车系统设计与实现[J]. 物联网技术，2021，11(2)：81 – 83.

[14] 张明慧，史小辉. 城市级智慧停车综合管理系统的研究与应用[J]. 计算机应用与软件，2021，38(6)：345 – 349.

[15] 彭道刚，周威仪，葛明，等. 发电厂智能巡检机器人关键技术及应用发展趋势[J]. 自动化仪表，2023，44(7)：1 – 7.

[16] 于俊高，张书浆，张瑞雪. 浅谈智慧水务一体化平台建设思路[J]. 智能建筑，2021(10)：32 – 34.